中国通信学会普及与教育工作委员会推荐教材

21世纪高职高专电子信息类规划教材
21 Shiji Gaozhi Gaozhuan Dianzi Xinxilei Guihua Jiaocai

移动通信技术

罗文茂 陈雪娇 编著

Electronic Information

人民邮电出版社
北京

图书在版编目（CIP）数据

移动通信技术 / 罗文茂，陈雪娇编著. -- 北京 :
人民邮电出版社，2014.9（2023.7重印）
21世纪高职高专电子信息类规划教材
ISBN 978-7-115-36344-2

Ⅰ. ①移… Ⅱ. ①罗… ②陈… Ⅲ. ①移动通信－通信技术－高等职业教育－教材 Ⅳ. ①TN929.5

中国版本图书馆CIP数据核字(2014)第182542号

内容提要

本书系统介绍了移动通信原理的主要理论及其应用。全书共分7章，主要讲解移动通信的总体技术原理，如电波与天线、调制技术、抗衰落技术、多址技术、蜂窝组网、信令系统、移动性管理、无线资源管理等；而后从应用的角度，介绍GSM系统的规划优化、CDMA系统的规划优化原理，以及增强覆盖系统。

本书以理论指导实践为出发点，通过本书的学习，试图使读者能体会到实践中的理论出处，改变传统图书理论与实践分割的现状。

本书可作为通信工程、网络工程等专业高职高专教材，也可作为工程技术人员自学之用。

◆ 编　　著　罗文茂　陈雪娇
　责任编辑　武恩玉
　责任印制　彭志环　焦志炜
◆ 人民邮电出版社出版发行　　北京市丰台区成寿寺路11号
　邮编　100164　　电子邮件　315@ptpress.com.cn
　网址　https://www.ptpress.com.cn
　北京盛通印刷股份有限公司印刷
◆ 开本：787×1092　1/16
　印张：17　　　　2014年9月第1版
　字数：467千字　　2023年7月北京第11次印刷

定价：39.80元

读者服务热线：(010)81055256　印装质量热线：(010)81055316
反盗版热线：(010)81055315

前　言

高职高专教育培养的是面向一线的技术型人才，专业基础课的教学应以必要、够用为原则，注重岗位能力的培养，这与本科的教学目标有根本的不同。

移动通信原理是通信类专业的重要专业基础课，本书按照“合理选择知识点，突出基本概念，强调系统性，注重理论联系实际”的原则编写而成。

本书具有如下特点。

（1）以理论联系实际的原则出发，重构了本书的知识结构。

现有的高职移动通信原理教材基本都是一种体系，即将本科教材中移动通信基础技术原理加以弱化，编写的章节结构与体例基本都与本科教材相同。这种教材由于只讲理论，没有能够联系实际，学生难以真正理解这些空洞的理论。

本书的编写充分考虑了理论和实际的联系，抛弃了现有教材的结构，以移动通信基础技术原理、移动通信规划优化两个部分组织了教材内容。

本书重新梳理了知识点，抛弃了很多和工程实际无关的内容，并仔细考虑了知识的系统性和实用性。

（2）在知识结构上体现了系统性，克服了现有教材知识点零散的问题。

本书在知识结构上，先讲述了共性的移动通信基础技术原理，然后在移动通信规划优化中讲述非共性的问题，即不同的网络制式的不同特点。这样的编排方式最大程度地体现了知识的系统性。

（3）注重知识的循序渐进和深入浅出。

在内容上先讲解基础技术，然后进入通信系统层面的求解，这样保证了知识的循序渐进。

在知识点的讲解上以弄清基本概念为主，不做复杂的理论推导，重点放在使用方法和实际应用上，并且有很多提示性的描述，这样能深入浅出地让学生理解并掌握基本概念。

（4）本书的编者来自企业，将丰富的行业经验融入教材中。

根据编者的经验，教材的内容选择完全贴合岗位知识需求。

本书需要 60 学时的教学计划，也可根据需求进行增减。

本书编写过程中与中兴通讯学院的张欢迎、黄文涛等老师对章节构架、知识体系等进行了有益的探讨，承蒙南京信息职业技术学院杜庆波教授审阅全稿，在此一并致以衷心的感谢。

虽然作者努力而为，但由于学识水平有限，书中难免出现一些错漏，在此恳请读者批评指正！

目录

第一部分 通用技术

第二部分 工程应用

第 1 章

概述

移动通信是指通信的一方或双方在移动状态或临时停留在某一非预定位置上进行信息传递和交换的方式。

现代移动通信技术是一门比较复杂的技术，它涉及无线通信和有线通信的最新技术，而且将网络技术、计算机技术与通信技术相结合。目前移动通信的发展已经到数字移动通信阶段，并进一步向数据处理发展。未来移动通信的发展目标是能在任何时间、任何地点，向任何人提供快速可靠的通信服务。

📖 思考：无线通信和移动通信的区别是什么？

1.1 移动通信概况

1.1.1 移动通信的发展历程

移动通信已不是一项很新的技术，但却是一项正在急速发展的技术。20 世纪 20 年代开始在军事及某些特殊领域使用，40 年代才逐步向民用领域扩展。最近几十年是移动通信真正迅猛发展的时期，主要可分为以下三个时期。

1. 第一代——模拟蜂窝移动通信

第一代移动通信主要特点是模拟通信，采用 FDMA 技术，主要业务为语音并采用了蜂窝组网技术，蜂窝概念由贝尔实验室提出，20 世纪 70 年代在世界许多地方得到研究。在 1979 年当第一个试运行网络在芝加哥开通时，美国第一个蜂窝系统 AMPS（高级移动电话系统）成为现实。在这个时期，诞生了第一台现代意义上的、真正可以移动的电话，即“肩背电话”，如图 1-1 所示。

存在于世界各地比较实用的、容量较大的系统主要有：

（1）北美的 AMPS。

（2）北欧的 NMT-450/900。

（3）英国的 TACS。

其工作频带都在 450MHz 和 900MHz 附近，载频间隔在 30kHz 以下。

尽管模拟蜂窝移动通信系统在当时以一定的增长率进行发展，但是它有着下列致命的弱点。

（1）各系统间没有公共接口。

（2）无法与固定网迅速向数字化推进相适应，数字承载业务很难开展。

（3）频率利用率低，无法适应大容量的要求。

（4）安全性差，易于被窃听，易做“假机”。

这些致命的弱点妨碍其进一步发展，因此模拟蜂窝移动通信将逐步被数字蜂窝移动通信所替代。然而，在模拟系统中的组网技术仍将在数字系统中应用。

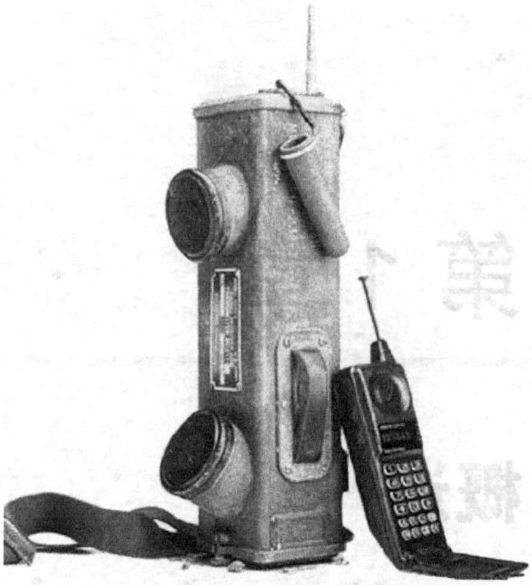

图 1-1　第一个蜂窝移动电话

2. 第二代——数字蜂窝移动通信

由于 TACS 等模拟制式存在的各种缺点，20 世纪 90 年代开发出了以数字传输、时分多址和窄带码分多址为主体的移动电话系统，称为第二代移动电话系统。在这个时期，相对应的终端体积变小。

代表产品分为两类。

（1）TDMA 系统。TDMA 系列中比较成熟和最有代表性的制式有：泛欧 GSM、美国 D-AMPS 和日本 PDC。

• D-AMPS 是在 1989 年由美国电子工业协会 EIA 完成技术标准制订工作，1993 年正式投入商用。它是在 AMPS 的基础上改造成的，数模兼容，基站和移动台比较复杂。

• 日本的 JDC（现已更名为 PDC）技术标准在 1990 年制订，1993 年使用，只限于本国使用。

• 欧洲邮电主管部门大会（CEPT）的移动通信特别小组（SMG）在 1988 年制订了 GSM 第一阶段标准 phase1，工作频带为 900MHz 左右，20 世纪 90 年投入商用；同年，应英国要求，工作频带为 1800MHz 的 GSM 规范产生。

上述三种产品的共同点是数字化，时分多址，话音质量比第一代好，保密性好，可传送数据，能自动漫游等。

三种不同制式各有其优点，PDC 系统频谱利用率很高，而 D-AMPS 系统容量最大，但 GSM 技术最成熟，而且它以 OSI 为基础，技术标准公开，发展规模最大。

（2）N-CDMA 系统。N-CDMA（窄宽码分多址）系列主要是以高通公司为首研制的基于 IS-95 的 N-CDMA。北美数字蜂窝系统的规范是由美国通信工业协会制订的，1987 年开始系统研究，1990 年被美国电子工业协会接受。由于北美地区已经有统一的 AMPS 模拟系统，该系统按双模式设计。随后频带扩展到 1900MHz，即基于 N-CDMA 的 PCS1900。

3. 第三代——IMT-2000

随着用户的不断增长和数字通信的发展，第二代移动电话系统逐渐显示出它的不足之处。首先是频带太窄，不能提供如高速数据、慢速图像与电视图像等宽带信息业务；其次是 GSM 虽然号称“全球通”，实际未能实现真正的全球漫游，尤其是在移动电话用户较多的国家如美国、日本均未得到大规模的应用。而随着科学技术和通信业务的发展，需要的将是一个综合现有移动电话系统功能和提供多种服务的综合业务系统，所以国际电联要求在 2000 年实现第三代移动通信系统，即 IMT-2000 的商用化，IMT-2000 的关键特性如下。

（1）包含多种系统。

（2）世界范围设计的高度一致性。

（3）IMT-2000 内业务与固定网络的兼容。

（4）高质量。

（5）世界范围内使用小型便携式终端。

具有代表性的第三代移动通信系统主要有 WCDMA 系统、cdma2000 系统和 TD-SCDMA 系统。

虽然第三代移动通信可以比第二代移动通信传输速率快上千倍，但是未来仍无法满足多媒体的通信需求。第四代移动通信系统便是希望能满足更大的频宽需求，满足第三代移动通信尚不能达到的在覆盖、质量、造价上支持的高速数据和高分辨率多媒体服务的需要。

1.1.2 我国移动通信的发展状况

我国自 1987 年蜂窝移动通信系统投入运营以来，移动通信几乎以每年翻番的速度迅猛发展。1987 年，我国蜂窝移动电话用户仅为 3200 个，到 1997 年用户数达到 1310 万，1998 年年底用户数达到 2500 万，1999 年年底用户数已达 4000 万。可见我国移动通信起步虽晚，但发展极其快速。相应地，蜂窝移动通信网络的建设也非常迅速，已经历模拟 A 网、模拟 B 网、数字 GSM 网、DCS1800 网、CDMA 网、WCDMA 网、cdma2000 网和 TD-SCDMA 网络，目前正在加紧建设 LTE 网络。从而，我国蜂窝移动通信主要经历以下几个时期。

第一代是模拟蜂窝移动通信，如模拟 A 网、模拟 B 网，其主要缺点是频谱利用率低、系统容量小、制式多且不兼容，不能实现自动漫游、提供有限的业务种类。

第二代是数字移动通信，如 GSM 网、DCS1800 网和 CDMA 网，虽然其容量和功能与第一代相比已有了很大提高，但其业务类别主要局限于话音和低速率的数据，不能满足新业务种类和高传输速率的要求。

2009 年 1 月 7 日，中国颁发了 3G 牌照，标志我国进入第三代数字移动通信时代。其中中国移动获得 TD-SCDMA 牌照，中国联通获得 WCDMA 牌照，中国电信获得 cdma2000 牌照，从此中国通信进入三足鼎立状态。

📖 讨论：我国不同电信运营商关于 3G 系统的选择理由的分析？

📖 中国现代通信史大事记：

1983 年　国内第一个寻呼台在上海诞生。

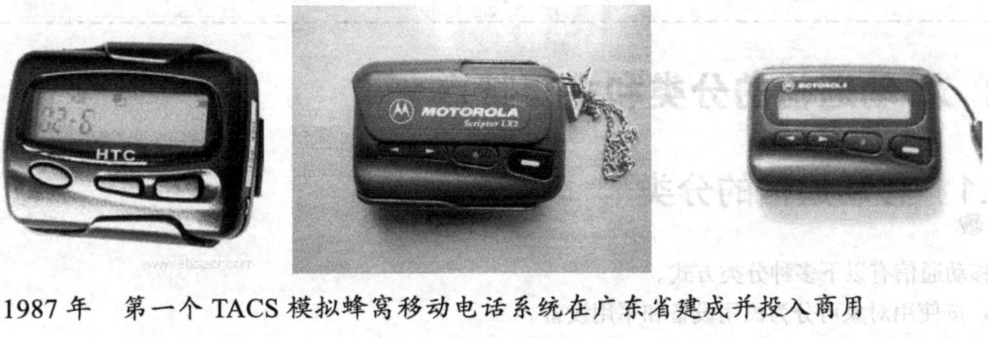

1987 年　第一个 TACS 模拟蜂窝移动电话系统在广东省建成并投入商用

1994 年　3 月，邮电部移动通信局成立。7 月，中国联合通信有限公司成立，电信业开始走向市场化竞争。

1995 年　北京无线局放号 GSM 移动数字电话，“全球通”问世。

1997 年　广东移动通信和浙江移动通信资产分别注入中国电信（香港）有限公司（后更名为中国移动（香港）有限公司），分别在纽约和香港挂牌上市。

1998 年　邮政、电信分离，信息产业部成立。

1999 年　第一次电信分拆，中国移动通信集团公司、中国电信集团公司和中国卫星通信集团公司陆续组建。

2000 年　中国移动通信集团公司正式成立。

2001 年　7 月，中国移动通信 GPRS（2.5G）系统投入试商用。12 月，中国移动通信关闭 TACS 模拟移动电话网，停止支持模拟移动电话业务。

2002 年　5 月，中国移动通信 GPRS 业务正式投入商用；10 月，中国移动通信彩信（MMS）业务正式投入商用。

2008 年　新的电信业重组，形成中国移动、中国电信、中国联通三家主流电信运营商。

2009 年　3G 正式发牌，移动、电信、联通分别推出自己的 3G 品牌。

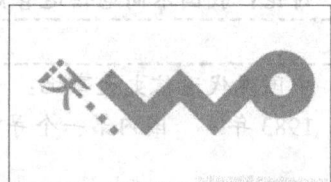

1.2　移动通信的分类和主要特点

1.2.1　移动通信的分类

移动通信有以下多种分类方式。

- 按使用对象可分为民用设备和军用设备。
- 按使用环境可分为陆地通信、海上通信和空中通信。

- 按多址方式可分为频分多址（FDMA）、时分多址（TDMA）和码分多址（CDMA）等。
- 按覆盖范围可分为广域网和局域网。
- 按业务类型可分为电话网、数据网和综合业务网。
- 按工作方式可分为同频单工、异频单工、异频双工和半双工。
- 按服务范围可分为专用网和公用网。
- 按信号形式可分为模拟网和数字网。

1.2.2 移动通信的主要特点

由于移动通信是在移动状态下进行实时通信的，与固定点比较有许多特殊的问题需要面对，这就决定了移动通信的特点，现介绍如下。

（1）移动通信利用无线电波进行信息传输。由于无线传播环境十分复杂，接收端所收到的信号场强、相位等随时间、地点的不同而不断地变化，严重影响通信的质量，这就要求在移动通信系统中，必须采取各种不同的措施，保证通信的质量。

（2）移动台受干扰和噪声影响严重。由于移动通信网是多频道、多电台同时工作的通信系统，所以在通信时，必然受到各种干扰和噪声的影响，例如，同频干扰、邻道干扰、汽车点火噪声等。同样在系统中，应根据实际情况，采取相应的抗干扰和抗噪声措施。

（3）频道拥挤。为了缓和用户数量增加和可利用的频率资源有限的矛盾，除了开发新的频段之外，还可以采取各种措施以便更加有效的利用频谱资源，例如，采取缩小频道间隔、频分复用、时分复用等技术。

（4）移动台的移动性强。由于移动台的移动是在广大区域内的不规则运动，而且大部分的移动台都会有关闭不用的时候，它与通信系统中的交换中心没有固定的联系，因此，要实现通信并保证质量，必须要发展自己的跟踪、交换技术，如位置登记技术、信道切换技术、漫游技术等。

（5）通信系统复杂。由于移动台的移动性，需随机选用无线信道，进行频率和功率控制、位置登记、越区切换等技术，这就使得移动通信网中的信令种类比固定网要复杂得多。

1.3 移动通信的工作方式

按照消息传送的方向，移动通信的工作方式可分为单向通信方式和双向通信方式两大类，而按照通话状态和频率使用的方法，移动通信可分为单工制、半双工制和双工制三种工作方式。

1.3.1 单向通信方式

所谓单向通信方式就是通信双方中的一方只接收信号，而另一方只能发送信号。

> 📖 无线寻呼系统就是采用这种工作方式，BP 机只能收信而不能发信。

1.3.2 双向通信方式

1. 单工通信方式

单工通信就是指通信的双方只能交替的进行发信和收信，不能同时进行，如图 1-2 所示。

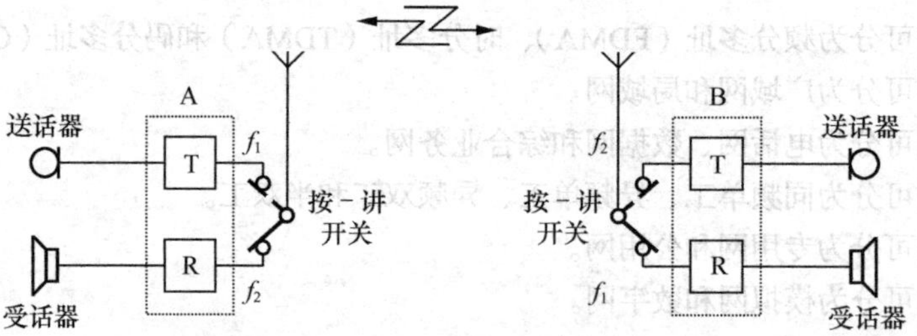

图 1-2　单工通信方式示意图

常用的对讲机就是采用这种通信方式。平时天线与收信机相连接，发信机不工作。当一方用户要讲话时，接通“按-讲”开关，天线与发信机相连，即发信机开始工作。另一方的天线连接收信机，收到对方发来的信号。

2. 全双工通信方式

全双工通信是指移动通信双方可同时进行发信和收信。根据使用频率的情况，又可分为频分双工（Frequency Division Duplex，FDD）和时分双工（Time Division Duplex，TDD）。

移动通信系统中，移动台发送、基站接收的信道称为上行信道，反之为下行信道。对于 FDD，上下行信道采用不同的频带，如图 1-3 所示。而 TDD 中，上下行信道采用相同的频带，用不同的时间进行区分，如图 1-4 所示。

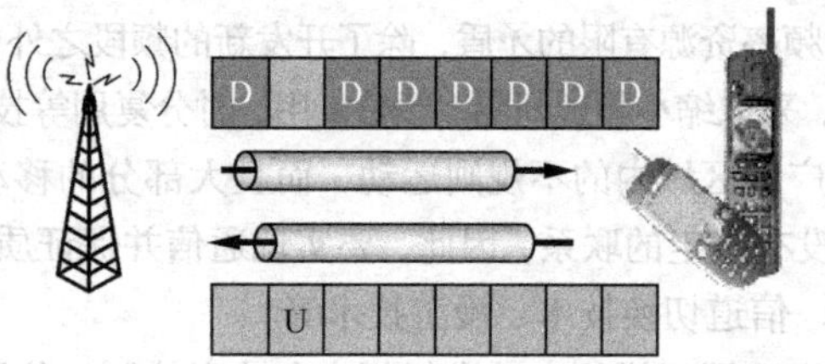

图 1-3　FDD 示意图

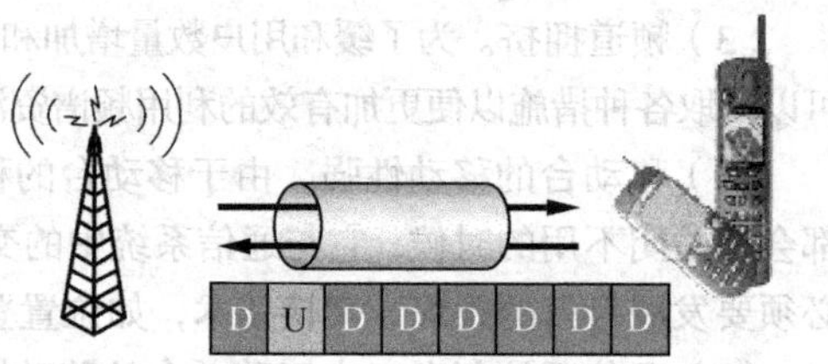

图 1-4　TDD 示意图

> 📖 TDD 工作方式类似于走独木桥，而 FDD 工作方式类似于自动扶梯，上下行搭不同的扶梯。目前已有的第三代移动通信系统中，只有 TD-SCDMA 系统采用 TDD 工作方式。

3. 半双工通信方式

半双工通信方式中，一方使用双工通信方式，而另一方则使用单工方式，发信时要按下“按-讲”开关。

1.4　无线电频谱管理与使用

频谱是宝贵的资源。为了有效的使用有限的频率资源，对频率的使用和分配必须服从国际和国内的统一管理，否则会造成互相干扰或资源的浪费。

确定移动通信的频段应主要从以下几个方面来考虑。

- 电波传播特性，天线尺寸。
- 环境噪声及干扰的影响。
- 服务区域范围、地形、障碍物尺寸以及对建筑物的渗透性能。
- 设备小型化的要求。

- 与以开发的频段的协调和兼容性。

1. 我国 GSM 通信系统占用频段情况

我国 GSM 通信系统采用 900MHz 和 1800MHz 频段，具体分类如下所示。

- GSM900 频段为：890～915MHz（上行）；935～960MHz（下行）。
- DCS1800 频段为：1710～1785MHz（上行）；1805～1880MHz（下行）。
- EGSM 频段为：880～890MHz（上行）；925～935MHz（下行）。由于现有的 GSM900 频段不够用，所以在 GSM900 频段往下扩 10MHz 作为 EGSM 频段。

2. CDMA800MHz 系统占用频段情况

CDMA800MHz 频率为：820MHz～835MHz（上行）；865MHz～880MHz（下行）。

3. 3G 系统占用频段情况

时分双工：1880～1920MHz；2010～2025MHz。

频分双工：1920～1980MHz（上行）；2110～2170MHz（下行）。

补充频段：频分双工：1755MHz～1785MHz（上行）；1850MHz～1880MHz（下行）； 时分双工：2300MHz～2400MHz。

- TD-SCDMA 频段为：1880MHz～1920MHz；2010MHz～2025MHz；2300MHz～2400MHz。
- WCDMA 频段为：1940～1955MHz（上行）；2130～2145MHz（下行）。
- cdma2000 频段为：1920～1935MHz（上行）；2110～2125MHz（下行）。
- WLAN 频段为：2400～2483.5MHz。

4. 我国运营商占用频段情况

下面给出我国三家运营商经营的移动通信网络各自专用的频段。

（1）中国移动。

- GSM 频段为：890～909MHz（上行）；935～954MHz（下行）。频点：1～94。
- EGSM 频段为：880～890MHz（上行）；925～935MH z（下行）。频点：975～1023。
- DCS1800 频段为：1710～1720MHz（上行）；1805～1815MHz（下行）以及 1725～1735MHz（上行）；1820～1830MHz（下行）。频点：512～561 以及 587～636。
- TD-SCDMA 频段为：1880MHz～1920MHz（A 频段，原为 F 频段）；2010MHz～2025MHz（B 频段，原为 A 频段）；2300MHz～2400MHz（C 频段补充频段，原为 E 频段）。

（2）中国联通。

- GSM 频段为：909～915MHz（上行）；954～960MHz（下行）。频点：96～125。
- DCS1800 频段为：1740～1755MHz；1835～1850MHz（下行）。频点：662～736。
- WCDMA 频段为：1940MHz～1955MHz（上行）；2130MHz～2145MHz（下行）。WCDMA 频点计算公式：频点=频率×5，上行中心频点号：9612～9888；下行中心频点：10562～10838。

（3）中国电信。

- CDMA 频段为：825MHz～835MHz（上行）；870MHz～880MHz（下行）。共 7 个频点：37、78、119、160、201、242、283。其中 283 为基本频道，前 3 个 EVDO 频点使用，后 3 个 cdma2000 使用，160 隔离。

1.5 移动通信的标准化组织

世界三大国际标准化机构分别为：

- 国际标准化组织（International Organization for Standardization，ISO）；
- 国际电工委员会（International Electrotechnical Commission，IEC）；
- 国际电信联盟（International Telecommunication Union，ITU）。

它们的图标如图 1-5 所示。

（a）ISO 图标　　（b）IEC 图标　　（c）ITU 图标

图 1-5　各标准化组织的图标

其中，ISO 是目前世界上最大、最有权威性的国际标准化专门机构，于 1947 年 2 月正式成立，其目的和宗旨是：“在全世界范围内促进标准化工作的发展，以便于国际物资交流和服务，并扩大在知识、科学、技术和经济方面的合作。”

IEC 成立于 1906 年，是世界上成立最早的国际性电工标准化机构，负责有关电气工程和电子工程领域中的国际标准化工作。

ITU 是联合国的一个专门机构，简称“国际电联”。ITU 的实质工作由三大部门承担，分别为 ITU-T（即 TSS，电信标准化部门）、ITU-R（即 RS，无线通信部门）、ITU-D（即 TDS，电信发展部门）、电信标准化局（TSB）、电信发展局（BDT）和无线电通信局（BR），其宗旨是保持和发展国际合作，促进各种电信业务的研发和合理使用；促使电信设施的更新和最有效的利用，提高电信服务的效率，增加利用率和尽可能达到大众化、普遍化；协调各国工作，达到共同目的。

表 1-1 所示为部分常见的通信标准化组织。

表 1-1　标准化组织列表

地区性的标准化组织		专业的通信标准化组织	
缩略语	中文全称	缩略语	中文全称
ANSI	美国国家标准学会	3GPP	第三代移动通信标准化伙伴项目
ARIB	日本无线工业及商贸联合会	3GPP2	第三代移动通信标准化伙伴项目 2
EIA	美国电子工业协会	IETF	Internet 工程任务组
TIA	美国通信工业协会		
ATIS	电信工业解决方案联盟		
TTC	日本电信技术委员会		
IEEE	电气和电子工程师协会		
ASTAP	亚太地区电信标准化机构		
TTA	韩国电信技术协会		
CCSA	中国通信标准化协会		

📖 试对表 1-1 的标准化组织进行了解。

1.6 移动通信的应用系统

移动通信系统按照使用要求和工作场合的不同，可以分成几种典型的移动通信系统，例如无线寻呼系统、无绳电话系统、集群调度通信系统、蜂窝移动通信系统以及卫星移动通信系统等。

1.6.1 无线寻呼系统

无线寻呼系统是一种单向的传送简单信息的通信系统，如图 1-6 所示，由寻呼控制中心、基站和寻呼接收机（俗称 BP 机）三部分组成。

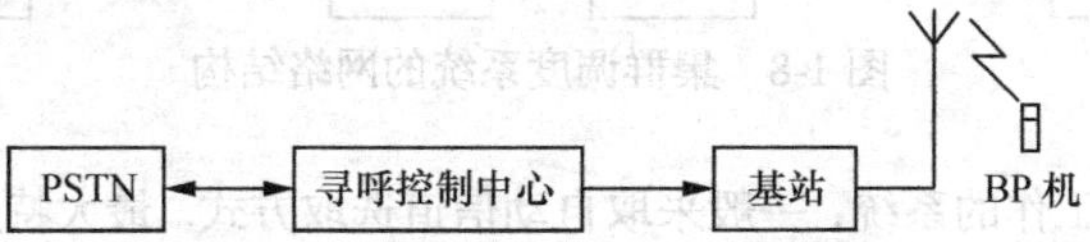

图 1-6 无线寻呼系统的网络结构

通过此系统，通信的一方借助于市话电话机能够向特定的寻呼接收机持有者传递一些简单的个人信息，即在 BP 机的液晶显示屏上显示汉字或是由数字和字母组成的一组代码，用来表示主叫用户的电话号码、姓名和与呼叫相关的内容。

所谓单向，是指该系统仅为 PSTN 用户呼叫 BP 机提供服务，被叫用户若想回话，则需通过“拨打电话”来进行，因此该系统可视为 PSTN 的延伸和补充。

1.6.2 无绳电话系统

无绳电话系统是 PSTN 网的一种无线延伸，由基站和手机组成，如图 1-7 所示。

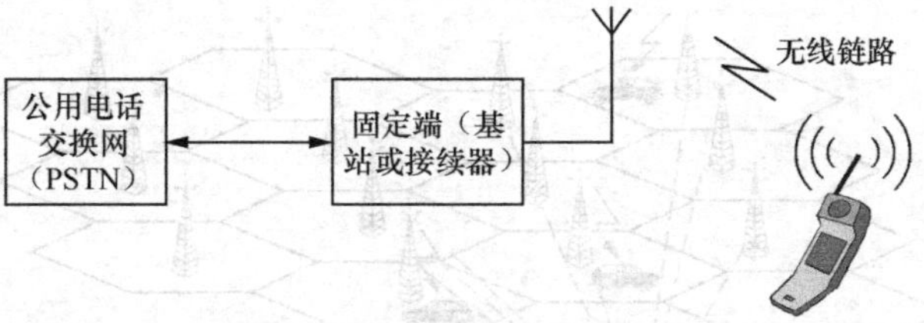

图 1-7 无绳电话系统的组成

早期的无绳电话只是将与 PSTN 相连的用户线路以无线的方式加以延伸，给市话用户提供一定范围内的有限移动性，并且最初只是用于家庭内部。为了防止彼此干扰，无绳电话发射功率较低。一般而言，基站输出功率小于 1W，手机发射功率小于 0.5W，所以有效服务范围有限。

20 世纪 80 年代末，英国提出了第二代无绳电话系统（CT2），将无绳电话系统的应用范围由室内推向了室外，由模拟系统发展为性能优良的数字系统，形成了公用无绳电话系统。

1.6.3 集群调度通信系统

集群（Trunking）调度通信系统是一种专用移动通信系统，由控制中心、基站、调度台和移动台组成，如图 1-8 所示。

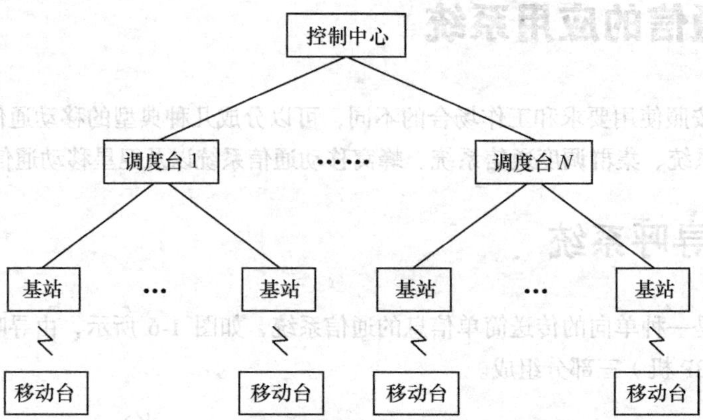

图 1-8　集群调度系统的网络结构

该系统是一个多信道工作的系统，一般采取自动信道选取方式。最大特点是集中和分级管理并举，系统可供多个单位同时使用。系统设一个控制中心以便集中管理，每个单位又可以分别设置自己的调度台进行相应的管理。这既实现了系统资源的公用，又使公用性和独立性兼而有之。

1.6.4　蜂窝移动通信系统

蜂窝移动通信系统可提供与有线电话相比拟的高质量的服务。在蜂窝移动通信系统中，每个基站发射机的覆盖范围都限制在一个称为“蜂窝（cell）”即无线小区的地理范围内，如图 1-9 所示，其使用称为“越区切换”的复杂技术，可以使用户从一个蜂窝移动到另一个蜂窝时通话不会中断。本书下文提到的移动通信系统若没有特殊提示，都指该蜂窝移动通信系统，因此在此不再叙述，在后续内容做详细讲解。

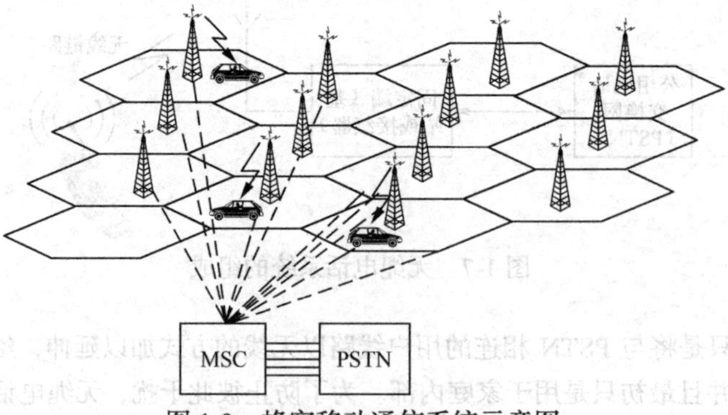

图 1-9　蜂窝移动通信系统示意图

1.6.5　卫星移动通信系统

卫星移动通信是指以通信卫星为中继站，在较大地域及空间范围内实现移动台与固定台、移动台与移动台以及移动台或固定台与公众网用户之间的通信。卫星移动通信是移动通信和卫星通信相结合的产物，兼具卫星通信覆盖面宽和移动通信服务灵活的优点，其结构如图 1-10 所示。

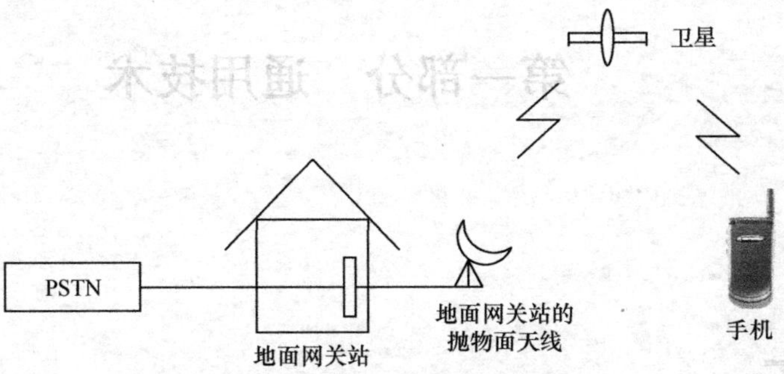

图 1-10 卫星移动通信系统示意图

本章习题

1. 什么叫移动通信?
2. 简述移动通信的发展。
3. 试对移动通信进行分类。
4. 移动通信系统的特点有哪些?
5. 比较 FDD 和 TDD 的区别。

第 2 章

天线与电波传播

利用电磁波的辐射和传播，经过空间传送信息的通信方式称为无线通信。移动通信是无线通信中的一种。

移动通信中的电磁波要在特定的移动信道中传播，这种信道也属于无线信道。无线信道不像有线信道那样固定并可预见，而是具有极度的随机性。研究移动通信的首要问题就是电波的传播特性，我们必须了解和掌握移动通信环境中无线电波传播的基本特点与规律。

> 📖 那么电磁波是什么？它是如何产生的？具有什么特性？

2.1　电磁波

2.1.1　电磁波的产生

无线电波是一种能量传输形式。由物理学常识可知，变化的电场产生变化的磁场，变化的磁场产生变化的电场，相互激发，脱离场源后，以一定的速度传播，这种特殊物质就是电磁波（以光速传播）。

在传播过程中，电场和磁场在空间是相互垂直的，同时这两者又都垂直于传播方向，如图 2-1 所示。

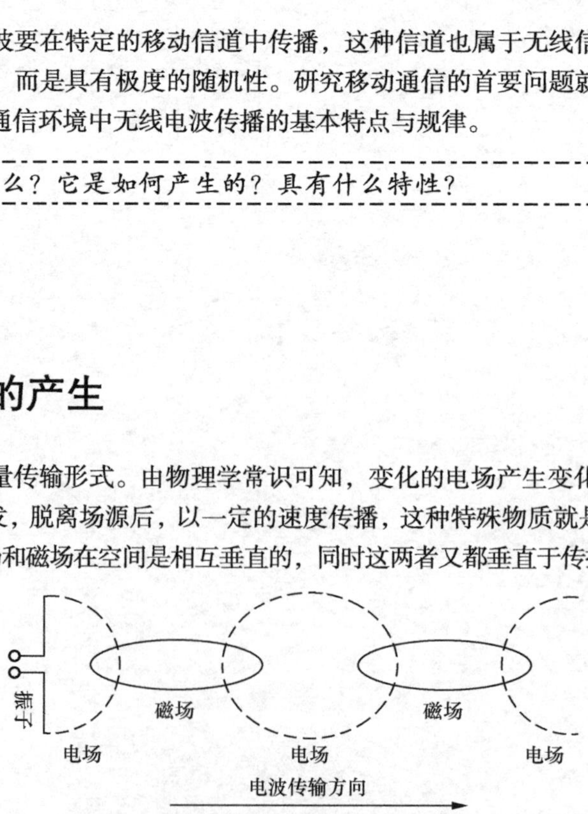

图 2-1　电波传播方向

📖 电场、磁场和传播方向三者成右手螺旋关系，大家不妨试试！

电磁波的波长、频率和传播速度的关系式为

$$\lambda = v / f \tag{2-1}$$

式中，λ 为波长（m）；v 为传播速度（m/s）；f 为频率（Hz）。

其中传播速度和传播媒质有关。电磁波在真空中的传播速度等于光速，我们用 $c = 3.0\times10^8$ m/s 表示。在媒质中的传播速度为：$v = c / \sqrt{\varepsilon}$，式中 ε 为传播媒质的相对介电常数。可见，同一频率的无线电波在不同的媒质中传输的速度是不一样的，因此波长也不一样。

根据坡印廷定理，电磁波在传播中携有能量，可以作为信息的载体，这就为无线电通信开阔了道路。

📖 太阳与地球之间的距离非常遥远，但我们能感受到阳光的光和热，这就好比是“电磁辐射即有辐射现象传递能量”的原理一样。

2.1.2 电磁波谱

若按照波长或频率的顺序对电磁波进行排列，即电磁波谱。按照波长的长短以及波源的不同，电磁波谱大致分为无线电波、红外线、可见光、紫外线、伦琴射线（X 射线）、γ 射线等，如图 2-2 所示。

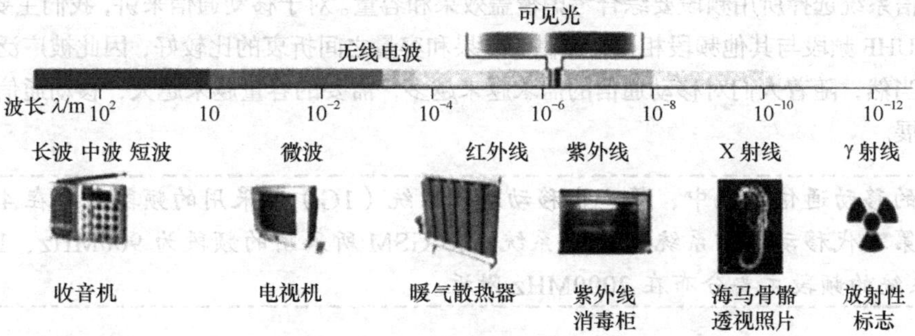

图 2-2 电磁波谱

📖 请思考无线电波和光波有什么异同点。

不同频段的电磁波具有不同的传播特性，导致其应用环境也不一样。表 2-1 所示为不同频段电磁波的特性和应用范围。

表 2-1 不同频段电磁波的特性和应用范围

频率	频段	特性	应用
3～30kHz	极低频（ELF）、甚低频（VLF）	高大气噪声，地球-电离层波导模型模型，天线效率非常低	潜水艇、导航、声纳、远距离导航
30～300kHz	低频（LF）	高大气噪声，地球-电离层波导模型，易被电离层吸收	远距离导航信标
300～3000kHz	中频（MF）	高大气噪声，好的地波传播，地球磁场回旋噪声	导航、水上通信、调幅广播

续表

频率	频段	特性	应用
3～30MHz	高频（HF）	中等大气噪声、电离层反射提供长距离通信、受太阳通量密度的影响	国际短波广播、船到岸、电话、电报、长距离航空器通信、业余无线电
30～300MHz	甚高频（VHF）	在低端有些电离层反射、流量散射体可能出现，基本为视距的正常传播	移动通信、电视、调频广播、空中交通管制、无线电导航辅助
300～3000MHz	特高频（UHF）	基本为视距传播	电视、雷达、移动无线电、卫星通信
3～30GHz	超高频（SHF）	视距传播、在高端频率大气吸收	雷达、微波通信、陆地移动通信、卫星通信
30～3000GHz	极高频（EHF）	视距传播、非常易受大气吸收	雷达、保密通信和军用通信、卫星通信
3000～10^7GHz	IR-光	视距传播、非常易受大气吸收	光纤通信

无线电波主要分布在3Hz到3000GHz之间。不同频率的无线电波具有不同的传播特性。频率越低，传播损耗越小，覆盖距离越远；而且频率越低，绕射能力越强。但是，低频段频率资源紧张，系统容量有限，因此主要应用于广播、电视、寻呼等系统。高频段频率资源丰富，系统容量大；但是频率越高，传播损耗越大，覆盖距离越近；而且频率越高，绕射能力越弱。另外频率越高，技术难度越大，系统的成本也相应提高。

移动通信系统选择所用频段要综合考虑覆盖效果和容量。对于移动通信来讲，我们主要关心VHF、UHF频段。UHF频段与其他频段相比，在覆盖效果和容量之间折衷的比较好，因此被广泛应用于移动通信领域。当然，随着人们对移动通信的需求越来越多，需要的容量越来越大，移动通信系统必然要向高频段发展。

📖 已有的移动通信系统中，第一代移动通信系统（1G）所采用的频段主要在450MHz左右；第二代移动通信系统（2G）系统例如GSM所采用的频段为900MHz、1800MHz；3G系统的频段主要分布在2000MHz附近。

2.1.3 无线电波的传播特性

无线电波的传播方式主要有4种方式：地波、天波、空间波及散射波，如图2-3所示。

（1）地波方式：沿地球表面传播的无线电波称为地波（或地表波），这种传播方式比较稳定，受天气影响小。

（2）天波方式：也即电离层波。地球大气层的高层存在着“电离层”。无线电波进入电离层时其方向会发生改变，出现“折射”。因为电离层折射效应的积累，电波的入射方向会连续改变，最终会“拐”回地面，电离层如同一面镜子会反射无线电波。我们把这种经电离层反射而折回地面的无线电波称为“天波”。天波可以传播到几千公里之外的地面，也可以在地球表面和电离层之间多次反射，即可以实现多跳传播。

（3）空间波方式：主要指直射波和反射波。由发射天线直接到达接收点的电波，被称为直射波。当电波传播过程中遇到两种不同介质的光滑界面时，还会像光一样发生镜面反射，称为反射波。

（4）对流层散射方式：地球大气层中的对流层，因其物理特性的不规则性或不连续性，会对无线电波起到散射作用。利用对流层散射作用进行无线电波的传播称为对流层散射方式。

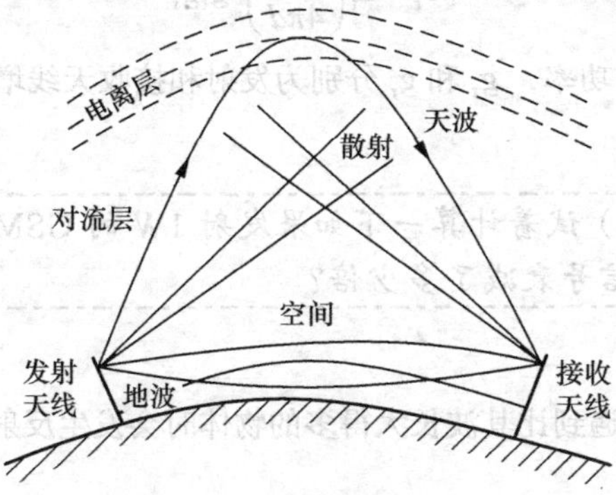

图 2-3 不同的传播模式

> 📖 大家能否推断电影《永不消失的电波》中的发报机，从敌统区发送信息到中央苏区是通过什么传播方式？那东方明珠电视塔传递的电视信号又是通过什么传播方式传递到电视机的？

不同频率的无线电波在大气中的传播特性是不一样的，大气中的水蒸气、氧气等分子对于不同频率的无线电波有不同的衰减作用，如图 2-4 所示。所以在一些衰减特别大的频率上并不适合进行无线通信。

> 📖 由于大气中的水蒸气和氧分子吸收造成较大的衰减，无线通信应该避免 22GHz 和 60GHz 两个吸收带。

在实际的传播环境中，发射端与接收端之间的传播路径上，往往有山丘、建筑物、树木等障碍物的存在，对工作于 VHF 和 UHF 频段的移动通信来说，电波传播方式主要是空间波，即直射波、反射波、绕射波、散射波以及它们的合成波等方式传播，如图 2-5 所示。

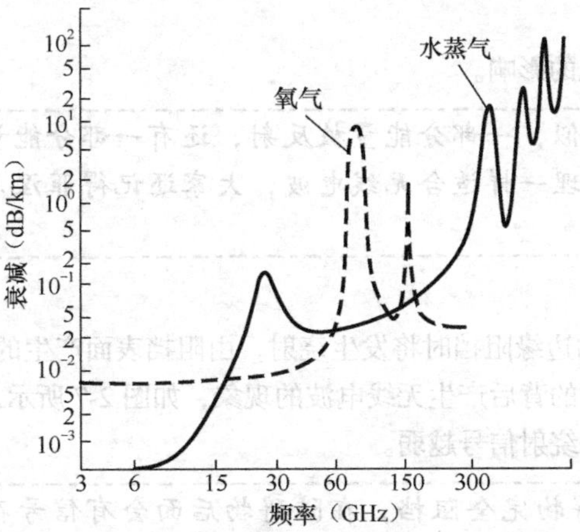

图 2-4 大气中不同成分对无线电波的吸收作用

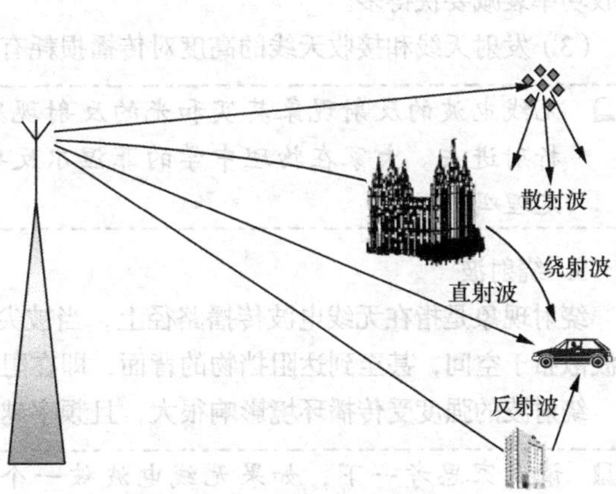

图 2-5 电波传播方式

1. 直射波

在无遮挡物的情况下，无线电波以直线方式传播，即形成直射波，直射波传播的接收信号最强。

应用电磁场理论可以推出，在自由空间传播条件下，接收信号功率 P_r 可用下式计算：

$$P_r = P_t\left(\frac{\lambda}{4\pi d}\right)^2 g_t g_r \tag{2-2}$$

式中，P_t 为发射机送至天线的功率，g_t 和 g_r 分别为发射和接收天线增益，λ 为波长，d 为接收天线与发射天线之间的距离。

> 📖 大家可以通过式（2-2）试着计算一下如果发射 1W 的 GSM 900MHz 信号，在 1km 远处的信号会是多少？信号衰减了多少倍？

2. 反射波

当无线电波在传播过程中遇到比其波长大得多的物体时会发生反射，例如地球表面、建筑物墙壁表面、树干等。

采用二径模型来分析反射波对信号的影响，如图 2-6 所示，其中 $d = d_1 + d_2$ 远远大于天线高度。

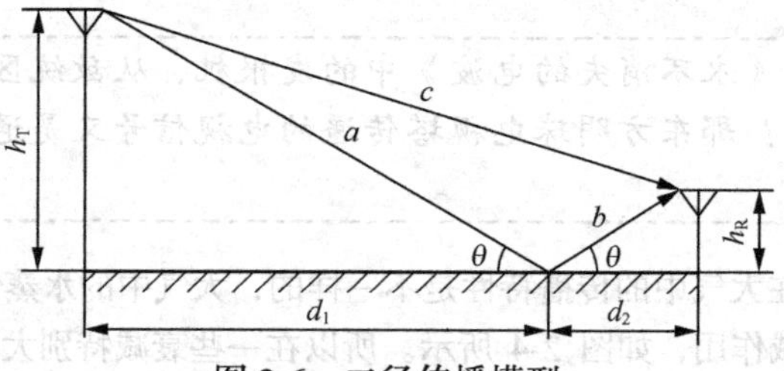

图 2-6　二径传播模型

经过推导，接收端接收到的功率为

$$P_r = P_t\left(\frac{h_T h_R}{d^2}\right)^2 g_t g_r \tag{2-3}$$

由该式可知以下几点。

（1）由于 d 远远大于天线高度，这使得接收功率与频率无关。

（2）接收端功率与距离的四次方成反比，而自由空间的接收功率与距离的平方成反比，这表明其接收功率衰减要快得多。

（3）发射天线和接收天线的高度对传播损耗有一定的影响。

> 📖 无线电波的反射现象其实和光的反射现象类似，一部分能量被反射，还有一部分能量折射进去。大家在物理中学的菲涅尔反射定理一样适合无线电波，大家还记得菲涅尔定理吗？

3. 绕射波

绕射现象是指在无线电波传播路径上，当被尖锐的边缘阻挡时将发生绕射，由阻挡表面产生的二次波散布于空间，甚至到达阻挡物的背面，即在阻挡物的背后产生无线电波的现象，如图 2-7 所示。

绕射波的强度受传播环境影响很大，且频率越高，绕射信号越弱。

> 📖 请大家思考一下，如果无线电波被一个障碍物完全阻挡，在障碍物后面会有信号存在吗？

4. 散射波

当无线电波传播的介质中存在小于波长的物体且单位体积内阻挡物的个数非常大时，将会发生散射，如图 2-8 所示。散射波一般产生于粗糙表面、小物体或其他不规则物体，例如树叶、街道标志、灯柱等。

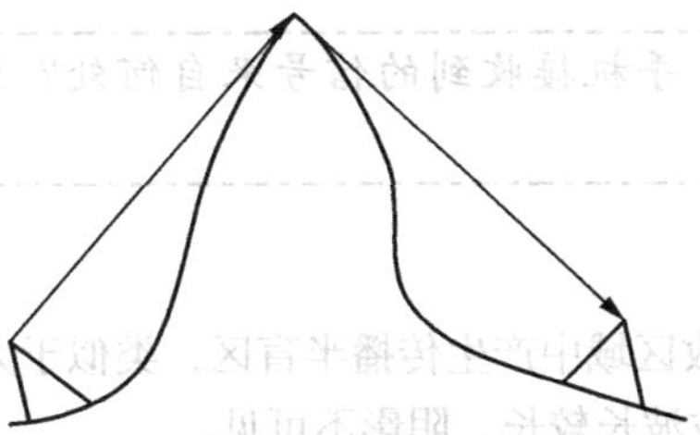

图 2-7 绕射波

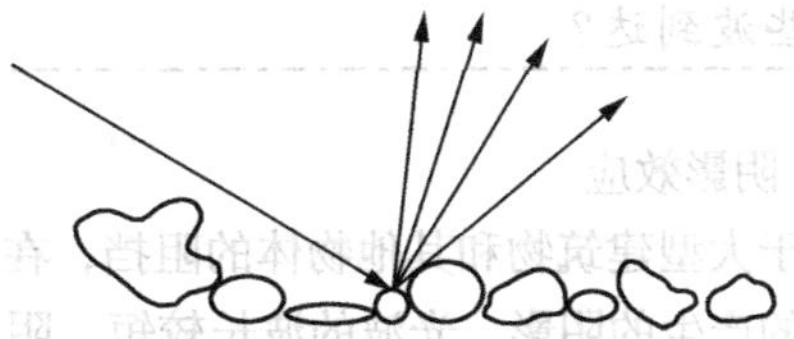

图 2-8 散射现象

📖 请大家对照光的散射现象思考一下无线电波的散射现象。

5. 透射波

当无线电波到达两种不同介质界面时，将有部分能量反射到第一种介质中(即反射线)，另一部分能量透射到第二种介质中(即透射线或折射线)，如图 2-9 所示。

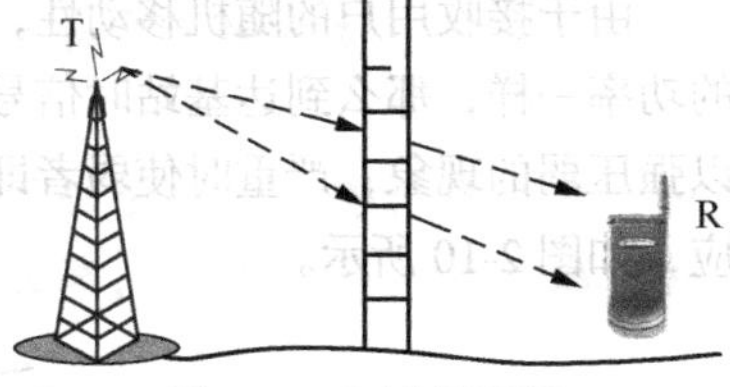

图 2-9 电波的穿透

例如当无线电波透射过建筑物外墙时，有一部分能量就会穿透墙壁射入室内。穿过墙体的透射线可以用透射系数来描述，穿透损耗大小不仅与无线电波频率有关，而且与穿透物体的材料、尺寸有关。

📖 一般墙体的透射损耗在 10dB 的量级，墙体使用的钢筋越多损耗越大。所以我们在一个墙体较多的建筑中，信号会很弱。

6. 总结

一般来说直射信号是最强的，反射信号、透射信号次之，绕射信号再次，散射信号最弱。

📖 大家考虑一下，在教室中我们收到的信号都是通过什么方式传递进来的，各自的强度又怎样？

2.2 移动信道的特征

移动信道属于无线信道，但要与一般具有可移动功能的无线接入的无线信道有所区别，它是移动的动态信道，取决于用户所在环境条件的不同而不同，其信道参数是时变的。利用移动信道进行通信，首先必须分析和掌握信道的基本特点和实质，然后才能针对存在的问题——对症下药，给出相应的技术解决方案。

移动信道基于电磁波在空间的传播来实现信息的传输，不同于有线通信，采用全封闭式的传输线，其具有传播的开放性，受噪声和干扰影响严重。另外由于移动用户的移动性，导致接收环境具有复杂性和多变性。所以接收端接收的信号受到四种主要效应的影响，产生 3 种不同程度的损耗。

2.2.1 四种效应

1. 多径效应

由于接收者所处地理环境的复杂性，接收到的信号不仅有直射波的主径信号，还有从不同建筑物

📖 移动通信中的接收信号是不断跳变的，不可能有稳定的信号存在。

根据信号的衰落周期可以分为快衰落和慢衰落。

1. 快衰落损耗

它主要是由于多径传播而产生的衰落，即多径效应引起快衰落。

多径传播是指发射的电磁波经历了不同路径而传递到接收端，这个现象是移动通信不可避免的，如图 2-13 所示。

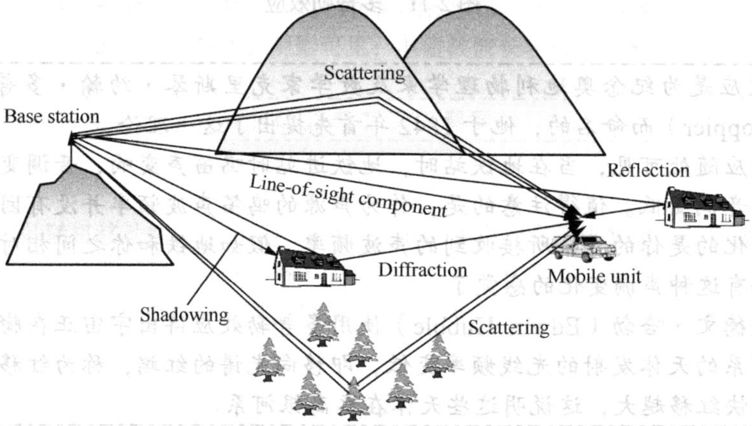

图 2-13 多径传播现象

移动体周围有许多散射、反射和折射体，引起信号的多径传输，使到达的信号之间相互叠加，其合成信号幅度和相位随移动台的运动表现为快速的起伏变化，它反映微观小范围内数十波长量级接收电平的均值变化而产生的损耗，其变化率比慢衰落快，故称它为快衰落，由于快衰落表示接收信号的短期变化，所以又称短期衰落（short-term fading）。接收信号包络服从瑞利（Rayleigh）分布，相位服从均匀分布，因此这样的衰落又称为瑞利衰落，如图 2-13 中所示的实线部分。

2. 慢衰落损耗

它是由于在电波传输路径上受到建筑物及山丘等的阻挡所产生的阴影效应而产生的损耗。它反映了中等范围内数百波长量级接收电平的均值变化而产生的损耗，其变化率较慢故又称为慢衰落，由于慢衰落表示接收信号的长期变化，所以又称长期衰落（long-term fading）。另外，大气折射条件的变化（大气介电常数变化）使多径信号相对时延变化，造成同一地点场强中值随时间的慢变化，但这种变化远小于地形因素的影响，所以也属于慢衰落。因此，由于季节不同、气候不同等对无线信号的影响也不同。接收信号幅度值近似服从对数正态分布。如图 2-12 中所示的虚线部分。

📖 大家可以思考一下，如果手机处于某个位置不动，其信号幅度变化情况会是什么样子的？如果手机在以一定速度移动，其信号幅度变化情况又会是什么样子的？

2.2.3 噪声和干扰

1. 人为噪声

噪声按照来源可分为外部噪声和内部噪声。

内部噪声来源于信道本身所包含的各种电子器件、转换器以及天线或传输线等。例如，电阻及各种导体都会在分子热运动的影响下产生热噪声，电子管或晶体管等电子器件会由于电子发射不均匀等产生散弹噪声。

外部噪声又分为自然噪声和人为噪声两类。图 2-14 所示为外部噪声功率和频率的关系，可见，对于工作在 VHF 和 UHF 频段的移动通信系统来说，影响较大的是人为噪声。

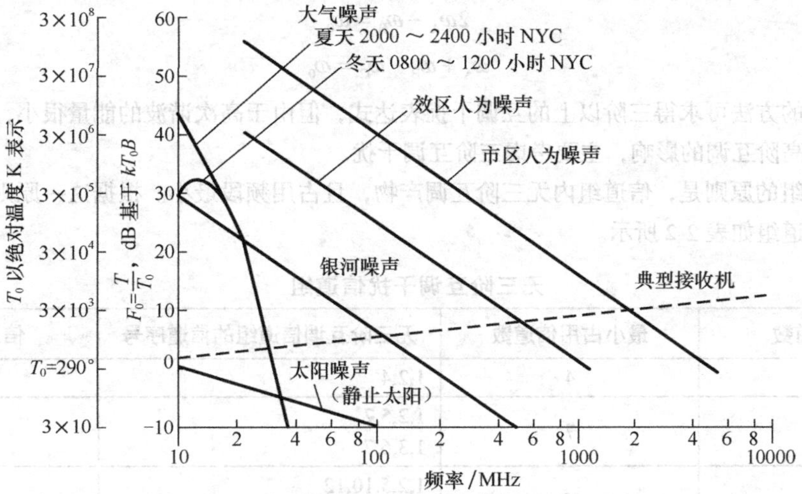

图 2-14　外部噪声的功率与频率的关系

自然噪声主要是指大气噪声、宇宙噪声和太阳噪声。人为噪声主要指电气设备的噪声，如电力线噪声、工业电气噪声、汽车或其他发动机的点火噪声等。人为噪声多属于脉冲性噪声。大量的噪声混在一起，还可能形成连续性噪声，或连续性噪声中叠加有脉冲性噪声。频谱分析表明，这种噪声的频谱较宽，而且噪声强度随频率的升高而下降。

2. 干扰

在移动通信系统中，基站或移动台接收机必须能在其他通信系统产生的众多较强干扰信号中，检出较弱的有用信号。主要的干扰有如下 4 种。

（1）邻道干扰。邻道干扰是指相邻的或邻近频道之间的干扰。模拟移动通信系统广泛使用的 VHF、UHF 电台，频道间隔是 25kHz。由于调频信号的频谱很宽，理论上有无穷边频分量，因此，当其中某些边频分量落入邻道接收机的通带内时，就会造成邻道干扰。

一般地，克服邻道干扰可采取下列措施。

- 降低基站的发射功率。
- 移动台采用自动功率控制装置。
- 在无线近区设置强信号吸收装置。

（2）同信道干扰。同信道干扰亦称同频道干扰，是指相同载频电台之间的干扰。在电台密集的地方，若频率管理或系统设计不当，就会造成同频干扰。在移动通信系统中，为了提高频率利用率，在相隔一定距离以外，可以使用相同的频率，这称为同信道复用。

改善同频道干扰主要采用以下几种措施。

- 调整基站发动机功率或天线高度，使重叠区落在人烟稀少的地区。
- 使用频率偏置技术。
- 采用时延均衡技术。

（3）互调干扰。互调干扰是由传输信道中的非线性电路产生的。它指两个或多个信号作用在通信设备的非线性器件上，产生同有用信号频率相近的组合频率，从而对通信系统构成干扰的现象。

在移动通信系统中，产生的互调干扰主要有三种：发射机互调、接收机互调及外部效应引起的互调。

假定由于输入回路选择性较差，同时有 3 个载频分别为 ω_A 、ω_B 、ω_C 的干扰信号进入接收机高频放大级或混频级，这些信号在非线性特性的作用下，将产生许多谐波和组合频率分量。其中，三阶互调干扰有两种类型，即二信号三阶互调和三信号三阶互调：

$$2\omega_A - \omega_B = \omega_0$$

$$\omega_A + \omega_B - \omega_C = \omega_0$$

根据同样的方法可求得三阶以上的互调干扰表达式，但由于高次谐波的能量很小，所以在工程设计中，可忽略高阶互调的影响，主要考虑三阶互调干扰。

选择信道组的原则是，信道组内无三阶互调产物，且占用频段最小。根据这一原则确定的无三阶互调干扰的信道组如表 2-2 所示。

表 2-2　　　　无三阶互调干扰信道组

需要信道数	最小占用信道数	无三阶互调信道组的信道序号	信道利用率
3	4	1,2,4	75%
4	7	1,2,5,7 1,3,6,7	57%
5	12	1,2,5,10,12 1,3,8,11,12	42%
6	18	1,2,5,11,16,18 1,2,5,11,13,18 1,2,9,12,14,18 1,2,9,13,15,18	33%
7	26	1,2,8,12,21,24,26 1,3,4,11,17,22,26 1,2,5,11,19,24,26 1,3,8,14,22,23,26 1,2,12,17,20,24,26 1,4,5,13,19,24,26 1,5,10,16,23,24,26	27%
8	35	1,2,5,10,16,23,33,35 1,3,13,20,26,31,34,35 ⋮	23%
9	46	1,2,5,14,25,31,34,42,46 ⋮	20%
10	56	1,2,7,11,24,27,35,42,54,56 ⋮	18%

（4）近端对远端的干扰。即远近效应，这里不再做阐述。

克服近端对远端干扰的措施主要有两个：一是使两个移动台所用频道拉开必要间隔；二是移动台端加自动（发射）功率控制（APC），使所有工作的移动台到达基站功率基本一致。由于频率资源紧张，几乎所有的移动通信系统对基站和移动终端都采用 APC 工作方式。

2.3　电波传播模型

由于移动环境的复杂性和多变性，要对接收信号中值进行准确计算是相当困难的。无线通信工程的做法是，在大量场强测试的基础上，经过对数据的分析与统计处理，找出各种地形地物下的传播损耗（或接收信号场强）与距离、频率以及天线高度的关系，给出传播特性的各种图表和计算公式，建立传播预测模型，从而能用较简单的方法预测接收信号的中值。

在移动通信领域，已建立了许多场强预测模型。它们是根据在各种地形地物环境中场强实测数据总结出来的，各有特点，应用于不同的场合。

2.3.1　地形环境分类

电波在不同的环境中传播，其特性不尽相同。从广义上讲，传播环境应包括电波传播地区的自然地形，人工建筑与植被状况等。现实中的地形地物又是多种多样，千差万别。在研究移动信道时，应根据地形的主要特征将传播环境的地形特征加以分类，并给出明确定义。这样，才能研究在不同地形环境条件下电波的传播特性。

1. 地形的分类及定义

（1）准平滑地形。地形起伏高度在 20m 以内，起伏较平缓，地面平均高度相差不大的地形。

（2）不规则地形。

① 丘陵地形。用地形起伏高度参数 Δh 表示。Δh 值等于从接收点向发射点方向计算得 10km 内 10% 与 90%的地形起伏高度差，如图 2-15 所示。

② 孤立山岳。指传播路径上的一个孤立山岳，除接收点邻近的障碍物以外，没有其他物体对接收信号有干扰。对于 VHF 及 UHF 频段，这种山岳可近似地看作刃形障碍。

③ 一般倾斜地形。

④ 海（湖）陆混合路径。

2. 地物的分类与定义

根据建筑物分布、植被等密集情况对传播环境加以分类。

（1）开阔区。指传播路径上没有或很少有高建筑物及大树的开阔空间和前方 300～400m 内没有任何障碍物的地区，如农田和很少树木的荒地等。

（2）郊区。由村庄或公路组成，有分散的树和小房子。在郊区可能有些障碍物靠近移动台但不十分密集。

（3）市区。指城市或大的市镇，有密集的大建筑物和多层住宅。

上述环境分类比较粗略。例如在市区，还有一般市区和市中心之分。在市中心，建筑物更加密集，街道也更加狭窄。对于不属于上述传播环境的地区，也可根据具体情况按过渡地区处理。

3. 天线有效高度

电波传播特性和天线高度是紧密相关的，但由于地形的复杂性，只讲天线自身的高度在通信中并无多大实际意义。所以，有必要提出“天线有效高度”的概念。

如图 2-16 所示，设基站天线顶端海拔高度为 h_{ts}，从基站天线设置点起 3～15km 距离内地面平均海拔高度为 h_{ga}，则基地台天线有效高度 $h_b = h_{ts} - h_{ga}$。

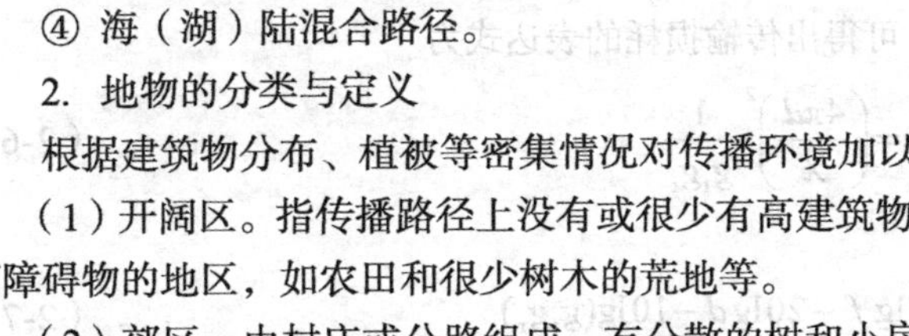

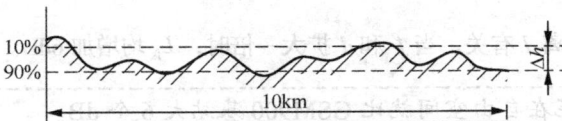

图 2-15　地形波动高度 Δh

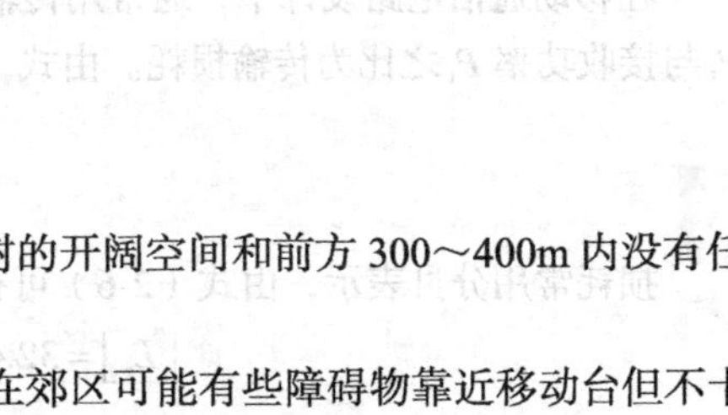

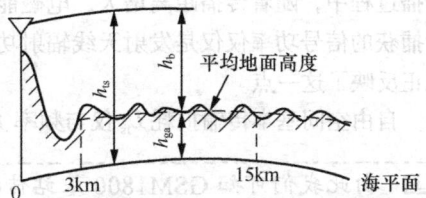

图 2-16　基站天线有效高度 h_b 的定义

而移动台天线的有效高度 h_m 定义为天线在当地地面上的高度。以后提到的 h_m 和 h_b 都是按此定义的。

2.3.2 传播模型介绍

1. 自由空间传播模型

所谓自由空间传播是指天线周围为无限大真空时的电波传播，它是理想传播条件。电波在自由空间传播时，其能量既不会被障碍物所吸收，也不会产生反射或散射。

无线电波在自由空间的传播是电波传播研究中最基本、最简单的一种。所谓自由空间，严格地说应指真空，但通常把满足下述条件的一种理想空间视为自由空间。

（1）均匀无损耗的无限大空间。

（2）各向同性。

（3）电导率为零。

在这种理想空间中，不存在电波的反射、折射、绕射、色散和吸收等现象，而且电波传播速率等于真空中光速。

应用电磁场理论可以推出，在自由空间传播条件下，接收信号功率 P_r 可用下式计算：

$$P_r = P_t\left(\frac{\lambda}{4\pi d}\right)^2 g_t g_r \quad (2\text{-}5)$$

式中，P_t 为发射机送至天线的功率，g_t 和 g_r 分别为发射和接收天线增益，λ 为波长，d 为接收天线与发射天线之间的距离。

在移动通信电路设计中，通常用传输损耗来表示电波通过传输媒质时的功率损耗。定义发送功率 P_t 与接收功率 P_r 之比为传输损耗。由式（2-5）可得出传输损耗的表达式为

$$L_s = \frac{P_t}{P_r} = \left(\frac{4\pi d}{\lambda}\right)^2 \frac{1}{g_t g_r} \quad (2\text{-}6)$$

损耗常用分贝表示，由式（2-6）可得：

$$\lfloor L_s \rfloor = 32.45 + 20\lg f + 20\lg d - 10\lg(g_t g_r) \quad (2\text{-}7)$$

式中，距离 d 以 km 为单位，频率 f 以 MHz 为单位。

式中，$\lfloor\ \rfloor$ 符号表示求对数，即 $\lfloor y \rfloor$=10lg$y$。

式（2-7）也可表示为

$$\lfloor L_s \rfloor = \lfloor L_{fs} \rfloor - \lfloor g_t \rfloor - \lfloor g_r \rfloor \quad (2\text{-}8)$$

$$\lfloor L_{fs} \rfloor = 32.45 + 20\lg f + 20\lg d \quad (2\text{-}9)$$

L_{fs} 定义为自由空间路径损耗，有时又称为自由空间基本传输损耗，它表示自由空间中两个理想电源天线（增益系数 g =1 的天线）之间的传输损耗。

需要指出，自由空间是不吸收电磁能量的理想介质。这里所谓的自由空间传输损耗是指球面波在传播过程中，随着传播距离增大，电磁能量在扩散过程中引起的球面波扩散损耗。实际上，接收天线所捕获的信号功率仅仅是发射天线辐射功率的很小的一部分，而大部分能量都散失掉了，自由空间损耗正反映了这一点。

自由空间基本传输损耗 L_{fs} 仅与频率 f 和距离 d 有关。当 f 和 d 扩大一倍时，L_{fs} 均增加 6dB。

由此我们可知 GSM1800 基站传播损耗在自由空间就比 GSM900 基站大 6 个 dB。

2. Okumura 模型

Okumura 模型为预测城区信号时使用最广泛的模型。此模型适用于频率为 150～1920MHz 之间（可扩展到 3000MHz）、传播距离为 1～100km 之间、天线高度在 30～1000m 之间的情况。

Okumura 模型是日本科学家奥村（Okumura）于 20 世纪 60 年代经过大量测试总结得到的。该模型以准平滑地形市区的场强中值或路径损耗作为基准，对其他传播环境和地形条件等因素分别以校正因子的形式进行修正。

（1）准平滑地形市区的路径损耗为

$$L_T = \lfloor L_{fs} \rfloor + A_m(f,d) - H_b(h_b,d) - H_m(h_m,f) \tag{2-10}$$

式中，L_T 代表路径损耗的中值，$\lfloor L_{fs} \rfloor$ 是自由空间传播损耗，$A_m(f,d)$ 是自由空间中值损耗，$H_b(h_b,d)$ 是基站天线有效高度增益因子，$H_m(h_m,f)$ 是移动台天线有效高度增益因子，天线高度增益与天线的类型和形状无关。

图 2-17 所示为准平滑地形市区的基准损耗中值 $A_m(f,d)$ 与频率、距离的关系曲线。图中，纵坐标刻度以 dB 计，是以自由空间的传播损耗为 0dB 的相对值。图中查出的数值是对自由空间场强（或衰耗）的修正值，是个差值量。由图 2-17 可见，随着频率升高和距离增大，市区传播基本损耗中值部将增加。图中曲线是在基站天线高度情况下测得的，即基站天线高度 $h_b = 200\text{m}$，移动台天线高度 $h_m = 3\text{m}$。

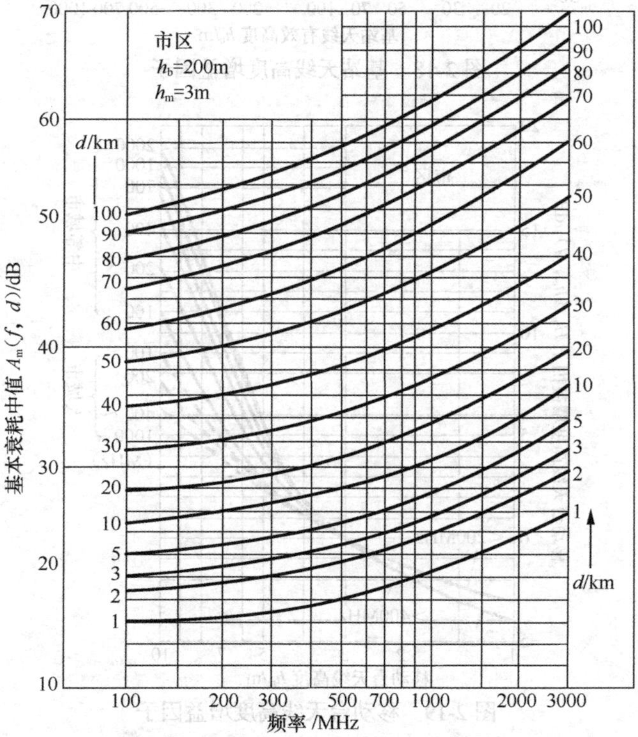

图 2-17　中等起伏地上市区基本损耗中值

如果基站天线的高度不是 200m，则损耗中值的差异用基站天线高度增益因子 $H_b(h_b,d)$ 表示。图 2-18 所示为不同通信距离 d 时，$H_b(h_b,d)$ 与 h_b 的关系。显然，当 $h_b > 200\text{m}$ 时，$H_b(h_b,d) > 0\,\text{dB}$；反之，当 $h_b < 200\text{m}$ 时，$H_b(h_b,d) < 0\,\text{dB}$。

如果移动台天线高度不是 3m 时，需用移动台天线高度增益因子从 $H_m(h_m,f)$ 加以修正，如图 2-19 所示。当 $h_m > 3\text{m}$ 时，$H_m(h_m,f) > 0\,\text{dB}$；反之，当 $h_m < 3\text{m}$ 时，$H_m(h_m,f) < 0\,\text{dB}$。由图 2-19 还可知，

当移动台天线高度大于3m以上时，其高度增益因子$H_m(h_m,f)$不仅与天线高度、频率有关，而且还与环境条件有关。例如，在中小城市，因建筑物的平均高度较低，它的屏蔽作用较小，天线高度增益因子迅速增大。

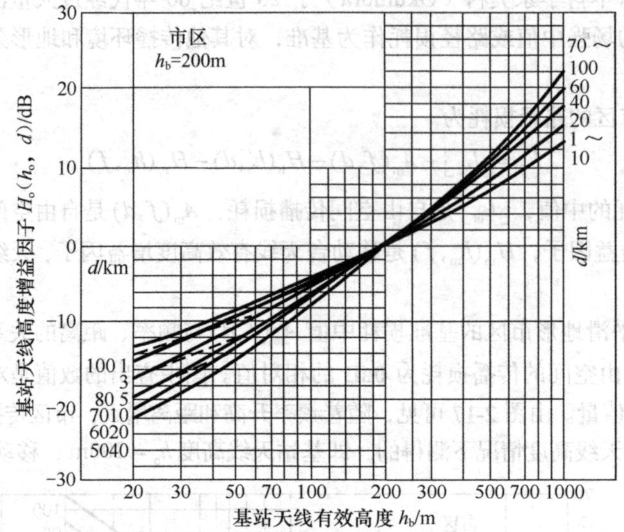

图2-18　基站天线高度增益因子

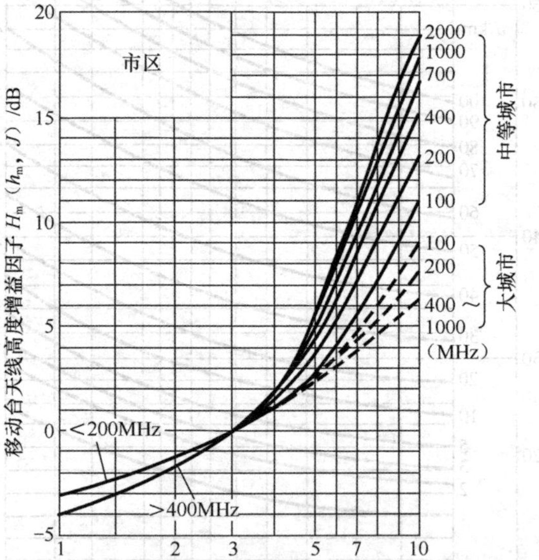

图2-19　移动台天线高度增益因子

（2）其他环境的路径损耗为

$$L_A = L_T - K_T \tag{2-11}$$

其中，K_T为其他环境下的校正因子，根据地形地物的不同情况，确定K_T的值。

图2-20所示为郊区校正因子K_{mr}，由图可知K_{mr}随工作频率提高而增大，与基站天线高度关系不大。在距离小于20km范围内，K_{mr}随距离增加而减小，但当距离大于20km，K_{mr}大体为固定值。

图 2-21 所示为开阔地、准开阔地的场强中值相对于基准场强中值的修正值预测曲线，由图可见，Q_0 表示开阔地修正因子，Q_1 表示准开阔地修正因子。开阔地和准开阔地（开阔地和郊区间的过渡区）电波传播条件明显好于市区和郊区，在天线高度和距离不变的情况下（相同条件），开阔地典型的接收信号中值比市区约高出 20dB。

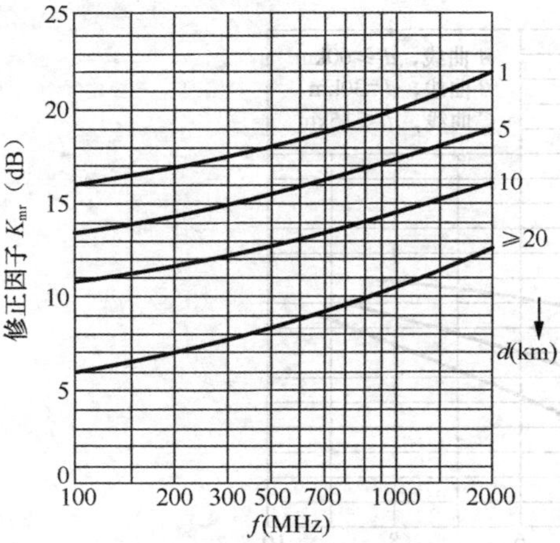

图 2-20　郊区修正因子

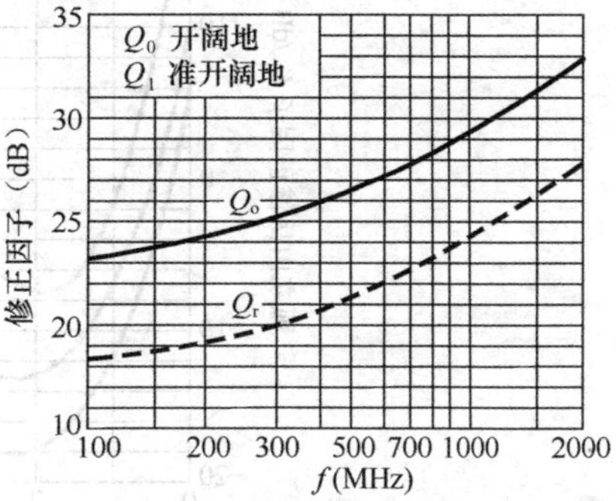

图 2-21　开阔地、准开阔地修正因子

丘陵地修正因子分成两项来处理：一为丘陵修正因子 K_h，表示丘陵地场强中值与基准中值的差，由图 2-22（a）查得；二是丘陵地微小修正值 K_c，它表示接收点处于起伏顶部或谷点的场强中值偏移 K_h 值的最大变化量，由图 2-22（b）查得。当计算丘陵地不同地点的场强中值时，先按图 2-22（a）修正，再按图 2-22（b）进行补充修正。

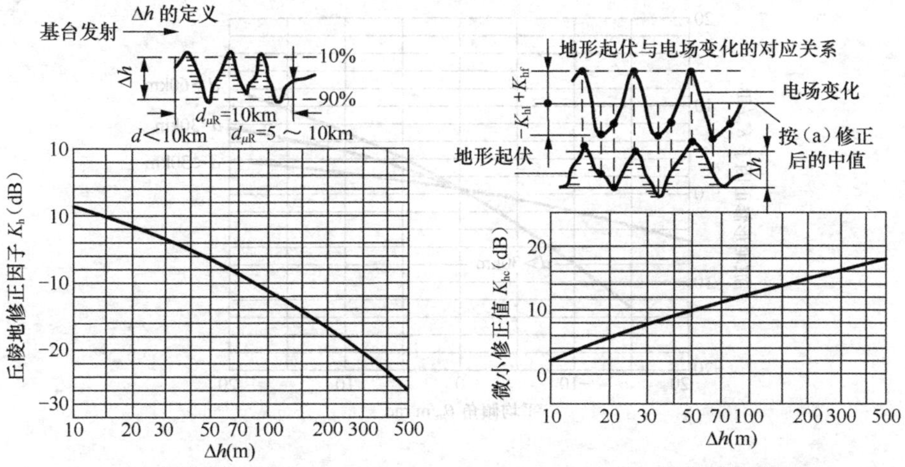

（a）丘陵地修正因子　　　（b）丘陵地微小修正值

图 2-22　丘陵地场强中值修正因子

图 2-23 所示为孤立山岳校正因子 K_{js}，当电波传播路径上有近似刃形的单独山岳时，若求山背后的电场强度，一般可从相应的自由空间场强中减去刃峰绕射损耗即可。但对天线高度较低的移动台来说，还必须考虑障碍物的阴影效应和屏蔽吸收等附加损耗。由于附加损耗不易计算，故仍采用统计方法给出的校正因子 K_{js} 曲线。

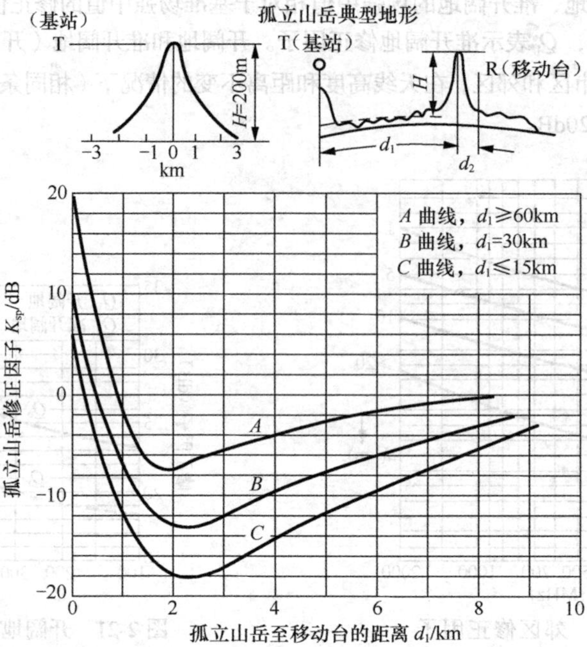

图 2-23 孤立山岳修正因子

图 2-24 所示为斜坡地形校正因子 K_{sp}，斜坡地形系指在 5～10km 范围内的倾斜地形。若在电波传播方向上，地形逐渐升高，称为正斜坡，倾角为 $+\theta_m$；反之为负斜坡，倾角为 $-\theta_m$。图中给出的斜坡地形校正因子 K_{sp} 的曲线是在 450MHz 和 900MHz 频段得到的，横坐标为平均倾角 θ_m，以毫弧度（mrad）作单位。图中给出了三种不同距离的修正值。

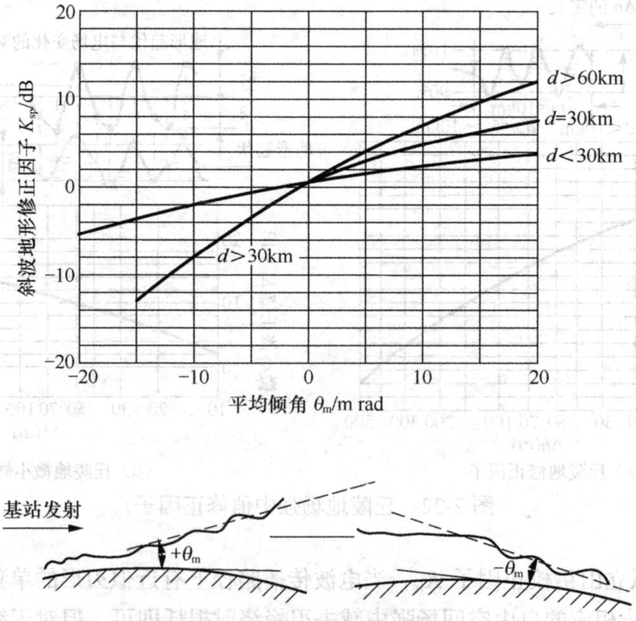

图 2-24 斜波地形修正因子

在传播路径中如遇有湖泊或其它水域，则采用如图 2-25 所示的水陆混合路径校正因子 K_s。

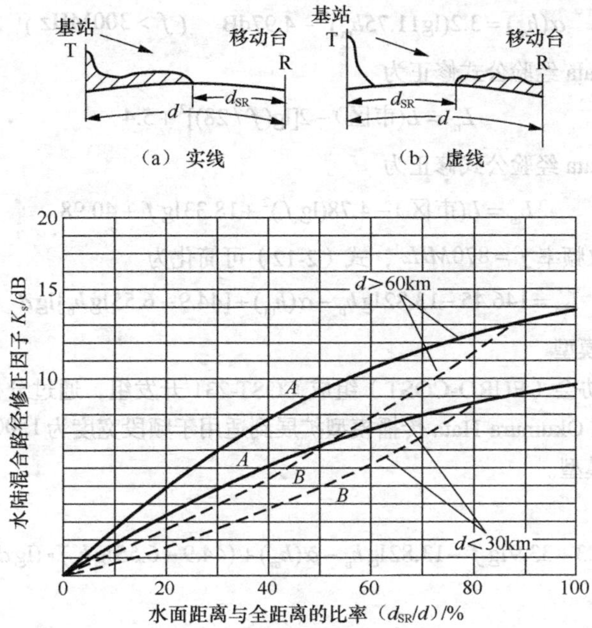

图 2-25 水陆混合路径修正因子

> 📖 例 1 某一移动信道，工作频段为 450MHz，基站天线高度为 70m，天线增益为 6dB，移动台天线高度为 1.5m，天线增益为 0dB；在市区工作，传播路径为准平滑地形，通信距离为 20km。
>
> 试求：（1）传播路径损耗中值；
>
> （2）若基站发射机送至天线的信号功率为 10W，求移动台天线得到的信号功率中值。

> 📖 例 2 若上题改为郊区工作，传播路径是正斜坡， 且 θ_m=15mrad，其他条件不变，再求传播路径损耗中值及接收信号功率中值。

3. Okumura-Hata 模型

Okumura 模型提供了大量的图表曲线，利用它们可以得到所需要的路径损耗预测值，但是利用查图表的方法进行路径损耗不够方便，日本人哈达（Hata）将奥村的曲线进行解析化，得到预测路径损耗的经验公式。其适用于宏蜂窝（小区半径大于 1km）系统的路径损耗预测。其适用频率范围是 150MHz 到 1500MHz，适用于小区半径为 1～20km 的宏蜂窝系统，基站有效天线高度在 30～200m 之间，移动台有效天线高度在 1～10m 之间。

在市区，Okumra-Hata 经验公式如下：

$$L_m = 69.55 + 26.16\lg f - 13.82\lg(h_b) - \alpha(h_m) + [44.9 - 6.55\lg(h_b)]\lg d \quad (2\text{-}12)$$

式中，$\alpha(h_m)$ 是移动天线校正因子（dB），其数值取决于环境。

对于中小城市有：

$$\alpha(h_m) = (1.1\lg f - 0.7)h_m - (1.56\lg f - 0.8)\text{dB} \quad (2\text{-}13)$$

对于大城市有：

$$\alpha(h_m) = 8.29(\lg 1.54h_m)^2 - 1.1\text{dB} \quad (f \leqslant 300\text{MHz}) \quad (2\text{-}14)$$

$$\alpha(h_m) = 3.2(\lg 11.75h_m)^2 - 4.97\text{dB} \quad (f > 300\text{MHz}) \tag{2-15}$$

在郊区，Okumra-Hata 经验公式修正为

$$L_m = L(\text{市区}) - 2[\lg(f/28)]^2 + 5.4 \tag{2-16}$$

在农村，Okumra-Hata 经验公式修正为

$$L_m = L(\text{市区}) - 4.78(\lg f)^2 + 18.33\lg f + 40.98 \tag{2-17}$$

在 GSM 系统中，取频率 $f = 870MHz$，式（2-12）可简化为

$$L_m = 146.45 - 13.82\lg h_b - \alpha(h_m) + [44.9 - 6.55\lg h_b]\lg d \tag{2-18}$$

4. COST231-Hata 模型

欧洲科学技术研究协会（EURO-COST）组成 COST-231 开发组，通过分析 Okumura-Hata 的传播曲线在高频段的特征，把 Okumura-Hata 传播模型扩展到适用于频段宽度为 $1500\text{MHz} \leqslant f \leqslant 2000\text{MHz}$。这称为 COST231-Hata 模型。

在市区，公式为

$$L_m = 46.3 + 33.9\lg f - 13.82\lg h_b - \alpha(h_m) + (44.9 - 6.55\lg h_b) \bullet (\lg d)^v + C_m \tag{2-19}$$

其中，$\alpha(h_m)$ 同上。

$$C_m = \begin{cases} 0\text{dB} & \text{对于中等城市和有中等树林密度的郊区中心} \\ 3\text{dB} & \text{对于大城市} \end{cases}$$

$$v = \begin{cases} 1 & (d \leqslant 20\text{km}) \\ 1 + (0.14 + 1.87\times10^{-4} f + 1.07\times10^{-3} h_b)(\lg\dfrac{d}{20})^{0.8} & (d > 20\text{km}) \end{cases} \tag{2-20}$$

该模型适用范围为

$1500\text{MHz} \leqslant f \leqslant 2000\text{MHz}$，$30\text{m} \leqslant h_b \leqslant 200\text{m}$，$1\text{m} \leqslant h_m \leqslant 10\text{m}$，$d \geqslant 1\text{km}$。

此模型限制在大的和小的宏蜂窝，基站天线高度高于屋顶，Cost231-Hata 模型不能用于微蜂窝环境。

除了上述模型之外，还有 Walfisch-Bertoni 模型、LEE 模型、Egli 模型等，分别适用于不同的环境，在此处不再一一论述。

> 📖 例 GSM900MHz 系统，基站发射信号强度为 40W，手机最小接收信号强度为-105dBm，请你利用一种信道模型，设置典型的地形、地貌特征，看看手机离基站最大能有多远。（这其实就是基站的覆盖半径预测）

2.4 天线

天线作为无线通信不可缺少的一部分，其基本功能是辐射和接收无线电波。发射时，把传输线中的高频电流转换为电磁波；接收时，把电磁波转换为传输线中的高频电流。天线系统作为电磁波的收发部件，其功能示意图如图 2-26 所示，具体的天线工作原理详见本节后述内容。

在移动通信系统中，无线信号的两端分别是基站天线和手机天线，其中移动基站天线如图 2-27 所示。天线品种繁多，主要有下列几种分类方式。

- 按工作性质可分为发射天线和接收天线。
- 按用途可分为通信天线、广播天线、电视天线、雷达天线等。

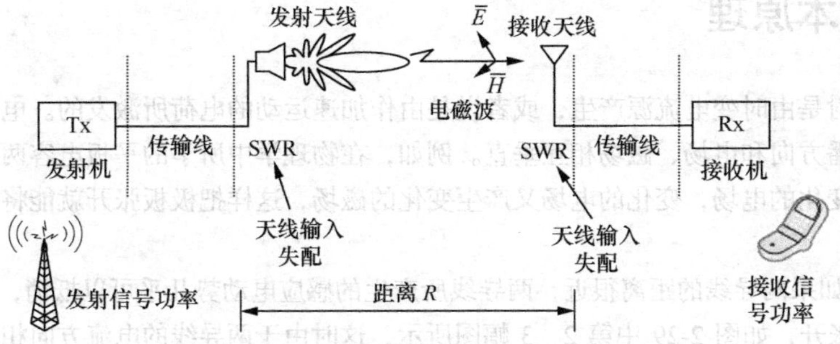

图 2-26　天线系统收发功能示意图

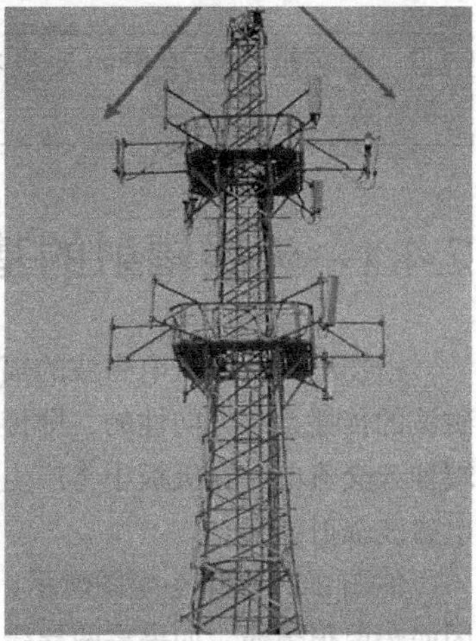
图 2-27　基站天线系统

- 按工作波长可分为超长波天线、长波天线、中波天线、短波天线、超短波天线、微波天线等。
- 按结构形式和工作原理可分为线天线和面天线等。

移动通信基站使用的天线一般是由线振子构成的天线阵列，天线阵列可以为平面阵或圆形阵等形式。天线阵列外有的套有天线罩，也有不套天线罩的。而天线罩有平板状或圆形等其它形状。一般 GSM、CDMA 基站常见的是板状天线，而 PHS（小灵通）基站使用的是由线天线构成的圆形天线阵。图 2-28（a）～（f）所示为各种天线图。

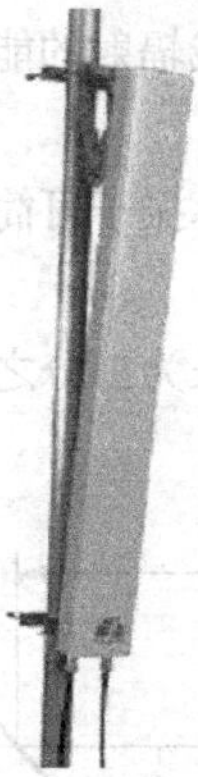
（a）GSM、CDMA 用板状天线

（b）小灵通用圆形阵列天线

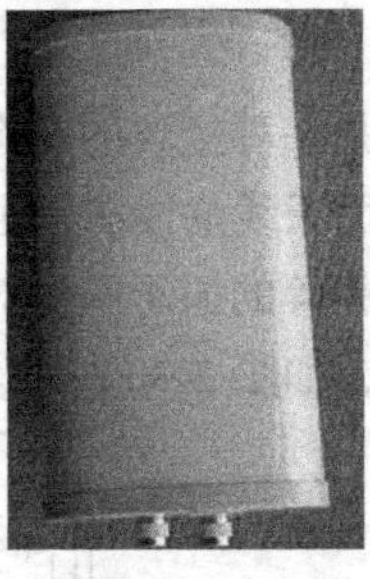
（c）小灵通用板状天线

（d）内部为平面线阵的美化天线

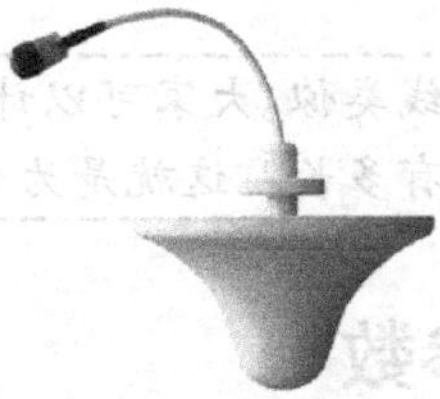
（e）常用在室内的吸顶天线

（f）微波天线

图 2-28　各种常见天线

📖 大家想想生活中的天线有哪些？如收音机拉杆天线、卫星接收机天线、电视接收天线、雷达天线等。

2.4.1 天线辐射的基本原理

由物理学常识，电磁波的辐射是由时变电流源产生，或者说是由作加速运动的电荷所激发的。电磁波的传播是有方向性的，即传播方向和电场、磁场相互垂直。例如，在物理学中所学的平板电容两端加入交流电，在极板中将产生变化的电场，变化的电场又产生变化的磁场，这样把极板张开就能将电磁波辐射出去。

如图 2-29 中第 1 幅图所示，如果两导线的距离很近，两导线所产生的感应电动势几乎可以抵消，因而辐射很微弱。如果将两导线张开，如图 2-29 中第 2、3 幅图所示，这时由于两导线的电流方向相同，由两导线所产生的感应电动势方向相同，因而辐射较强。

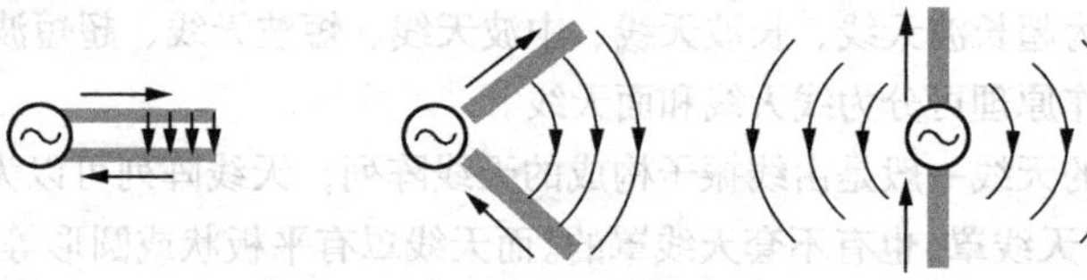

图 2-29　电磁波辐射示意图

当导线的长度远小于波长时，导线的电流很小，辐射很微弱。当导线的长度增大到可与波长相比拟时，导线上的电流就大大增加，因而就能形成较强的辐射。所以说天线辐射的能力与导线的长短和形状有关。

对称振子是一种经典的、迄今为止使用最广泛的天线，单个半波对称振子可简单地单独立地使用或用作为抛物面天线的馈源，也可采用多个半波对称振子组成天线阵。

两臂长度相等的振子叫做对称振子。每臂长度为四分之一波长、全长为二分之一波长的振子，称半波对称振子，如图 2-30 所示。

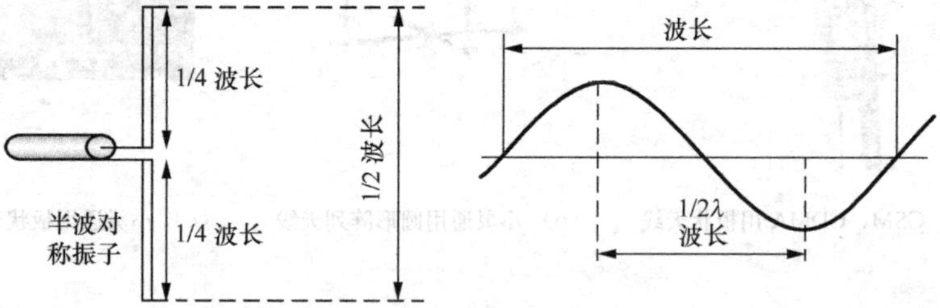

图 2-30　半波振子天线

📖 半波振子天线与收音机拉杆天线类似。大家可以计算一下，如果广播信号频率为 5MHz，那么对应的半波振子天线应该有多长？这就是为什么广播发射天线都很高的缘故。

2.4.2 天线的常见工程参数

1. 输入阻抗

天线的输入阻抗（Impedance）是天线和馈线的连接端，即馈电点两端感应的信号电压与信号电流之比。输入阻抗有电阻分量和电抗分量。输入阻抗的电抗分量会减少从天线进入馈线的有效信号功率。因此，理想情况是使电抗分量为零，使天线的输入阻抗为纯电阻，这时馈线终端没有功率反射，馈线上没有驻波。输入阻抗与天线的结构和工作波长有关，基本半波振子，即由中间对称馈电的半波长导线，其输入阻抗为（73.1+ j 42.5）Ω。当把振子长度缩短 3%～5%时，就可以消除其中的电抗分量，使天线的输入阻抗为纯电阻，即使半波振子的输入阻抗为 73.1Ω（标称 75Ω）。通常移动通信天线的输入阻抗为 50Ω。

2. 回波损耗

当馈线和天线匹配时，高频能量全部被负载吸收，馈线上只有入射波，没有反射波。馈线上传输的是行波，各处的电压幅度相等，任意一点的阻抗都等于它的特性阻抗。而当天线和馈线不匹配时，也就是天线阻抗不等于馈线特性阻抗时，负载就不能全部将馈线上传输的高频能量吸收，而只能吸收部分能量。入射波的一部分能量反射回来形成反射波。回波损耗（Return Loss）就是度量反射信号能量的一种计量方法。图 2-31 所示为回波损耗示意图。

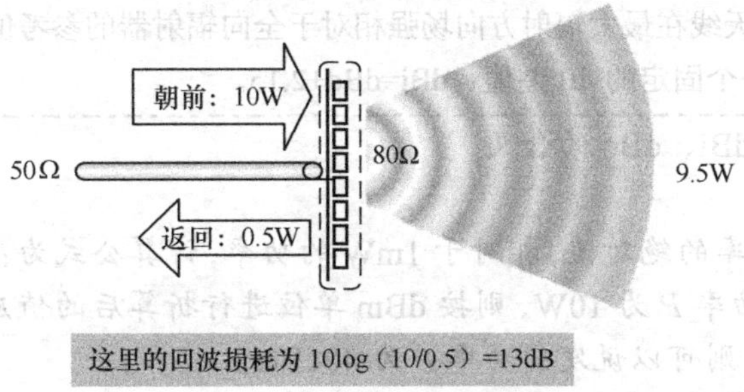

图 2-31　回波损耗示意图

回波损耗和天线反射系数Γ 的关系为

$$RL = -10 \times \log|\Gamma|^2 \qquad (2\text{-}21)$$

3. 电压驻波比

电压驻波比（Voltage Standing Wave Ratio，VSWR）是回波损耗的另一种计量方式，它表示了天线和馈线的阻抗匹配程度。天线输入阻抗与特性阻抗不一致时，产生的反射波和入射波在馈线上叠加形成驻波，其相邻电压最大值和最小值之比就是电压驻波比，其值在 1 到无穷大之间。驻波比为 1，表示完全匹配，高频能量全部被负载吸收，馈线上只有入射波，没有反射波；反之如果驻波比为无穷大则表示全反射，完全失配。电压驻波比过大，将缩短通信距离，而且反射功率将返回发射机功放部分，容易烧坏功放管，影响通信系统正常工作。在移动通信系统中，一般要求驻波比小于 1.5。

若 Z_A 表示天线的输入阻抗，Z_0 为天线的标准特性阻抗，则反射系数为 $|\Gamma| = \dfrac{|Z_A - Z_0|}{|Z_A + Z_0|}$，$VSWR = \dfrac{1+|\Gamma|}{1-|\Gamma|}$，其中 Z_0 为 50Ω。

4. 带宽

天线的频带宽度（Bandwidth）指天线的阻抗、增益、极化或方向性等参数保持在允许范围内的频率跨度。在移动通信系统中一般是基于驻波比来定义带宽的，就是当天线的输入驻波比≤1.5 时，天线的工作频带宽度。

例如，ANDREW CTSDG-06513-6D 天线为 824～894MHz，显然可以工作于 800MHz 的 CDMA 频

段。按照天线带宽的相对大小，可以将天线分为窄带天线、宽带天线和超宽带天线。

5. 增益

增益（Gain）是天线系统的最重要参数之一，天线增益的定义与全向天线或半波振子天线有关。在某一方向的天线增益是该方向上的功率能量密度和理想点源或半波振子在最大辐射方向上的功率能量密度之比（用 dB 表示时为差值），如图 2-32 所示。

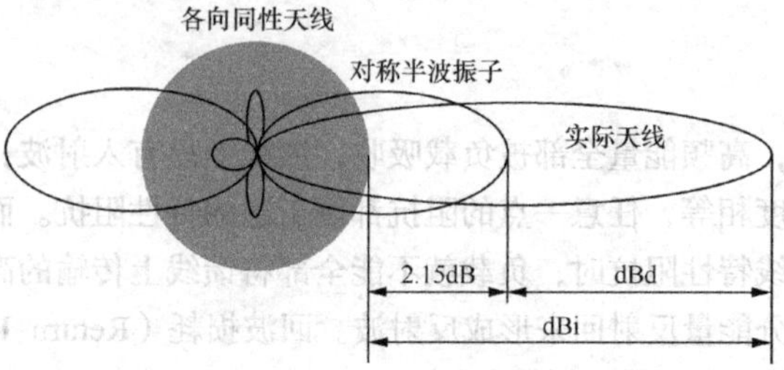

图 2-32 dBi 与 dBd 的不同参考示意图

其中，dBi 用于表示天线在最大辐射方向场强相对于全向辐射器的参考值，dBd 是相对于半波振子的天线参考值，两者有一个固定的 dB 差值：dBi=dBd+2.15。

注：dB、dBm、dBi、dBd 的含义

1. dBm

dBm 用于表达功率的绝对值，相对于 1mW 的功率，计算公式为：10lg(P 功率值/lmW)。

［例］：如果发射功率 P 为 10W，则按 dBm 单位进行折算后的值应为：10lg(10W/1mW)=10lg(10000)=40dBm，则可以说发射功率 P 为 40dBm。

2. dBi、dBd

dBi 和 dBd 均用于表达功率增益，两者都是一个相对值，只是其参考的基准不一样。dBi 的参考基准为全方向性天线点源天线，dBd 的参考基准为偶极子半波偶极子天线，因此两者的值略有不同，同一增益用 dBi 表示要比用 dBd 表示大 2.15。

［例］对于增益为 16dBd 的天线，其增益按单位 dBi 进行折算后为 18.15dBi（忽略小数点后为 18dBi）。

3. dB

dB 用于表征相对比值，对于电压 U、电流 I、场强 E，dB 用 $20\lg\frac{x}{y}$ 计算；对于功率 P，dB 用 $10\lg\frac{x}{y}$ 计算。

比如计算甲功率相对乙功率大或小多少 dB 时，按下面计算公式：10lg(甲功率/乙功率)。

［例］若甲天线的增益为 20dBd，乙天线的增益为 14dBd，则可以说甲天线的增益比乙天线的增益大 6dB。

天线增益衡量了天线朝一个特定方向收发信号的能力。增益一般与天线方向图有关，方向图主瓣越窄，后瓣、副瓣越小，增益越高。天线增益对移动通信系统的运行质量极为重要，因为它决定了蜂窝边缘的信号电平。增加增益就可以在一个确定的方向上增大网络的覆盖范围，或者在确定范围内增大增益余量。图 2-33 所示为常用的三种天线的增益比较。

6. 方向图

天线的辐射电磁场在固定距离上随角坐标分布的图形，称为方向图。用辐射场强表示的称为场强方向图，用功率密度表示的称为功率方向图，用相位表示的称为相位方向图。

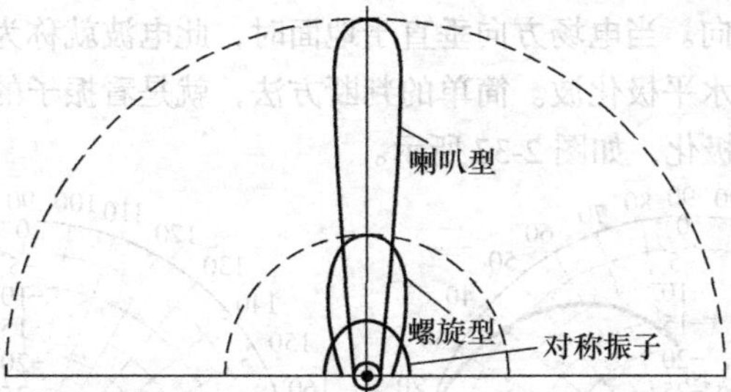

图 2-33　三种常用天线增益比较

方向图又可称为波瓣图，可以描述天线辐射场在空间的分布情况。由于较少关注场的相位方向图，一般意义上的方向图指天线远区辐射场的幅度或功率密度方向图。同时，一般情况下以归一化的方向图来描述天线的辐射情况。天线方向图是空间立体图形，但是通常应用的是两个互相垂直的主平面内的方向图，称为平面方向图。在线性天线中，由于地面影响较大，都采用垂直面和水平面作为主平面。在面型天线中，则采用 E 平面和 H 平面作为两个主平面。归一化方向图取最大值为 1。图 2-34 所示为半波振子天线方向图的示意图。

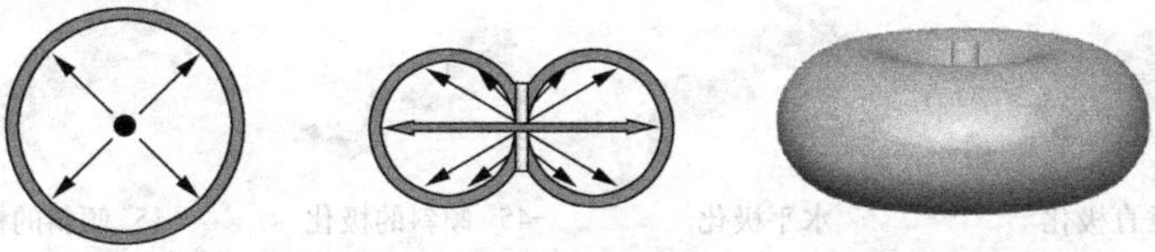

图 2-34　半波振子天线方向图

7. 波瓣宽度

在天线的方向图中通常都有两个瓣或多个瓣，其中最大的瓣称为主瓣，其余的瓣称为副瓣。在主瓣最大辐射方向两侧，辐射强度降低 3dB（功率密度降低一半）的两点间的夹角定义为波瓣宽度（又称波束宽度或主瓣宽度或半功率角，Beam-width），如图 2-35 所示。

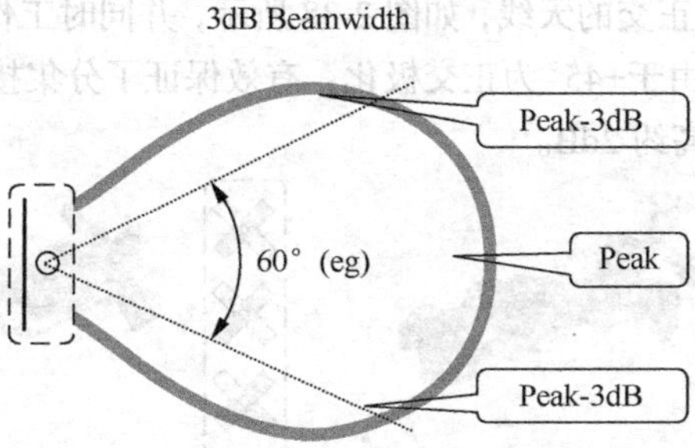

图 2-35　半功率角

还有一种波瓣宽度，即 10dB 波瓣宽度，顾名思义它是方向图中辐射强度降低 10dB（功率密度降至十分之一）的两个点间的夹角。

波瓣宽度有水平波瓣宽度和垂直波瓣宽度之分。

一般来说，天线的方向性和波瓣宽度是成比例的，即波瓣宽度越窄的天线方向性越强。在图 2-36 中，ANDREW CTSDG-06513-6D 天线的水平半功率角为 65°，垂直半功率角为 15°。

8. 极化方式

极化（Polarisation）是描述电磁波场强矢量空间指向的一个辐射特性，天线的极化就是指天线辐射时形成的电磁场的电场方向。当电场方向垂直于地面时，此电波就称为垂直极化波；当电场方向平行于地面时，此电波就称为水平极化波。简单的判断方法，就是看振子的方向，振子是水平放的就是水平极化，垂直的就是垂直极化，如图 2-37 所示。

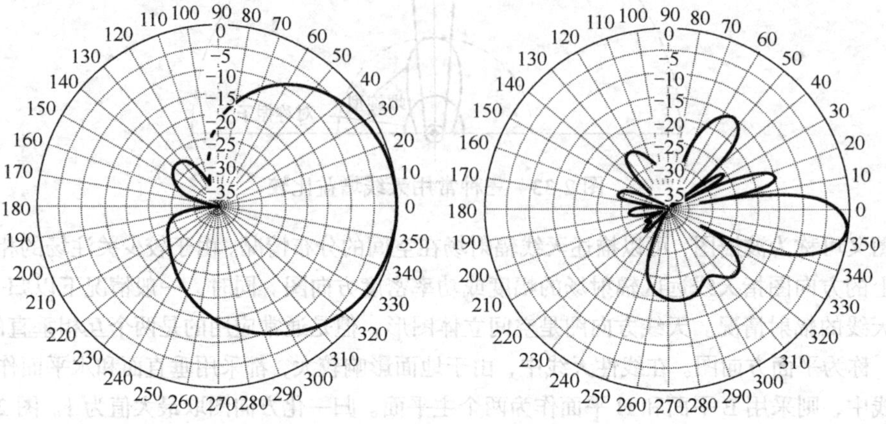

图 2-36　ANDREW CTSDG-06513-6D 基站天线的水平和垂直方向图

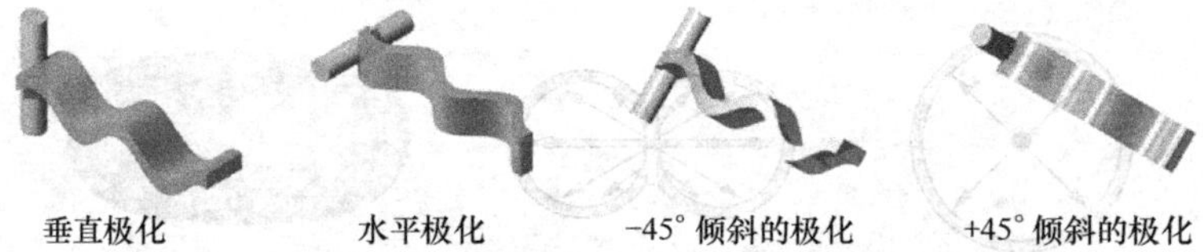

图 2-37　天线单极化方式示意图

极化方式之所以重要，是因为要求发射方和接收方的极化方式必须一致即垂直极化波要用具有垂直极化特性的天线来接收，才会有好的接收效果。如果极化方式不一致，会有 10～20dB 的损失，成为极化损失。当接收天线的极化方向与来波的极化方向完全正交时，例如用水平极化的接收天线接收垂直极化的来波，天线就完全接收不到来波的能量，这种情况下极化损失为最大，称为极化完全隔离。

在移动通信系统中，一般采用单极化的垂直极化天线和±45° 的双极化天线。双极化天线组合了+45° 和−45° 两副极化方向相互正交的天线，如图 2-38 所示，并同时工作在收发双工模式下，大大节省了每个小区的天线数量；同时由于±45° 为正交极化，有效保证了分集接收的良好效果，其极化分集增益约为 5dB，比单极化天线提高约 2dB。

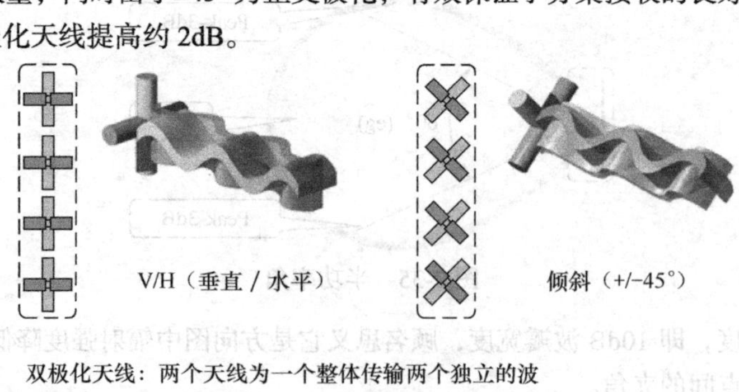

图 2-38　天线双极化方式示意图

9．前后比

方向图中，前后瓣最大电平之比称为前后比（Front-Back Ratio），如图 2-39 所示。它表明了天线对后瓣抑制的好坏。前后比大，天线定向接收性能就好。移动通信系统中采用的定向天线的前后比一般在 25～30dB。选用前后比低的天线，天线的后瓣有可能产生越区覆盖，导致切换关系混乱，产生掉话。

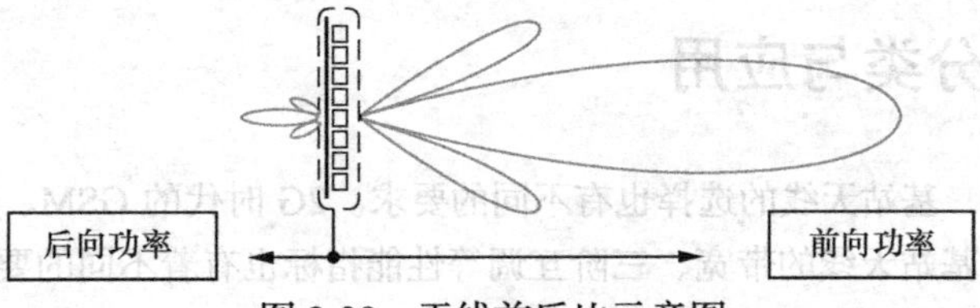

图 2-39　天线前后比示意图

10. 下倾方式

为了加强对基站附近区域的覆盖尽可能减少死区，同时尽量减少对其他相邻基站的干扰，天线应避免过高架设，同时应采用下倾方式（Down Tilt）。

天线下倾方式分为机械下倾和电下倾，而电下倾方式又可分为固定电下倾和可调电下倾。其中机械下倾只是在架设时倾斜天线，多用于角度小于 10° 的下倾，当再进一步加大天线下倾的角度时，覆盖正前方出现明显凹坑，两边也被压扁，天线方向图畸变，引起天线正前方覆盖不足同时对两边基站的干扰加剧，如图 2-40 所示。机械下倾的另一个缺陷是天线后瓣会上翘，对相邻扇区造成干扰，引起近区高层用户掉话。而电调下倾天线的下倾角度范围较大（可大于 10°），天线方向角无明显畸变，天线后瓣也将同时下倾，不会造成对近区高楼用户的干扰。

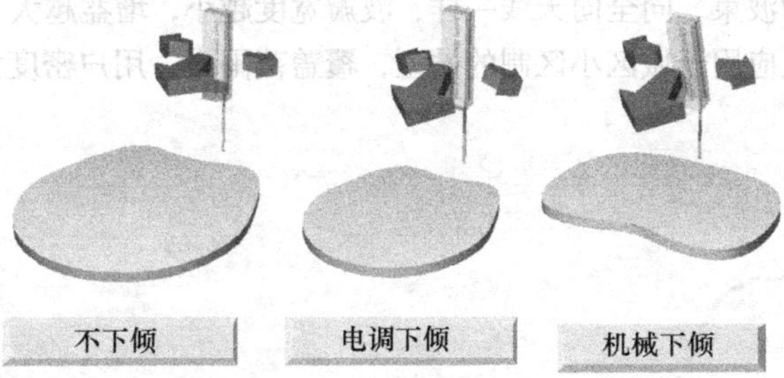

图 2-40　下倾方式示意图

11. 旁瓣抑制与零点填充

由于天线一般要架设在铁塔或楼顶高处来覆盖服务区，所以对垂直面向上的旁瓣应尽量抑制，尤其是较大的第一副瓣。以减少不必要的能量浪费；同时要加强对垂直面向下旁瓣零点的补偿，使这一区域的方向图零深较浅，以改善对基站近区的覆盖，减少近区覆盖死区和盲点，图 2-41 所示为基站天线有无零点填充效果的对比，其中横坐标为离开基站的距离，纵坐标为地面信号强度值。

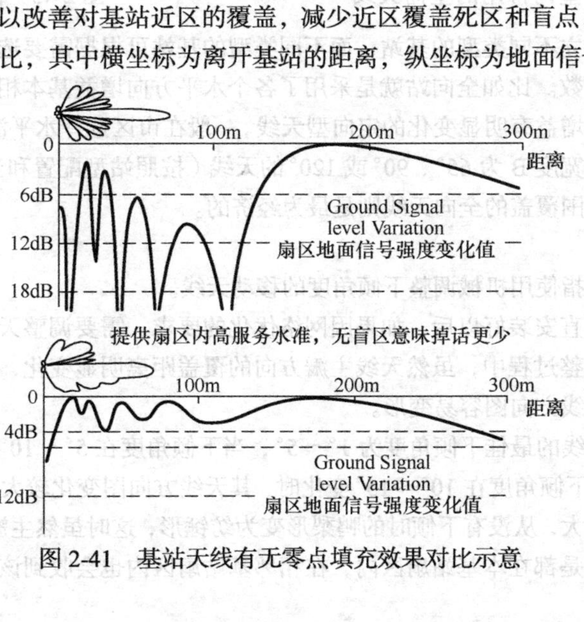

图 2-41　基站天线有无零点填充效果对比示意

2.4.3 天线的分类与应用

移动网络类型不同，基站天线的选择也有不同的要求。2G 时代的 GSM、CDMA 以及 3G 时代的几种制式，不同制式对基站天线的带宽、三阶互调等性能指标也有着不同的要求。现在应用的基站天线除了 TD-SCDMA 的智能天线有较大不同外，其他网络制式使用的天线基本结构相差不大。在 GSM、GPRS、EDGE、cdma2000、WCDMA 等系统中使用的宏基站天线按定向性可分为全向和定向两种基本类型，按极化方式又可分为单极化和双极化两种基本类型，按下倾角调整方式又可分为机械式和电调式两种基本类型。以下内容简要介绍一下这几种基本天线类型。

1. 全向天线

全向天线在水平方向图上表现为 360° 都均匀辐射，也就是平常所说的无方向性，在垂直方向图上表现为有一定宽度的波束，一般情况下波瓣宽度越小，增益越大，如图 2-42 所示。全向天线在移动通信系统中一般应用于郊县大区制的站型，覆盖范围大。

2. 定向天线

定向天线，在水平方向图上表现为一定角度范围辐射，也就是平常所说的有方向性，在垂直方向图上表现为有一定宽度的波束，同全向天线一样，波瓣宽度越小，增益越大，如图 2-43 所示。定向天线在移动通信系统中一般应用于城区小区制的站型，覆盖范围小，用户密度大，频率利用率高。

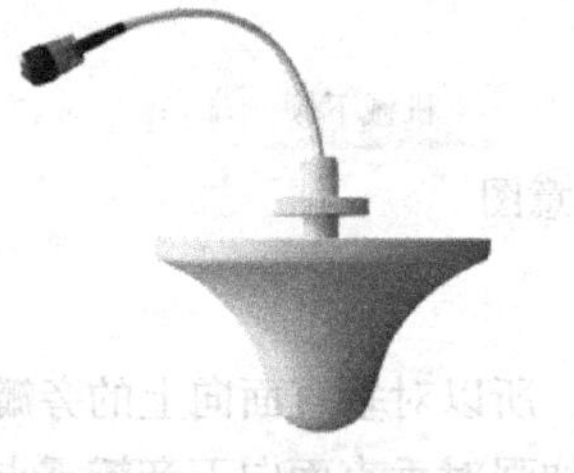

图 2-42 室内常用的全向天线

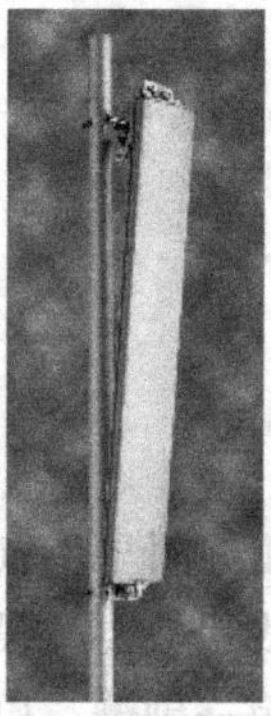

图 2-43 板状定向天线外观图

根据组网的要求建立不同类型的基站，而不同类型的基站可根据需要选择不同类型的天线。选择的依据就是上述技术参数。比如全向站就是采用了各个水平方向增益基本相同的全向型天线，而定向站就是采用了水平方向增益有明显变化的定向型天线。一般在市区选择水平波束宽度 B 为 65° 的天线，在郊区可选择水平波束宽度 B 为 65°、90° 或 120° 的天线（按照站型配置和当地地理环境而定），而在乡村选择能够实现大范围覆盖的全向天线则是最为经济的。

3. 机械天线

所谓机械天线，即指使用机械调整下倾角度的移动天线。

机械天线与地面垂直安装好以后，如果因网络优化的要求，需要调整天线背面支架的位置改变天线的倾角来实现。在调整过程中，虽然天线主瓣方向的覆盖距离明显变化，但天线垂直分量和水平分量的幅值不变，所以天线方向图容易变形。

实践证明，机械天线的最佳下倾角度为 1°～5°；当下倾角度在 5°～10° 变化时，其天线方向图稍有变形但变化不大；当下倾角度在 10°～15° 变化时，其天线方向图变化较大；当机械天线下倾 15° 后，天线方向图形状改变很大，从没有下倾时的鸭梨形变为纺锤形，这时虽然主瓣方向覆盖距离明显缩短，但是整个天线方向图不是都在本基站扇区内，在相邻基站扇区内也会收到该基站的信号，从而造成严重的系统内干扰。

另外，在日常维护中，如果要调整机械天线下倾角度，整个系统要关机，不能在调整天线倾角的同时进行监测；机械天线调整天线下倾角度非常麻烦，一般需要维护人员爬到天线安放处进行调整；机械天线的下倾角度是通过计算机模拟分析软件计算的理论值，同实际最佳下倾角度有一定的偏差；机械天线调整倾角的步进度数为 1°，三阶互调指标为−120dBc。

4. 电调天线

所谓电调天线，即指使用电子调整下倾角度的移动天线。

电子下倾的原理是通过改变共线阵天线振子的相位，改变垂直分量和水平分量的幅值大小，改变合成分量场强强度，从而使天线的垂直方向性图下倾。由于天线各方向的场强强度同时增大和减小，保证在改变倾角后天线方向图变化不大，使主瓣方向覆盖距离缩短，同时又使整个方向性图在服务小区扇区内减小覆盖面积但又不产生干扰。实践证明，电调天线下倾角度在 1°～5°变化时，其天线方向图与机械天线的大致相同；当下倾角度在 5°～10°变化时，其天线方向图较机械天线的稍有改善；当下倾角度在 10°～15°变化时，其天线方向图较机械天线的变化较大；当机械天线下倾 15°后，其天线方向图较机械天线的明显不同，这时天线方向图形状改变不大，主瓣方向覆盖距离明显缩短，整个天线方向图都在本基站扇区内，增加下倾角度，可以使扇区覆盖面积缩小，但不产生干扰，这样的方向图是我们需要的，因此采用电调天线能够降低呼损，减小干扰。图 2-44 为电调天线原理示意图。

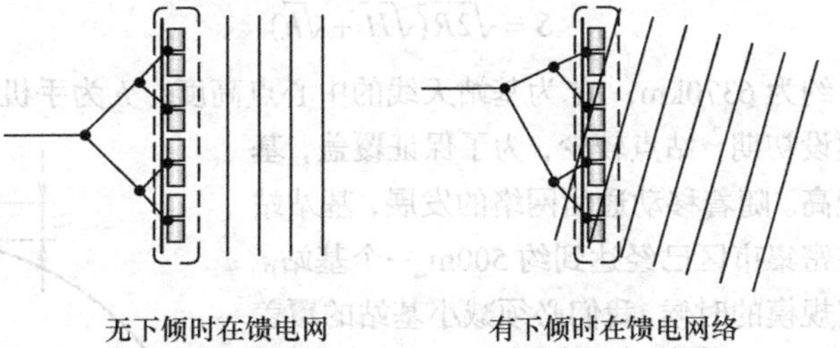
无下倾时在馈电网
络中路径长度相等
有下倾时在馈电网络
中路径长度不相等

图 2-44　电调天线原理示意图

另外，电调天线允许系统在不停机的情况下对垂直方向性图下倾角进行调整，实时监测调整的效果，调整倾角的步进精度也较高（为 0.1°），因此可以对网络实现精细调整；电调天线的三阶互调指标为−150dBc，较机械天线相差 30dBc，有利于消除邻频干扰和杂散干扰。

5. 双极化天线

双极化天线是一种新型天线技术，组合了+45°和−45°两副极化方向相互正交的天线并同时工作在收发双工模式下，因此其最突出的优点是节省单个定向基站的天线数量；一般 GSM 数字移动通信网的定向基站（三扇区）要使用 9 根天线，每个扇形使用 3 根天线（空间分集，一发两收），如果使用双极化天线，每个扇形只需要 1 根天线；同时由于在双极化天线中，±45°的极化正交性可以保证+45°和−45°两副天线之间的隔离度满足互调对天线间隔离度的要求（≥30dB），因此双极化天线之间的空间间隔仅需 20～30cm；另外，双极化天线具有电调天线的优点，在移动通信网中使用双极化天线同电调天线一样，可以降低呼损，减小干扰，提高全网的服务质量。如果使用双极化天线，由于双极化天线对架设安装要求不高，不需要征地建塔，只需要架一根直径 20cm 的铁柱，将双极化天线按相应覆盖方向固定在铁柱上即可，从而节省基建投资，同时使基站布局更加合理，基站站址的选定更加容易。

对于天线的选择，我们应根据自己移动网的覆盖，话务量，干扰和网络服务质量等实际情况，选择适合本地区移动网络需要的移动天线。

- 在基站密集的高话务地区，应该尽量采用双极化天线和电调天线。

• 在边、郊等话务量不高，基站不密集地区和只要求覆盖的地区，可以使用传统的机械天线。

我国目前的移动通信网在高话务密度区的呼损较高，干扰较大，其中一个重要原因是机械天线下倾角度过大，天线下倾角度过大，天线方向图严重变形。要解决高话务区的容量不足，必须缩短站距，加大天线下倾角度，但是使用机械天线，下倾角度大于5°时，天线方向图就开始变形，超过10°时，天线方向图严重变形，因此采用机械天线，很难解决用户高密度区呼损高、干扰大的问题。因此建议在高话务密度区采用电调天线或双极化天线替换机械天线，替换下来的机械天线可以安装在农村，郊区等话务密度低的地区。

2.4.4 基站天线参数调整

基站天线的参数主要有高度、俯仰角、方位角、天线位置等几个方面，这些参数对基站的电磁覆盖有决定性的影响。所以天线参数的调整在网络规划和网络优化中具有很重要的意义。以下内容简要介绍了这些天线参数，如图2-45所示。

1. 天线高度

天线高度直接与基站的覆盖范围有关。移动通信的频段一般是近地表面视线通信，天线所发直射波所能达到的最远距离S直接与收发信天线的高度有关，具体关系式可简化如下：

$$S=\sqrt{2R}(\sqrt{H}+\sqrt{h}) \tag{2-22}$$

其中，R为地球半径，约为6370km；H为基站天线的中心点高度；h为手机或测试仪表的天线高度。

移动通信网络在建设初期，站点较少，为了保证覆盖，基站天线一般架设得都较高。随着移动通信网络的发展，基站站点数逐渐增多，当前在密集市区已经达到约500m一个基站。所以在网络发展到一定规模的时候，我们必须减小基站的覆盖范围，可以适当降低天线的高度，否则会严重影响我们的网络质量。其影响主要有以下几个方面。

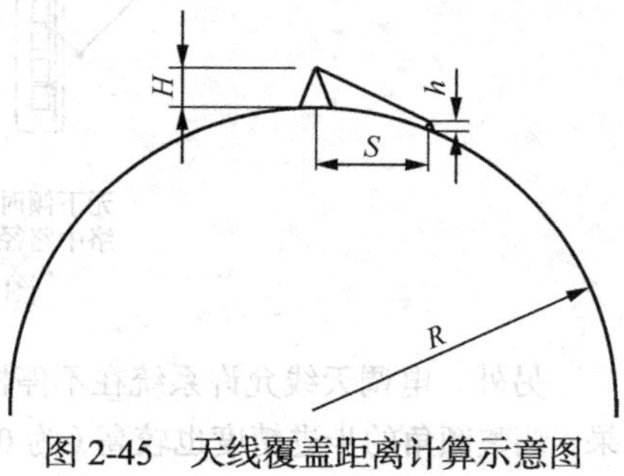

图2-45 天线覆盖距离计算示意图

（1）话务不均衡。基站天线过高，会造成该基站的覆盖范围过大，从而造成该基站的话务量很大，而与之相邻的基站由于覆盖较小且被该基站覆盖，话务量较小，不能发挥应有作用，导致话务不均衡。

（2）系统内干扰。基站天线过高，会造成越站无线信号干扰，引起掉话、串话和有较大杂音等现象，从而导致整个无线通信网络的质量下降。

（3）孤岛效应。孤岛效应是基站覆盖性问题，当基站覆盖在大型水面或多山地区等特殊地形时，由于水面或山峰的反射，使基站在原覆盖范围不变的基础上，在很远处出现“飞地”，而与之有切换关系的相邻基站却因地形的阻挡覆盖不到，这样就造成“飞地”与相邻基站之间没有切换关系，“飞地”因此成为一个孤岛，当手机占用上“飞地”覆盖区的信号时，很容易因没有切换关系而引起掉话。

2. 天线俯仰角

天线俯仰角是网络规划和优化中的一个非常重要的事情。选择合适的俯仰角，可以使天线至本小区边界的电磁波与周围小区的电磁波能量重叠尽量小，从而使小区间的信号干扰减至最小；另外，选择合适的覆盖范围，使基站实际覆盖范围与预期的设计范围相同，同时加强本覆盖区的信号强度。

在目前的移动通信网络中，由于基站的站点的增多，使得我们在设计密集市区基站的时候，一般要求其覆盖范围大约为500m，而根据移动通信天线的特性，如果不使天线有一定的俯仰角（或俯仰角偏小）的话，则基站的覆盖范围是会远远大于500m，如此则会造成基站实际覆盖范围比预期范围偏大，从而导致小区与小区之间交叉覆盖，相邻切换关系混乱，系统内信号干扰严重；从另一方面看，如果天线的俯仰角偏大，则会造成基站实际覆盖范围比预期范围偏小，导致小区之间的信号盲区或弱区，同时易导致天线方向图形状的变化（如从鸭梨形变为纺锤形），从而造成严重的系统内干扰。因此，合理设置俯仰角是保证整个移动通信网络质量的基本保证。

一般来说，俯仰角的大小可以由以下公式推算：

$$\theta = \arctan(h / R) + A / 2 \tag{2-23}$$

其中，θ 为天线的俯仰角；h 为天线的高度；R 为小区的覆盖半径；A 为天线的垂直平面半功率角。

上式是将天线的主瓣方向对准小区边缘时得出的，在实际的调整工作中，一般在由此得出的俯仰角角度的基础上再加上 1°～2°，使信号更有效地覆盖在本小区之内。

3. 天线方位角

天线方位角对移动通信的网络质量非常重要。一方面，准确的方位角能保证基站的实际覆盖与所预期的相同，保证整个网络的运行质量；另一方面，依据话务量或网络存在的具体情况对方位角进行适当的调整，可以更好地优化现有的移动通信网络。

在现行的 3 扇区定向站中，一般以一定的规则定义各个扇区，因为这样做可以很轻易辨别各个基站的各个扇区。一般的规则是：

1 扇区，方位角度 0°，天线指向正北；

2 扇区，方位角度 120°，天线指向东南；

3 扇区，方位角度 240°，天线指向西南。

扇区的编号按顺时针方向依次是 1、2、3 三个扇区。

在网络建设及规划中，我们一般严格按照上述的规定对天线的方位角进行安装及调整，这也是天线安装的重要标准之一。如果方位角设置与之存在偏差，则易导致基站的实际覆盖与所设计的不相符，导致基站的覆盖范围不合理，从而导致一些意想不到的同频及邻频干扰。

但在实际网络中，一方面，由于地形的原因，如大楼、高山、水面等，往往引起信号的折射或反射，从而导致实际覆盖与理想模型存在较大的出入，造成一些区域信号较强，一些区域信号较弱，这时我们可根据网络的实际情况，对相应天线的方位角进行适当的调整，以保证信号较弱区域的信号强度，达到网络优化的目的。另一方面，由于实际存在的人口密度不同，导致各天线所对应小区的话务不均衡，这时我们可通过调整天线的方位角，达到均衡话务量的目的。

当然，在一般情况下建议不要轻易调整天线的方位角，因为这样可能会造成一定程度的系统内干扰。但在某些特殊情况下，如当地紧急会议或大型公众活动等，导致某些小区话务量特别集中，这时我们可临时对天线的方位角进行调整，以达到均衡话务，优化网络的目的。另外，针对郊区某些信号盲区或弱区，我们亦可通过调整天线的方位角达到优化网络的目的，这时我们应对周围信号进行测试，以保证网络的运行质量。

4. 天线位置

由于后期工程、话务分布以及无线传播环境的变化，在优化中我们曾遇到一些基站很难通过天线方位角或倾角的调整达到改善局部区域覆盖，提高基站利用率的情况。为此就需要进行基站搬迁，换句话说也就是基站重新选点。

以下是一些规划经验，但在具体操作过程中要根据实际情况进行设定。

（1）基站初始布局

基站布局主要受场强覆盖、话务密度分布和建站条件 3 方面因素的制约。对于一般大中城市来说，场强覆盖的制约因素已经很小，主要受话务密度分布和建站条件两个因素的制约。基站布局的疏密要对应于话务密度分布情况。

但是，目前对大中城市市区还作不到按街区预测话务密度，因此，对市区可按照繁华商业区，宾馆、写字楼、娱乐场所集中区，经济技术开发区、住宅区，工业区及文教区等进行分类。

一般来说，前两类地区应设最大配置的定向基站，站间距在 0.6～1.5km；第 3 类地区也应设置较大配置的定向基站，基站站间距取 1.5～3km；第 4 类地区一般可设小容量定向基站，站间距为 3～5km。

以上几类地区内都按用户均匀分布要求设站。郊县和主要公路、铁路覆盖一般可设二小区基站，站间距离 5～20km。

在网络规划时应结合当地地形和城市发展规划进行基站布局。

- 基站布局要结合城市发展规划，可以适度超前。
- 有重要用户的地方应有基站覆盖。
- 市内话务量“热点”地段增设微蜂窝站或增加载频配置。
- 大型商场宾馆、地铁、地下商场、体育场馆如有必要用微蜂窝或室内分布解决。
- 在基站容量饱和前，可考虑采用 GSM900/1800 双频解决方案。

（2）站址选择与勘察

在完成基站初始布局以后，网络规划工程师要与建设单位以及相关工程设计单位一起，根据站点布局图进行站址的选择与勘察。市区站址在初选中应做到房主基本同意把该区域用作基站。初选完成之后，由网络规划工程师、工程设计单位与建设单位进行现场查勘，确定站址条件是否满足建站要求，并确定站址方案，最后由建设单位与房主落实站址。选址要求如下所示。

- 交通方便、市电可靠、环境安全及占地面积小。
- 在建网初期设站较少时，选择的站址应保证重要用户和用户密度大的市区有良好的覆盖。
- 在不影响基站布局的前提下，应尽量选择现有电信枢纽楼、邮电局或微波站作为站址，并利用其机房、电源及铁塔等设施。
- 避免在大功率无线发射台（如雷达站、电视台等）附近设站，如要设站应核实是否存在相互干扰，并采取措施防止相互干扰。
- 避免在高山上设站。高山站干扰范围大，影响频率复用。在农村高山设站往往对处于小盆地的乡镇覆盖不好。
- 避免在树林中设站。如要设站，应保持天线高于树顶。
- 市区基站中，对于蜂窝区（R=1～3km）基站宜选高于建筑物平均高度但低于最高建筑物的楼房作为站址，对于微蜂窝区基站则选低于建筑物平均高度的楼房设站且四周建筑物屏蔽较好。
- 市区基站应避免天线前方近处有高大楼房而造成障碍或反射后干扰其后方的同频基站。
- 避免选择今后可能有新建筑物影响覆盖区或同频干扰的站址。
- 市区两个网络系统的基站尽量共址或靠近选址。
- 选择机房改造费低、租金少的楼房作为站址。如有可能应选择本部门的局、站机房或办公楼作为站址。

2.5 基站天馈系统

基站天馈系统是移动基站的重要组成部分，它主要完成下列功能：对来自发信机的射频信号进行传输、发射，建立基站到移动台的下行链路；对来自移动台的上行信号进行接收、传输，建立移动台到基站的上行链路。

基站天线系统的配置同网络规划紧密相关。网络规划决定了天线的布局、天线架设高度、天线下倾角、天线增益、甚至分集接收方式等。不同的覆盖区域、覆盖环境对天线系统的要求会有非常大的差异。

图 2-46 中描述了一般意义上的移动基站的天馈系统的结构示意图。从图中我们可以直观看到在基站机房内部和基站机房外部的天馈系统的主要组成部分。

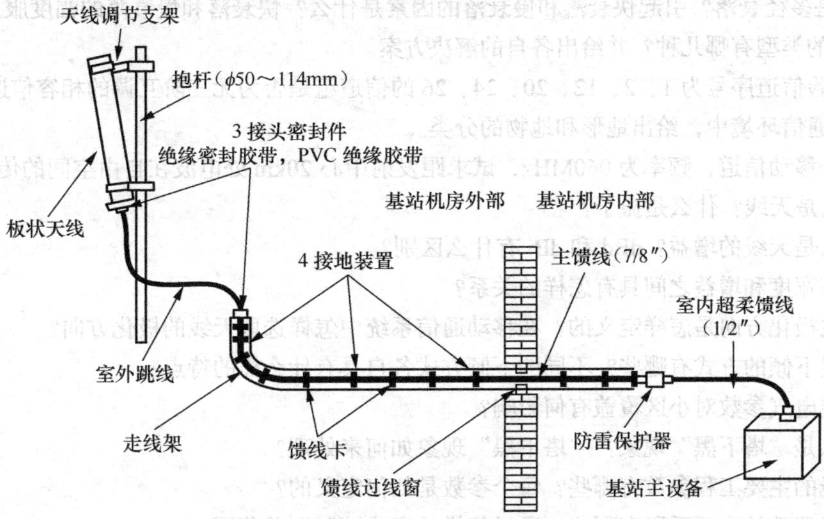

图 2-46　基站天馈系统安装示意图

对于不采用智能天线的一个 3 扇区基站而言，典型的配置是每个扇区包括：两个单极化天线，共需 6 副天线；一个双极化天线，共需 3 副天线。对于单极化天线而言，每个扇区里的两个天线，其中一个用于发射和接收信号，通过馈缆同双工器和合路器相连；另一个仅用于接收上行信号，通过馈缆同接收预选滤波器相连。

对应每个基站天线有一条馈缆连接到机顶。在不配置其他射频设备如塔顶放大器的情况下，每根馈缆从天线往基站机柜方向列举，依次包括下面几个部分。

- 天线到主馈线的 1/2”（英寸）超柔跳线，连接接头为阳性 DIN 头。
- 主馈为 7/8”（英寸）的馈缆，长度一般几十米到上百米。连接天线到主馈的跳线，连接接头为阴性 DIN 头。
- 在主馈和机顶跳线之间接有避雷器，避雷器必须接地。连接接头为 DIN 头，同主馈缆连接的是阳头，和跳线连接的是阴头。
- 馈到机柜顶的跳线为 1/2” 超柔跳线，连接接头为阳性 DIN 头。
- 在主馈缆上、下部，馈缆进入机房前还需若干接地卡。如果馈缆长度大于 60m，主馈缆中间需装接地卡。
- 对配置包含塔顶放大器的情况，还应该包括天线到塔顶放大器的跳线以及塔顶放大器到主馈缆的跳线。

本章习题

1. 无线电波的波长、频率和传播速度的关系是怎样的？

2. 对工作于 VHF 和 UHF 频段的移动通信来说，电波传播方式主要有哪些方式？

3. 对于反射波，接收端的功率受哪些因素影响，且各自有什么关系？

4. 移动通信中，接收端接收的信号受到四种主要效应的影响，分别是哪四种，并阐述这四种效应各自产生的原因。

5. GSM 系统是间隔 200kHz 为一个频点，假如说用户 1 的信号在 900MHz 上通信，用户 2 在 900.2MHz 上通信，则用户 1 至少以多大的速度运动会使该用户的信号频率变为用户 2 的通信频率？

6. 什么是多径衰落？引起快衰落和慢衰落的因素是什么？快衰落和慢衰落的幅度服从什么分布？

7. 干扰的类型有哪几种？并给出各自的解决方案。

8. 试检验信道序号为 1、2、12、20、24、26 的信道组是否为无三阶互调的相容信道组？

9. 移动通信环境中，给出地形和地物的分类。

10. 某一移动信道，频率为 960MHz，试求距发射中心 20km 处电波在自由空间的传播损耗。

11. 什么是天线？什么是振子？

12. 什么是天线的增益？dBd 和 dBi 有什么区别？

13. 波束宽度和增益之间具有怎样的关系？

14. 天线极化方向是怎样定义的？在移动通信系统中怎样选取天线的极化方向？

15. 天线下倾的方式有哪些？不同的下倾方式各自具有什么样的特点？

16. 天线电气参数对小区覆盖有何影响？

17. 什么是“塔下黑”现象？“塔下黑”现象如何来处理？

18. 天线的主要工程参数有哪些？每个参数是如何定义的？

19. 天线调整的主要手段有哪些？通过怎样的方式控制覆盖范围？

20. 阐述基站天馈系统的作用，它一般由哪些部分构成？

第 3 章

移动通信基本技术

3.1 调制技术

基带信号具有较低的频率分量，不宜在无线信道传输。因此，在通信系统的发送端需要有一个载波来运载基带信号，即使载波信号的某一个（或几个）参量随基带信号改变，这一过程就称为调制。相对应的，在通信系统的接收端则需要有解调过程。

> 📖 为了把一件货物运到几千米以外的地方，我们必须使用运载工具，例如汽车、火车、飞机、轮船等，其中货物相当于调制信号，运载工具相当于载波，把货物装到运载工具上相当于调制，从运载工具上卸下货物就是解调。

调制的目的如下。

（1）将调制信号（基带信号）转换成适合于信道传输的已调信号（频带信号）。

（2）实现信道的多路复用，提高信道利用率。

（3）减少干扰，提高系统抗干扰能力。

（4）实现传输带宽与信噪比之间的互换。

调制方式很多，根据调制信号的形式可分为模拟调制和数字调制；根据载波的选择可分为以正弦波作为载波的连续波调制和以脉冲串作为载波的脉冲调制。

根据调制信号改变载波参量（幅度、频率或相位）的不同，模拟连续波调制又可分为幅度调制、频率调制（FM）和相位调制（PM）。数字调制也有三种方式：幅度键控（ASK）、频移键控（FSK）和相移键控（PSK）。

第一代蜂窝移动通信系统采用模拟频率调制（FM）的方式对模拟语音信号进行调制，信令系统采用 2FSK 数字调制。所谓 FM 调制是指高频载波的频率随着调制信号的规律变化而振幅保持恒定的调制方式。调频在抗干扰和抗衰落性能方面要优于调幅，但调频存在固有的缺点，即需要占用较宽的信道带宽，且存在门限效应。

自 2G 以来，移动通信系统都采用数字调制技术，和模拟调制相比，数字调制和解调对噪声与信道造成的各种损伤有更大的抗拒能力；各种信息形式（例如声音、图像、数据等）容易复用并更为完全；能支持和容纳复杂的信号处理和控制技术（例如纠错编码、信源编码、加密和均衡等），改善通信链路质量，提高系统性能。

由于移动通信的特点，目前已在数字蜂窝移动通信系统中采用的调制方案主要可分为两大类。

（1）恒包络调制方案

主要有 MSK、GMSK 等。这一类调制方案的主要特点是不管调制信号如何变化，已调信号具有包络不变的特性，其发射功率放大器可以在非线性状态而不引起严重的频谱扩展，这对有衰落现象的移动通信很有吸引力，另外其接收电路简单。但它的频谱利用率较低，所以在带宽效率更重要的情况下，该方案不一定合适。

（2）线性调制方案

主要有 QPSK、OQPSK 等。传输信号的幅度随着调制信号的变化而呈线性变化。这一类调制方案的频谱利用率较高，且随着调制电平数的增加而增加。移动通信希望在有限带宽内能容纳更多的用户，线性调制这个特点对移动通信是极为宝贵的。但由于线性调制的发射信号幅度随着调制信号线性变化，为了保证信号不失真，传输这种信号必须采用功率效率低的线性射频（RF）放大器，否则，将会导致被滤波器滤除的旁瓣再生，引起严重的邻道干扰。目前已找到相对应的方法克服这一缺点。

3.1.1 恒包络调制技术

1. 二进制频移键控（2FSK）

在 2FSK 中，载波信号的频率随着两种可能的信息状态（1 或 0）的变化而变化。2FSK 信号波形在相邻码元之间呈现连续的相位或者是不连续的相位。

若用载波频率 f_1 表示二进制信号 1，载波频率 f_2 表示二进制信号 0，则 2FSK 信号的波形图如图 3-1 所示。

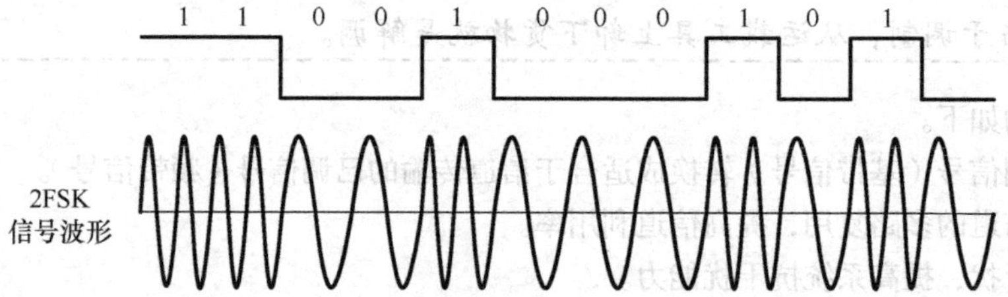

图 3-1　2FSK 信号波形图

由于两个频率的产生是在两个独立的振荡器中产生，所以 2FSK 的波形在 1 和 0 转换时刻常常是不连续的，这种不连续的相位将会导致诸如频谱扩展、传输差错等问题，在严格规范的无线系统中一般不采用这种调制方式。因此，可采用相位连续变化的调制方式，这类调制称为连续相位频移键控（CPFSK）。

2. 最小频移键控（MSK）

MSK 是一种特殊的连续相位频移键控，更确切地说，它是调制指数为 0.5 的连续相位的 2FSK，0.5 对应着能够容纳两路正交 FSK 信号的最小频带，即“最小”两字的由来。

MSK 调制后的已调信号表达式为：

$$s(t)=\cos(2\pi f_c t+\frac{\pi}{2T_b}a_k\cdot t+\phi_k)\quad kT_b\leqslant t\leqslant(k+1)T_b,k=0,1,\cdots \tag{3-1}$$

式中，f_c 为载波频率；a_k 为输入数据，取值 ±1；T_b 为码元宽度；ϕ_k 为保证相位连续而加入的相位值。

由上式可得 MSK 信号的两个频率分别为：

$$f_1=f_c+\frac{1}{4T_b}\quad a_k=+1 \tag{3-2}$$

$$f_2=f_c-\frac{1}{4T_b}\quad a_k=-1 \tag{3-3}$$

由此可得频率间隔为

$$\Delta f=\left|f_1-f_2\right|=\frac{1}{2T_b} \tag{3-4}$$

则调制指数为：

$$h=\Delta f T_b=0.5 \tag{3-5}$$

为了便于检测，获得两路正交信号，f_c 满足：

$$f_c=\frac{n}{4T_b}\quad n=1,2,\cdots \tag{3-6}$$

即 MSK 信号在每一码元周期内必须包含四分之一个载波周期的整数倍。相应的，MSK 的两个频率可表示为：

$$f_1=f_c+\frac{1}{4T_b}=(N+\frac{m+1}{4})\frac{1}{T_b}\quad N\text{ 为正整数}，m=0,1,2,3 \tag{3-7}$$

$$f_2=f_c-\frac{1}{4T_b}=(N+\frac{m-1}{4})\frac{1}{T_b}\quad N\text{ 为正整数}，m=0,1,2,3 \tag{3-8}$$

设 N=1，m=1，则 MSK 信号的波形图如图 3-2 所示。

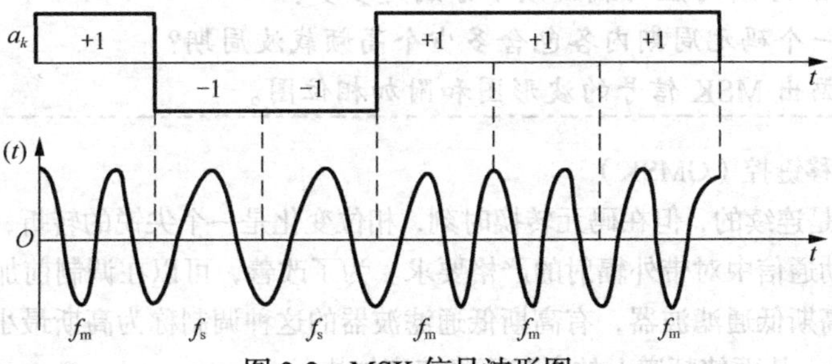

图 3-2 MSK 信号波形图

令 $\theta_k(t)=\frac{\pi}{2T_b}a_k\cdot t+\phi_k$，$\theta_k(t)$ 称为附加相位函数。

由式可知，该公式为一直线方程，其斜率为 $\frac{\pi}{2T_b}a_k$，截距为 ϕ_k。由于 a_k 的取值为 ±1，所以 $\frac{\pi}{2T_b}a_k\cdot t$ 是分段线性的相位函数。即 MSK 的相位路径是由间隔为 T_b 的一系列直线段所连成的折线。在任一码元期间，若 $a_k=+1$，则 $\theta_k(t)$ 线性增加 $\frac{\pi}{2}$；若 $a_k=-1$，则 $\theta_k(t)$ 线性减少 $\frac{\pi}{2}$。对于给定的序列 $\{a_k\}$，其附加相位图如图 3-3 所示。

对以上分析总结得出 MSK 信号具有如下特点。

（1）MSK 信号是恒定包络信号。

（2）在一个码元期间内，信号是$\frac{1}{4}$个载波周期的整数倍，信号的频率偏移为$\frac{1}{4T_b}$，调制指数为 0.5。

（3）在码元转换时刻信号的相位是连续的，以载波相位为基准的信号相位在一个码元时间内线性的变化$\pm\frac{\pi}{2}$。

图 3-4 给出了 MSK 信号的功率谱密度图，同时画出了 QPSK 的功率谱密度进行比较。从图中可以看出，MSK 信号的主瓣比 QPSK 的主瓣要宽，即频率利用率较低；旁瓣下降速度比 QPSK 要快，因此对邻道干扰比较小。

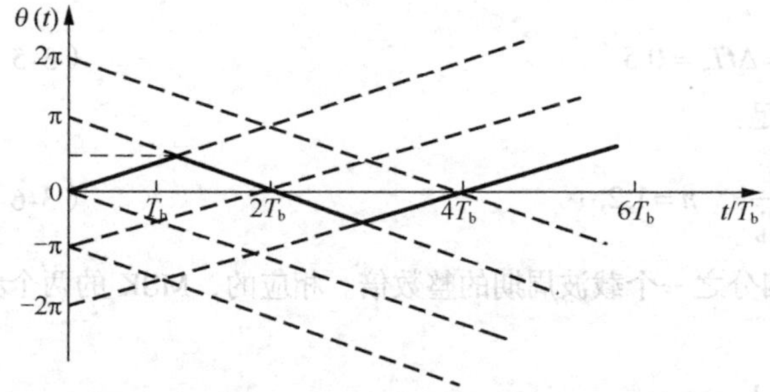

图 3-3　附加相位图

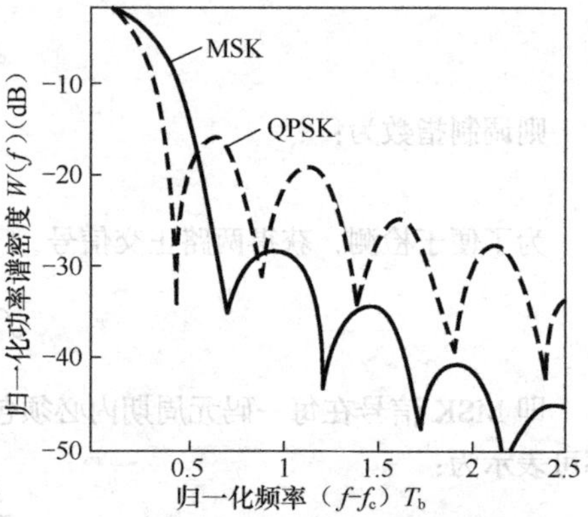

图 3-4　MSK 信号功率谱密度图

例：假设输入序列｛a_k｝为{-1，-1，+1，-1，+1，+1，+1，-1，+1}，信息速率为 1000bit/s，载频为 1000Hz。

问：（1）+1 和-1 所对应的载波频率分别是多少？

（2）在一个码元周期内各包含多少个高频载波周期？

（3）试画出 MSK 信号的波形图和附加相位图。

3. 高斯最小频移键控（GMSK）

MSK 信号相位是连续的，但在码元转换时刻，相位变化是一个尖锐的转折，从而使得旁瓣电平不够低，不能满足移动通信中对带外辐射的严格要求。为了改善，可以在调制前加入预滤波器，其幅频响应为高斯形，即高斯低通滤波器，有高斯低通滤波器的这种调制称为高斯最小频移键控（GMSK）调制，如图 3-5 所示，从而使频谱上的旁瓣下降速度加快。

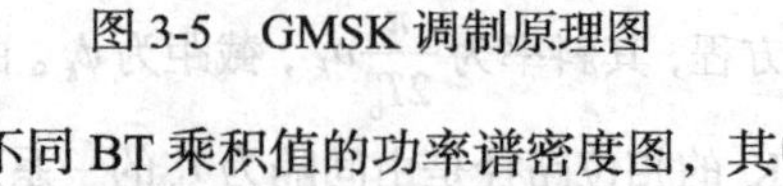

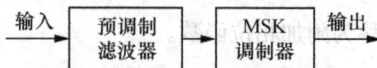

图 3-5　GMSK 调制原理图

图 3-6 给出了 GMSK 信号的不同 BT 乘积值的功率谱密度图，其中 B 为带宽，T 为码元宽度。由图可见，随着 BT 值的减少，旁瓣下降速度加快。但是，BT 值减小会增加误码率，从而导致因码间干扰造成的性能下降加剧，所以 BT 值应该折中选择。

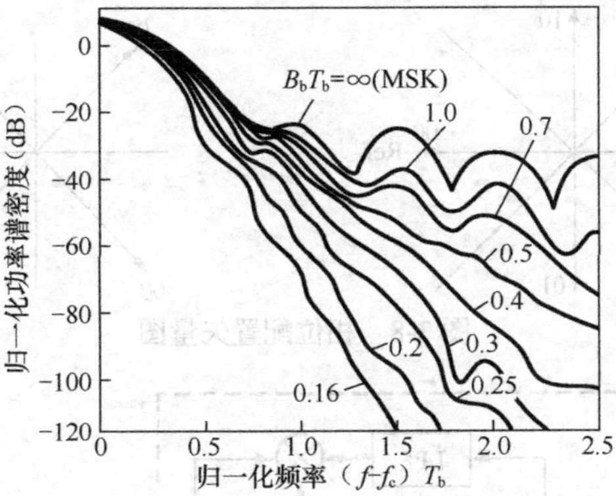

图 3-6　GMSK 信号功率谱密度

📖 GMSK 是 GSM 系统选用的调制方式，其中 BT=0.3。

3.1.2　线性调制技术

1. 二进制相移键控（BPSK）

在 BPSK 中，载波信号的相位随着两种可能的信息状态（1 或 0）的变化而变化。通常用已调信号载波的 0° 和 180° 分别表示 1 和 0。图 3-4 所示为 BPSK 信号的波形图。

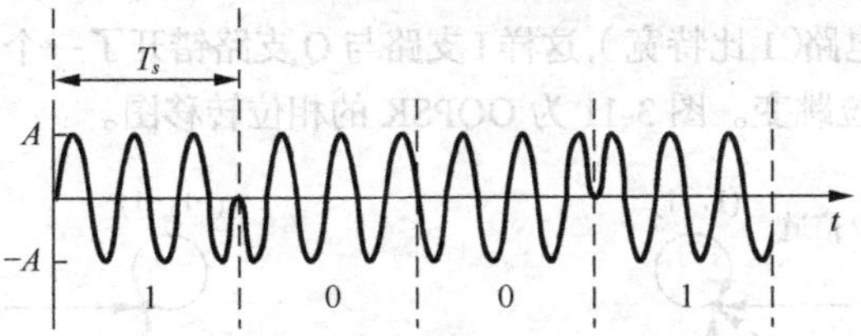

图 3-7　BPSK 信号波形图

为提高信道的频谱利用率，需采用多进制相位调制（MPSK）技术，MPSK 又称多相制，利用载波的多种不同相位（或相位差）来表征数字信息的调制方式。

2. QPSK（四相相移键控）

QPSK 是一种正交相移键控，有时也称为四进制 PSK 或四相 PSK，是 MPSK 调制中最常用的一种调制方式。QPSK 信号每个码元包含两个二进制信息，为此，在四相调制器输入端，通常要对输入的二进制码序列进行分组，两个码元分成一组，这样就可能有 00、01、10、11 四种组合，每种组合代表一个四进制符号，然后用四种不同的载波相位去表征它们。由于一个调制码元中传输两个比特，所以比 BPSK 的带宽效率高两倍。

为了便于说明概念，我们可以将 MPSK 信号用信号矢量图来描述。四进制数字相位调制信号矢量图如图 3-8 所示，具体的相位配置有两种形式。根据 CCITT 的建议，图中左侧所示的移相方式，称为 A 方式；图中右侧所示的移相方式，称为 B 方式。以 A 方式为例，载波相位有 0、$\frac{\pi}{2}$、π 和 $\frac{3\pi}{2}$ 四种，分别对应信息码元 00、10、11 和 01。

图 3-9 给出了典型的 QPSK 调制电路图。

图 3-10 为 QPSK 的相位转移图，由图可知，4 个点之间任何转移都是可能的，其中存在着对角线之间的跳变，即相位跳变量为 180°，将会导致频谱再生。

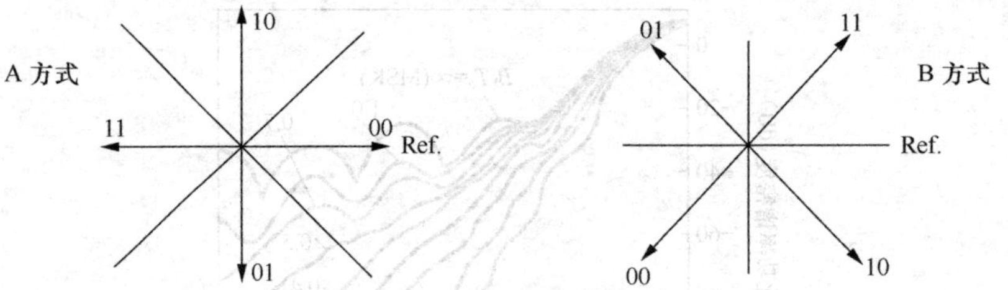

图 3-8　相位配置矢量图

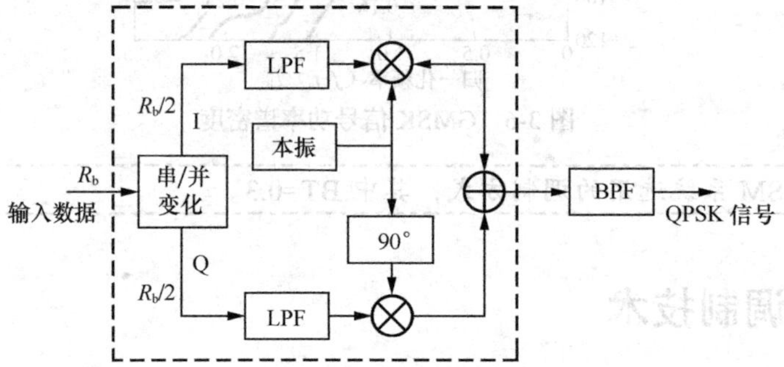

图 3-9　QPSK 调制电路图

3. OQPSK（交错四相相移键控）

为了避免 QPSK 中出现的过零点的 180° 相位跳变，可采用 OQPSK，其调制器与 QPSK 不同之处在于在 Q 支路增加了延时电路(1 比特宽)，这样 I 支路与 Q 支路错开了一个比特的时间，从而使 OQPSK 的相位转移不存在 180° 相位跳变。图 3-11 为 OQPSK 的相位转移图。

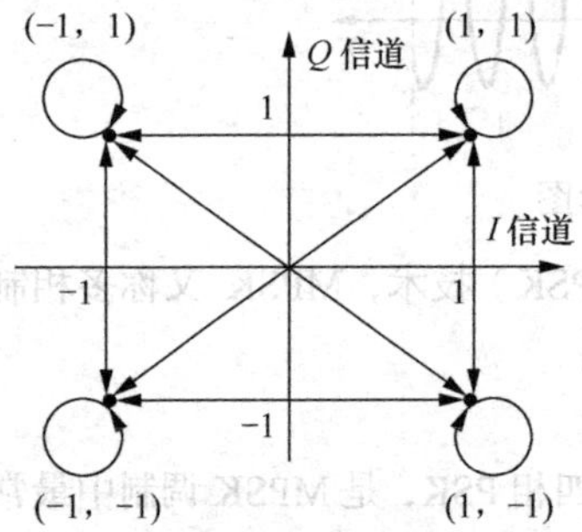

图 3-10　QPSK 相位转移图

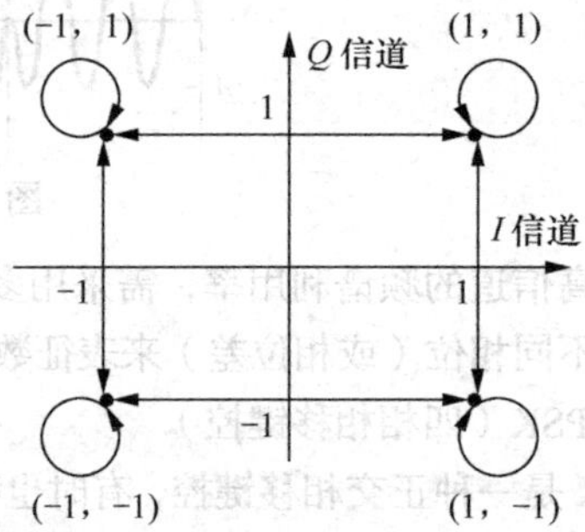

图 3-11　OQPSK 相位转移图

4. π/4-QPSK

π/4-QPSK 调制技术也是一种正交相移键控技术，它在 QPSK 的基础上主要进行了两方面的改进。

（1）最大相位跳变量为 $\pm\frac{3\pi}{4}$，为 QPSK 和 OQPSK 的折中。

（2）能够采用非相干解调，从而使接收机设计电路大大简化。

与 QPSK 和 OQPSK 不同，π/4-QPSK 信号的相位被均匀分割为相距 $\frac{\pi}{4}$ 的 8 个相位点。图 3-12 为 π/4-QPSK 相位转移图，可见其可能出现的相位跳变为 $\pm\frac{\pi}{4}$、$\pm\frac{3\pi}{4}$。

📖　总结：比较 QPSK、OQPSK 和 π/4-QPSK 的频谱特性。

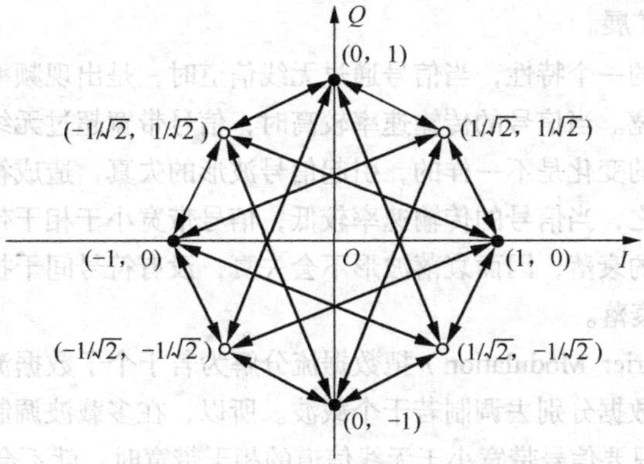

图 3-12　π/4-QPSK 相位转移图

3.1.3　正交振幅调制技术

随着通信业务需求的迅速增长，寻找频谱利用率高的数字调制方式已成为数字通信系统设计、研究的主要目标之一。正交振幅调制 QAM(Quadrature Amplitude Modulation)就是一种频谱利用率很高的调制方式。在中大容量数字微波通信系统、有线电视网络高速数据传输、卫星通信系统等领域得到广泛应用。

在移动通信中，随着微蜂窝和微微蜂窝的出现，使得信道传输特性发生了很大变化，过去在传统蜂窝系统中不能应用的 QAM 也引起人们的重视，并进行了广泛深入的研究。

QAM 是将调幅和调相结合起来的一种调制技术。在给定进制数 M 和误码率条件下，在功率效率方面，要优于 MPSK，但设备要复杂一些。可以用星座图来描述 QAM 的信号空间分布状态。图 3-13 分别给出了 4QAM（二进制 QAM）、16QAM（四进制 QAM）和 64QAM（八进制）的星座图。

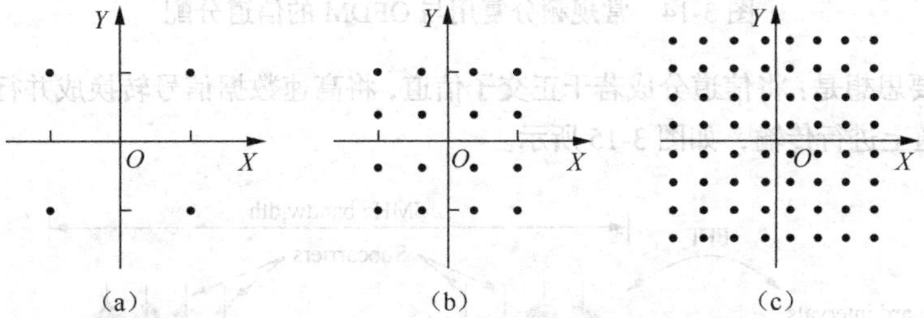

图 3-13　4QAM、16QAM 和 64QAM 星座图

3.1.4　多载波调制技术

在移动通信信道中，由于多径效应，使得传输信号产生时延扩展，接收信号中的一个符号的波形会扩展到其他符号当中，造成符号间干扰（Inter　Symbol Interference，ISI），使得系统性能变差。为了避免产生 ISI，应该令符号速率小于最大时延扩展的倒数。

在频域内，与时延扩展相关的另一个重要概念是相干带宽，在应用中通常用最大时延扩展的倒数来定义相干带宽，即：

$$\Delta B_c \approx \frac{1}{\tau_{\max}} \quad (3\text{-}9)$$

其中 τ_{max} 为最大时延扩展。

相干带宽是无线信道的一个特性，当信号通过无线信道时，是出现频率选择性衰落还是平衰落，这要取决于信号本身的带宽。当信号的传输速率较高时，信号带宽超过无线信道的相干带宽，信号通过无线信道后各频率分量的变化是不一样的，引起信号波形的失真，造成符号间干扰，此时就认为发生了频率选择性衰落；反之，当信号的传输速率较低，信号带宽小于相干带宽时，信号通过无线信道后各频率分量都受到相同的衰落，因而衰落波形不会失真，没有符号间干扰，则认为信号只是经历了平衰落，即非频率选择性衰落。

多载波调制（Multicarrier Modulation）把数据流分解为若干个子数据流，从而使子数据流具有较低的传输速率，利用这些数据分别去调制若干个载波。所以，在多载波调制信道中，数据传输速率相对较低，码元周期加长，只要信号带宽小于无线信道的相干带宽时，就不会造成码间干扰。

多载波调制可以通过多种技术途径来实现，如多音实现（Multitone Realization）、正交多载波调制（OFDM）、MC-CDMA 和编码 MCM（Coded MCM）等。其中，OFDM 可以很好的抗多径干扰，是当前研究的一个热点。

OFDM（Orthogonal Frequency Division Multiplexing）即正交频分复用，是一种能够充分利用频谱资源的多载波传输方式。常规频分复用与 OFDM 的信道分配情况如图 3-14 所示。可以看出 OFDM 至少能够节约二分之一的频谱资源。

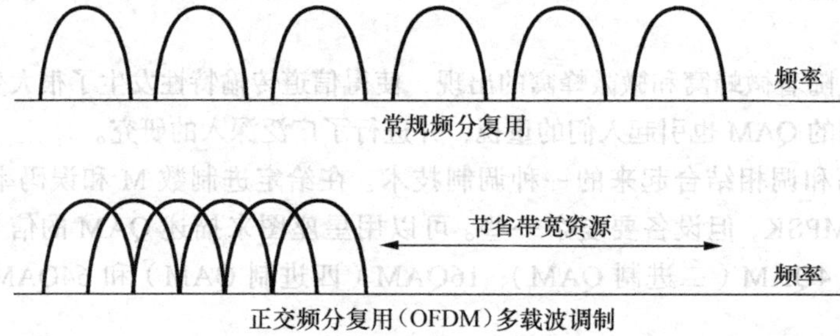

图 3-14　常规频分复用与 OFDM 的信道分配

OFDM 的主要思想是：将信道分成若干正交子信道，将高速数据信号转换成并行的低速子数据流，调制到每个子信道上进行传输，如图 3-15 所示。

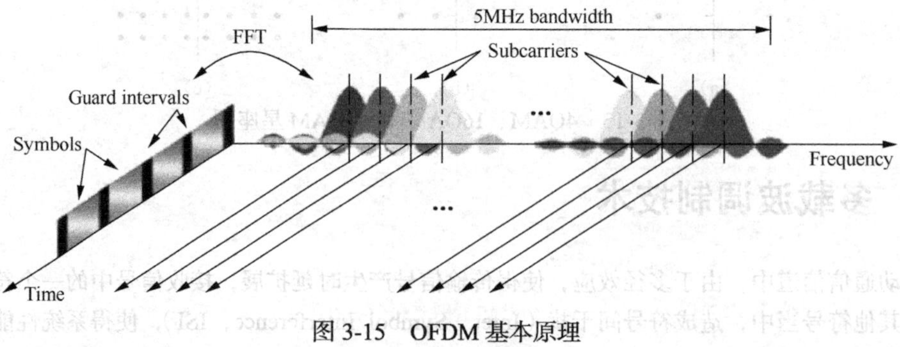

图 3-15　OFDM 基本原理

OFDM 利用快速傅立叶反变换（IFFT）和快速傅立叶变换（FFT）来实现调制和解调，如图 3-16 所示。

OFDM 的调制解调流程如下所示。

（1）发射机在发射数据时，将高速串行数据转为低速并行，利用正交的多个子载波进行数据传输。

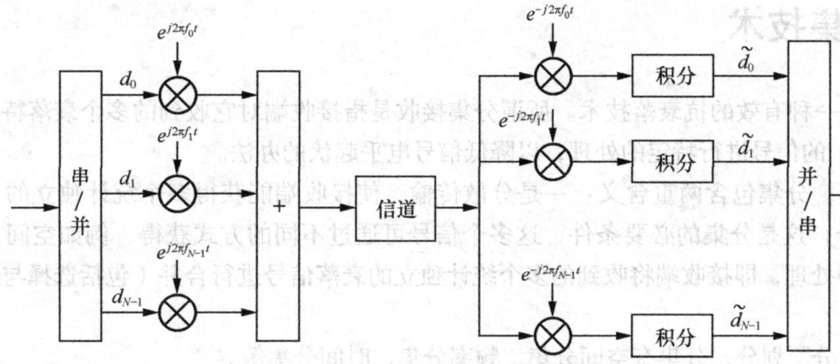

图 3-16　调制解调过程

（2）各个子载波使用独立的调制器和解调器。

（3）各个子载波之间要求完全正交，各个子载波收发完全同步。

（4）发射机和接收机要精确同频、同步，准确进行位采样。

（5）接收机在解调器的后端进行同步采样，获得数据，然后转为高速串行。

在向 B3G/4G 演进的过程中，OFDM 是关键的技术之一，可以结合分集、时空编码、干扰和信道间干扰抑制以及智能天线技术，最大限度的提高系统性能。

3.2　抗信道衰落技术

干扰和衰落是影响通信质量的主要因素。移动通信中存在着严重的干扰和衰落现象，因此，必须采取必要的措施来抗干扰和抗衰落。本节主要介绍均衡技术、分集技术、Rake 接收、交织等技术的基本原理。

3.2.1　均衡技术

在移动通信中，由于多径的影响导致传输的信号会产生符号间干扰，使得被传输的信号产生失真，从而在接收机中产生误码。而均衡正是克服符号间干扰的一种技术。理论和实践表明，若在基带系统中插入一种可调（或不可调）的滤波器就可以补偿整个系统的幅频和相频特性，从而减少码间串扰的影响，这个对系统校正的过程称为均衡，实现均衡的滤波器称为均衡器。

均衡分为频域均衡和时域均衡。

• 频域均衡是从频率响应考虑，利用可调滤波器的频率特性来弥补实际信道的幅频特性和群延时特性，使包括均衡器在内的整个系统的总频率特性满足无码间干扰传输条件。即满足：

$$H(\omega)=\begin{cases}1（或常数） & |\omega| \leqslant \omega_b/2 \\ 0 & |\omega| > \omega_b/2\end{cases} \tag{3-10}$$

• 时域均衡是直接从时间响应的角度考虑，使包括均衡器在内的整个传输系统的冲击响应满足无码间干扰的条件。即：

$$h(kT_b)=\begin{cases}1（或常数） & k=0 \\ 0 & k \neq 0\end{cases} \tag{3-11}$$

3.2.2 分集技术

分集技术是一种有效的抗衰落技术。所谓分集接收是指接收端对它收到的多个衰落特性互相独立（携带同一信息）的信号进行特定的处理，以降低信号电平起伏的办法。

由定义可知，分集包含两重含义：一是分散传输，使接收端能获得多个统计独立的、携带同一信息的衰落信号，这是分集的必要条件，这多个信号可通过不同的方式获得，例如空间、时间、频率等；二是集中处理，即接收端将收到的多个统计独立的衰落信号进行合并（包括选择与组合）以降低衰落的影响。

- 若按照“分”划分，分集有空间分集、频率分集、时间分集等。
- 若按照“集”划分，有选择式合并、等增益合并和最大比值合并。
- 若按照信号传输的形式进行划分，分集可分为显分集和隐分集。
- 按照不同衰落，分集可分为宏分集和微分集。

下面对典型的分集与合并技术进行一一介绍。

1. 获得分集信号的方法

（1）空间分集

空间分集是利用不同接收地点（空间）位置的不同，利用不同地点接收到的衰落信号在统计上的不相关性，来实现抗衰落的目的。

图 3-17 为空间分集示意图，在发射端采用一副天线发射，而在接收端采用多副天线接收。接收端天线之间的距离 d 应足够大，以保证各接收天线输出信号的衰落特性是相互独立的，间隔距离 d 与工作波长、地物及天线高度有关。

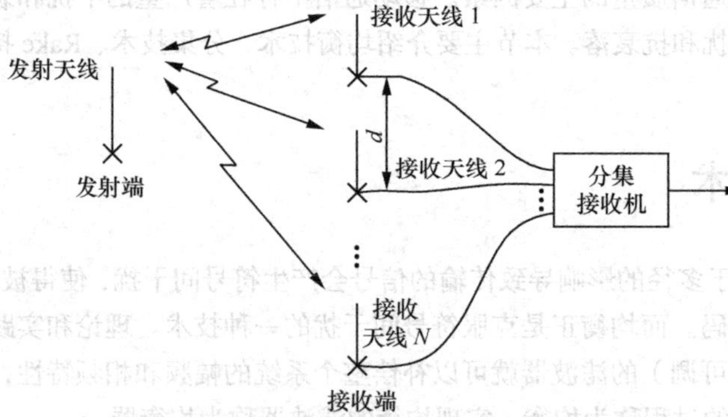

图 3-17　空间分集示意图

在空间分集中，天线数目 N 越大，分集效果越好，但随着 N 值的增加，分集效果改善不再明显，而是逐步减小。而 N 的增加意味着设备复杂性增加，成本较高，所以在工程上对于 N 的取值要有一个折中，一般取 N=2～4 即可。

空间分集还有两类变化形式。

① 极化分集

极化分集是利用单根天线水平与垂直极化方向上的正交性能来实现分集功能的，即利用极化的正交性来实现衰落的不相关性。

极化分集优点是结构紧凑，节省了空间，但是在移动时变信道中，极化的正交性很难保证，且发送端功率要分配至正交极化馈源上将产生 3dB 的损失，因此性能较空间分集差。

② 角度分集

角度分集利用传输环境的复杂性，调整天线不同角度的馈源，实现在单根天线上不同角度到达信号样值统计上的不相关性来实现等效空间分集的效果。

角度分集优点也是结构紧凑，节省空间，缺点是实现工艺要求较高，性能比空间分集差。

（2）频率分集

由于频率间隔大于相关带宽的两个信号所遭受的衰落可以认为是不相关的，因此可以用两个以上不同的频率传输同一信息，以实现频率分集。

根据相关带宽的定义，即：

$$\Delta f_c = \frac{1}{2\pi\tau_{max}} \tag{3-12}$$

式中，τ_{max} 为最大时延扩展。

与空间分集相比，它的优点是减少了天线的数目，缺点是要占用更多的频谱资源，在发射端需要多部发射机。

> 🕮 例如，城市中若使用 900MHz 频段（GSM900），典型的时延扩展约为 3μs，则 Bc 约为 53kHz。这样频率分集需要用两部以上的发射机（频率相隔 53kHz 以上）同时发送同一信号，并用两部以上的独立接收机来接收信号。

2. 时间分集

同一信号在不同的时间区间多次重发，只要各次发送的时间间隔足够大，那么各次发送信号所出现的衰落将是彼此独立的，接收机将重复收到的同一信号进行合并，就能减小衰落的影响。

具体实现时，时间间隔需满足以下关系：

$$\Delta t \geqslant T_c \tag{3-13}$$

其中：T_c 为相干时间，为多普勒频移的倒数。

时间分集有利于克服移动信道中由多普勒效应引起的信号衰落现象。

与空间分集相比，优点是减少了接收天线及相应设备数目，缺点是占用时隙资源，增大了开销，降低了传输效率。

> 🕮 思考题：时间分集适合于静止移动用户吗？

3. 分集合并技术

（1）选择式合并

选择式合并是检测所有分集支路的信号，以选择其中信噪比最高的那一个支路的信号作为合并器的输出。由上式可见，在选择式合并器中，加权系数只有一项为 1，其余均为 0。具体电路图如图 3-18 所示。

> 🕮 选择式合并类似于择优录取。

（2）最大比值合并

其电路图如图 3-19 所示。将各分集支路的接收信号首先进行加权，即控制各支路的增益，加权的权值依各支路信噪比来分配，信噪比大的支路权值大，信噪比小的支路权值小，然后进行叠加。

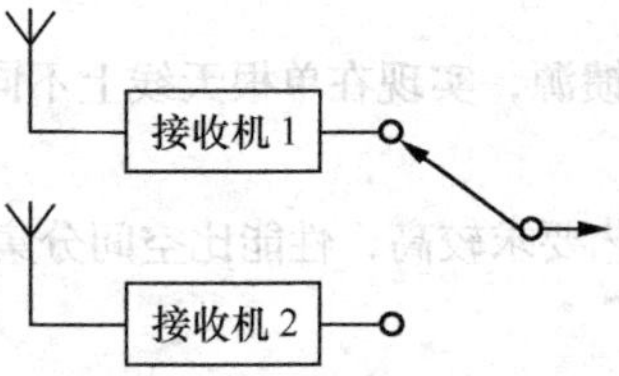

图 3-18　选择式合并

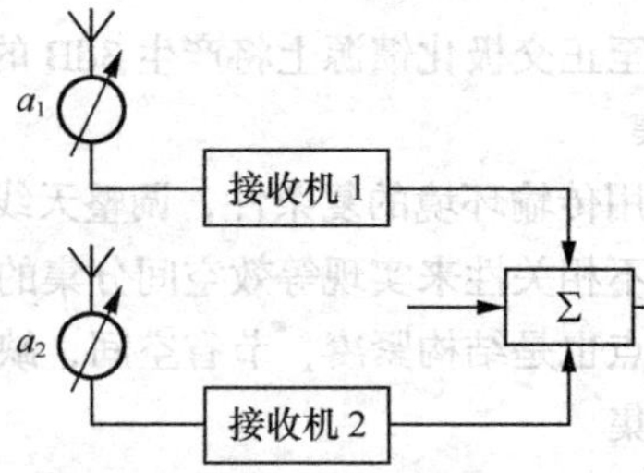

图 3-19　最大比值合并

> 📖 大学期间，大家都经历过大大小小的课程考试，其中每门课程的最终考核成绩为本门课程各项指标的综合值，根据各项指标所占比例最终求出本门课的总评成绩。根据最大比值合并，则哪个指标表现好则给出的比例则高，反之亦然，这样总评成绩最优化。

（3）等增益合并

若将最大比值合并中的权值取为 1，就成为等增益合并，即对所接收的值不做处理进行叠加，电路图如图 3-20 所示。

（4）性能比较

图 3-21 给出了 3 种合并方式平均信噪比的改善程度。由图 3-21 可知，在相同分集支路数的情况下，最大比值合并方式改善信噪比最多，等增益次之，最差的为选择式合并。另外由于等增益合并电路实现简单，性能也可以，所以等增益合并方式在实际应用较多。

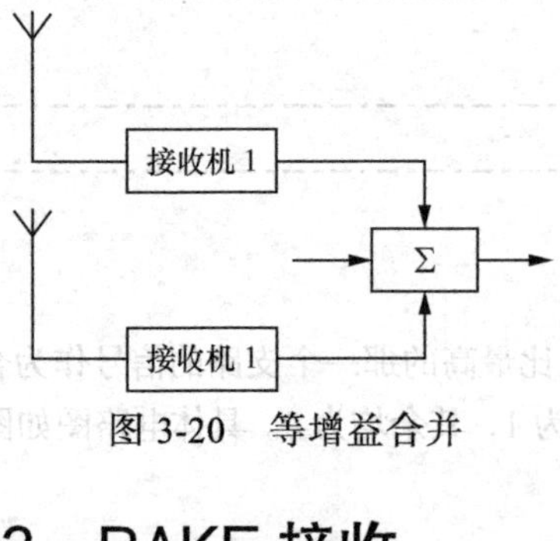

图 3-20　等增益合并

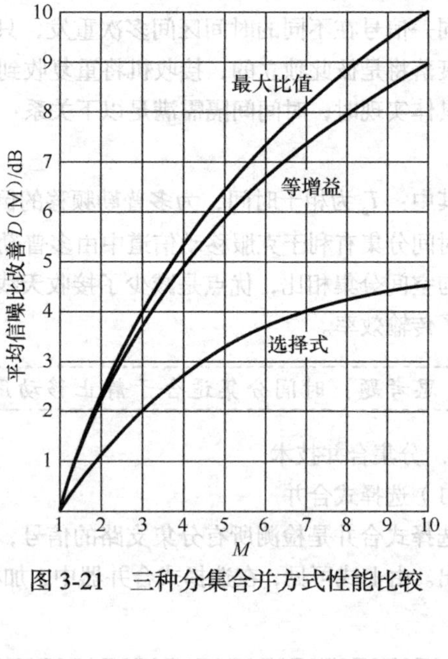

图 3-21　三种分集合并方式性能比较

3.2.3 RAKE 接收

RAKE 接收机也称为多径接收机。

由于无线信号传播中存在多径效应，即基站发出的信号经不同路径到达移动台处的时间是不同的，如果两个信号到达移动台处的时间差超过一个信号码元的宽度，RAKE 接收机就可将其分别成功解调，移动台将各个 RAKE 接收机收到的信号进行矢量相加（即对不同时间到达移动台的信号进行不同的时间延迟达到同相），每个接收机可单独接收一路多径信号，这样移动台就可以处理几个多径分量，达到抗多径衰落的目的，提高移动台的接收性能。

基站对每个移动台信号的接收也是采用同样的道理，即也采用多个 RAKE 接收机。另外，移动台在进行软切换的时候，也正是由于使用不同的 RAKE 接收机接收不同基站的信号才得以实现。

> 📖 RAKE，中文含义为耙子，由于该接收机中横向滤波器具有类似于锯齿状的抽头，就像耙子一样，故称该接收机为 RAKE 接收机。

3.2.4　信道编码和交织

信号在传输过程中，主要有两种差错：随机差错和突发差错。所谓随机差错是指错码的出现是随机的，偶尔有一个或几个；突发差错是指错码是成串集中出现的。对于随机差错，可通过信道编码对其进行纠检错，而对于突发差错，则信道编码无能为力，必须要采用交织编码技术进行克服。

1. 信道编码

信道编码是为了保证通信系统的传输可靠性，克服信道中的噪声和干扰，而专门设计的一类抗干扰技术和方法。信道编码在信息序列上附加上一些监督码元，利用这些冗余的码元，使原来不规律的或规律性不强的原始数字信号变为有规律的数字信号；接收端解码时则利用这些规律性来鉴别传输过程是否发生错误，进而纠正错误。

从功能上看信道编码可分为检错码（例如 CRC 码、ARQ 等），纠错码（例如 BCH 码、RS 码、卷积码、Turbo 码等）和混合码（例如混合 ARQ，即 HARQ）。从结构和规律上看信道编码可分为线性码和非线性码。下面介绍几种典型的信道编码。

（1）线性分组码

线性分组码中的分组是指编码方法是按信息分组来进行的，而线性则是指编码规律即监督位（校验位）与信息位之间的关系遵从线性规律，一般记为（n，k），其中 n 表示码长，k 表示信息位数，则监督码元长度为 $n-k$。例如（7，3）表示编码器输出的码组长度为 n=7，输入编码器的信息位长度 k=3。

循环码是一种特殊的线性分组码，它具有循环特征，循环码的任何一个非全零码组移位 i 次（i=1，2，…）后，仍是一个许用码组；同时具有“线性”和分组的特征，例如 CRC、BCH 码和 RS 码。循环码的优点在于其编码和译码过程简单，易于在设备上实现。

（2）卷积码

为了达到一定的纠错能力和编码效率，分组码的码长一般都比较大，译码时必须把整个信息码组存储起来，由此产生的译码时延随分组码码长的增加而增加，为了减少这个延迟，提出各种解决方案，其中卷积码就是一种较好的解决方案。

卷积码以编码规则遵从卷积运算而得名，一般记为（n，k，m），其中 k 表示每次输入编码器的位数，n 则为每次输出编码器的位数，m 表示编码器中寄存器的个数，其约束长度为 m+1 位。每时刻输出的 n 位码元不仅与该时刻输入的 k 位码元有关，还与 m 级寄存器记忆的以前若干时刻输入的信息码元有关，所以是非分组的有记忆编码。

以一个（2，1，2）卷积码为例来说明卷积码的编码工作原理，如图 3-22 所示。

该卷积码的长度 n=2，信息码的位数 k=1，因此监督位 r=1，该监督位不仅与当前信息位有关，还与前一个信息位有关，因此 m=2，即记为（2，1，2）。

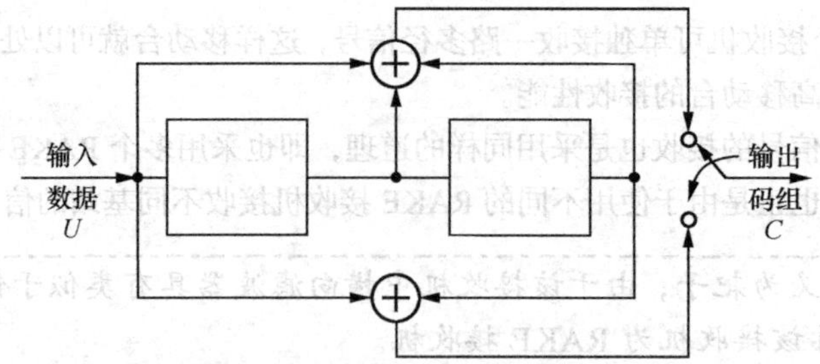

图 3-22 （2，1，2）卷积编码器

由图 3-22 可知，这个卷积编码器由 2 触点转换开关、2 个移位寄存器及模 2 加法器组成。每输入一个信息比特，经该编码器后产生 2 个输出比特。假设移位寄存器的初始状态全为 0，则当输入比特流为 10111 时，将输出比特流 1110000110。

（3）Turbo 码

香农编码定理指出，如果采用足够长的随机编码，就能逼近香农信道容量。但传统的编码都有规则的代数结构，远远谈不上“随机”，同时出于对译码复杂度的考虑，码长也不可能太长，所以传统的编码性能与信道容量之间有较大的差距。

1993 年两位法国教授和他们的缅甸籍博士生在 ICC 会议上发表的“Near Shannon limit error-correcting coding and decoding”中提出了一种全新的编码方式即 Turbo 码。Turbo 码将两个简单分量码通过伪随机交织器并行级联来构造具有伪随机特性的长码，如图 3-23 所示，使得它的纠错能力和抗干扰能力远远超过了其他的编码方式。Turbo 是英文中的前缀，是指带有涡轮驱动，即反复迭代的含义。

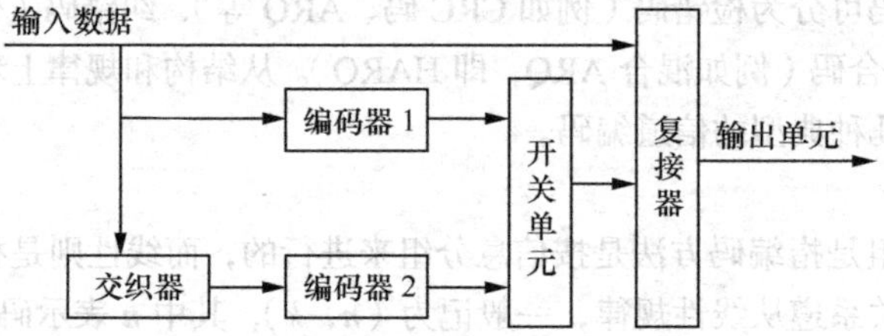

图 3-23 Turbo 码编码器原理框图

图 3-23 中，编码器有 3 个基本组成部分：直接输入，经过编码器 1 送入开关单元，输入数据经过交织器后再通过编码器 2 送入开关单元。以上三者可看做并行级联，两个编码器分别称为 Turbo 码的二维分量（单元组成）码。

> 📖 Turbo 码在 WCDMA、CDMA2000 和 TD-SCDMA 中都得到了应用。

2. 交织

隐分集所采用的技术主要有交织编码技术、直接序列扩频技术和跳频技术等。在这里，介绍交织编码技术。

因为信道编码针对的是随机差错，对于连续出现的错误不能纠错，如图 3-24 所示。

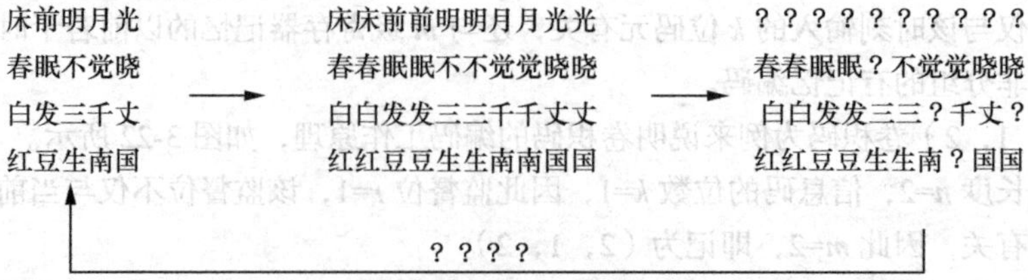

图 3-24 信道编码不能纠正的错误

而在无线通信中，空中信道是非常恶劣、情况非常复杂的信道，很容易出现突发差错，因此需采用交织技术进行克服。

交织技术通过改变数据流的传输顺序，将突发的错误随机化，从而提高纠错编码的有效性，其基本过程如图 3-25 所示。

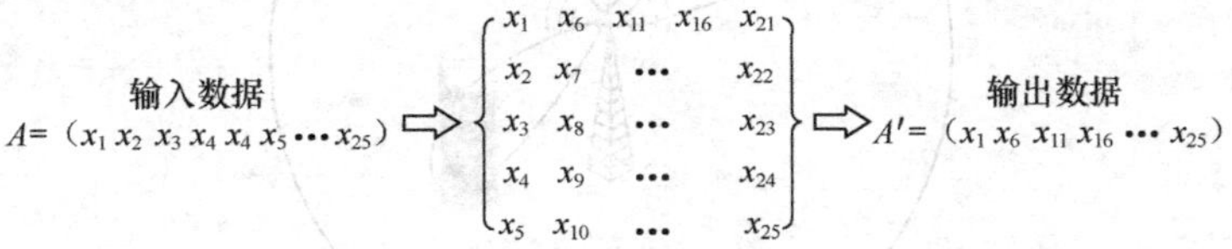

图 3-25　交织的过程

图 3-26 是一个实际的例子。从中可以看出，使用交织技术后，连续的错误通过去交织后变成了离散的错误，从而提高了纠错编码的有效性。

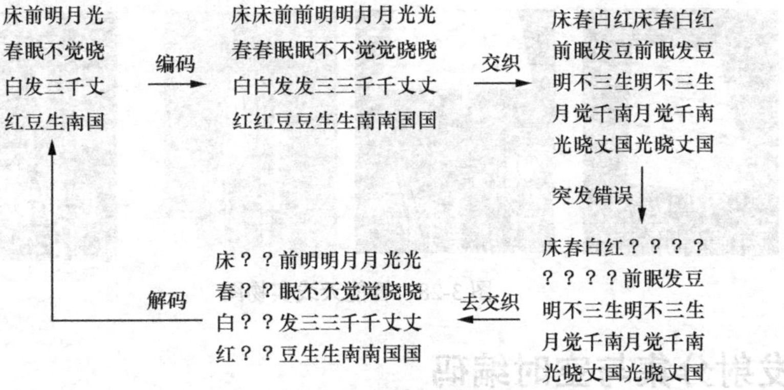

图 3-26　交织技术举例

要注意的是，由于交织器改变了数据流的传输顺序，必须要等整个数据块接收后才能纠错，从而引入了处理延时，因此对于交织器的选择时，交织深度应根据不同的业务要求有不同的选择。

另外，在特殊情况下，若干个随机独立的差错有可能交织为突发差错。

3.2.5　智能天线

智能天线由于能根据信号的入射波方向自适应调节其方向图、跟踪强信号、减少甚至抵消干扰信号，从而达到增大信干比、提升移动通信系统容量、提高移动通信系统频谱利用率和降低发射信号功率的效果，如图 3-27 所示，在第三代移动通信系统中得到了广泛的关注。

智能天线技术的核心是自适应天线波束赋形技术。自适应天线波束赋形技术在 20 世纪 60 年代开始发展，其研究对象是雷达天线阵，目的是提高雷达的性能和电子对抗的能力。

智能天线技术的原理是使一组天线和对应的收发信机按照一定的方式排列和激励，利用波的干涉原理可以产生强方向性的辐射方向图，如图 3-27 所示。如果使用数字信号处理方法在基带进行处理，使得辐射方向图的主瓣自适应地指向用户来波方向，就能达到提高信号的载干比，降低发射功率，提高系统覆盖范围的目的。

智能天线的天线阵是一列取向相同、同极化、低增益的天线，天线阵的排列方式包括等距直线排列、等距圆周排列、等距平面排列。智能天线的分类有线阵、圆阵或全向阵、定向阵，具体实物图如图 3-28 所示。

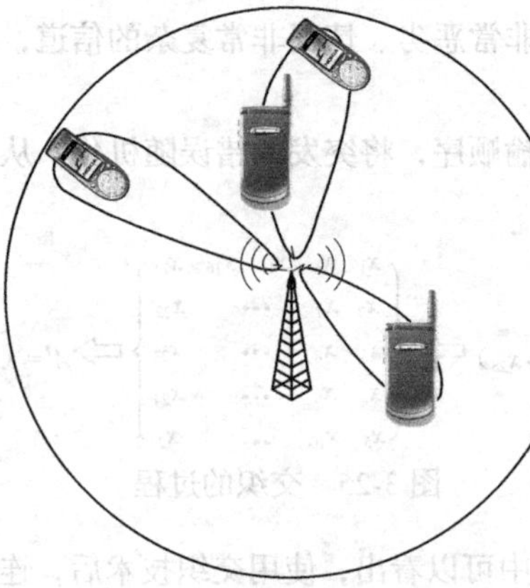

图 3-27　智能天线工作原理

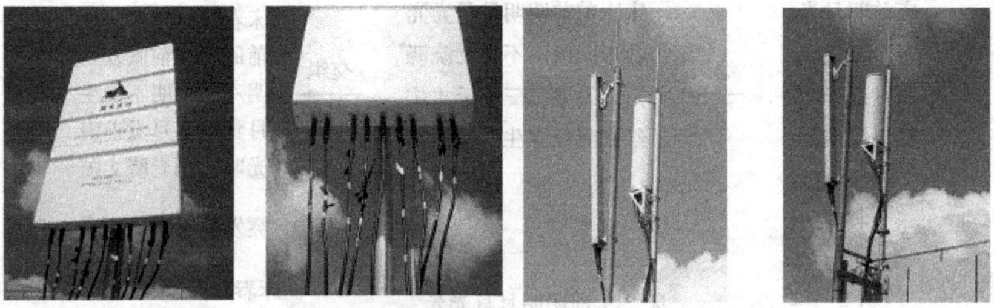

图 3-28　智能天线实物图

3.2.6　发射分集与空时编码

在前面所描述的空间分集技术中，接收端通过多根天线接收信号，并对信号进行合并处理，从而提高系统的信噪比。若同时在发送端和接收端使用多根天线，即多输入多输出，如图 3-29 所示，则同样可以提高信噪比。通过理论推算，得到一个近似的容量公式：

$$C = MB\log_2(1+\frac{S}{N}) \tag{3-14}$$

其中，$\frac{S}{N}$是每根接收天线上的信噪比，M 表示发送端或接收端天线数的最小者。由此可见，信道的容量除了通过增加带宽提高信噪比外，还可以通过增加天线向空间索要，这是很有前途的一种想法。空间维数的引入为信号设计增加了额外的自由度，从而可获得更好的系统性能，从而引发了近年来对于空时处理、MIMO 系统持续不断的研究热潮。

这种用多根天线发送、多根天线接收的技术，即 MIMO 技术。MIMO 是多输入多输出的英文缩写，是当前无线技术研究的热点，也是 4G 标准中的关键技术之一。

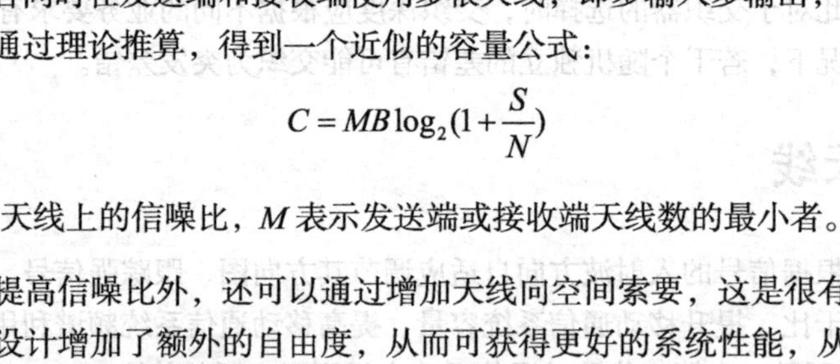

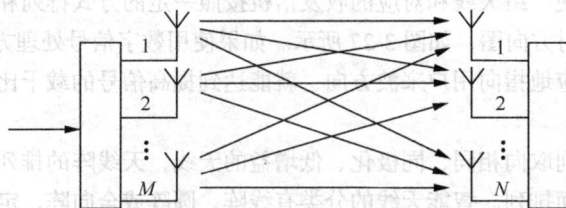

图 3-29　多输入多输出示意图

3.2.7 扩频通信

扩频技术在 1980 年前后已经广泛地应用于各种军事通信系统中，成为电子战中通信反对抗的一种必不可少的重要手段。近年来扩频通信的应用更是广泛，移动通信中的码分多址方式就是建立在扩频通信的基础之上。

扩频通信之所以得到应用和发展，成为现代通信发展的方向，就是因为它具有许多独特的性能，其主要特点如下。

（1）抗干扰能力强。扩频通信系统扩展的频谱越宽，处理增益越高，抗干扰能力越强，这是扩频通信最突出的优点。

（2）隐蔽性好。由于扩频信号在很宽的频带上被扩展了，单位频带内的功率下降了，即信号的功率谱密度就很低，所以，在信道噪声和热噪声的背景下，用很低的功率进行通信，这样敌方就不容易发现信号的存在了。

（3）可以实现码分多址。扩频通信具有较强的抗干扰能力，但是付出了占用带宽的代价。这一缺点在可能采用多用户共用这一频带时，则大大提高频率的利用率。

（4）抗衰落，抗多径干扰。众所周知，移动通信信道是随参信道，信道条件最为恶劣，信号传输中伴随着各种衰落，特别是在频域上的选择性衰落对信号的传输质量上有很大的影响。而扩频通信所传输的信号频谱已被扩展的很宽，频谱密度很低，如在传输中有小部分频谱被衰落时，也不会使信号造成严重的畸变。

1. 扩频通信的定义

所谓扩频通信，可表述如下："扩频通信技术是一种信息传输方式，其信号所占有的频带宽度远大于所传信息必需的最小带宽；频带的扩展是通过一个独立的码序列来完成，用编码及调制的方法来实现的，与所传信息数据无关；在接收端则用同样的码进行相关同步接收、解扩及恢复所传信息数据。"这个定义包含了 3 方面的含义。

（1）信号的频谱被展宽。

（2）信号的宽带传输是依赖于扩频码序列调制方式来实现的。由信息理论可以知道，在时间上有限的信号，其频谱是无限的，即脉冲信号的宽度越窄，其频谱就越宽。作为工程估算信号的频带宽度与脉冲宽度近似成反比，例如 1μs 脉冲宽度的信号频带宽度为 1MHz，很窄的脉冲序列被信息所调制就会产生很宽的频谱宽度。CDMA 系统就采用这种方式获得扩频信号，其中所用的很窄的脉冲序列（其码速率很高）称为扩频码序列。

（3）在接收端采用相关解调来进行解扩。

2. 扩频通信的原理

扩频通信的一般原理方框图如图 3-30 所示。

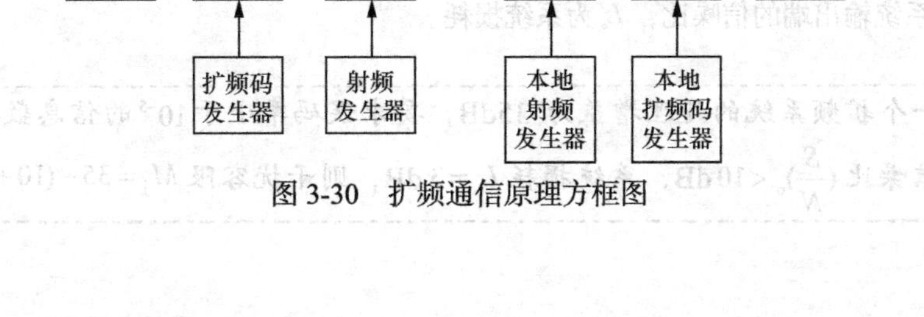

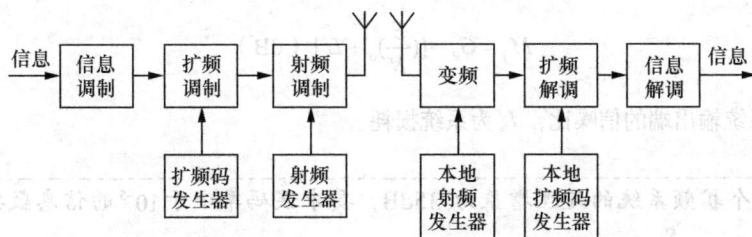

图 3-30　扩频通信原理方框图

在输入端的信息经信息调制形成数字信号，然后由扩频码发生器产生的扩频码序列去调制数字信号的频带，展宽后的信号再进一步进行载频调制，通过射频功放送到天线发射出去。在接收端，从接收天线上收到的宽带射频信号，经过输入电路、高频放大器后进入变频器，下变频至中频，然后由本地产生的与发送端完全一样的扩频码序列去解扩，最后经过信息解调，恢复成原始信息输出。由以上分析可以看出，扩频通信系统与普通的数字通信系统比较，就是多个扩频调制和解调部分。

3. 扩频通信的理论基础

扩频通信采用宽频的信号传送信息，主要是为了通信的安全可靠，这可用信息论和抗干扰理论的基本公式来解释。

香农（Shannon）在信息论中关于带宽和信噪比的关系式如下：

$$C = B\log_2(1+\frac{S}{N}) \tag{3-15}$$

式中，C 为信道容量（用传输速率度量），单位为 bit/s；

B 为信号带宽，单位为 Hz；

S 为信号平均功率，单位为 W；

N 为噪声平均功率，单位为 W。

由公式可得，在保持信息传输速率 C 不变的条件下，信号带宽 B 和信噪功率比 $\frac{S}{N}$ 是可以互换的。即可通过增加信号宽度，就可以在较低的信噪功率比的条件下以任意小的差错概率来传送信息。扩展频谱换取信噪比要求的降低，正是扩频通信的重要特点，由此为扩频通信奠定了基础。

总之，我们用信息带宽的 100 倍，甚至 1000 倍以上的宽带信号来传输信息，就是为了提高通信的抗干扰能力，即在强干扰条件下保证可靠安全地通信，这就是扩展频谱通信的基本思想和理论依据。

4. 扩频通信的主要技术指标

扩频通信由于在发端采用扩频码调制，在接收端解扩后恢复了所传的信息数据，这一处理过程带来了信噪比上面的好处，使接收机的输出信噪比相对于输入信噪比大有改善，从而提高了系统的抗干扰能力。因此可以用系统输出信噪比与输入信噪比二者之比来表征扩频系统的抗干扰能力。理论分析表明，各种扩频系统的抗干扰能力大体上都与扩频信号带宽 B 与信息带宽 B_m 之比成正比，工程上常用分贝（dB）来表示，即：

$$G_P = 10\lg\frac{B}{B_m} \tag{3-16}$$

式中，G_P 称作扩频系统的处理增益，它表示了扩频系统信噪比的改善程度，是扩频通信系统的一个重要指标。

仅仅知道扩频系统的处理增益，还不能充分的说明系统在干扰环境下的工作性能。因为系统的正常工作还需要保证输出端有一定的信噪比，并扣除系统内部其他一些损耗，因此引入抗干扰容限 M_j，其定义如下：

$$M_j = G_P - [(\frac{S}{N})_o + L_s]\ (\text{dB}) \tag{3-17}$$

式中，$(\frac{S}{N})_o$ 为系统输出端的信噪比，L_s 为系统损耗。

> 📖 例如，一个扩频系统的处理增益为 35dB，要求误码率小于 10^{-5} 的信息数据解调的最小的输出信噪比 $(\frac{S}{N})_o < 10\ \text{dB}$，系统损耗 $L_s = 3\ \text{dB}$，则干扰容限 $M_j = 35-(10+3) = 22\ \text{dB}$。

5. 扩频通信的分类

按照扩展信号频谱的方式的不同，扩频通信系统可分为直接序列（DS）扩频、跳频（FH）、跳时（TH）等。

（1）直接序列（Direct Sequency，DS）扩频

直接序列扩频就是直接用具有高码率的扩频码序列在发送端去扩展信号的频谱，在接收端，用相同的扩频码序列进行解扩，把展宽的扩频信号还原成原始信息，这种扩频方式在 CDMA 移动通信中采用。

（2）跳频（Frequency Hopping，FH）

跳频就是用一定的码序列进行频移键控调制，使载波频率不断地跳变，所以称为跳频。跳频系统中有几十甚至几千个频点，由扩频码的组合进行选择控制，不断跳变。发端信息码序列与扩频序列组合以后按照不同的码字去控制频率合成器。其输出频率根据码字的改变而改变，形成了频率的跳变，故称跳频。在接收端，为了解调跳变信号，需要有与发送端完全相同的本地扩频率码发生器去控制本地频率生成器。从上述原理可以看出，跳频系统也占用了比信息带宽要宽得多的频带。

（3）跳时（Time Hopping，TH）

与跳频相似，跳时是使发射信号在时间轴上跳变。我们先把时间轴分成许多时片。在一帧内哪个时片发射信息由扩频码序列去进行控制。因此，可以把跳时理解为：用一定码序列进行选择的多时片的时移键控。由于采用了窄得很多的时片去发送信号，相对说来，信号的频谱也就展宽了。

3.3 多址技术

蜂窝移动通信系统中，多个移动用户要同时通过一个基站和其他移动用户进行通信，就必须对基站和不同的移动用户发出的信号赋予不同的特征，使基站能从众多移动用户的信号中区分出是哪一个移动用户发来的信号，同时各个移动用户又能够识别出基站发出的信号中哪个是发给自己的。

蜂窝系统中是以信道来区分通信对象的，一个信道只容纳一个用户进行通话，许多同时通话的用户，互相以信道来区分，这就是多址。如何建立用户之间的无线信道的连接，就是多址接入方式。

目前常用的多址方式有：频分多址（Frequency Division Multiple Access，FDMA）、时分多址（Time Division Multiple Access，TDMA）、码分多址（Code Division Multiple Access，CDMA）、空分多址（Space Division Multiple Access，SDMA）等。

下面对各种多址方式的原理做一一介绍。

3.3.1 FDMA

频分多址是应用最早的一种多址技术，AMPS、NAMPS、TACS 等第一代移动通信系统所采用的多址技术就是 FDMA。

频分多址（FDMA）是指将给定的频谱资源划分为若干个等间隔的频道（或称信道）供不同的用户使用。图 3-31 为 FDMA 原理图。

> 📖 例如一栋教学楼里，如何区别不同的班级？
>
> 把教学楼分成一间间教室，每个班级占用一个教室，则可用不同的教室代表不同的班级。在这里，教学楼为给定的频谱资源，不同的教室代表不同的频道，不同的班级代表不同的用户。当教师要找到某个班级，只需找到对应的教室即可。

以 TACS 为例讨论 FDMA 方式。

TACS 系统占用的频段为：上行频段为 890～915MHz，下行为 935～960MHz。收发频段间隔为 45MHz，以防止发送的强信号对接收的弱信号的影响。每个话音信道占用 25kHz 频带。TACS 系统可支持的信道数约为 1000 个。

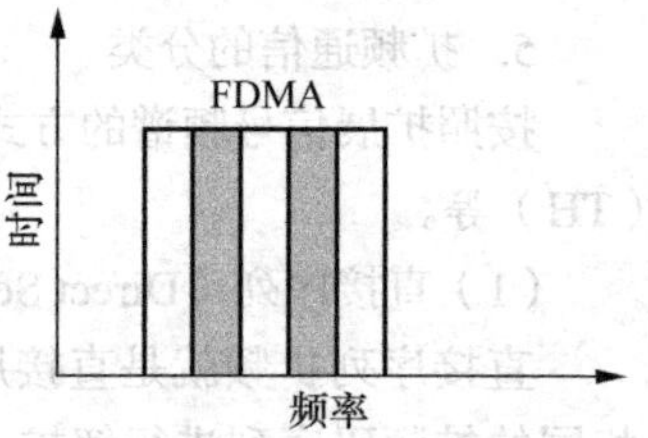

图 3-31　FDMA 原理图

FDMA 具有如下特点。

（1）每个信道只传送一路信号。只要给移动台分配了信道，移动台与基站之间会连续不断收发信号。

（2）由于发射机与接收机同时工作，为了发收隔离，必须采用双工器。

（3）FDMA 采用单载波（信道）单路方式，若一个基站有 30 个信道，则每个基站需要 30 套收发信机设备，不能共用，即公用设备成本高。

（4）与 TDMA 相比，连续传输开销小、效率高，无需复杂组帧与同步，无需信道均衡。

3.3.2　TDMA

时分多址（TDMA）在第二代移动通信系统中得到了广泛应用，如 GSM、NADC 和 PACS 等。

时分多址把时间分割成周期性的时帧，每一时帧再分割成若干个时隙（无论时帧或时隙都是互不重叠的），然后根据一定的分配原则，使各个移动台在每帧内只能在指定的时隙向基站发送信号。在满足定时和同步的条件下，基站可分别在各时隙中接收到各移动台的信号而互不混扰。同时，基站发向多个移动台的信号都按顺序排序安排在预定的时隙中传输，各移动台只要在指定的时隙内接收，就能在合路的信号中把发给它的信号区分出来。如图 3-32 所示。

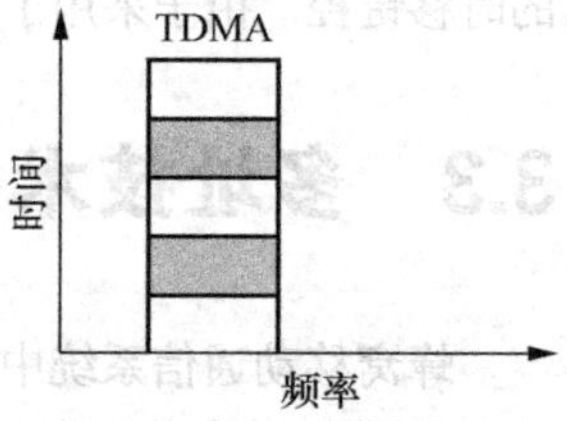

图 3-32　TDMA 原理图

> 例如：对于某间教室，如何区分不同的班级？
>
> 按一天八节课来计，每个班级占用 2 节课，则一个教室至少可区分 4 个不同的班级。即根据不同的时间段达到区分不同班级的目的，这样大大提高了教室的利用率。

以 GSM 系统为例讨论 TDMA 方式。

在 GSM 系统中，GSM 系统总共可提供 124 个频点数，而每个频点提供 8 个时隙，即最多可以 8 个用户共享一个载波，不同用户之间采用不同时隙来传送自己的信号。因此 GSM 总共可提供的信道数为 124×8=996。GSM 系统中的 TDMA 帧结构如图 3-33 所示。

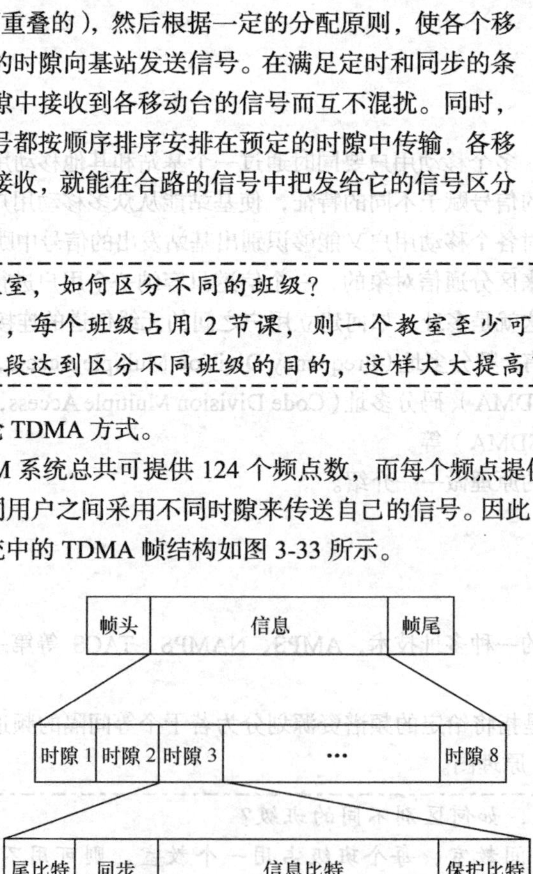

图 3-33　GSM 系统帧结构

TDMA 的特点如下。

（1）每个载波可分为多个时隙信道，每个信道可提供一个用户使用，因此每个载波可以提供给多个用户进行使用，大大提升了频道的利用率。

（2）每个移动台发射是不连续的，只能在规定的时隙内才发送信号。

（3）传输开销大。

（4）同一载波上的用户由于时分特性可以共用一套收发设备，与 FDMA 相比，降低了成本。

（5）TDMA 系统必须有精确的定时和同步，保证各移动台发送的信号不会在基站发生重叠或混淆，并且能准确地在指定的时隙中接收基站发给的信号。同步技术是 TDMA 系统正常工作的重要保证。

3.3.3 CDMA

在第二代移动通信系统中除了 TDMA 方式以外，还有 CDMA 技术，例如在 IS-95 系统中进行采用的。另外在第三代移动通信主流的 3 种体制中都采用了 CDMA，分别为 WCDMA、TD-SCDMA 和 cdma2000。

码分多址是基于码型来划分信道，办法就是不同的用户赋予不同的码序来实现多址方式。不同用户传输信息所用的信号是靠各自不相同的编码来区分的，即各个用户共享频谱和时间资源，如图 3-34 所示。

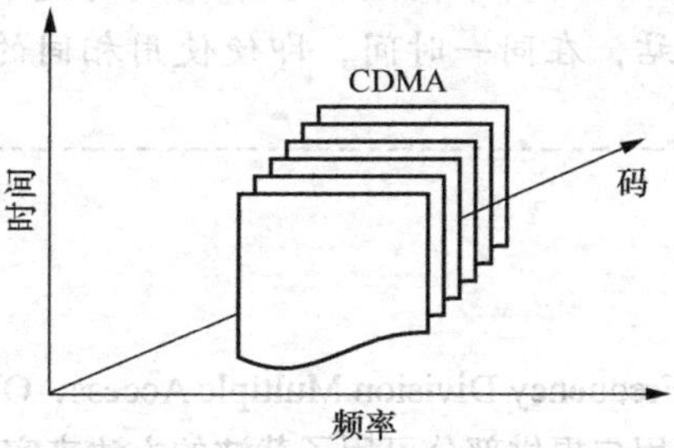

图 3-34　CDMA 原理图

> 📖 例如：对于某个时间段的某个教室里的班级，如何区分该班的不同的学生？
> 不同的学生有不同的学号或姓名，则可用不同的学号（姓名）区分不同的学生，在这里，不同的学号（姓名）类似于不同的编码。

以 IS-95 系统为例讨论 CDMA 方式。

在 IS-95 系统中，一个基站共有 64 个信道，用正交的 64 阶 Walsh 码序列来区别不同的信道。下行信道配置如图 3-35 所示。

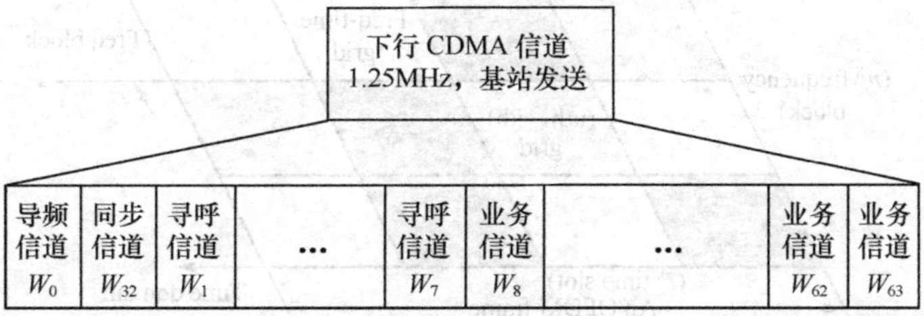

图 3-35　IS-95 系统中下行信道码序列分配图

64 个下行信道中有 55 个信道为业务信道，即一个基站可提供 55 个业务信道，一个频段提供最大基站数为 512 个，总共有 20 个频段数，则 IS-95 系统总共可以提供最多 CDMA 业务用户数大约为

55×512×20=563200 个。

IS-95 中的 CDMA 的特点如下。

（1）所用用户共享频率、时间资源。

（2）采用扩频通信，属于宽带通信系统，具有扩频通信的一系统优点，如抗干扰性强、低功率谱密度等。

（3）为一个干扰受限的系统，其容量不同于 FDMA、TDMA 中的硬容量，为软容量。

3.3.4 SDMA

空分多址（SDMA）技术是利用空间资源分割构成不同的信道，利用空分多址接入的多个用户可以使用完全相同的频率、时间和码道资源。事实上，所熟知的蜂窝概念本身就是一种空分复用技术，不同小区中的用户可以使用完全相同的资源，另外其也应用在智能天线中。

采用智能天线技术进行 SDMA 的技术，我们通常称为基于波束赋形的 SDMA 技术。基于波束赋形的 SDMA 技术的主要思想是，通过形成不同的波束，对准不同的用户，不同用户可以使用相同的频率、时隙和码道资源，仅仅存在空间上的隔离，因而有效提升了系统容量。

> 📖 举例来说，在一颗卫星上使用多个天线，各个天线的波束射向地球表面的不同区域。地面上不同地区的地球站，在同一时间，即使使用相同的频率进行工作，它们之间也不会形成干扰。

3.3.5 OFDMA

正交频分多址（Orthogonal Frequency Division Multiple Access，OFDMA）是在 OFDM 技术基础上的一种接入技术，它通过为每个用户提供部分可用子载波的方法来实现多用户接入。OFDMA 方案可以看作将总资源（时间、带宽）在频率上进行分割，实现多用户接入。

如图 3-36 所示，OFDMA 系统的资源是时频二维资源。具体的，在纵轴（频率轴）上，资源被分为若干个子信道，每个子信道包含一组子载波；在横轴（时间轴）上，资源被分为周期性的帧，每一帧再分割成若干个时隙，每一帧包含若干个 OFDM 符号，所以在 OFDMA 系统中分配的基本资源单元是时频格（即一个 OFDM 符号中的一个子信道）。

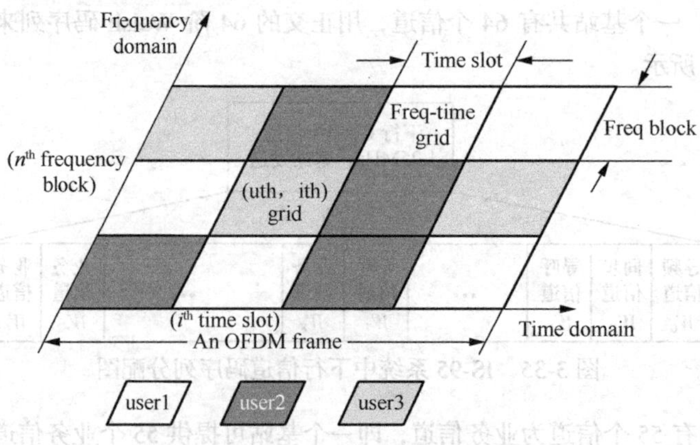

图 3-36　OFDMA 系统资源帧结构

由图 3-36 可知，由于 OFDMA 系统资源的时频二维特性，OFDMA 系统资源分配有很大的灵活性，动态地分配资源，可以产生时频分集增益。由于不同用户占用互不重叠的子载波集，在理想同步情况下，系统无多户间干扰，即无多址干扰（MAI）。另外，对于相同的子信道，用户的移动造成每个用户在同一子信道上经历的衰落是独立的。假如有一个用户在此子信道上经历深度衰落，那么其他用户则很有可能在这个子信道上增益较好，这样若合理的分配资源，还可以产生多用户分集效果。所以，动态分配 OFDMA 系统资源是高效利用无线资源的关键。

与传统的 FDMA 不同，OFDMA 方法不需要在各个用户频率之间采用保护频段来区分不同的用户，这一点大大提高了系统的频谱利用率。

3.4 组网技术

3.4.1 蜂窝的概念

由于移动通信中所使用的频带有限，这就限制了系统的容量，为了满足越来越多的用户需求，必须要在有限的频率范围尽可能地扩大它的利用率。20 世纪 70 年代，美国贝尔实验室提出了蜂窝网的概念，从而使移动通信得到了急速的发展，正式走向商用化。

那么什么是蜂窝技术呢？

根据前面所学的内容，我们知道，电磁波在传输的过程中存在着损耗，损耗的大小不仅仅与地形、环境有关，而且距离越远其损耗越大，因此移动台和基站的通信距离是有限的。利用电磁波该特点，可以在隔了一定距离之外的地理位置重新利用相同的频率，即频率复用概念。但要注意的是，该距离不能离的太近，否则将会造成同频干扰。频率复用技术大大提高了频率利用率，在相同的服务区域内，有限的频率资源得到了多次使用，所以系统的容量就比较大。

> 📖 例如，KFC 连锁店在 X 市不可能只开了一家店，而是根据一定的营销策略遍布各个区域范围，尽大可能招揽顾客，提高用户量。若是两家挨得太近，很容易造成互抢客源，影响生意。

众所周知，全向天线辐射的覆盖区在理想的平面上应该是以天线辐射源为中心的圆形，为了对某一区域实现无缝覆盖，一个个天线辐射源产生的覆盖圆形必然会产生重叠，该重叠区就是干扰区。在考虑了交叠之后，实际上每个辐射区的有效覆盖区是一个多边形。根据交叠情况不同，有效覆盖区可为正三角形、正方形或正六边形，小区形状如图 3-37 所示。可以证明，要用正多边形无空隙、无重叠地覆盖一个平面的区域，可取的形状只有这 3 种。那么在理论上采用哪一种正多边形的无缝覆盖才能最接近实际的圆形覆盖呢？

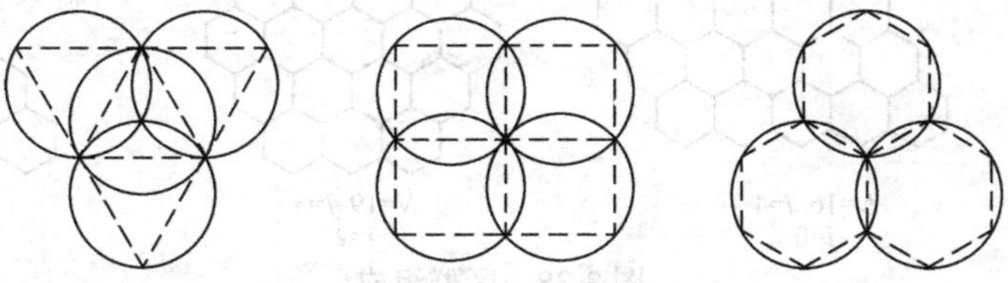

图 3-37 小区形状

在辐射半径 r 相同的条件下，计算出 3 种形状小区的邻区距离、小区面积、交叠区宽度和交叠区面积如表 3-1 所示。

表 3-1　　　　　　　　　不同小区参数的比较

项目	小区形状		
	正三角形	正方形	正六边形
邻区距离	r	$\sqrt{2}r$	$\sqrt{3}r$
小区的面积	$\frac{3\sqrt{3}}{4}r^2=1.3r^2$	$2r^2$	$\frac{3\sqrt{3}}{2}r^2=2.6r^2$
重叠区面积	$(\pi-1.3)r^2\approx1.84r^2$	$(\pi-2)r^2\approx1.4r^2$	$(\pi-2.6)r^2\approx0.54r^2$

由表 3-1 可知，对同样大小的服务区域，用正六边形时重叠面积最小，最接近理想的天线覆盖圆形区。因此，人们选择正六边形做为小区的形状，并称移动通信网为蜂窝网。

📖 小时候捅过马蜂窝吗？蜂巢的形状有没有注意过？是的，就是正六边形！

GSM 系统根据小区半径可分为宏蜂窝（Macrocell）和微蜂窝（Microcell），如表 3-2 所示。

表 3-2　　　　　　　　　小区的分类

小区半径	宏蜂窝（1～35km）	微蜂窝（<1km）
天线安装	基站天线安装在铁塔上或屋顶上	基站天线安装在建筑物墙上或屋顶上
传播情况	路径损耗主要由移动台附近建筑顶的绕射和散射来决定，即主射线在屋顶上方传播	电波传播由周围建筑物的绕射和散射来决定，主射线在街道和周围建筑物组成的“峡谷”内传播

在蜂窝移动通信系统中，为了避免干扰，显然相邻的小区不能采用相同的信道。为了在服务区内重复使用同一信道，必须保证同信道小区之间有足够的距离，附近的若干小区都不能用相同的信道。这些不同信道的小区组成一个区群（簇）(cluster)，只有不同区群的小区才能进行相同频率的信道再用。

为了实现频率复用，使有限的频率资源得到有效的利用，同时有效控制同频道工作小区之间的相互干扰发展了许多复用图案，区群组成的图案如图 3-38 所示。

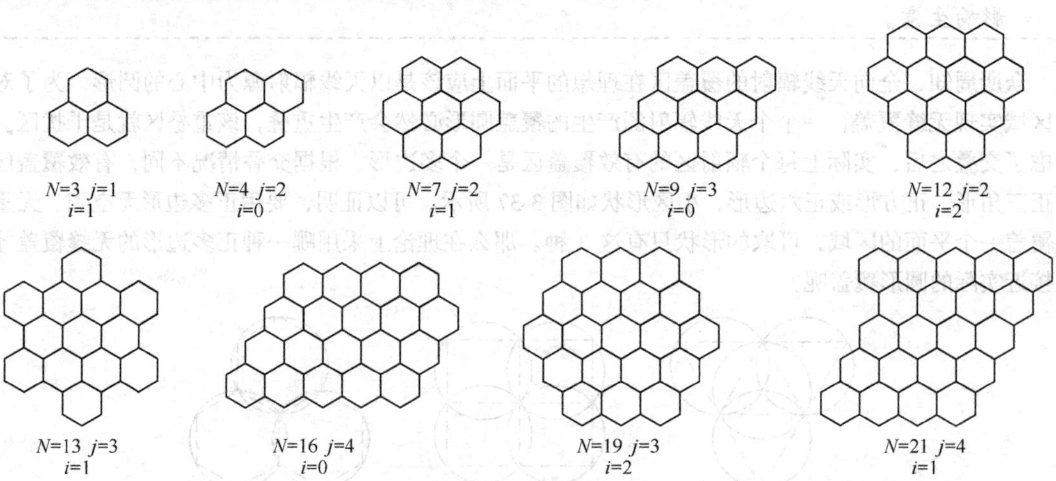

图 3-38　区群组成

构成单元无线区群的基本条件如下所示。

（1）区群之间应能彼此邻接且无空隙、无重叠地覆盖整个面积。

（2）相互邻接的区群应保证各个相邻同信道的小区间距离相等。

满足上述条件的区群结构内的小区数目不是任意的，它应满足下式：

$$N = i^2 + ij + j^2 \tag{3-18}$$

式中，$i = 0,1,2,\cdots$，$j = 0,1,2,\cdots$，且两者不同时为零。由此可算出 N 的可能取值见表 3-3，相应的区群形状如图 3-38 所示。

表 3-3　　区群小区数 N 的取值

i \ j (N)	0	1	2	3	4
1	1	3	7	13	21
2	4	7	12	19	28
3	9	13	19	27	37
4	16	21	28	37	48

蜂窝网不仅成功地用于第一代模拟移动通信系统，在第二代、第三代也得了应用，并在原有基本蜂窝网的基础上进一步改进和优化，如多层次的蜂窝网结构等。在第一代模拟移动通信网中，经常采用 7/21 区群结构，即每个区群包含 7 个基站，而每个基站覆盖 3 个小区，每个频率只用一次。在第二代移动通信系统例如 GSM 网络中，经常采用 4/12 模式，具体结构如图 3-39 所示。

在式（3-17）中，i 和 j 具体代表什么含义呢？

在网络中，移动台或基站可以承受的干扰主要体现在由于频率复用所带来的同频干扰。考虑同频干扰自然想到的是同频距离，即拥有相同频率的相邻小区之间的距离，传输损耗是随着距离的增加而增大的，所以当同频距离变大时，干扰也必然减少。

同频距离如何计算呢？

区群内小区数目不同的情况下，可利用以下方法来确定同频小区的位置和距离。如图 3-40 所示，自一小区 A 出发，先沿边的垂线方向跨 j 个小区，再向左（或向右）转 60°，再跨 i 个小区，这样就到达了同信道小区 A，在正六边形的六条边上可以找到六个这样的小区，所有 A 小区的距离是相等。

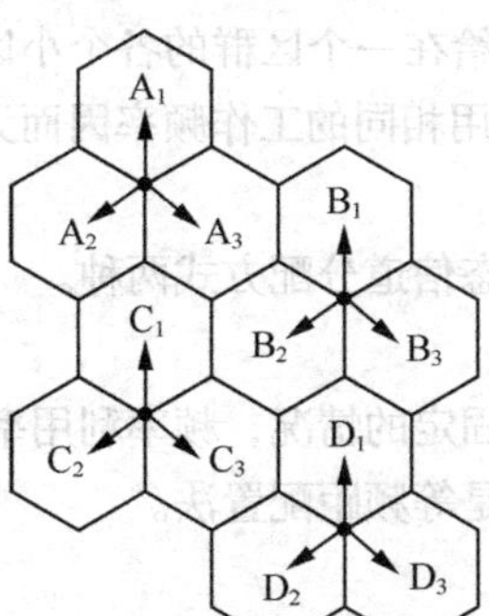

图 3-39　4/12 区群模式

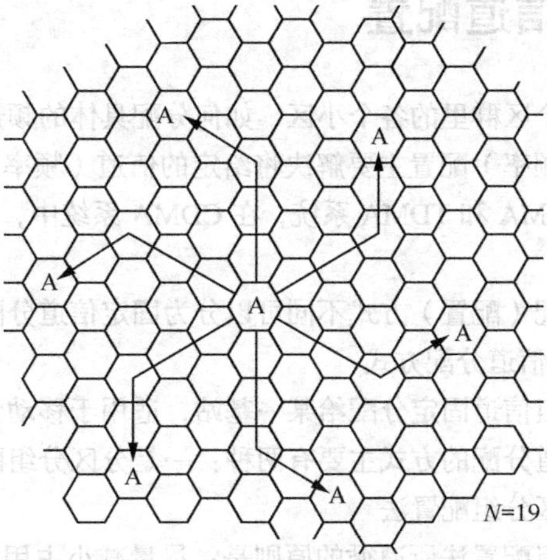

图 3-40　同频小区的确定

设小区的辐射半径为 r，则从图 3-40 可以算出同频道小区中心之间的距离为：

$$D=\sqrt{3}r\sqrt{(j+\frac{i}{2})^2+(\frac{i\sqrt{3}}{2})^2}$$
$$=\sqrt{3(i^2+ij+j^2)}\cdot r \qquad (3\text{-}19)$$
$$=\sqrt{3N}\cdot r$$

可见，区群内 N 越大，同信道小区距离就越远，抗同频干扰性能也就越好，但同时要注意到频率利用率也降低。反之，N 越小，同频距离变小，频率利用率会提高，但可能会造成较大的同频干扰，所以这是一对矛盾。

当用正六边形来模拟覆盖范围时，基站发射机可以放置在小区的中心，称为中心激励方式，见图 3-41（a）。一旦小区内有大的障碍物，中心激励方式就难免会有辐射的阴影区。若把基站发射机可以放置在小区的顶点，则为顶点激励方式，如图 3-41（b）所示，该方式可有效的消除阴影效应。

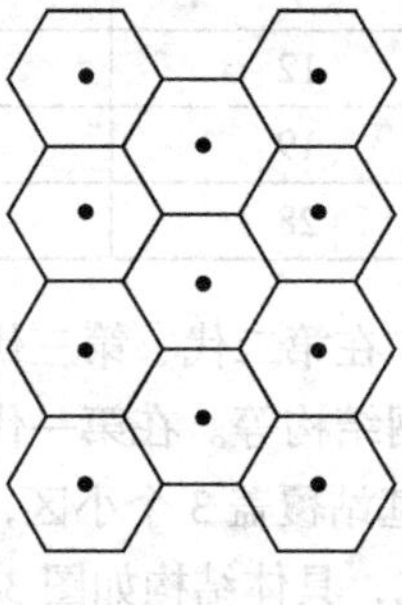
(a) 中心激励

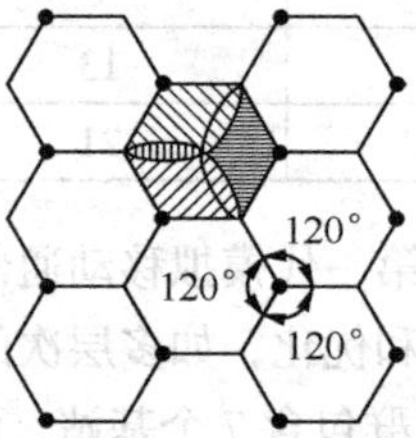

(b) 顶点激励

图 3-41　激励方式

例如，在正六边形的 3 个顶点上用 120° 的扇形覆盖的定向天线，分别覆盖 3 个相邻小区的各三分之一区域，每个小区由 3 副 120° 扇形天线共同覆盖，可以解决中心激励方式的阴影问题。它除了对消除障碍物的阴影有利外，对来自天线方向以外的干扰也有一定的隔离作用，接收的同频干扰功率仅为采用全向天线系统的 1/3，可减少系统的同频道干扰，因而允许减小同频小区之间的距离，进一步提高频率的利用率，对简化设备、降低成本都有好处。

3.4.2　信道配置

对于一个区群里的各个小区，如何分配具体的频道资源呢？

信道（频率）配置主要解决将给定的信道（频率）如何分配给在一个区群的各个小区，频率配置主要针对 FDMA 和 TDMA 系统，在 CDMA 系统中，所有用户使用相同的工作频率因而无须进行频率配置。

按其分配（配置）方式不同可以分为固定信道分配方式和动态信道分配方式两种。

1. 固定信道分配方式

将某一组信道固定分配给某一基站，适用于移动台业务相对固定的情况，频率利用率不高。

固定信道分配的方式主要有两种：一是分区分组配置法，二是等频距配置法。

（1）分区分组配置法

分区分组配置法所遵循的原则是：尽量减小占用的总频段，以提高频段的利用率；同一区群内不能使用相同的信道，以避免同频干扰；小区内采用无三阶互调的相容信道组，避免互调干扰。

现举例说明如下。

设给定的频段以等间隔划分为信道，按顺序分别标明各信道的号码为 1，2，3，…。若每个区群有 7 个小区，每个小区需 6 个信道，按上述原则进行分配，可得到：

第一组 1，5，14，20，34，36　　第二组 2，9，13，18，21，31

第三组 3，8，19，25，33，40　　第四组 4，12，16，22，37，39

第五组 6，10，27，30，32，41　　第六组 7，11，24，26，29，35

第七组 15，17，23，28，38，35

每一组信道分配给区群内的一个小区。这里使用 42 个信群就只占用了 42 个信道的频段，是最佳的分配方案。

以上分配中的主要出发点是避免三阶互调，但未考虑同一信道组的频率间隔，可能会出现较大的邻道干扰，这是这种配置方法的一个缺陷。

（2）等频距配置法

等频距配置法是按等频率间隔来配置信道的，只要频距选得足够大，就可以有效地避免邻道干扰。这样的频率配置可能正好满足产生互调的频率关系，但正因为频距大，干扰易于被接收机输入滤除而不易作用到非线性器件，这也避免了互调的产生。

等频距配置时，根据群内的小区数 N 来确定同一信道组内各信道之间的频率间隔。例如，第一组用（1，1+N，1+2N，1+3N，…），第二组用（2，2+N，2+2N，2+3N，…）等。

若每个区群有 7 个小区，每个小区需 5 个信道，则信道的配置为：

第一组 1，8，15，22，29　　第二组 2，9，16，23，30

第三组 3，10，17，24，31　　第四组 4，11，18，25，32

第五组 5，12，19，26，33　　第六组 6，13，20，27，34

第七组 7，14，21，28，35

这样同一信道组内的信道最小频率间隔为 7 个信道间隔，若信道间隔为 25kHz，则其最小频率间隔可达 175kHz，这样，接收机的输入滤波器便可有效地避免邻道干扰和互调干扰。

这种方法是大容量蜂窝网广泛采用的频率分配方法，例如我国的 GSM 网络中各小区的频道配置采用了这种方法。

例如，GSM 采用的频率复用结构有很多种，有 4/12、3/9 和 1/3，以及同心圆、MRP 等多种结构，根据 GSM 体制规范的建议，在各种 GSM 系统中常采用 4/12 和 3/9。

“4/12”复用方式针对每基站划分为 3 扇区的规划区域。12 个频率为一组，并轮流分配到 4 个站点，每个站点可用其中的 3 个频率。信道组常分配数字或名字如 A1，B1，C1，…，D3。频率复用见图 3-42，表 3-4 给出了信道分配情况。

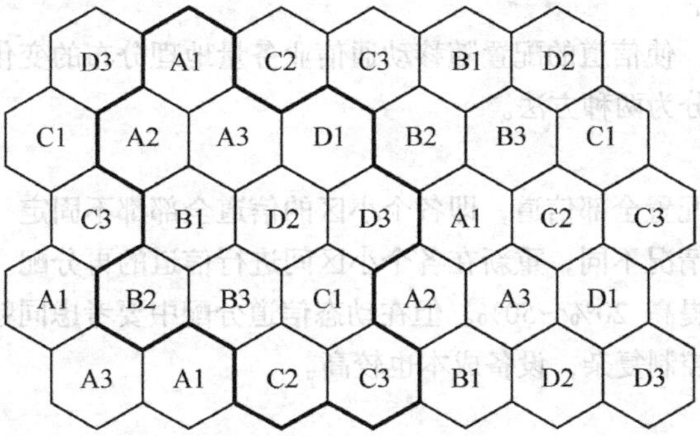

图 3-42 4/12 复用

表 3-4　　　　　　　　4/12 频率分配

A1	11	23	35	47	59	71	83
B1	12	24	36	48	60	72	84
C1	13	25	37	49	61	73	85
D1	14	26	38	50	62	74	86
A2	15	27	39	51	63	75	87
B2	16	28	40	52	64	76	88
C2	17	29	41	53	65	77	89
D2	18	30	42	54	66	78	90
A3	19	31	43	55	67	79	91
B3	20	32	44	56	68	80	92
C3	21	33	45	57	69	81	93
D3	22	34	46	58	70	82	94

思考：对于“3/9”复用方式应该如何分配频率呢？

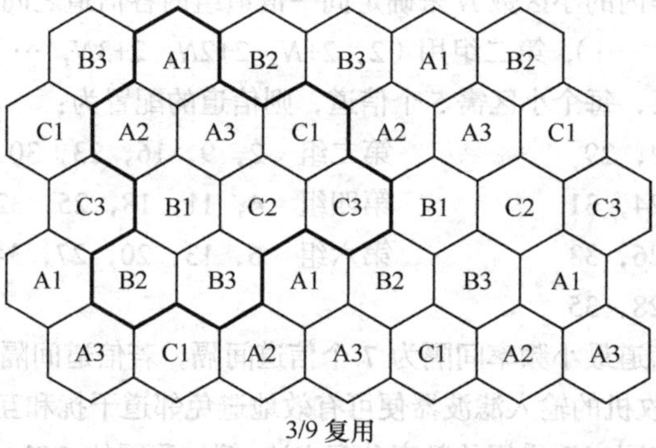

3/9 复用

以上介绍的信道配置方法都是将某一组信道固定配置给某一基站，这只能适应移动台业务分布相对固定的情况。事实上，移动台业务的地理分布是经常发生变化的。如早上从住宅向商业区移动，傍晚又反向移动，发生交通事故或集会时又向某处集中。此时，若某一小区业务量增大，原来配置的信道就可能不够用，而相邻小区业务量小，原来配置的信道就可能空闲。对于固定信道配置法，由于小区之间的信道是固定的，因此频率的利用率不高，这就是固定配置信道的缺点。若采用动态信道分配方式就可以弥补上述不足。

2. 动态信道分配方式

为了提高频率利用率，使信道的配置随移动通信业务量地理分布的变化而变化，可采用动态信道分配方法，根据其特点可分为两种方法。

（1）动态配置法

随业务量的变化重新配置全部信道，即各个小区的信道全部都不固定，当业务量分布不均匀时，要根据新的业务量的分布情况不同，重新在各个小区间进行信道的再分配。动态信道分配与固定信道分配相比，信道利用率可提高 20%～50%。但在动态信道分配中要考虑同频复用距离及邻道干扰等因素，要实现信道动态配置控制复杂，设备成本也较高。

（2）柔性配置法

柔性配置法是指预留若干个信道，在需要时提供给某小区使用。各基站都能使用预留的信道，这样可应付局部业务量的变化，是一种比较实用的方法。

3.4.3 系统容量

对移动通信系统来说，系统容量与以下几个因素有关。

（1）每个小区的可用信道数，此数值越大系统容量越大。系统容量可以用信道效率来表示。即给定频段中所能提供的最大信道数目进行度量。一般说数目越大，系统容量越大，在蜂窝通信网络中用每个小区的可用信道数，即每个小区可同时容纳的用户数来衡量系统容量。但是一个小区又不能分配太多的信道，因为一个小区占用太多的信道就会影响频率的利用率，整个系统的容量也会受到限制。

（2）任何一个通信系统的设计都要满足一定的通话质量，为了保证通话质量，系统接收端的常用信号载波功率与干扰信号的载波功率的比值 *C/I* 也是影响系统容量的因素之一。*C/I* 越大，其系统容量就越小。

（3）影响数字蜂窝系统通信容量的重要因素是语音编码的比特率，比特率越小，系统容量就越大。

决定移动通信系统容量的关键因素主要有无线信道的数量以及呼损率。

一般来说，每个小区可用的信道数越大则系统容量越大，但是一个小区又不能分配太多的信道，因为一个小区占用太多的信道就会影响频率的利用率，整个系统的容量也会受到限制。

在讲具体呼损率概念之前，首先给出一个很重要的概念—话务量。

在话音通信中，业务量的大小用话务量来量度。话务量是度量通信系统通话业务量繁忙程度的指标。其性质如同客流量，具有随机性，只能靠统计来获取。

话务量又分为呼叫话务量和完成话务量。呼叫话务量的大小取决于单位时间（1 小时）内平均发生的呼叫次数 λ 和每次呼叫平均占用信道时间（含通话时间）S 。显然 λ 和 S 的加大都会使业务量加大，因而可定义呼叫话务量 A 为：

$$A = S \cdot \lambda \tag{3-20}$$

式中，λ 的单位是（次/小时）；S 的单位是（小时/次）；两者相乘而得到 A，是一个无量纲的量，专门命名它的单位为“Erl”（厄朗）。

如果在一个小时之内连续地占用一个信道，则其呼叫话务量为 1 厄朗。

📖 例如：设在 10 个信道上，平均每小时有 255 次呼叫，平均每次呼叫的时间为 2 分钟，那么这些信道上的呼叫话务量为：

$$A = (255 \times 2) \div 60 = 8.5 \text{ (Erl)}$$

在一个通信系统中，呼叫失败的概率称为呼叫损失概率，简称呼损率，记为 B。

在信道共用的情况下，当 M 个用户共用 n 个信道时，由于用户数远大于信道数，即 $M \geqslant n$。因此，会出现大于 n 个用户同时要求通话而信道数不能满足要求的情况。这时，只能保证 n 个用户通话。而另一部分用户虽然发出呼叫，但因无信道而不能通话，称此为呼叫失败。设单位时间内成功呼叫的次数为 λ_0（$\lambda_0 < \lambda$），就可算出完成话务量 A_0 满足公式（3-21）：

$$A_0 = \lambda_0 \cdot S \tag{3-21}$$

呼叫话务量 A 与完成话务量 A_0 之差，即为损失话务量。损失话务量占呼叫话务量的比值即为“呼损率”，用符号 B 表示，即：

$$B = \frac{A - A_0}{A} = \frac{\lambda - \lambda_0}{\lambda} \tag{3-22}$$

呼损率的物理意义是损失话务量与呼叫话务量之比的百分数。因此，呼损率在数值上等于呼叫失败次数与总呼叫次数之比的百分数。显然，呼损率 B 越小，成功呼叫的概率越大，用户就越满意。因此，呼损率也称为系统的服务等级（或业务等级），记为 GOS。

不言而喻，GOS 是系统的一个重要质量指标。例如，某系统的呼损率为 10%，即说明该通信系统内的用户每呼叫 100 次，其中有 10 次因信道均被占用而打不通电话，其余 90 次则能找到空闲信道而实现通话。但是，对于一个通信网来说，要想使呼损小，要么增加信道数（这要增加投资），要么让呼叫的话务量小一些，即容纳的用户数少些，这是不希望的。可见呼损率与话务量是一对矛盾，即服务等级与信道利用率是矛盾的。

实际上，一天 24 小时中，每一个小时的话务量是不可能相同的，我国一般上午 8～9 点最忙。了解蜂窝网日话务量统计数据，这一点对于通信系统的建设者、设计者和管理经营者来说是很重要的。因为，只要“忙时”信道够用，那么“非忙时”就不成问题了。因此，我们在这里引入一个很有用的名词：忙时话务量。

网络设计应按忙时话务量来进行计算，最忙 1 小时内的话务量与全天话务量之比称为集中系数，用 k 表示，一般 k =10%～15%。每个用户的忙时话务量需用统计的办法确定。

设通信网中每一用户每天平均呼叫次数为 C（次/天），每次呼叫的平均占用信道时间为 T（秒/次），集中系数为 k，则每用户的忙时话务量为：

$$a = C \cdot T \cdot k \cdot \frac{1}{3600} \tag{3-23}$$

> 📖 例如，每天平均呼叫三次（C=3 次/天），每次呼叫平均占用 2 分钟（T =120 秒/次），集中系数为 10%（k=0.1），则每个用户忙时话务量为 0.01Erl/用户。

在用户的忙时话务量 a 确定之后，每个信道所能容纳的用户数 m 就不难计算：

$$m = \frac{A/n}{a} = \frac{\frac{A}{n} \cdot 3600}{C \cdot T \cdot k} \tag{3-24}$$

3.5 信令

为了构成一个完整的移动通信网络，完成通信过程，除了相对应的硬件设备之外，还必须有与硬件相配套的软件，也就是说仅有硬件设备还不能在通信网内高效地互相交换信息，必须要有一些规范性的约定，即信令。信令就是网内统一使用的通信规程和专用“语言”，用来协调网内、网间正常运行以达到互通、互控的目的。

> 📖 例如：大家在进行交流时，语句要遵循语法，否则即使是同一语言，也无法沟通。
>
> 错误——A 说：“小明好人是个。”B 说：“我看法这个同意。”
>
> 正确——A 说：“小明是个好人。”B 说：“我同意这个看法。”
>
> 现实中，大家其实都接触移动通信网中的信令，手机拨号就是产生一种寻址信令，要求连接到目的用户，振铃则是识别对方呼叫的信令，而发送键和结束键则分别给出开始呼叫和结束通话的信令。

信令的分类有多种方式，通常有以下几种分类。

按照信令的功能可分为线路信令、路由信令和管理信令。

按照信令所处位置的不同可分为接入信令和网络信令。移动通信网中，接入信令处在移动台和基站之间，网络信令处在网络内部之间。

而按照信令的传输方式，可分为随路信令和共路信令，随路信令是信令消息在对应的话音通道上传送的信令方式（例如中国 1 号信令）；共路信令指信令和业务信道完全分开，在公共的链路上以消息的形式传送所有中继线和所有通信业务的信令消息（例如 7 号信令）。

3.5.1 信令网

信令网在逻辑上独立于通信网，专门用于传送信令的网络，只有共路信令系统才有信令网的概念。

信令网由信令点、信令转接点和互连的信令链路组成，在物理上和通信网是融为一体的，它是一种支撑网。图 3-43 是我国信令网的三级结构示意图。

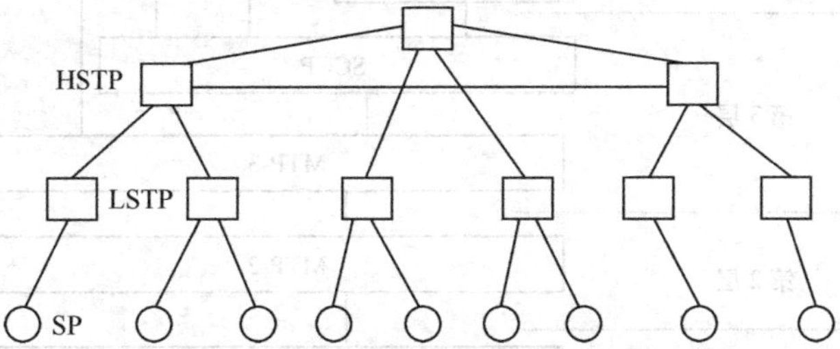

图 3-43 中国信令网的三级结构

下面对信令网的组成三要素分别进行解释。

（1）信令点（SP）

SP 是信令消息的起源点和目的点，通常信令点就是通信网中的交换或处理节点，例如交换机、操作维护中心、网络数据库等。在特殊情况下，一个物理节点可以定义为逻辑上分离的两个信令点，比如国际出入口局，既要做国内信令网的一个信令点，又要做国际信令网中的一个信令点，常称为网关点。

信令点以信令点编码为标识。信令点编码有两种：14 位和 24 位。源信令点编码记为 OPC，目的信令点编码记为 DPC。

（2）信令转接点（STP）

STP 具有转接信令的功能，它可以将一条信令链路的信令消息转发至另一条信令链路。

STP 用信令点编码来标识。STP 分为独立的 STP 和综合的 STP。STP 在三级信令网中分为低级信令转接点（LSTP）和高级信令转接点（HSTP）。

（3）信令链路（SL）

SL 连接各个信令点、信令转接点，传送信令消息的物理链路称为信令链路。

相同属性的信令链路组成一组链路集。到同一局向的所有链路可属一个链路集，也可属多个链路集，但两个相邻的信令点之间的信令链路只能属于一个链路集。

对于相邻两信令点之间的所有链路，需对其统一编号，称为信令链路编码（SLC），它们之间编号应各不相同，而且两局应一一对应。对于到不同局向的信令链路可有相同的链路编码。

3.5.2 七号信令

移动通信网络内部所采用的信令就是七号信令，主要用于交换机之间、交换机与数据库（如 HLR，

VLR，AUC）之间交换信息。

七号信令系统的总体目标是提供一个国际标准化的通用的信令系统。七号信令系统的通用性决定了整个系统必然包含许多不同的应用功能，因此七号信令采用了模块化的功能结构，实现了在一个系统框架内多种应用并存的灵活性。图 3-44 为七号信令功能结构与 OSI 七层体系结构的对应关系。

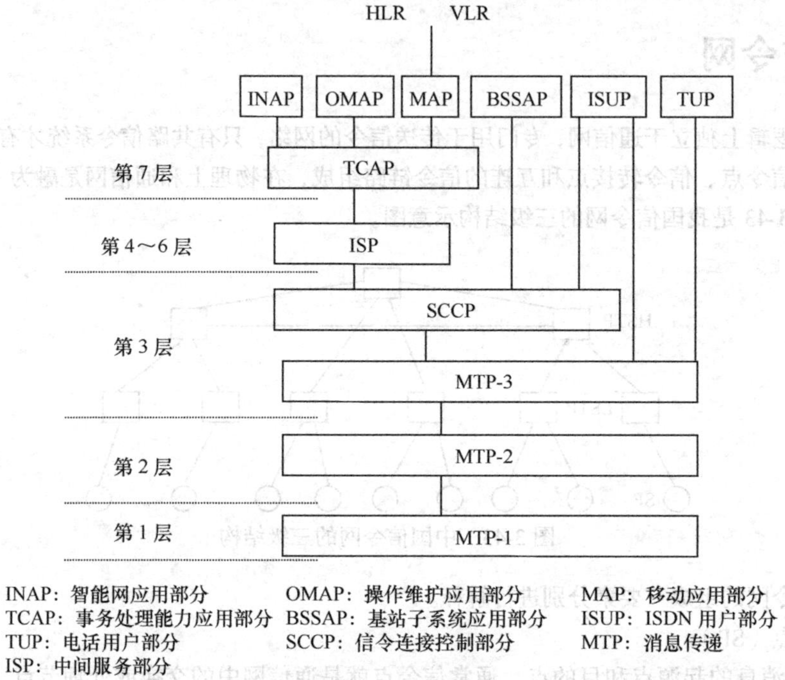

图 3-44　七号信令系统与 OSI 层次结构的对应关系

（1）消息传递部分（MTP）

MTP 的主要任务是保证信令消息的可靠传送，它可分为三级：信令数据链路（MTP-1）、信令链路功能（MTP-2）、信令网功能（MTP-3）。

（2）信令连接控制部分（SCCP）

SCCP 是用户部分的一个补充功能级，也为 MTP 提供了附加功能。SCCP 提供数据的无连接和面向连接业务。无连接业务是指用户部分不需事先建立信号连接就可以通过信令网传递信令消息。这样就可将一个用户部分的数据迅速送到信令网上的另一个用户部分去。在智能网和移动网的业务中，有很多这样的数据需要在信令网中传递，如移动用户的鉴权、智能用户的帐号查询等。面向连接业务是在用户部分传递数据之前，在 SCCP 之间传递控制信息，实现信令网的维护和管理。

（3）电话用户部分（TUP）

处理与电话呼叫有关的信令，如呼叫的建立、监视、释放等。

（4）ISDN 用户部分（ISUP）

在 ISDN 环境中提供话音和非话业务所需的功能，以支持 ISDN 基本业务及补充业务。ISUP 具有 TUP 的所有功能，因此可以代替 TUP。

（5）事物处理应用部分（TCAP）

TCAP 是 CCS7 信令系统为各种通信网络业务，如移动业务、智能业务等提供的接口。TCAP 为这些网络业务的应用提供信息请求、响应等对话能力。TCAP 是一种公共的规范，与具体应用无关。具体应用部分通过 TCAP 提供的接口实现消息传递，如移动通信应用部分 MAP 通过 TCAP 完成漫游用户的定位等业务，智能网应用部分 INAP 通过 TCAP 实现 SCP 数据库登记和数据查询等功能。

（6）中间服务部分（ISP）

对应 OSI 的第 4～6 层，目前尚未定义，它和 TCAP 合并，称为事务能力部分（TC）。

（7）移动应用部分（MAP）

MAP 是公用陆地移动网在网内以及与其他网间进行互连而特有的一个重要的功能单元。

七号信令遵循严格的等级关系，下一级为上一级服务，上一级不管其下级是怎样进行信息传递的，也就是所谓的透明传输，即通信双方的对等功能级一一对应，完成这一级级别的信息传输和交换。

3.6　移动性管理

在移动通信系统中，移动终端不像固网有一个固定的接入点，而是随着用户的移动而不断改变。可见，移动通信是由动态（移动）的终端通过动态的连接点而构成一个动态的通信链路。利用“动态”性满足“移动服务”是实现移动性网络的一项核心技术，即移动性管理，主要包括位置管理和越区切换两方面内容。

3.6.1　位置管理

在移动通信系统中，用户可在系统覆盖范围内任意移动。为了能把一个呼叫传递到随机移动的用户，就必须有一个高效的位置管理系统来跟踪用户的位置变化。

在现有第二代数字移动通信系统中，位置管理采用两层数据库，即原籍位置寄存器（HLR）和访问位置寄存器（VLR）。

位置管理包括两个主要的任务：位置登记（Location Registration）和呼叫传递（Call Delivery）。位置登记的步骤是在移动台的实时位置信息已知的情况下，更新位置数据库（HLR 和 VLR）和认证移动台。呼叫传递的步骤是在有呼叫给移动台的情况下，根据和 HLR 和 VLR 中可用的位置信息来定位移动台。

与上述两个问题紧密相关的另外两个问题是：位置更新（Locatin Update）和寻呼（Paging）。位置更新解决的问题是移动台如何发现位置变化及何时报告它的当前位置。寻呼解决的问题是如何有效地确定移动台当前处于哪一个小区。

> 📖 例如：在外旅游，要随时随地向父母报告下自己的行程，从而方便父母随时关注、查找到你。

3.6.2　越区切换

越区（过区）切换（Handover 或 Handoff）是指将当前正在进行的移动台与基站之间的通信链路从当前基站转移到另一个基站的过程。

越区切换通常发生在移动台从一个基站覆盖的小区进入到另一个基站覆盖的小区的情况下，为了保持通信的连续性，将移动台与当前基站之间的链路转移到移动台与新基站之间的链路。

越区切换分为两大类，一类是硬切换，另一类是软切换。

硬切换是指在新的连接建立以前，先中断旧的连接，即先断后切。

软切换是指既维护旧的连接，又同时建立新的连接，并利用新旧链路的分集合并来改善通信质量，当与新基站建立可靠连接之后再中断旧链路，即先切后断。

📖 例如，某男交女朋友，和女友 A 正相处，现在想追女友 B，则可能有两种情况：（1）先中断与女友 A 的交往，再和女友 B 交往；（2）先和女友 B 交往，再中断与女友 A 的交往。前一种类似于硬切换，干净利落，但很容易导致两者都交不上，即易掉话；后一种类似于软切换，俗称脚踏两只船，优点是该男一定能交上女朋友，但耗资源。

越区切换包括 3 个方面的问题。

（1）越区切换的准则，也就是何时需要进行越区切换。

在决定何时需要进行越区切换时，通常是根据移动台处接收的平均信号强度，也可以根据移动处的信噪比（信号干扰比），误比特率等参数来确定。这里介绍 4 种触发准则，如图 3-45 所示，图中 A、B、C、D，分别表示的是在不同的切换准则下的切换点。

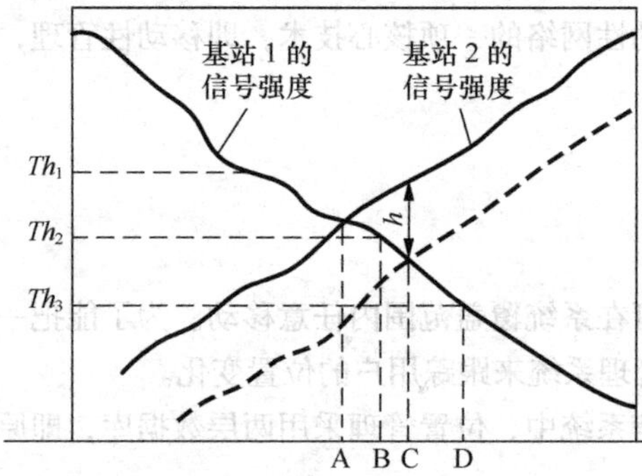

图 3-45　越区切换示意图

• 相对信号强度准则（准则 1）

A 点作为切换点。表示在当前基站的信号电平低于某个规定的门限，并且新基站的接收信号电平高于当前服务基站。

• 具有门限规定的相对信号强度准则（准则 2）

B 点作为切换点。表示在当前基站的信号电平低于某个规定的门限，并且新基站的接收信号电平高于当前服务基站，并且保持一段时间。

• 具有滞后余量的相对信号强度准则（准则 3）

C 点作为切换点。表示在当前基站的信号电平低于某个规定的门限，新基站的接收信号电平高于当前服务基站和一个滞后余量（Hysteresis Margin）之和。

• 具有门限规定和滞后余量的相对信号强度准则（准则 4）

D 点作为切换点。表示在当前基站的信号电平低于某个规定的门限，新基站的接收信号电平高于当前服务基站和一个滞后余量（Hysteresis Margin）之和，并且保持一段时间。

📖 GSM 系统采用的是准则 4。

（2）越区切换如何控制。

切换实现方案有以下 3 种。

• 移动台控制的越区切换

由移动台监测当前基站和候选基站的信号强度和质量，当满足条件后，由移动台选择最佳候选基站，并发送切换请求。应用于 DECT 和 PACS 系统。

- 网络控制的越区切换

当基站监测到某移动台信号不好时，由网络安排周围基站监测该移动台的信号，并把结果汇报给网络，由网络决定最佳的服务基站。应用于第一代模拟蜂窝系统中。

- 移动台辅助的越区切换（MAHO）

网络要求移动台测其周围基站的信号质量，并把结果报告给旧基站，（同时，基站对移动台所占用的 TCH 也进行测量）基站将这些结果一起报告给 BSC，由 BSC 决定是否要切换，以及何时切换及切换到哪个基站。当切换涉及不同 BSC 时，MSC 也将参与进来。

> 📖 第二代数字蜂窝系统 GSM 及 IS-95 采用的都是移动台辅助的越区切换。

（3）越区切换时信道分配。

越区切换时的信道分配是解决当呼叫要转换到新小区时，新小区如何分配信道，使得越区失败的概率尽量小。常用的有下面几种做法。

①系统处理切换请求的方式与处理初始呼叫一样，即切换失败率与来话的阻塞率一样。

②在每个小区预留部分信道专门用于越区切换。这种做法的特点是：因新呼叫的可用信道数减少，要增加呼损率，但减少了通话被中断的概率，从而符合人们的使用习惯。

具体切换的实现过程可概括为 3 步骤：测量、判断、执行。

3.7　无线资源管理

无线资源管理（Radio Resource Management，RRM）负责空中接口资源的利用，确保移动通信服务质量，提高系统容量。

移动通信系统的无线资源多种多样，主要有 4 大类型。

（1）能量资源，例如信号的功率、能量等。

（2）时间资源，例如业务时隙、导频信道、保护时间间隔等。

（3）频率资源，例如信号带宽、保护频段、调制方式等。

（4）空间资源，例如天线的计划方向、天线角度等。

3.7.1　接入控制

接入控制通常也称为呼叫接纳控制（Call Admission Control，CAC），是指新用户到达时接入呼叫或业务请求（如切换请求），并依据系统现状和一定准则判断是否允许接入，并分配相应资源的整个过程。

接入控制是移动通信系统限制超负荷的一种有效手段，其负责新用户接入和老用户切换接入阶段的负荷控制，是一种大尺度范围内调节超负荷的手段。

> 📖 例如，一列火车能容纳多少顾客，可以通过售票的形式控制数量，有票的顾客能上车，无票的顾客只能等有票时才能上车。

3.7.2　负载控制

负载控制（Load Control，LC）就是确保移动通信系统不过载。其实是监控系统资源使用状况，当系统负载严重时，及时作出判断并采取相应措施来保证系统稳定可靠地工作。负载控制的主要原理是在服务质量与资源占用上取得合理的折中。其负责用户接入后，由于环境的变化，对已进入系统的用户业务等资源的调整，是一种小尺度范围内调节超负荷的手段。

📖 例如，火车上，不同车厢的顾客数量不一样，有的拥挤，有的空闲，则可以互相调节，尽量不拥挤。

3.7.3 功率控制

功率控制，顾名思义就是控制发射功率，使其按照一定的准则，调节发射信号功率大小。功率控制可以克服上行链路中的远近效应，是CDMA系统中的关键技术之一，可以减少一系列干扰，从而使CDMA系统的容量增加。

根据上下链路，功率控制可分为前向功控和后向功控；根据是否形成环路，可分为开环和闭环功控等。

📖 例如，大家交流时，你的音量要多高呢？一般离得近声音就轻点，离得远声音就抬高，而不是一直扯着嗓子讲话——省力，但要注意的是不能太轻，否则对方听不见你的声音，也就失去了通信的意义。

3.7.4 切换控制

切换是保证移动用户在移动状态下，实现不间断通信的可靠保证，可以优化无线资源（频率、时隙和码）的使用，平衡服务区内各小区间业务量，降低高用户小区的呼损率，及时减少移动台的功率消耗。

本章习题

1. 移动通信系统中常用的数字调制方案有哪些？各自有什么优缺点？
2. 阐述MSK已调信号的特点。
3. 载频为10.7MHz，数据比特率为16kbit/s的MSK信号，其传号频率f_m和空号频率f_s各为多少？在一个码元期间内，各包含多少个载频周期？
4. 与MSK相比，GMSK的功率谱为什么可以得到改善？
5. 比较MSK、GMSK、π/4-QPSK、QAM几种调制技术的性能。
6. 什么是OFDM技术？
7. 常见的抗干扰和衰落技术有哪些？
8. 什么是分集技术，它的两重含义分别为什么？常见的分集技术有哪些？
9. 试阐述空间分集、时间分集和频率分集的各自原理。
10. RAKE接收机的工作原理是什么？
11. 请阐述信道编码和交织的作用。
12. 请阐述智能天线技术的原理。

13. 什么叫扩频通信技术，它包含了哪三方面的含义？并对它进行分类。

14. 给出 FDMA、TDMA、CDMA、SDMA 和 OFDMA 多址技术各自原理。

15. 为什么蜂窝小区的形状是正六边形？

16. 构成单元无线区群的基本条件是什么？一个区群里包含的小区数目满足什么公式？

17. 一区群由 12 个小区组成，小区半径为 10km，试求同频小区的距离为多少？

18. 什么叫中心激励？什么叫顶点激励？采用顶点激励方式有什么好处？

19. 分区分组配置法的原则是什么？有什么缺点？

20. 设某小区制移动通信网，每个区群有 4 个小区，每个小区有 5 个信道。试用等频距配置法完成区群内各小区的信道配置。

21. 什么是话务量，它的单位是什么？

22. 设在 5 条信道上，平均每小时有 300 次呼叫，平均每次呼叫的时间为 2 分钟，请计算这些信道上的总流入话务量。

23. 什么是呼损率，它与话务量有什么关系？

24. 什么是信令？信令的功能是什么，可分为哪几种？

25. 试画出七号信令功能结构图，并阐述各部分的功能。

26. 位置管理的任务是什么？

27. 什么叫越区切换？给出它的分类，并说明各自的区别。

28. 移动通信系统中的无线资源有哪些？并举例说明。

第 4 章

移动通信系统

移动通信的发展始于 20 世纪 20 年代在军事及某些特殊领域的使用，40 年代逐步向民用扩展，最近几十年来是移动通信真正蓬勃发展的时期，其发展过程大致可分为 3 个阶段。

- 第一代移动通信系统（1G，First Generation）。
- 第二代移动通信系统（2G，Second Generation）。
- 第三代移动通信系统（3G，Third Generation）。

本章对各代移动通信系统做一个详细的介绍。

4.1 第一代移动通信系统

第一代模拟移动通信系统始于 80 年代，采用蜂窝组网技术，多址技术为 FDMA，主要业务为话音业务。主要的系统有 3 种。

- AMPS（北美）。
- NMT-450/900（北欧）。
- TACS（英国）。

第一代模拟移动通信系统在当时对通信做出了很大的贡献，但随着移动通信不断地往前发展，其缺点也显现出来，主要包括如下。

- 各系统间没有公共接口。
- 无法与固定网迅速向数字化推进相适应，数字承载业务很难开展。
- 频率利用率低，无法适应大容量的要求。
- 安全性差，易于被窃听，易做“假机”。

4.2 第二代移动通信系统

由于 TACS 等模拟制式存在的各种缺点，20 世纪 90 年代开发了以数字传输、时分多址和窄带码分多址为主体的数字移动通信系统，称为第二代数字移动通信系统。

第二代数字移动通信系统主要的系统有两种。

- GSM。
- CDMA IS-95。

和第一代模拟移动通信系统相比，2G 具有如下的优点。

- 频谱利用率高，系统容量大。
- 用户能获得多种服务（以话音业务为主，并提供低速率以电路型为主的数据业务）。
- 能自动漫游。
- 话音质量比第一代好。
- 保密性好。
- 可以与 ISDN、PSTN 等网络互连。

相对应的，2G 系统的缺点有如下两点。

- 数据功能差，不能支持多媒体业务。如使用 GSM 手机上网，理论上只能达到 9.6kbit/s 的上网速度。
- 全球不同的第二代移动通信系统彼此间不能兼容，使用的频率也不一样，全球漫游比较困难。

GSM 系统在其 Phase2 和 Phase2+规范中提出了两种高速数据业务的模型。

- 基于高速数据比特率和电路交换的 HSCSD（高速电路交换数据）。
- 基于分组交换数据的 GPRS（通用分组无线业务）。

这两种业务通常被称为 2.5G 技术。其中 GPRS 采用高速率自适应编码方案，最高速率可达到 171kbit/s。由 ETSI（欧洲电信标准学会）发展的 EDGE（GSM 演进增强型数据率系统），采用 8PSK（八进制相移键控）调制方式，理论上能够支持高达 384kbit/s 的数据率。EDGE 比 GPRS 更为先进，但是还是没有达到 3G 系统高达 2Mbit/s 的速率要求，EDGE 被称为是一种 2.75G 技术。

4.2.1 GSM 系统

GSM 开始是欧洲为 900MHz 波段工作的通信系统所制定的标准。由于模拟通信系统的扩充能力有限，因此基于增加业务容量的需求而发展了该项技术，取得了全球性的成功。GSM 成为当今广泛认可的无线电通信标准。

4.2.1.1 GSM 系统的发展历程

GSM 数字移动通信的发展过程可归纳如下。

- 1982 年，欧洲邮电主管部门大会（CEPT）设立了“移动通信特别小组”，即 GSM（Group Special Mobile）。它以开发第 2 代移动通信系统为目标。
- 1986 年，在巴黎采纳了欧洲各国经大量研究和实验后提出的八个建议，并进行现场试验。
- 1987 年，GSM 成员国经现场测试和论证比较，就数字系统采用“窄带时分多址 TDMA，规则脉冲激励长期预测（RPE-LTP）话音编码和高斯滤波最小移频键控（GMSK）调制方式”达成一致意见。
- 1988 年，十八个欧洲国家达成 GSM 谅解备忘录（MOU）。
- 1989 年，GSM 标准生效。
- 1991 年，GSM 系统正式在欧洲问世，网络开通运行。
- 1992 年，GSM 标准基本冻结。

- 1993 年，GSM 第二阶段标准基本完成了主要部分。
- 1994 年，为了进一步完善 GSM 作为移动数据业务的平台又增加了一个研究阶段即 Phase 2+。

4.2.1.2 GSM 系统的网络结构及接口

GSM 网络的基本结构如图 4-1 所示。可见，GSM 数字移动通信系统主要由网络交换子系统（NSS）、基站子系统（BSS）、操作维护子系统（OMS）和移动台（MS）构成。

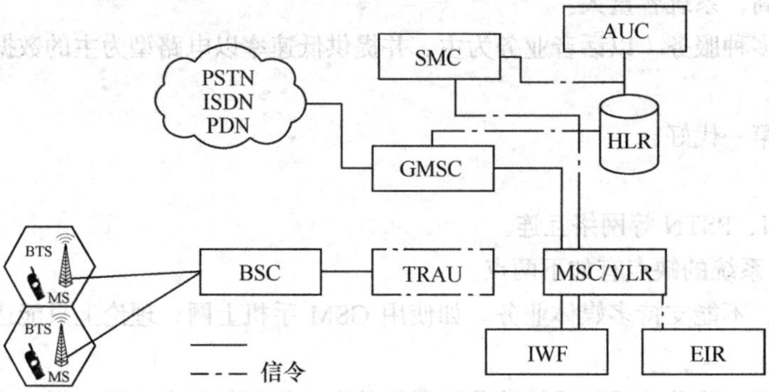

图 4-1　GSM 网络结构

其中各名称含义如下。

- MS（Mobile Station）：移动台。
- BTS（Base Transceiver Station）：基站收发信台。
- BSC（Base Station Controller）：基站控制器。
- TRAU（Transcoding and Rate Adaptation Unit）：码变换和速率适配单元。
- IWF（Interworking Function）：交互功能。
- EIR（Equipment Identity Register）：设备识别寄存器。
- MSC（Mobile Switching Center）：移动交换中心。
- VLR（Visitor Location Register）：拜访位置寄存器。
- GMSC（Gateway MSC）：网关 MSC。
- HLR（HOME Location Register）：归属位置寄存器。
- AUC（AUthentication Center）：鉴权中心。
- SMC（Short Message Center）：短消息业务中心。
- PSTN（Public Switched Telephone Network）：公用电话网。
- ISDN（Integrated Services Digital Network）：综合业务数字网。
- PDN（Public Data Networks）：公用数据网。

下面具体描述各部分的功能。

1. 网络交换子系统（NSS）

NSS 主要完成交换功能以及用户数据管理、移动性管理、安全性管理所需的数据库功能。

NSS 由移动交换中心（MSC）、归属位置寄存器（HLR）、拜访位置寄存器（VLR）、设备识别寄存器（EIR）、鉴权中心（AUC）和短消息中心（SMC）等功能实体构成。

- MSC：GSM 系统的核心，完成最基本的交换功能，即完成移动用户和其他网络用户之间的通讯连接；完成移动用户寻呼接入、信道分配、呼叫接续、话务量控制、计费、基站管理等功能；提供面向系统其他功能实体的接口、到其他网络的接口以及与其他 MSC 互连的接口。
- HLR：是系统的中央数据库，存放与用户有关的所有信息，包括用户的漫游权限、基本业务、补充业务及当前位置信息等，从而为 MSC 提供建立呼叫所需的路由信息。一个 HLR 可以覆盖几个 MSC 服务区甚至整个移动网络。

- VLR：VLR 存储了进入其覆盖区的所有用户的信息，为已经登记的移动用户提供建立呼叫接续的条件。VLR 是一个动态数据库，需要与有关的归属位置寄存器 HLR 进行大量的数据交换以保证数据的有效性。当用户离开离开该 VLR 的控制区域，则重新在另一个 VLR 登记，原 VLR 将删除临时记录的该移动用户数据。在物理上，MSC 和 VLR 通常合为一体。
- AUC：是一个受到严格保护的数据库，存储用户的鉴权信息和加密参数。在物理实体上，AUC 和 HLR 共存。
- EIR：存储与移动台设备有关的参数，可以对移动设备进行识别、监视和闭锁等，防止未经许可的移动设备使用网络。

2. 基站子系统（BSS）

BSS 是 NSS 和 MS 之间的桥梁，主要完成无线信道管理和无线收发功能。BSS 主要包括基站（BSC）和基站收发信台（BTS）两部分。

- BSC：位于 MSC 与 BTS 之间，具有对一个或多个 BTS 进行控制和管理的功能，主要完成无线信道的分配、BTS 和 MS 发射功率的控制以及越区信道切换等功能。BSC 也是一个小交换机，它把局部网络汇集后通过 A 接口与 MSC 相连。
- BTS：基站子系统的无线收发设备，由 BSC 控制，主要负责无线传输功能，完成无线与有线的转换、无线分集、无线信道加密、跳频等功能。BTS 通过 Abis 接口与 BSC 相连，通过空中接口 Um 与 MS 相连。

此外，BSS 系统还包括码变换和速率适配单元（TRAU）。TRAU 通常位于 BSC 和 MSC 之间，主要完成 16kbit/s 的 RPE-LTP 编码和 64kbit/s 的 A 律 PCM 编码之间的码型变换。

3. 操作维护子系统（OMS）

OMS 是 GSM 系统的操作维护部分。GSM 系统的所有功能单元都可以通过各自的网络连接到 OMS，通过 OMS 可以实现 GSM 网络各功能单元的监视、状态报告和故障诊断等功能。

OMS 分为两部分：OMC-S（操作维护中心-系统部分）和 OMC-R（操作维护中心-无线部分）。OMC-S 用于 NSS 系统的操作和维护，OMC-R 用于 BSS 系统的操作和维护。

4. 移动台（MS）

MS 是 GSM 系统的用户设备，可以是车载台、便携台和手持机。它由移动终端和用户识别卡（SIM）两部分组成。

- 移动终端主要完成语音信号处理和无线收发等功能。
- SIM 卡存储了认证用户身份所需的所有信息以及与安全保密有关的重要信息，以防非法用户入侵，移动终端只有插入了 SIM 卡后才能接入 GSM 网络。

在以上的系统结构中，各组成单元之间的通信依赖于定义的接口，这里主要介绍 3 个主要的接口，这 3 种主要接口的定义和标准化保证不同供应商生产的移动台、基站子系统和网路子系统设备能纳入同一个 GSM 数字移动通信网运行和使用，如图 4-2 所示。

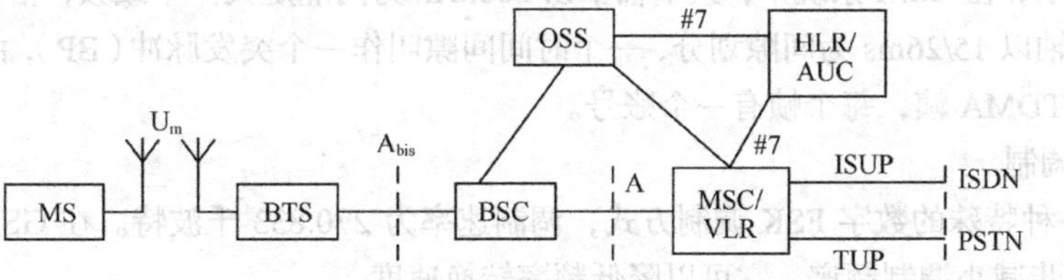

图 4-2　GSM 系统接口

（1）A 接口

A 接口定义为网路子系统（NSS）与基站子系统（BSS）之间的通信接口，从系统的功能实体来说，就是移动业务交换中心（MSC）与基站控制器（BSC）之间的互连接口，其物理链接通过采用标准的 2.048Mbit/s PCM 数字传输链路来实现。此接口传递的信息包括移动台管理、基站管理、接续管理等。

（2）A-bis 接口

A-bis 接口定义为基站子系统的两个功能实体基站控制器（BSC）和基站收发信台（BTS）之间的通信接口，用于 BTS（不与 BSC 并置）与 BSC 之间的远端互连方式，物理链接通过采用标准的 2.048Mbit/s 或 64kbit/s PCM 数字传输链路来实现。此接口支持所有向用户提供的服务，并支持对 BTS 无线设备的控制和无线频率的分配。

（3）Um 接口（空口接口）

Um 接口（空中接口）定义为移动台与基站收发信台（BTS）之间的通信接口，用于移动台与 GSM 系统的固定部分之间的互通，其物理链接通过无线链路实现。

4.2.1.3 GSM 系统的无线技术

1. 工作频段的分配

GSM 通信系统采用 900MHz 频段：

- 890～915MHz（移动台发、基站收）；
- 935～960MHz（基站发、移动台收）。

双工间隔为 45MHz，工作带宽为 25MHz，载频间隔为 200kHz，频道序号为 1～124，共 124 个频点。

频道序号和频点标称中心频率的关系为：

- $f_u(n)=890+0.2n$（MHz），上行；
- $f_d(n)=f_u(n)+45$（MHz），下行。

其中 $1\leqslant n\leqslant 124$，$n$ 为频道序号，或称绝对射频信道号 ARFCN。

随着业务的发展，可视需要向下扩展，或向 1.8GHz 频段的 GSM1800 过渡，即 1800MHz 频段：

- 1710～1785MHz（移动台发、基站收）；
- 1805～1880MHz（基站发、移动台收）。

双工间隔为 95MHz，工作带宽为 75MHz，载频间隔为 200kHz。频道序号为 512～885，共 374 个频点。

频道序号和频点标称中心频率的关系为：

- $f_u(n)=1710.2+0.2(n-512)$（MHz）；
- $f_d(n)=f_u(n)+95$（MHz）。

其中 $512\leqslant n\leqslant 885$。

2. 多址方案

GSM 系统所采用的多址技术为频分多址（FDMA）和时分多址（TDMA）相结合的形式。

如图 4-3 所示，在 GSM 系统中，频率轴中以 200kHz 为间隔定义一个载频，相当于 FDMA 系统的一个频道，时间轴以 15/26ms 为间隙划分，一个时间间隙叫作一个突发脉冲（BP），由 8 个时隙（TS0～TS7）构成一个 TDMA 帧，每个帧有一个账号。

3. GMSK 调制

GMSK 是一种特殊的数字 FSK 调制方式，调制速率为 270.833 千波特。在 GSM 中，使用高斯预调制滤波器进一步减小调制频谱，它可以降低频率转换速度。

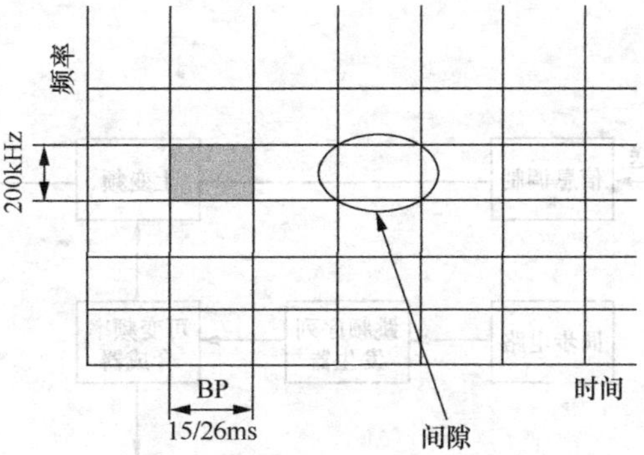

图 4-3 在时域和频域中的间隙

4. 信道编码

GSM 中使用的信道编码有卷积码和分组码，在实际应用中是把这两种方式组合在一起使用。卷积码主要用于纠错，当解调器采用最大似然估计方法时，可以产生十分有效的纠错结果。分组码主要用于检测和纠正成组出现的错码，通常与卷积码混合使用。

无线通信的突发误码的产生，常常是因为持续时间较长的衰落引起的，如果只依靠上述的信道编码方式来检错和纠错是不够的。为了更好地解决这类误码问题，在系统中采用信道交织技术。

例如，GSM 系统中，TCH/FS 信道上的语音输入速率为 13kbit/s，即每 20ms 传输 260bits。对于这 260bits 采用分段编码进行保护。

182bits 采用 1/2 卷积编码，其中的 50bits 先进行奇偶校验，附加了 3bits 的信息位，然后再进行 1/2 卷积编码，这 50bits 称为 Ia bit 类，其余 132bits 直接进行 1/2 卷积编码，称为 Ib bit 类；余下的 78bits 不加任何保护。

5. 跳频技术

数字移动通信系统中，为了提高系统抗干扰能力，常用到扩频技术，其中包括直扩方式和跳频方式，在 GSM 系统中采用的是跳频方式。

引入跳频的原因有两个。第一是基于频率分集的原理，用于对抗瑞利衰落，通过跳频，突发脉冲不会被瑞利衰落以同一种方式破坏。第二是基于干扰源特性。在业务量密集区，蜂窝系统容易受到频率复用产生的干扰限制，相对载干比（C/I）可能在呼叫中变化很大。引入跳频使得它可以在一个可能干扰小区的许多呼叫之间分散干扰，而不是集中在一个呼叫上。

跳频是指载波频率在很宽频带范围内按某种序列进行跳变。控制和信息数据经过调制后成为基带信号，送入载波调制，然后载波频率在伪随机码的控制下改变频率，这种伪随机码序列即为跳频序列。最后再经过射频滤波器送至天线发射出去。接收机根据跳频同步信号和跳频序列确定接收频率，把相应的跳频后信号接收下来，进行解调。跳频基本结构如图 4-4 所示。

跳频技术的特点主要有如下几点。

- 采用跳频技术可增加系统工作频带，从而提高通信系统抗干扰和抗衰落能力。
- 通过跳频可以改善和保护有效信息部分的脉冲不受通信环境中的瑞利衰落影响，经过跳频后由信道解码恢复为原数据。
- 通过增加跳频数来提高跳频增益，从而使系统的抗干扰和抗衰落的能力提高。

跳频技术实际是避开外部干扰，使之跟不上频率的改变从而避免或明显降低同频道干扰和频率选择性衰落。而增加跳频数是因为跳频系统的增益等于跳频系统的频带宽度与 N 个最小跳频间隔的比值，所以增加跳频可使跳频增益提高。通常的跳频数应大于 3。如果跳频系统再加上频率的分集，若干组跳变频率同时传送一个信息然后用大数判定定律更有效地判决信息，则可使更多用户同时工作而相互干扰最小。

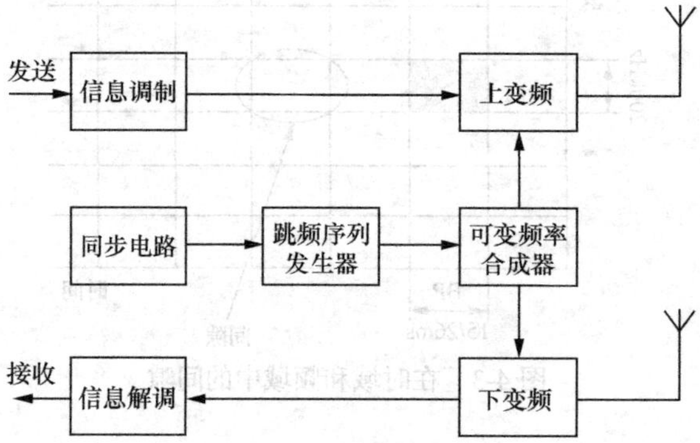

图 4-4　跳频基本结构

跳频有两种方式：基带跳频与射频跳频。

- 基带跳频是每个载频单元的发射与接收频率不变，只是在不同的 FN（帧号）时刻，帧单元发信数据送给不同的载频单元发射出去。
- 射频跳频是对每个收发信机的频率合成器进行控制，使其在每个时隙上按不同的方案跳频。

6. 功率控制

功率控制可以分为上行功率控制和下行功率控制，上行和下行功率控制是独立进行的。不论是上行功率控制还是下行功率控制，通过降低发射功率，都能够减少上行或下行方向的干扰，同时降低手机或基站的功耗，表现出来的最明显的好处就是：整个 GSM 网络的平均通话质量大大提高，手机的电池使用时间也大大延长。

7. 非连续发送（DTX）

话音传输有两种方式。一种是无论用户是否讲话，话音总是连续编码（每 20ms 一个话音帧）。另一种是非连续发送方式（Discontinuous Transmission，DTX）：在话音激活期进行 13kbit/s 编码，在话音非激活期进行 500bit/s 编码，每 480ms 传输一个舒适噪声帧（每帧 20ms），如图 4-5 所示。

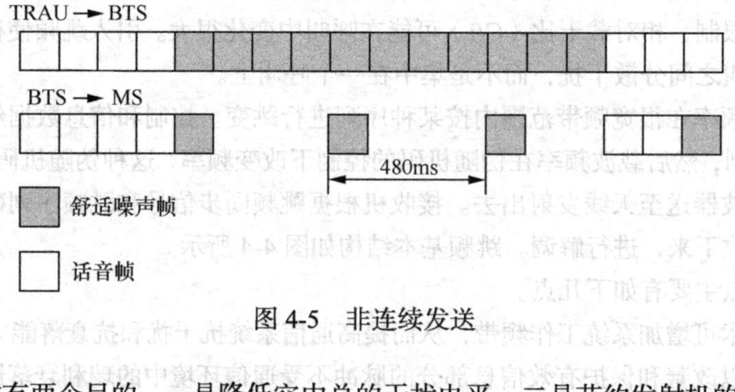

图 4-5　非连续发送

采用 DTX 方式有两个目的，一是降低空中总的干扰电平，二是节约发射机的功率。DTX 模式与普通模式是可选的，因为 DTX 模式会使传输质量稍有下降。

8. 时间提前量

在 GSM 系统中，由于空中接口采用 TDMA 技术，移动台必须在指配给它的时隙内发送，而在其他的时间必须保持寂静，否则会干扰使用同一载频其他时隙上的用户。

在 GSM 系统中，移动台收发信号要求有 3 个时隙的间隔，如图 4-6 所示。

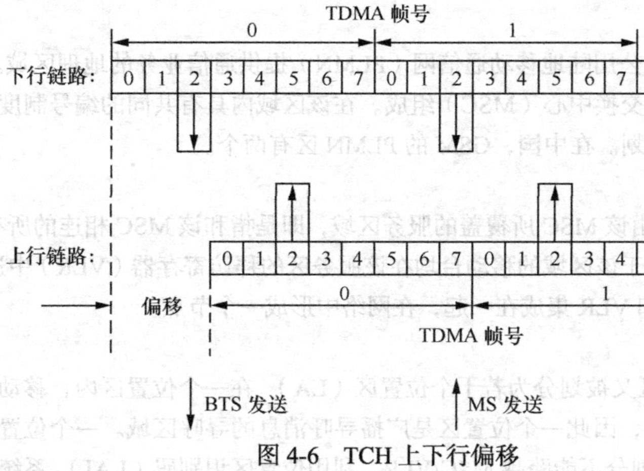

图 4-6 TCH 上下行偏移

假设某移动台占用了时隙 2，在呼叫期间向远离基站方向移动，则从基站发出的信息，将会越来越迟地到达移动台，同时移动台的应答信息，也越来越迟地到达基站，如果不采取措施，该时延将导致该移动台在时隙 2 发送的信息与基站在 TS3 接收到的另一个呼叫信息重叠。所以在呼叫期间，必须监视呼叫到达基站的时间。随着移动到基站的距离的变化，系统随时向移动台发送指令，指示移动台需要提前发送的时间，这个过程也就是时间提前量的调整。

当一个特定的连接建立时，BTS 不断地测量脉冲时隙与收到的 MS 时隙之间的时间偏移量，基于这个测量，它可以向 MS 提供要求的时间提前量，并在慢速辅助控制信道（SACCH）上以一定的频率通知 MS。

4.2.1.4 GSM 系统的区域覆盖及编号计划

1. GSM 区域覆盖

目前，GSM 网络的覆盖方式采用小区制，即蜂窝系统，它把整个 GSM 网络服务区分成若干个小区，每个小区设置一个基站，负责本小区移动通信的联络和控制，同时又在 MSC 的统一控制下实现小区间移动用户的通信以及与市话用户间的通信。GSM 网络中各种覆盖区域之间的关系如图 4-7 所示。

图 4-7 GSM 网络中各种覆盖区域之间的关系

（1）GSM 服务区

GSM 服务区是指所有 GSM 运营商提供的网络覆盖区域的总和。一个服务区可由一个或若干个公用陆地移动通信网（PLMN）组成。从地域而言，可以是一个国家或是一个国家的一部分，也可以是若干个国家。

（2）PLMN 服务区

PLMN 服务区是由一个公用陆地移动通信网（PLMN）提供通信业务的地理区域。一个 PLMN 区可由一个或若干个移动业务交换中心（MSC）组成。在该区域内具有共同的编号制度（比如相同的国内地区号）和共同的路由计划。在中国，GSM 的 PLMN 区有两个。

（3）MSC 服务区

一个 MSC 服务区是指由该 MSC 所覆盖的服务区域，即是指和该 MSC 相连的所有 BSC 所控制的 BTS 的覆盖区域的总和，位于该区域的移动台均在该服务区的拜访寄存器（VLR）中进行登记。因此，在实际网络中，MSC 总是和 VLR 集成在一起，在网络中形成一个节点。

（4）位置区

每个 MSC/VLR 服务区又被划分为若干个位置区（LA）。在一个位置区内，移动台可以自由地移动，而不需要进行位置更新，因此一个位置区是广播寻呼消息的寻呼区域。一个位置区只能属于某一个 MSC/VLR，即位置区的划分不能跨越 MSC/VLR。利用位置区识别码（LAI），系统可以区别不同的位置区。

（5）小区

一个位置区包括若干个小区（CELL），每个小区具有专门的识别码（CGI），它表示网络中的一个基本的无线覆盖区域。

2. GSM 系统的编号计划

由于 GSM 系统网络的复杂性，为保证用户管理、设备管理及系统的性能，必须进行编号，在系统中主要有如下一些编号。

（1）移动用户的 ISDN 号码（MSISDN）

MSISDN 号码是呼叫数字公用陆地蜂窝移动通信网中某一用户时主叫用户所拨的号码，它是移动用户对外公开的电话号码。MSISDN 号码结构如图 4-8 所示。

图 4-8　MSISDN 号码结构

CC——国家码，例如中国为 86，美国为 1，英国为 44 等。

NDC——国内地区码。

SN——移动用户号码。

目前，中国的移动用户的 ISDN 号为一个 11 位数字的等长号码：$N_1N_2N_3H_0H_1H_2H_3ABCD$，其中 $N_1N_2N_3$ 是数字蜂窝移动业务接入号，例如中国移动 GSM 网的移动业务接入号为 135～139 等，中国联通 GSM 网的移动业务接入号为 130、131 等。$H_0H_1H_2H_3$ 是 HLR 识别号，其中 $H_0H_1H_2$ 由主管部门统一规定，H_3 可由各省主管部门确定。SN 由各 HLR 自行分配。

📖 请分析号码 8613888888888，可以获得哪些信息？

（2）国际移动用户识别码（IMSI）

IMSI 是在 PLMN 网中唯一识别一个移动用户的号码，由 15 位数字组成，如图 4-9 所示。

MCC——移动国家号码，由 3 位数字组成，唯一地识别移动用户所属的国家。我国为 460。

MNC——移动网号，由两位数字组成，用于识别移动用户所归属的移动网。移动 GSM PLMN 网为 00，联通 GSM PLMN 网为 01。

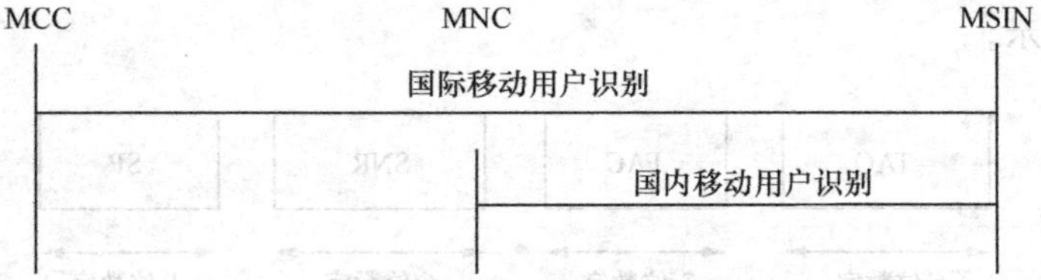

图 4-9　IMSI 号码结构图

MSIN——移动用户识别号码，是一个十位的等长号码。

IMSI 用于 GSM 移动通信网所有信令中，存储在 HLR、VLR 和 SIM 卡中。

（3）临时移动用户识别码（TMSI）

为了对 IMSI 码保密，VLR 可给来访的移动用户分配一个临时移动用户识别码（TMSI），它只限于在该访问位置区使用，为一个 4 字节的 BCD 码。IMSI 和 TMSI 可按一定算法转换，但它们之间没有长期固定的联系，仅在 MS 呼叫时临时指定。临时用户识别码（TMSI）的作用是保证用户除了起始在网络中登记时要使用的 IMSI 外，在后续的呼叫中，可以避免通过无线信道发送其 IMSI，从而防止窃听者检测特定用户的通信内容或者盗用合法用户的识别码。

（4）移动用户漫游号码（MSRN）

移动台漫游号码是当移动台由所属的 MSC/VLR 业务区漫游至另一个 MSC/VLR 业务区中时，为了将对它的呼叫顺利发送给它而由其所属 MSC/VLR 分配的一个临时号码。

具体来讲，为了将呼叫接至处于漫游状态的移动台处，必须要给网关 MSC（即 GMSC，Gateway MSC）一个用于选择路由的临时号码。为此，移动台所属的 HLR 会请求该移动台所属的 MSC/VLR 给该移动台分配一个号码，并将此号码发送给 HLR，而 HLR 收到后再把此号码转送给 GMSC。这样，GMSC 就可以根据此号码选择路由，将呼叫接至被叫用户目前正在访问的 MSC/VLR 交换局了。一旦移动台离开该业务区，此漫游号码即被收回，并可分配给其他来访用户使用。

（5）位置区识别码（LAI）

LAI 是用来识别位置区的，其号码结构是：

MCC + MNC + LAC

其中，MCC 和 MNC 同 IMSI 的 MCC 和 MNC。

LAC 为位置区域码，它是唯一地识别我国数字 PLMN 中每个位置区，是一个 2 字节 16 进制的 BCD 码，表示为 L1L2L3L4（范围 0000～FFFF，可定义 65536 个不同的位置区）。

（6）全球小区识别（CGI）

CGI 是在所有 GSM PLMN 中用作小区的唯一标识，是在位置区识别 LAI 的基础上再加上小区识别 CI 构成的。其组成为：

CGI=LAI+CI=MCC+MNC+LAC+CI

其中，CI 是一个 2 字节 BCD 码，由 MSC 自定。

（7）基站识别色码（BSIC）

BSIC 为基站识别色码，用在移动台对于采用相同载频的相邻不同基站收发信台 BTS 的识别，特别用于区别在不同国家的边界地区采用相同载频的不同相邻 BTS。

BSIC 为一个 6 比特编码，其组成为：

NCC（3bit）+BCC（3bit）。

其中，NCC 为网络号码，BCC 为基站色码，由运营部门设定。

（8）国际移动设备识别码（IMEI）

IMEI 唯一地识别一个移动台设备，用于监控被窃或无效移动设备。它是一个 15 位的十进制数，其构成如图 4-10 所示。

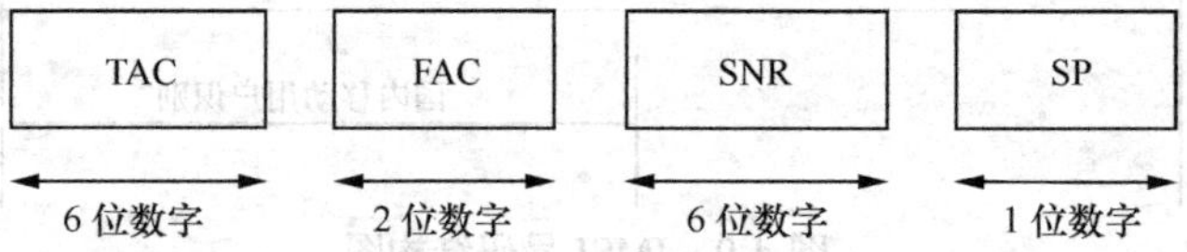

图 4-10　IMEI 的结构

TAC——型号批准码，由欧洲型号认证中心分配。

FAC——最后装配码，表示生产厂或最后装配所在地，由厂家进行编码。

SNR——序号码，由厂家分配。

SP——备用。

> 📖 大家在购买手机时应该特别关注该号码。可通过在键盘按"*#06#"，调出该设备所对应的 IMEI 号。

下例是一个固定电话用户拨打一个移动用户的呼叫接续过程，在这过程中涉及到多个识别号码。在呼叫过程中各种号码的应用如图 4-11 所示。

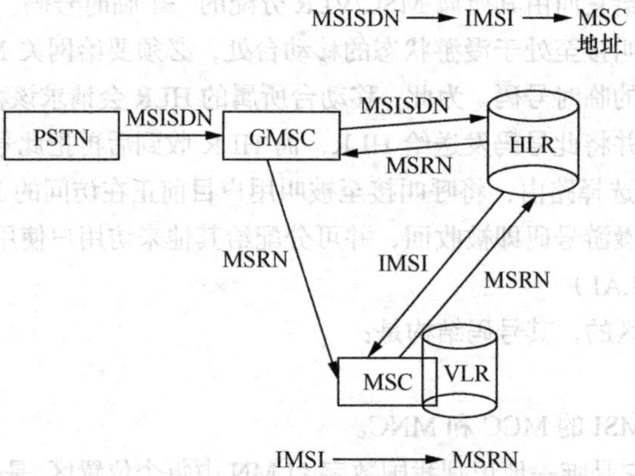

图 4-11　呼叫过程中各种号码的应用

- 主叫拨号

市话用户 A 拨打 GSM 用户 B 的 MSISDN 号码，PSTN 网络的交换机分析 MSISDN 号码，得知 B 用户为移动用户，它把呼叫转到 GSM 网络上距它最近的一个具有入口功能的移动业务交换中心（GMSC）。

- GMSC 分析被叫号码

GMSC 分析该号码为某位置寄存器 HLR 的用户后，就将 MSISDN 号码送至该 HLR，要求查询有关该被叫用户目前所在的位置信息。

- HLR 申请漫游号码 MSRN

HLR 把 MSISDN 号码转换成 IMSI 后，查出用户目前处于哪个 MSC，然后将该 IMSI 发至该 MSC，向该 MSC 申请分配一个漫游号码 MSRN。

- 选定漫游号码 MSRN

MSC 收到 IMSI 后，临时给被叫用户 B 分配一个漫游号码，并将此号码送回 HLR，再由 HLR 返回给 GMSC 使用。

• 连接呼叫至被叫所在的 MSC

GMSC 收到 MSRN 后，用此号码选择一条出中继路由至 MSC。MSC 将负责本次呼叫的建立和计费功能。

• MSC 寻呼被叫

MSC 发出寻呼命令到 MS 所在位置区内的所有无线基站，再由基站向被叫用户 B 发呼叫信号。

• 基站寻呼被叫用户 B

基站收到寻呼命令后，将该寻呼消息（含有 MS 的 IMSI）通过无线控制信道发射。MS 接收到寻呼后向基站发回响应信号。

• 呼叫连接

MS 响应信号经 BTS、BSC 送回 MSC，经鉴权和设备识别后认为合法，则令 BSC 给该 MS 分配一条 TCH，接通 MSC 至 BSC 的路由，并向主叫送回铃音，向被叫振铃。当被叫摘机应答，则系统开始计费，通话开始。

4.2.1.5　GSM 系统的无线信道

GSM 是数字通信系统，其任务是传输比特流。为了更好地把通信业务与传输方案对应起来，引进了信道（CHANNEL）的概念。不同的信道可以同时传输不同的比特流。信道可分为物理信道和逻辑信道。逻辑信道至物理信道的映射是指将要发送的信息安排到合适的 TDMA 帧和时隙的过程。

> 📖 逻辑信道是根据物理信道上所传送信息类型的不同而定义的一类信道。例如：火车的一节节车厢，可以认为是一条条物理信道，车厢里有不同的对象，如司机、乘务员、乘客等，这些不同对象对应不同的逻辑信道。可见，逻辑信道必须承载在物理信道上。

1. 无线帧结构

GSM 的无线帧结构有 5 个层次，即时隙、TDMA 帧、复帧、超帧和超高帧。图 4-12 中示出了 GSM 系统分级帧结构的示意图。

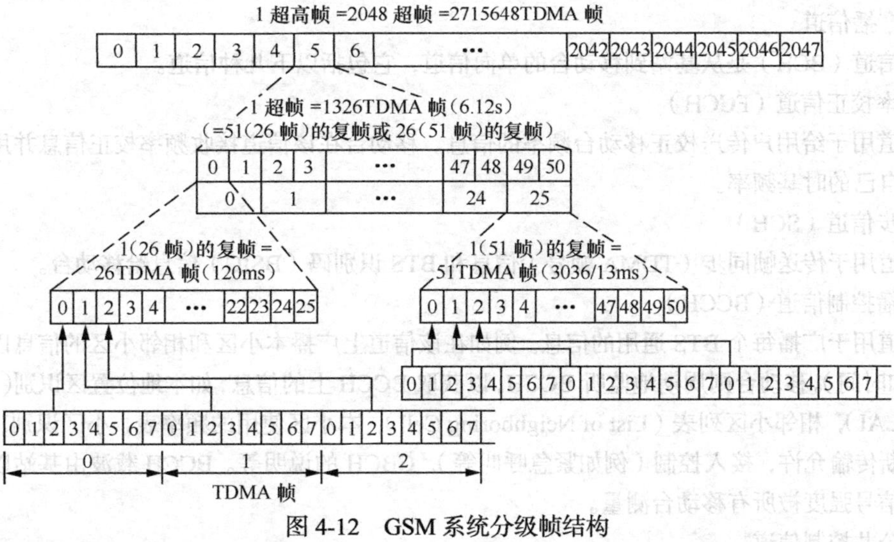

图 4-12　GSM 系统分级帧结构

（1）时隙是物理信道的基本单元。

（2）TDMA 帧是由 8 个时隙组成的，是占据载频带宽的基本单元，即每个载频有 8 个时隙。

（3）复帧有以下两种类型。

- 由 26 个 TDMA 帧组成的复帧。这种复帧用于 TCH、SACCH 和 FACCH。
- 由 51 个 TDMA 帧组成的复帧。这种复帧用于 BCCH、CCCH 和 SDCCH。

（4）超帧是一个连贯的 51×26 的 TDMA 帧，由 51 个 26 帧的复帧或 26 个 51 帧的复帧构成。

（5）超高帧是由 2048 个超帧构成。

TDMA 帧号是以 3 小时 28 分 53 秒 760 毫秒（2048×51×26×8BP 或者说 2048×51×26 个 TDMA 帧）为周期循环编号的。每 2048×51×26 个 TDMA 帧为一个超高帧，每一个超高帧又可分为 2048 个超帧，一个超帧是 51×26 个 TDMA 帧的序列（6.12 秒），每个超帧又是由复帧组成。复帧分为两种类型。

- 26 帧的复帧：它包括 26 个 TDMA 帧（26×8BP），持续时长 120ms。51 个这样的复帧组成一个超帧。这种复帧用于携带 TCH（和 SACCH 加 FACCH）。
- 51 帧的复帧：它包括 51 个 TDMA 帧（51×8BP），持续时长 3060/13ms。26 个这样的复帧组成一个超帧。这种复帧用于携带 BCH 和 CCCH。

2. 物理信道

GSM 系统采用 TDMA 多址技术，在 GSM900 的每个载频上按时间分为 8 个时间段，每一个时隙段称为一个时隙（Time Slot），如图 4-12 所示。这样的时隙叫作信道，或者叫物理信道。一个载频上连续的 8 个时隙组成一个 TDMA 帧，即 GSM 的一个载频上可提供 8 个物理信道。

3. 逻辑信道

如果把 TDMA 帧的每个时隙看作为物理信道，那么在物理信道所传输的内容就是逻辑信道。逻辑信道是指依据移动网通信的需要，为传送的各种控制信令和语音或数据业务在 TDMA 的 8 个时隙所分配的控制逻辑信道或语音、数据逻辑信道。

GSM 数字系统在物理信道上传输的信息是由 100 多个调制比特组成的脉冲串，称为突发脉冲序列——“Burst”。以不同的“Burst”信息格式来携带不同的逻辑信道。

逻辑信道分为控制信道和业务信道两大类，控制信道又可分为广播信道、公共控制信道和专用控制信道。图 4-13 为 GSM 所定义的各种逻辑信道。

（1）广播信道

广播信道（BCH）是从基站到移动台的单向信道，它包括以下几种信道。

- 频率校正信道（FCCH）

此信道用于给用户传送校正移动台频率的信息。移动台在该信道接收频率校正信息并用来校正移动台用户自己的时基频率。

- 同步信道（SCH）

此信道用于传送帧同步（TDMA 帧号）信息和 BTS 识别码（BSIC）信息给移动台。

- 广播控制信道（BCCH）

此信道用于广播每个 BTS 通用的信息。例如在该信道上广播本小区和相邻小区的信息以及同步信息（频率和时间）。移动台则周期地监听 BCCH，以获取 BCCH 上的信息，如本地位置区识别（Local Area Identity，LAI），相邻小区列表（List of Neighboring Cell），本小区使用的频率表，小区识别，功率控制指示，间断传输允许，接入控制（例如紧急呼叫等），CBCH 的说明等。BCCH 载波由基站以固定功率发射，其信号强度被所有移动台测量。

（2）公共控制信道

公共控制信道（CCCH）是基站与移动台间的一点对多点的双向信道。包括以下几种信道。

- 寻呼信道（PCH）

此信道用于广播基站寻呼移动台的寻呼消息，是下行信道。

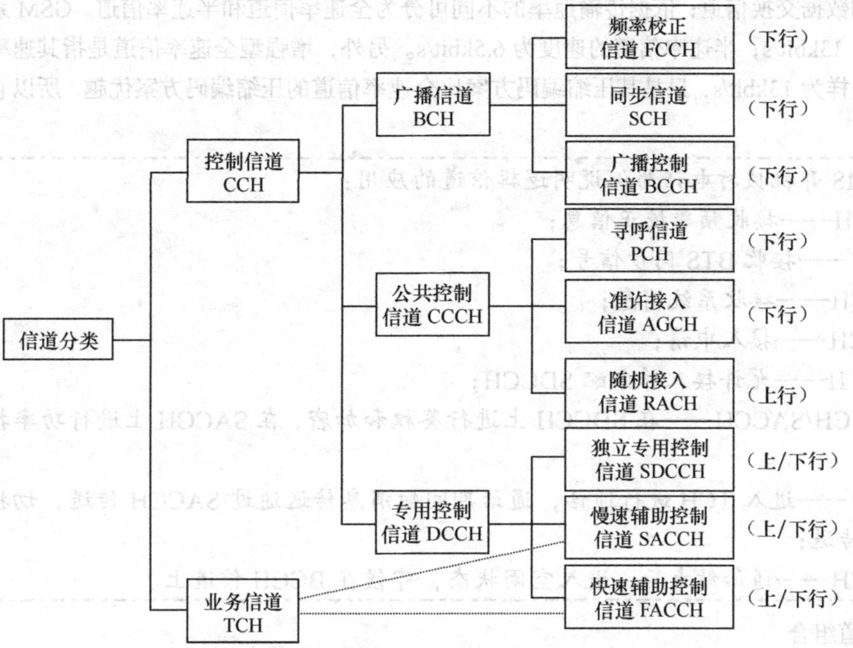

图 4-13 GSM 逻辑信道

- 随机接入信道（RACH）

移动台随机接入网络时用此信道向基站发送信息。发送的信息包括：对基站寻呼消息的应答，移动台始呼时的接入。移动台在此信道还可向基站申请一独立专用控制信道（SDCCH）。此信道是上行信道。

- 接入允许信道（AGCH）

AGCH 用于基站向随机接入成功的移动台发送指配了的独立专用控制信道（SDCCH）。此信道是下行信道。

（3）专用控制信道

专用控制信道（DCCH）是基站与移动台间的点对点的双向信道。它包括如下几种信道。

- 独立专用控制信道（SDCCH）

该信道用在分配 TCH 之前呼叫建立过程中传送系统信令。用于传送基站和移动台间的指令与信道信息，如鉴权、登记信令消息等。此信道在呼叫建立期间支持双向数据传输，以及短消息业务信息的传送。

- 慢速辅助控制信道（SACCH）

该信道与一个 TCH 或一个 SDCCH 相关，在基站和移动台之间传送连续信息。基站一方面用此信道向移动台传送功率，控制信息、帧，调整信息；另一方面，基站用此信道接收移动台发来的信号强度报告和链路质量报告。

- 快速辅助控制信道（FACCH）

该信道与一个 TCH 相关，主要用于传送基站与移动台间的越区切换的信令消息，工作于借用模式，即偷帧技术。在话音传输过程中如果突然需要以比 SACCH 所能处理的高得多的速度传送信令信息，则借用 20ms 的话音（数据）来传送，这一般在切换时发生。由于语音编码器会重复最后 20ms 的话音，因此不会被用户察觉。

（4）业务信道（TCH）

业务信道是用于传送用户的语音和数据业务的信道。根据交换方式的不同，业务信道可分为电路交换信道和数据交换信道；依据传输速率的不同可分为全速率信道和半速率信道。GSM 系统全速率信道的速率为 13kbit/s；半速率信道的速度为 6.5kbit/s。另外，增强型全速率信道是指其速率与全速率信道的速率一样为 13kbit/s，只是其压缩编码方案比全速率信道的压缩编码方案优越，所以它有较好的语音质量。

📖 以 MS 开机拨打电话为例说明逻辑信道的应用：

FCCH——接收频率校正信息；

SCH——接收 BTS 同步信号；

BCCH——接收系统消息；

RACH——接入申请；

AGCH——允许接入并分配 SDCCH；

SDCCH/SACCH——在 SDCCH 上进行鉴权和加密，在 SACCH 上进行功率控制并传送 TA 值；

TCH——进入 TCH 进行通话，通话期间短消息传送通过 SACCH 传送，切换信令通过 FACCH 传送；

BCCH——通话结束后，进入空闲状态，守候在 BCCH 信道上。

4. 信道组合

在实际应用中，总是将不同类型的逻辑信道映射到同一物理信道上，称为信道组合。

以下为 GSM 系统的 9 种信道组合类型。

- 全速率业务信道 full tate TCH：TCH/F + FACCH/F + SACCH/TF。
- 半速率业务信道 half-rate TCH：TCH/H（0，1）+ FACCH/H（0，1）+ SACCH/TH（0，1）。
- 半速率 1 业务信道 TCHHalf 2：TCH/H（0，0）+ FACCH/H（0，1）+ SACCH/TH（0，1）+ TCH/H（1，1）。
- 独立专用控制信道 SDCCH：SDCCH/8(0，…，7) + SACCH/C8(0，…，7)。
- 主广播控制信道 Main BCCH：FCCH + SCH + BCCH + CCCH。
- 组合广播控制信道 Combined BCCH：FCCH + SCH + BCCH + CCCH + SDCCH/4（0，…，3）+ SACCH/C4（0，…，3）。
- 广播信道 BCH：FCCH + SCH + BCCH。
- 小区广播信道 BCCH with CBCH：FCCH + SCH + BCCH + CCCH + SDCCH/4（0，…，3）+ SACCH/C4（0，…，3）+ CBCH。
- 慢速专用控制信道 SDCCH with CBCH：SDCCH + SACCH + CBCH。

以上信道组合中，CCCH=PCH + RACH + AGCH。CBCH 只有下行信道，携带小区广播信息，和 SDCCH 使用相同的物理信道。

每个小区广播包括一个 FCCH 和一个 SCH。其基本组合在下行方向包括一个 FCCH，一个 SCH，一个 BCCH 和一个 CCCH（PCH + AGCH），严格地分配到小区配置的 BCCH 载频的 TN0 位置上。

5. 逻辑信道和物理信道的映射

GSM 系统的逻辑信道数明显超过了 GSM 一个载频所提供的 8 个物理信道，因此要想给每个逻辑信道都配置一个物理信道，一个载频所提供的 8 个物理信道是不够的，需要再增加载频，这样并不是一种高效率的通信。解决上述问题的基本方法是，将公共控制信道复用，即在一个或两个物理信道上复用公共控制信道。

GSM 系统是按下面的方法建立物理信道和逻辑信道间的映射对应关系。

假设一个基站有 *N* 个载频，每个载频有 8 个时隙。将载频定义为 *f*0、*f*1、*f*2、…。对于下行链路，从 *f*0 的第 0 时隙（TS0）起始。TS0 只用于映射控制信道，*f*0 也称为广播控制信道（BCCH）。

（1）BCH 和 CCCH 在 TS0 上的复用

图 4-14 为 BCH 和 CCCH 在 TS0 上的复用关系。BCCH、FCCH、SCH、PCH、AGCH 和 RACH 均映射到 TS0，其中 RACH 映射到上行链路，其余映射到下行链路。

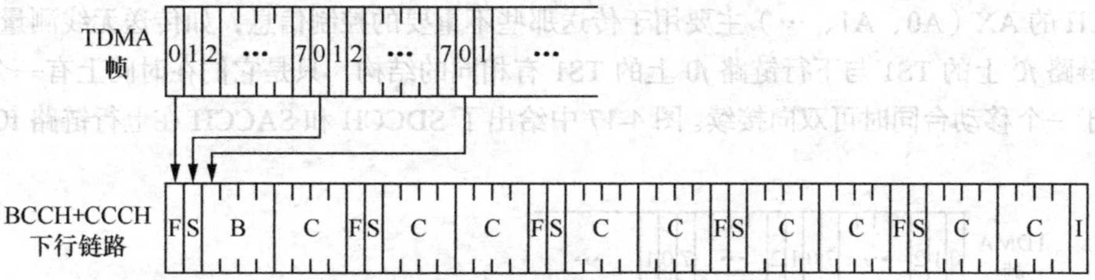

F（FCCH）：移动台据此同步频率。
S（SYCH）：移动台据此读 TDMA 帧号和基站识别码。
B（BCCH）：移动台据此读有关小区的通用信息。
I（IDEL）：空闲帧，不包括任何信息，仅作为复帧的结束标志。

图 4-14　BCH 和 CCCH 在 TS0 上的复用

BCH 和 CCCH 共占用 51 个 TS0 时隙，尽管只占用了每一帧的 TS0 时隙，但从时间上讲长度为 51 个 TDMA 帧。作为一种复帧，以每出现一个空闲帧作为此复帧的结束，在空闲帧之后，再从 F、S 开始进行新的复帧，以此方法进行重复，即构成 TDMA 的复帧结构。

在没有寻呼或呼叫接入时，基站也总在 *f*0 上发射。这使移动台能够测试基站的信号强度以决定使用哪个小区为合适。

对上行链路，*f*0 上的 TS0 不包括上述信道，它只用于移动台的接入，即用于上行链路作为 RACH 信道。图 4-15 为 51 个连续 TDMA 帧的 TS0。

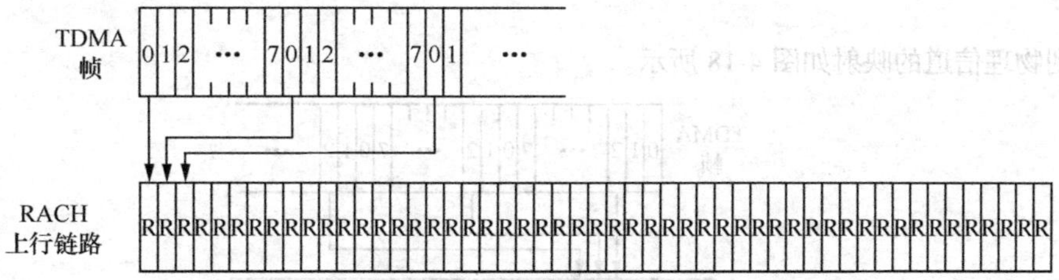

图 4-15　TS0 上 RACH 的复用

（2）SDCCH 和 SACCH 在 TS1 上的复用

下行链路 *f*0 上的 TS1 时隙用来将专用控制信道映射到物理信道上，其映射关系如图 4-16 所示。

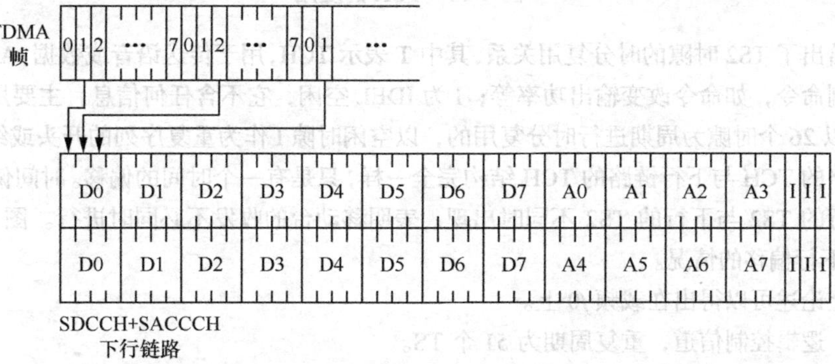

图 4-16　SDCCH 和 SACCH 在 TS1 上的复用（下行）

由于呼叫建立和登记时的比特率相当的低，所以可在 1 个时隙上放 8 个专用控制信道以提高时隙的复用率。

SDCCH 和 SACCH 共有 102 个时隙，即 102 个时分复用帧。

SDCCH 的 DX（D0、D1、…）只用于移动台建立呼叫的开始时使用；当移动台转移到业务信道 TCH 上，用户开始通话或登记完释放后，DX 就用于其他的移动台。

SACCH 的 AX（A0、A1、…）主要用于传送那些不重要的控制信息，如传送无线测量数据等。

上行链路 *f*0 上的 TS1 与下行链路 *f*0 上的 TS1 有相同的结构，只是它们在时间上有一个偏移，即意味着对于一个移动台同时可双向接续。图 4-17 中给出了 SDCCH 和 SACCH 在上行链路 f0 的 TS1 上的复用。

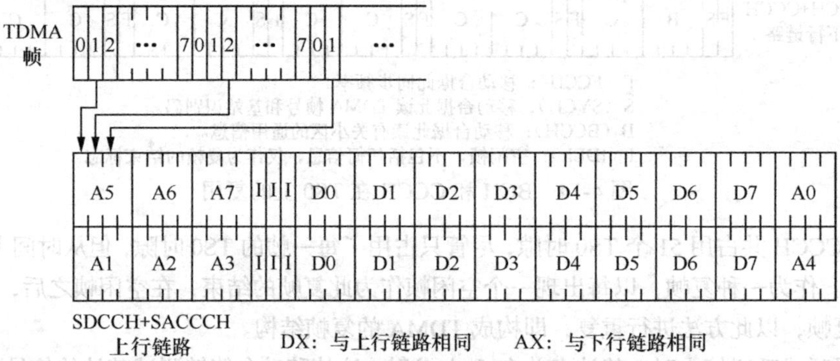

图 4-17　SDCCH 与 SACCH 在 TS1 上的复用（上行）

（3）TCH 的复用

载频 *f*0 上的上行、下行的 TS0 和 TS1 供逻辑控制信道使用，而其余 6 个物理信道 TS2～TS7 由 TCH 使用。

TCH 到物理信道的映射如图 4-18 所示。

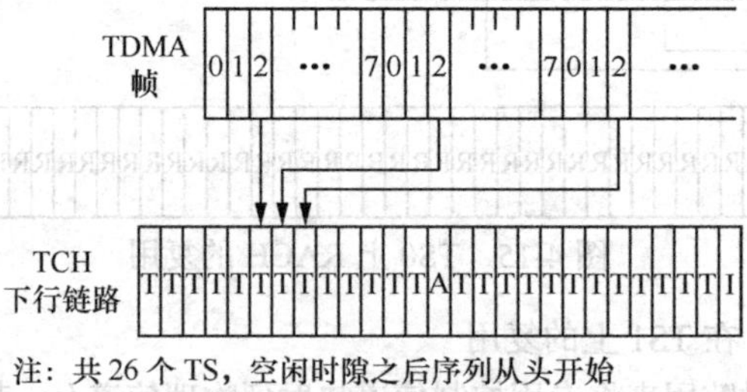

图 4-18　TCH 的复用

图中只给出了 TS2 时隙的时分复用关系，其中 T 表示 TCH，用于传送语音或数据；A 表示 SACCH，用于传送控制命令，如命令改变输出功率等；I 为 IDEL 空闲，它不含任何信息，主要用于配合测量。时隙 TS2 是以 26 个时隙为周期进行时分复用的，以空闲时隙 I 作为重复序列的开头或结尾。

上行链路的 TCH 与下行链路的 TCH 结构完全一样，只是有一个时间的偏移。时间偏移为 3 个 TS，也就是说上行的 TS2 与下行的 TS2 不同时出现，表明移动台的收发不必同时进行。图 4-19 中给出了 TCH 上行与下行偏移的情况。

通过以上论述可以得出在载频 *f*0 上。

- TS0：逻辑控制信道，重复周期为 51 个 TS。
- TS1：逻辑控制信道，重复周期为 102 个 TS。

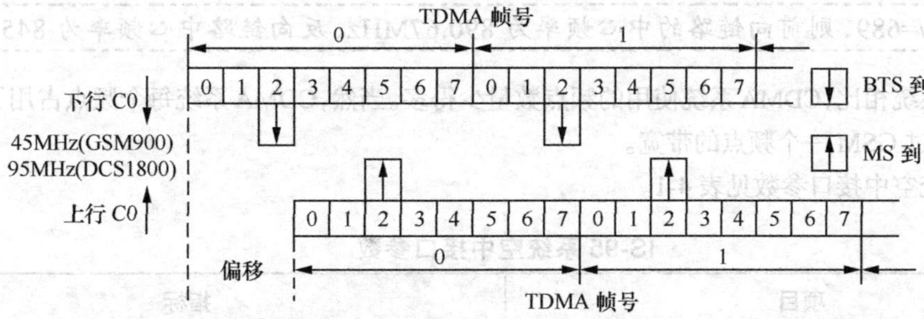

图 4-19　TCH 上下行偏移

- TS2：逻辑业务信道，重复周期为 26 个 TS。
- TS3～TS7：逻辑业务信道，重复周期为 26 个 TS。

其他 f0～fN 个载频的 TS0～TS7 全部是业务信道。

4.2.2　IS-95 系统

CDMA 蜂窝系统最早是由美国的 Qualcomm（高通）公司成功开发出来的，在 1993 年形成标准，即 IS-95 标准，其定义了 CDMA 空中接口的物理层、第二层和第三层的规范。IS-95 包括 IS-95A 和 IS-95B 两个标准，其中 IS-95B 是对 IS-95A 的加强，在 IS-95A 的基础上，完全兼容 IS-95A 配置（包括基站硬件），通过对物理信道捆绑应用，实现比 IS-95A 更高比特率的数据业务。

人们将基于 IS-95 的一系列标准和产品统称为 cdmaOne，它包括更多的相关标准。在工作中，通常将 cdmaOne 系统称为 IS-95 CDMA 系统。为了与第三代采用 5MHz 带宽的 CDMA 系统相区别，又将 IS-95 系统称为 N-CDMA（窄带 CDMA）系统。

4.2.2.1　IS-95 系统空中接口参数

由于 IS-95 系统最早要求与模拟通信系统 AMPS 兼容，因此频点编号继承了 AMPS 的频点编号，频率描述比较复杂，如图 4-20 所示。

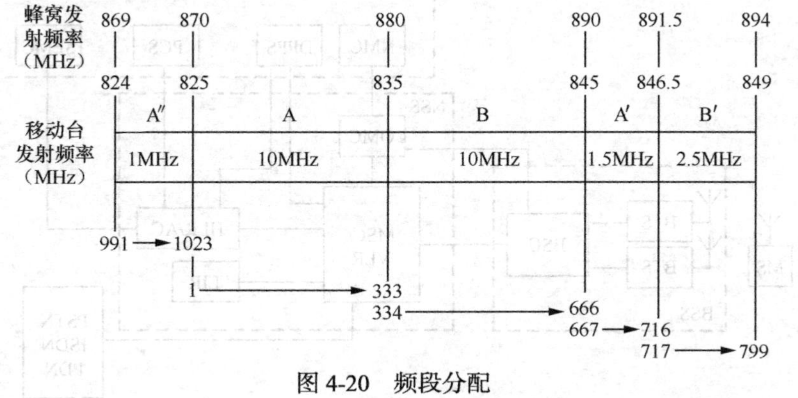

图 4-20　频段分配

频点编号 N 与中心频率点 f（单位为 MHz）之间的关系如下：

$$f_{up}=\begin{cases}0.03N+825.00\text{MHz},1\leqslant N\leqslant 799\\0.03(N-1023)+825.00\text{MHz},990\leqslant N\leqslant 1023\end{cases}$$

$$f_{dw}=\begin{cases}0.03N+870.00\text{MHz},1\leqslant N\leqslant 799\\0.03(N-1023)+870.00\text{MHz},990\leqslant N\leqslant 1023\end{cases}$$

📖 例如：N=689，则前向链路的中心频率为 890.67MHz；反向链路中心频率为 845.67MHz。

与GSM系统相比，CDMA系统使用的频点数量少得多。当然，CDMA系统每个频点占用了1.25MHz的带宽，远超过 GSM 一个频点的带宽。

IS-95 系统空中接口参数见表 4-1。

表 4-1　　IS-95 系统空中接口参数

项目	指标
下行频段	870～880MHz
上行频段	825～835MHz
上、下行间隔	45MHz
频点宽度	1.23MHz
多址方式	CDMA
工作方式	FDD
调制方式	QPSK（基站侧），OQPSK（移动台侧）
语音编码	CELP
语音编码速率	8kbit/s
信道编码	卷积编码
传输速率	1.2288Mbit/s
比特时长	0.8μs
终端最大发射功率	200mW～1W

4.2.2.2　IS-95 系统网络结构

IS-95 系统的网络结构与 GSM 系统网络结构基本相同，如图 4-21 所示。具体设备功能不再一一叙述。

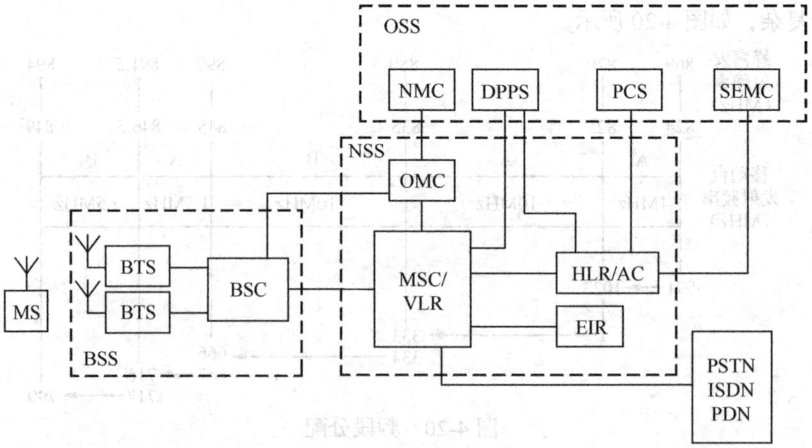

注：OSS：操作子系统　BSS：基站子系统　NSS：网络子系统
NMC：网络管理中心　DPPS：数据后处理系统　SEMC：安全性管理中心
PCS：用户识别卡个人化中心　OMC：操作维护中心　MSC：多动交换中心
VLR：拜访位置寄存器　HLR：归属位置寄存器　AC：鉴权中心
EIR：移动设备识别寄存器　BSC：基站控制器　BTS：基站收发信台
PDN：公用数据网　PSTN：公用电话网　ISDN：综合业务数字网
MS：移动台

图 4-21　CDMA 网络参考模型

4.2.2.3 IS-95 系统中的地址码

地址码的选择直接影响到 CDMA 系统的容量、抗干扰能力、接入和切换速度等性能。下面对地址码进行详细介绍。

1. CDMA 地址码类型

根据区分对象的不同，可以把 CDMA 中的地址码分为以下四种不同的类型。

（1）用户地址码

用于区分不同的移动用户。随着移动用户的日益增多，用户地址码数量是主要矛盾，但是必须满足各用户地址码的正交性能，以减少用户之间的相互干扰。

（2）多速率业务地址码

用于多媒体业务区分不同类型速率的业务。对于多速率业务的地址，质量是主要矛盾，即要求满足不同业务地址码之间的正交性能，以防止多速率业务间的干扰。

（3）信道地址码

用来区分每个小区内的不同信道。质量是主要矛盾，是多用户干扰的主要来源，它要求各信道地址码之间正交，互不干扰。

（4）基站地址码

用来区分不同基站与扇区。数量上有一定的要求，而没有用户地址数量大，要求各基站地址码之间相互正交，以减少基站间的干扰。

可见，以上四种地址码，要求不完全一致，采用同一类正交码或伪随机码很难同时满足数量与质量上的要求。对不同的地址码，根据不同的要求，分别设计不同类型的码组，以解决不同的矛盾，是当今地址码设计的主导思想。

理想的地址码主要应具有以下特性。

- 有足够多的地址码码组。
- 有尖锐的自相关特性。
- 有处处为零的互相关性。
- 不同码元数平衡相等。
- 尽可能大的复杂度。
- 具有近似噪声的频谱，即近似连续谱且均匀分布。

理论上只有纯随机序列才是最理想的。但是要同时满足这些特征是任何一种编码序列很难达到的。我们只能产生一种周期性的序列来近似随机序列，称为伪随机码或伪噪声（Pseudorandom Noise，PN）序列。目前主要使用的有 *m* 序列、Gold 序列、复合码等。

2. 伪随机（PN）码序列

（1）*m* 序列

m 序列是一种最简单、最容易实现的周期性伪随机序列，其在扩展频谱及码分多址中有广泛的应用，并且还可以生成其它序列，因此 *m* 序列非常重要。

m 序列是最长线性移位寄存器序列的简称，是由多级移位寄存器或其延迟元件通过反馈产生的最长的码序列。在二进制移位寄存器中，若 n 为移位寄存器的级数，则会产生除全“0”以外的 2^n-1 个状态，因此它能产生的最大长度为 2^n-1 位。产生 *m* 序列的电路由 n 位移位寄存器，适当的反馈抽头及模 2 加电路构成。图 4-22 为实际 *m* 序列生成电路，其中 $n=3$，即该电路有 3 个移位寄存器。

图中移位寄存器初始状态为 001，输出为一个不断重复 1001011 的 7 位数的 *m* 序列。

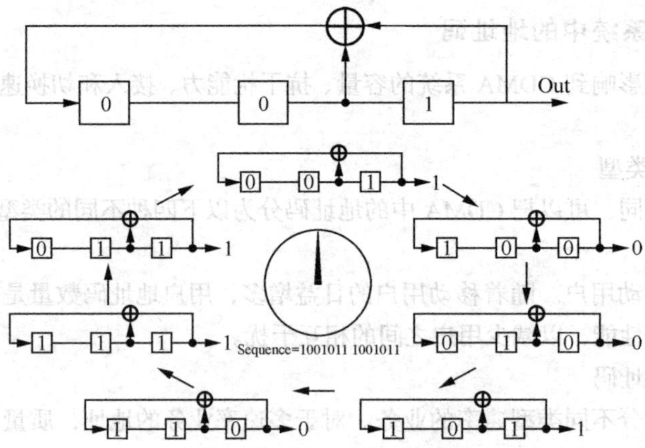

图 4-22　m 序列产生的电路图

m 序列具有如下特性。

- *m* 序列一个周期内，码元为“1”的数目和码元为“0”的数目只相差为 1 个，即平衡性好。
- 在一个周期内，共有 2^n-1 游程（连续出现 1 称为 1 游程，连续出现 0 称为 0 游程）。游程长度为 k 的个数占总游程个数的比例是 $1/2^k$（$1\leqslant k\leqslant r-2$）。另外，长度为 r 的 1 游程和长度为 $r-1$ 的 0 游程各有一个。
- *m* 序列与其移位后的序列逐位模 2 相加，所得的序列仍为 *m* 序列，只是起始位不同。
- *m* 序列的相关性

m 序列的相关性包括自相关性和互相关性。其中 *m* 序列的自相关性是尖锐的，互相关性是多值的。

（2）Gold 序列

在扩频通信中常用的码序列除了 *m* 序列之外，还有 Gold 序列、R-S 码等。

如果两个 *m* 序列，它们的互相关函数满足式（4-1）条件：

$$\begin{cases}|R(\tau)|=2^{\frac{n+1}{2}}+1 & n\text{为奇数}\\ |R(\tau)|=2^{\frac{n+2}{2}}+1 & n\text{为偶数}\end{cases}\tag{4-1}$$

则这两个 *m* 序列可构成优选对。

Gold 码是 *m* 序列的复合码，是由 R.Gold 在 1967 年提出的，它是由两个码长相等、码时钟速率相同的 *m* 序列优选对模 2 加组成，如图 4-23 所示。图中，码 1 和码 2 为 *m* 序列优选对。每改变两个 *m* 序列相对位移就可得到一个新的 Gold 序列。因为总共有 2^n-1 个不同的相对位移，加上原来的两个 *m* 序列本身，所以，两个 *n* 级移位寄存器可以产生 2^n+1 个 Gold 序列。因此，Gold 序列数比 *m* 序列数多得多。

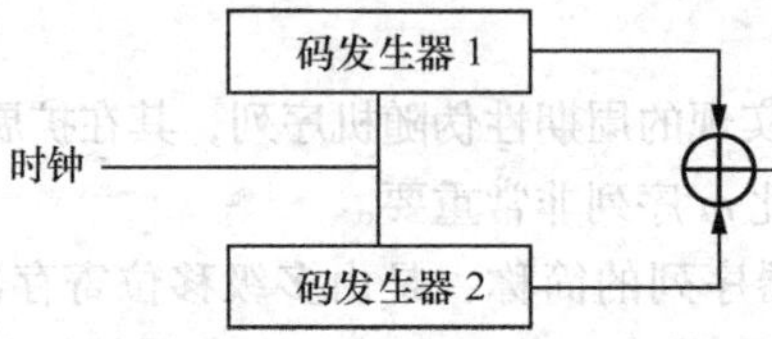

图 4-23　Gold 码序列构成示意图

📖 例如：当 n=5 时，可生成的 *m* 序列数只有 6 个，而 Gold 序列数为 2^5+1=33 个。这样采用 Gold 码组作地址码，其地址数大大超过了用 *m* 序列作地址码的数量。所以 Gold 序列在多址技术中，特别是码序列长度较短情况下，得到了广泛应用。

3. Walsh（沃尔什）函数与 Walsh 正交码

Walsh 函数是 1923 年数学家沃尔什（J. L. Walsh）证明其为正交函数而得名。

特别要指出的是，沃尔什函数具有理想的互相关特性。在沃尔什函数族中，两两之间的互相关函数为“0”，亦即它们之间是正交的。因而在码分多址通信中，Walsh 函数可以作为地址码使用。

Walsh 函数可用哈达玛（Hadamard）矩阵 $\boldsymbol{H}$ 表示，利用递推关系很容易构成 Walsh 函数序列族。

哈达玛矩阵 $\boldsymbol{H}$ 是由+1 和−1 元素构成的正交方阵，是指它的任意两行（或两列）都是互相正交的。这时我们把行（或列）看作一个函数，任意两行或两列都是互相正交的。更具体地说，任意两行（或两列）的对应位相乘之和等于零，或者说，它们的相同位（A）和不同位（D）是相等的，即互相关函数为零。

例如，2 阶哈达玛矩阵 $\boldsymbol{H}_2$ 为：

$$\boldsymbol{H}_2=\begin{bmatrix}1 & 1\\ 1 & -1\end{bmatrix} \text{或} \boldsymbol{H}_2=\begin{bmatrix}0 & 0\\ 0 & 1\end{bmatrix}$$

不难发现，两行（或两列）对应位相乘之和为 $1\times1+1\times(-1)=0$。

4 阶哈达玛矩阵为：

$$\boldsymbol{H}_4=\begin{bmatrix}H_2 & H_2\\ H_2 & \overline{H_2}\end{bmatrix}=\begin{bmatrix}0&0&0&0\\0&1&0&1\\0&0&1&1\\0&1&1&0\end{bmatrix}$$

式中，$\overline{\boldsymbol{H}_2}$ 为 $\boldsymbol{H}_2$ 取反。

8 阶哈达玛矩阵为：

$$\boldsymbol{H}_8=\begin{bmatrix}H_4 & H_4\\ H_4 & \overline{H_4}\end{bmatrix}=\begin{bmatrix}0&0&0&0&0&0&0&0\\0&1&0&1&0&1&0&1\\0&0&1&1&0&0&1&1\\0&1&1&0&0&1&1&0\\0&0&0&0&1&1&1&1\\0&1&0&1&1&0&1&0\\0&0&1&1&1&1&0&0\\0&1&1&0&1&0&0&1\end{bmatrix}$$

一般关系式为：

$$\boldsymbol{H}_{2N}=\begin{bmatrix}H_N & H_N\\ H_N & \overline{H_N}\end{bmatrix} \tag{4-2}$$

4. IS-95 系统中的地址码

（1）PN 短码

PN 短码序列由提供 32767　chips 的 15 位移位寄存器产生（$2^{15}-1$），比特 0 加在序列的最后一位使其成为 32768　chips。PN 短码序列与 Walsh 码的速率相同，每 26.67ms 重复一次，这 32768chips 的序列被划分为 512 种不同的偏移（称为偏移序号，PN OFFSET INDEX），每个偏移为 64　chips，即可用的 PN 码是 0～511。每个 PN 短码序列的偏移均与同序列其他偏移正交。

PN 短码在 IS-95 空中逻辑信道中的作用是：

- 在反向信道上用于四相扩频；
- 在前向信道上区分基站或扇区。

（2）PN 长码

PN 长码由 42 位移位寄存器加反馈及掩码形成的。周期为 $2^{42}-1$，产生码片的速率为 1.2288Mc/s，每 41 天重复一次。

PN 长码在 IS-95 空中逻辑信道中的作用是：

- 前向信道上用于扰码；
- 反向信道上用于区分各个用户。

（3）Walsh 码

在 CDMA 系统中，空中信道采用 64 阶 Walsh 码。

Walsh 码在 IS-95 空中逻辑信道中的作用是：

- 前向信道上用于区分前向逻辑信道；
- 反向信道上作 64 阶正交调制。

4.2.2.4　无线信道

IS-95 系统中空中接口的逻辑信道可分为正向信道（Forward Channel）和反向信道（Reverse Channel）两大类。正向信道指基站发而移动台收的信道，反向信道指从移动台到基站的信道。各个信道又有不同的信息承载，具体分类见图 4-24。

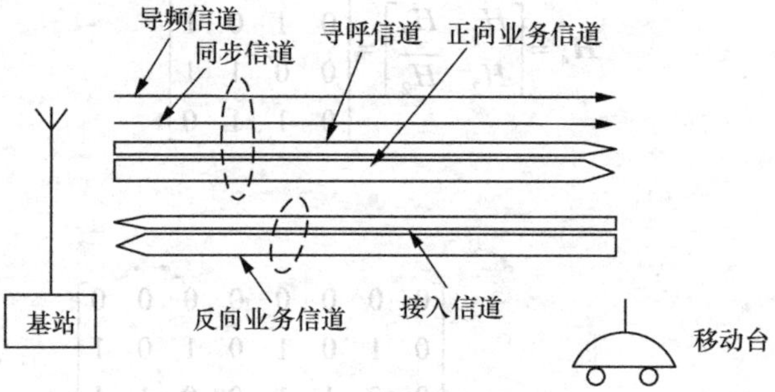

图 4-24　CDMA 系统逻辑信道分类

1. 正向 CDMA 信道

正向 CDMA 信道由以下码分信道组成：导频信道、同步信道、寻呼信道和若干个业务信道。

正向 CDMA 信道最多有 64 条同时传输的信道，每条信道有不同的功能，它们以正交形式复用到同一条载波。

正向码分信道的配置并不是固定的，其中导频信道一定要有，其余的码分信道可根据情况配置。例如极端的情况下，最多可以达到有 1 个导频信道、0 个寻呼信道、0 个同步信道和 63 个业务信道。图 4-25 为正向信道的电路图。

由电路图可知，不同的信道用 64 阶 Walsh 码进行扩频，码片速率为 1.2288Mc/s。长码出现是为了加扰，对信息起到加密的作用。短码的出现是为了区分不同的基站。另外，在正向电路中，信道编码采取卷积码，编码效率为 1/2，约束长度为 9，调制方式为 QPSK。

（1）导频信道

导频信道在 CDMA 正向信道上是不停发射的，采用 $W(0)$ 进行扩频，它发送的是一个不含任何数据信息的全 0 扩频信号。

导频信道的特点如下。

- 基带信号为全 0。
- 持续发射，信号电平高于其他信号。

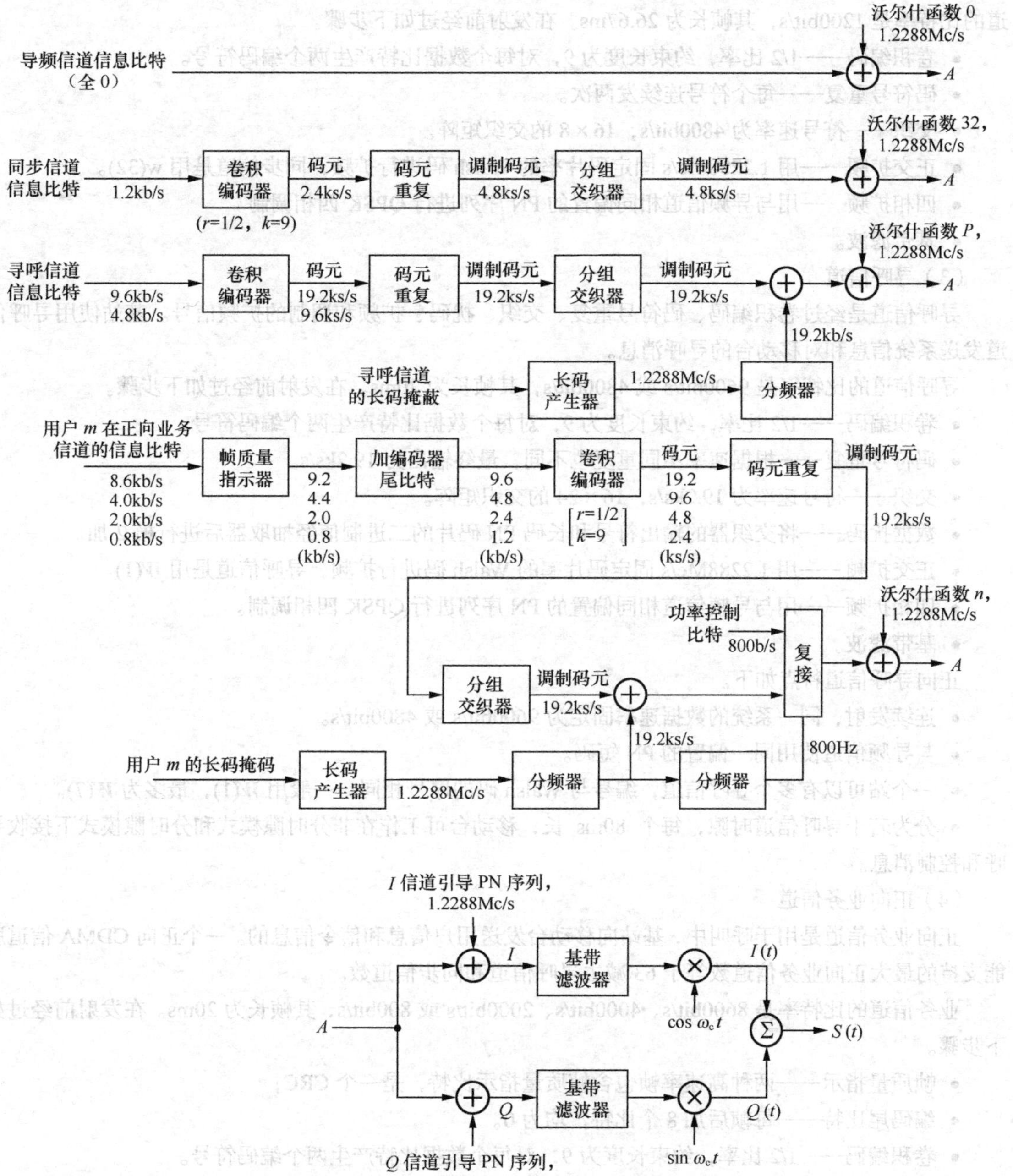

图 4-25　正向 CDMA 信道的电路框图

- 包含 PN 序列偏置值和频率基准信息。

导频信道的作用如下。

- 给移动台提供基站（或扇区）的标识。
- 用于移动台的同步和切换。
- 用于移动台估算开环功率控制的基准功率。

（2）同步信道

同步信道反复广播同步信道消息，传送重要的系统信息，所有移动台都将解调这个信道。同步信道的比特率是 1200bit/s，其帧长为 26.67ms。在发射前经过如下步骤。

- 卷积编码——1/2 比率，约束长度为 9，对每个数据比特产生两个编码符号。
- 码符号重复——每个符号连续发两次。
- 交织——符号速率为 4800bit/s，16×8 的交织矩阵。
- 正交扩频——用 1.2288Mc/s 固定码片率的 Walsh 码进行扩频，同步信道是用 w(32)。
- 四相扩频——用与导频信道相同偏置的 PN 序列进行 QPSK 四相调制。
- 基带滤波。

（3）寻呼信道

寻呼信道是经过卷积编码、码符号重复、交织、扰码、扩频和调制的扩频信号。基站使用寻呼信道发送系统信息和对移动台的寻呼消息。

寻呼信道的比特率是 9600bit/s 或 4800bit/s，其帧长为 20ms。在发射前经过如下步骤。

- 卷积编码——1/2 比率，约束长度为 9，对每个数据比特产生两个编码符号。
- 码符号重复——根据速率不同重复也不同，最终输出为 19.2ks/s。
- 交织——符号速率为 19.2ks/s，16×24 的交织矩阵。
- 数据扰码——将交织器的输出符号和长码 PN 码片的二进制值经抽取器后进行模 2 加。
- 正交扩频——用 1.2288Mc/s 固定码片率的 Walsh 码进行扩频，寻呼信道是用 ***W***(1)。
- 四相扩频——用与导频信道相同偏置的 PN 序列进行 QPSK 四相调制。
- 基带滤波。

正向寻呼信道特点如下。

- 连续发射，同一系统的数据速率固定为 9600bit/s 或 4800bit/s。
- 与导频信道使用同一偏置的 PN 短码。
- 一个站可以有多个寻呼信道，编号与 Walsh 码的序号相同。一般用 ***W***(1)，最多为 ***W***(7)。
- 分为若干寻呼信道时隙，每个 80ms 长，移动台可工作在非分时隙模式和分时隙模式下接收寻呼和控制消息。

（4）正向业务信道

正向业务信道是用于呼叫中，基站向移动台发送用户信息和信令信息的。一个正向 CDMA 信道所能支持的最大正向业务信道数等于 63 减去寻呼信道和同步信道数。

业务信道的比特率是 8600bit/s、4000bit/s、2000bit/s 或 800bit/s，其帧长为 20ms。在发射前经过如下步骤。

- 帧质量指示——两种高速率帧包含帧质量指示比特，是一个 CRC；
- 编码尾比特——每帧后加 8 个比特，均为 0。
- 卷积编码——1/2 比率，约束长度为 9，对每个数据比特产生两个编码符号。
- 码符号重复——根据速率不同重复也不同，最终输出为 19.2ks/s；
- 交织——符号速率为 19.2ks/s，16×24 的交织矩阵。
- 数据扰码——将交织器的输出符号和长码 PN 码片的二进制值经抽取器后进行模 2 加。

正向业务信道特点如下。

- 不同速率的选取是根据用户讲话激活程度的不同而设的。用户不讲话时，速率最低。速率调整目的是减少相互干扰，增大系统容量。
- 无业务的信道数据为 16 个 1 后 8 个 0，以 1200bit/s 发送，用于保持基站与移动台的联系。
- 发送业务和信令信息。
- 支持多路复用选择信息。

2. 反向 CDMA 信道

反向 CDMA 信道由接入信道和反向业务信道组成。

当长码掩码输入长码发生器时，会产生唯一的用户长码序列，其长度为 $2^{42}-1$。对于接入信道，不同基站或同一基站的不同接入信道使用不同的长码掩码，而同一基站的同一接入信道用户使用的长码掩码则是一致的。进入业务信道以后，不同的用户使用不同的长码掩码，也就是不同的用户使用不同的相位偏置。

反向 CDMA 信道的数据传输以 20ms 为一帧，所有的数据在发送之前均要经过卷积编码、块交织、64 阶正交调制、直接序列扩频以及基带滤波。接入信道和业务信道调制的区别在于，接入信道调制不经过最初的“增加帧指示比特”和“数据突发随机化”这两个步骤，也就是说，反向接入信道调制中没有加 CRC 校验比特，而且接入信道的发送速率是固定的 4800bit/s，而反向业务信道选择不同的速率发送。

反向业务信道支持 9600bit/s、4800bit/s、2400bit/s、1200bit/s 的可变数据速率。但是反向业务信道只对 9600bit/s 和 4800bit/s 两种速率使用 CRC 校验。

图 4-26 为反向 CDMA 信道的电路框图。

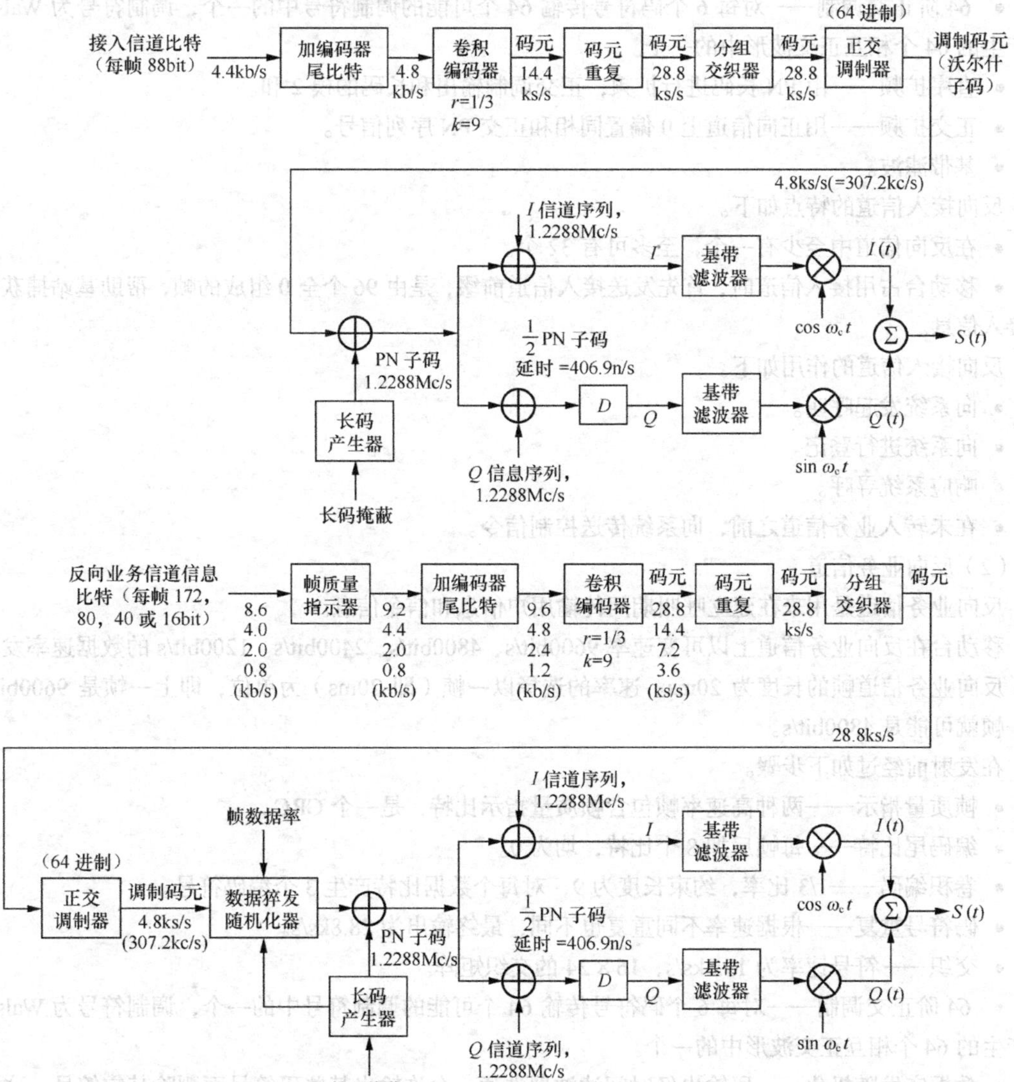

图 4-26 反向 CDMA 信道的电路框图

（1）接入信道

接入信道传输的是一个经过编码、交织以及调制的扩频信号。接入信道由其共用长码掩码唯一识别。

移动台在接入信道上发送信息的速率固定为4800bit/s。接入信道帧长度为20ms。仅当系统时间是20ms的整数倍时，接入信道帧才可能开始。一个寻呼信道最多可对应32个反向CDMA接入信道，标号从0至31。对于每一个寻呼信道，至少应有一个反向接入信道与之对应，每个接入信道都应与一个寻呼信道相关联。

在发射前经过如下步骤。

- 增加尾比特——8个比特。
- 卷积——编码率为1/3，约束长度为9，对输入的数据比特产生3个码符号。
- 码符号重复——每个码符号连续出现两次。
- 交织——符号速率为28.8kS/s，32×18的交织矩阵。
- 64阶正交调制——对每6个码符号传输64个可能的调制符号中的一个，调制符号为Walsh函数产生的64个相互正交波形中的一个。
- 直序扩频——由PN长码进行扩频，正交调制输出和长码的模2和。
- 正交扩频——用正向信道上0偏置同相和正交PN序列信号。
- 基带滤波。

反向接入信道的特点如下。

- 在反向信道中至少有一个，至多可有32个。
- 移动台占用接入信道时，首先发送接入信道前缀，是由96个全0组成的帧，帮助基站捕获移动台接入信息。

反向接入信道的作用如下。

- 向系统发起呼叫。
- 向系统进行登记。
- 响应系统寻呼。
- 在未转入业务信道之前，向系统传送控制信令。

（2）反向业务信道

反向业务信道是用来在建立呼叫期间传输用户信息和信令信息。

移动台在反向业务信道上以可变速率9600bit/s、4800bit/s、2400bit/s、1200bit/s的数据速率发送信息。反向业务信道帧的长度为20ms。速率的选择以一帧（即20ms）为单位，即上一帧是9600bit/s，下一帧就可能是4800bit/s。

在发射前经过如下步骤。

- 帧质量指示——两种高速率帧包含帧质量指示比特，是一个CRC。
- 编码尾比特——每帧后加8个比特，均为0。
- 卷积编码——1/3比率，约束长度为9，对每个数据比特产生3个编码符号。
- 码符号重复——根据速率不同重复也不同，最终输出为28.8ks/s。
- 交织——符号速率为19.2ks/s，16×24的交织矩阵。
- 64阶正交调制——对每6个码符号传输64个可能的调制符号中的一个，调制符号为Walsh函数产生的64个相互正交波形中的一个。
- 数据突发随机化——码输出经时间滤波器选通，允许输出某些码符号而删除其它符号，这根据数据率的变化而变化。当数率为9600bit/s时，允许所有发射，当为4800bit/s时允许一半发射，依次类推。这就保证每一个重复的码符号只被传送一次。

- 直接扩频——由 PN 长码进行扩频，正交调制输出和长码的模 2 和。
- 正交扩频——用正向信道上 0 偏置同相和正交 PN 序列信号。
- 基带滤波。

反向业务信道的特点如下。

- 可变数据速率，进行数据突发随机化。
- 为帮助基站初始捕获反向业务信道，可传送业务信道前缀，由 192 个 0 的帧组成，不包括帧质量指示比特。
- 无业务信道数据可用于“信道保持”操作，以便基站维持与移动台的连接。
- 发送业务数据和信令，包括导频强度测量消息、功率控制消息、切换消息等。
- 支持多路复用选择。

4.2.3 GPRS 网络

GPRS（General Packet Radio Service，通用分组无线业务）是在现有的 GSM 移动通信系统基础之上发展起来的一种移动分组数据业务。GPRS 网络引入了分组交换和分组传输的概念，为 GSM 用户提供了数据通信应用，如 E-mail、Internet 等。GPRS 是 GSM Phase2.1 规范实现的内容之一，能提供比现有 GSM 网 9.6kbit/s 更高的数据率。GPRS 采用与 GSM 相同的频段、频带宽度、突发结构、无线调制标准、跳频规则以及相同的 TDMA 帧结构，具有充分利用现有的网络、资源利用率高、始终在线、传输速率高、资费合理等特点。

4.2.3.1 GPRS 的特点

GPRS 具有以下优势。

（1）资源利用率高

按电路交换模式来说，在整个连接期内，用户无论是否传送数据都将独自占有无线信道，而对于分组交换模式，用户只有在发送或接收数据期间才占用资源。这意味着多个用户可高效率地共享同一无线信道，从而提高了资源的利用率。

（2）传输速率高

GPRS 可提供高达 115kbit/s 的传输速率（最高值为 171.2kbit/s，不包括 FEC），而电路交换数据业务速率为 9.6kbit/s，因此电路交换数据业务（简称 CSD）与 GPRS 的关系就像是 9.6kbit/s Modem 和 33.6kbit/s、56kbit/s Modem 的区别一样。这意味着通过便携式计算机，GPRS 用户能和 ISDN 用户一样快速地上网浏览，同时也使一些对传输速率敏感的移动多媒体应用成为可能。

（3）永远在线

GPRS 具有“永远在线”的特点，即用户随时与网络保持联系。用户访问互联网时，手机就在无线信道上发送和接受数据，没有数据传送时，手机就进入一种“准休眠”状态，手机释放所用的无线频道给其他用户使用，这时网络与用户之间还保持一种逻辑上的连接，当用户再次点击，手机立即向网络请求无线频道用来传送数据，而不像普通拨号上网那样断线后还得重新拨号才能上网冲浪。

（4）接入时间短

分组交换接入时间缩短为少于 1 秒，能提供快速即时的连接，可大幅度提高一些事务（如信用卡核对、远程监控等）的效率，并可使已有的 Internet 应用（如 E-mail、网页浏览等）操作更加便捷、流畅。

相对于现在的非语音数据服务，GPRS 大幅提高了频谱的利用和开发，是一种重要的移动数据服务。但仍存在一些限制，如下所述。

① 实际传输速度比理论低得多

达到理论上的最高传输速度 172.2kbit/s 的条件是只一个用户占用全部 8 个时隙并且没有任何错误保护程序。现实中，运营商不可能允许单个 GPRS 用户占用全部时隙。另外，GPRS 终端时隙支持能力有很大局限。因此，理论上最大速度要考虑到现实环境的约束。

② 终端不支持无线终止功能

启用 GPRS 服务时，用户一旦确认就服务内容的流量支付费用，就要为不想收取的垃圾内容付费。GPRS 终端是否支持无线终止，威胁 GPRS 的应用和市场开拓。

③ 调制方式不是最优

GPRS 使用 GMSK 调制技术。基于 EDGE 一种新的调制方法 8PSK，允许无线接口有更高的比特率。8PSK 也用于 UMTS。

④ 传输延迟

GPRS 分组通过不同的方向发送数据，最终达到相同的目的地，那么数据在通过无线链路传输的过程中就可能发生一个或几个分组数据丢失或出错的情况。

4.2.3.2 GPRS 的网络结构

在 GSM 系统的基础上构建 GPRS 系统时，GSM 系统中的绝大部分部件都不需要作硬件改动，只需作软件升级。构成 GPRS 系统的方法如下。

（1）在 GSM 系统中引入 3 个主要组件：GPRS 服务支持节点（Serving GPRS Supporting Node，SGSN），GPRS 网关支持节点（Gateway GPRS Support Node，GGSN）和分组控制单元（Packet Control Unit，PCU）。

（2）对 GSM 的相关部件进行软件升级。

GPRS 总体结构如图 4-27 所示。

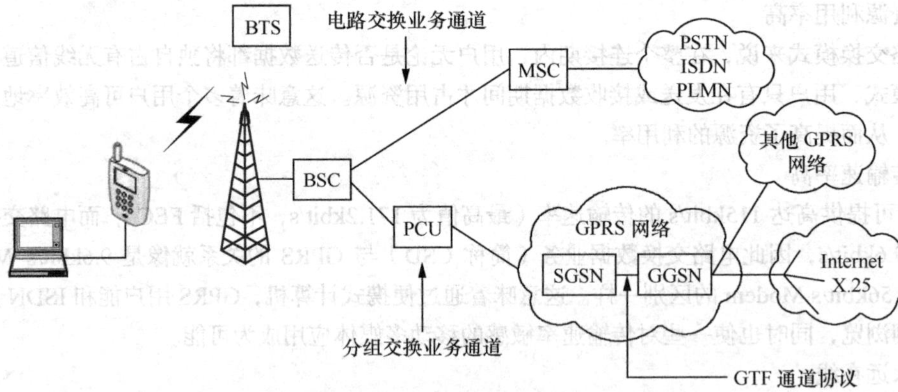

图 4-27 GPRS 系统结构

PCU 是在 BSS 侧增加的一个处理单元，主要完成 BSS 侧的分组业务处理和分组无线信道资源的管理。

SGSN 是为移动终端（MS）提供业务的节点，主要作用就是记录移动台的当前位置信息，并且在移动台和 SGSN 之间完成移动分组数据的发送和接收。SGSN 可以通过任意 Gs 接口向 MSC/VLR 发送定位信息，并可以经 Gs 接口接收来自 MSC/VLR 的寻呼请求。

GGSN 是 GPRS 网络与外部 PDN 相连的网关。它可以和多种不同的数据网络（例如 ISDN、LAN 等）连接。GGSN 又被称作 GPRS 路由器。GGSN 可以把 GSM 网中的 GPRS 分组数据包进行协议转换，从而可以把这些分组数据包传送到远端的 TCP/IP 或 X.25 网络。GGSN 通过配置一个 PDP 地址被分组数据网接入，它存储属于这个节点的 GPRS 业务用户的路由信息，并根据该信息将 PDU 利用隧道技术发送到 MS 的当前的业务接入点，即 SGSN。

4.2.3.3　GPRS 的编号计划

1. IMSI

与 GSM 一样，GPRS 也采用国际移动用户识别码（IMSI）作为标识自己用户身份的手段。

2. P-TMSI

为了支持用户识别保密业务，VLR 和 SGSN 可以给访问移动用户指配临时移动用户识别码（TMSI）。VLR 和 SGSN 必须能够将指配的 TMSI 与指配给 MS 的 IMSI 关联起来。一个 MS 可以指配两个 TMSI，其中一个用于 MSC 提供的业务，另一个用于 SGSN 提供的业务，简称 P-TMSI。由于 TMSI 在 SGSN 内只有本地意义，因此 TMSI 的结构和编码可以由运营商和制造商共同确定，以满足实际运营需要。

3. NSAPI/TLLI

网络层业务接入点标识/临时逻辑链路标识（NSAPI/TLLI）配对用于网络层的路由选择。

- TLLI 用于标识 MS 和 SGSN 之间的逻辑链路，由 SGSN 根据 P-TMSI 导出。
- NSAPI 和 TLLI 用于网络层的路由，NSAPI/TLLI 在一个路由区内是唯一的。

4. PDP 地址

PDP 地址即分组协议的地址。MS 由 IMSI 标识，为完成分组数据功能，还应具有 PDP 地址，PDP 地址可分为两种。

- IP 地址（IPv4 地址或 IPv6 地址）。
- X.121 地址（对于 X.25 业务）。

上述地址可以固定分配，也可以动态临时分配。固定分配时，MS 必须先签约，由网络分配相应的固定地址，同时写入该用户的 SIM 卡和用户数据库，PDP 地址类型也必须在签约时说明，系统对不签约的 PDP 地址予以拒绝。

5. TID

TID（Tunnel Identifier）：隧道标识。用于在 GSN 之间（SGSN 和 GGSN 之间，或新 SGSN 和原 SGSN 之间）唯一地标识一个 PDP 上下文。TID 包含 IMSI 和 NSAPI。IMSI 和 NSAPI 的结合，唯一地区分出单个 PDP 上下文。一旦 PDP 上下文被激活，即将 TID 转移给 GGSN，并且用于 GGSN 和 SGSN 之间的用户数据隧道传输，识别出 SGSN 和 GGSN 内 MS 的 PDP 上下文。在 SGSN 之间路由区更新的时候或更新之后，TID 也可以用来将 N-PDU 从旧的 SGSN 转移给新的 SGSN。

6. RAI

路由区由运营者定义，包含一个或多个小区，可等同于一个位置区，或是一个位置区的子集。一个路由区由一个 SGSN 控制。路由区信息作为一种系统信息将在公共控制信道广播。路由区识别码的结构如图 4-28 所示。

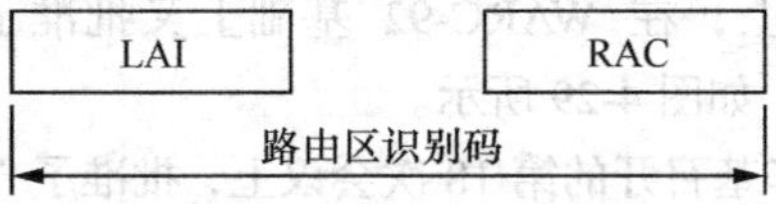

图 4-28　路由区识别码结构

LAI=MCC+MNC+LAC

RAI=MCC+MNC+LAC+RAC

7. GSN 地址

为与 GPRS 骨干网上的其他 GSN 通信，每个 SGSN、GGSN 都有一个 IP 地址（IPv4 或 IPv6），这些 IP 地址是 GPRS 网的内部地址，每个地址可以有一个或几个相应的域名。

8. 接入点名字（APN）

接入点名字（APN）在 GPRS 骨干网中用来标识要使用的 GGSN，在 GGSN 中用于表征外部数据网络，它由以下两部分组成。

- APN 网络标识。这部分是必有的，它是由网络运营者分配给 ISP 或公司的，与其固定 Internet 域名一样的一个标识。
- APN 运营者标识。这部分是可选的，其形式为“xxx.yyy.gprs（如 MNC.MCC.gprs）”，用于标识归属网络。

4.3 第三代移动通信系统

第三代移动通信系统最早由国际电信联盟（ITU）于 1985 年提出，当时称为未来公众陆地移动通信系统（Future Public Land Mobile Telecommunication System，FPLMTS），1996 年更名为 IMT-2000（International Mobile Telecommunication-2000，国际移动通信-2000）。在欧洲，基于 GSM 演进的第三代移动通信系统被称为通用移动电信系统（Universal Mobile Telecommunication System，UMTS）。

与第一代和第二代移动通信系统相比，第三代移动通信的主要特点可概括如下。

（1）全球普及和全球无缝漫游的系统。

（2）具有支持多媒体业务的能力，特别是支持 Internet 业务。

ITU 规定的第三代移动通信无线传输技术的最低要求中，必须满足在以下三个环境的三种要求。

- 快速移动环境，最高速率达 144kbit/s。
- 室外到室内或步行环境，最高速率达 384kbit/s。
- 室内环境，最高速率达 2Mbit/s。

（3）便于过渡、演进。

（4）高频谱利用率。

（5）高服务质量。

（6）低成本。

（7）高保密性。

国际电联为 IMT-2000 划分了 230MHz 频率，即上行 1885～2025MHz，下行 2110～2200MHz，共 230MHz。其中，1980～2010MHz（地对空）和 2170～2200MHz（空对地）用于卫星移动业务。上下行频带不对称，主要考虑可使用双频 FDD 方式和单频 TDD 方式。此规划在 WARC-92 上得到通过，在 2000 年的 WRC-2000 大会上，在 WARC-92 基础上又批准了新的附加频段：806-960MHz、1710-1885MHz、2500-2690MHz。如图 4-29 所示。

1999 年 11 月，在芬兰赫尔辛基召开的第 18 次会议上，批准了“IMT-2000 无线接口技术规范”建议书，该建议书的通过表明 TG8/1 在制定第三代移动通信系统无线接口技术规范方面的工作已基本完成，第三代移动通信系统的开发和应用进入实质阶段。TD-SCDMA 和 WCDMA、cdma2000 确定为最终的三种技术体制。

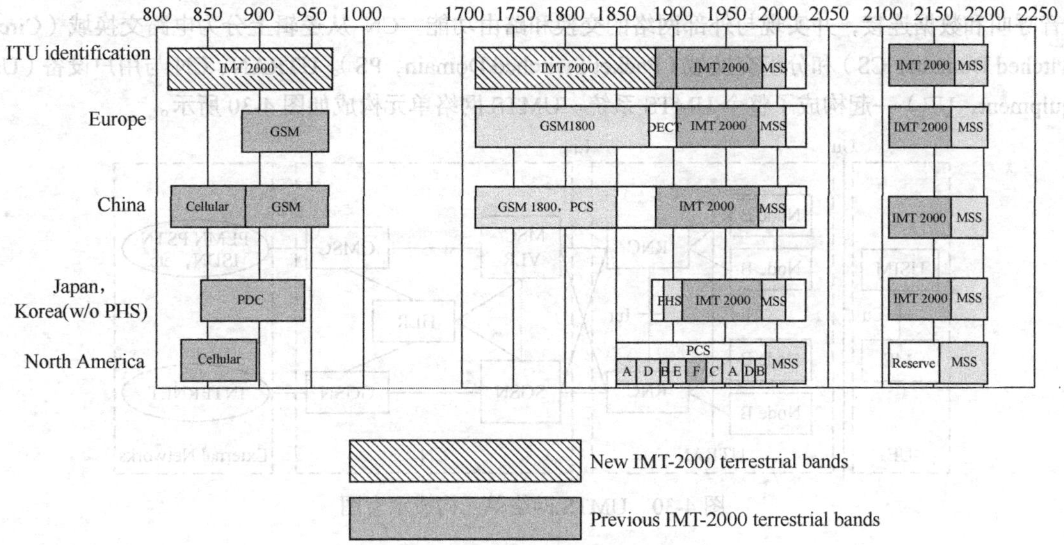

图 4-29　WRC-2000 的频谱分配情况

4.3.1　WCDMA 系统

WCDMA 由欧洲标准化组织 3GPP 所制定，受全球标准化组织、设备制造商、器件供应商、运营商的广泛支持，成为 3G 的主流体制。

WCDMA 的技术特点主要如下。

- 核心网基于 GSM/GPRS 网络的演进，保持与 GSM/GPRS 网络的兼容性。
- 核心网络可以基于 TDM、ATM 和 IP 技术，并向全 IP 的网络结构演进。
- 核心网络逻辑上分为电路域和分组域两部分，分别完成电路型业务和分组型业务。
- UTRAN 基于 ATM 技术，统一处理语音和分组业务，并向 IP 方向发展。
- MAP 技术和 GPRS 隧道技术是 WCDMA 体制移动性管理机制的核心。
- WCDMA 系统支持宽带业务，可有效支持电路交换业务（如 PSTN、ISDN 网）、分组交换业务（如 IP 网）。灵活的无线协议可在一个载波内对同一用户同时支持话音、数据和多媒体业务。通过透明或非透明传输块来支持实时、非实时业务。
- WCDMA 采用 DS-CDMA 多址方式，码片速率是 3.84Mc/s，载波带宽为 5MHz。系统不采用 GPS 精确定时，不同基站可选择同步和不同步两种方式，可以不受 GPS 系统的限制。在反向信道上，采用导频符号相干 RAKE 接收的方式，解决了 CDMA 中反向信道容量受限的问题。
- WCDMA 采用精确的功率控制，包括基于 SIR 的快速闭环、开环和外环三种方式。功率控制速率为 1500 次/秒，控制步长 0.25～4dB 可变，可有效满足抵抗衰落的要求。
- WCDMA 还可采用一些先进的技术，如自适应天线（Adaptive antennas）、多用户检测（Multi-user detection）、分集接收（正交分集、时间分集）、分层式小区结构等，来提高整个系统的性能。

4.3.1.1　WCDMA 网络结构

UMTS（Universal Mobile Telecommunications System，通用移动通信系统）是采用 WCDMA 空中接口技术的第三代移动通信系统，通常也把 UMTS 系统称为 WCDMA 通信系统。UMTS 系统采用了与第二代移动通信系统类似的结构，包括无线接入网络（Radio Access Network，RAN）和核心网络（Core Network，CN）。其中无线接入网络用于处理所有与无线有关的功能，而 CN 处理 UMTS 系统内所有的话音呼叫和数据连接，并实现与外部网络的交换和路由功能。CN 从逻辑上分为电路交换域（Circuit Switched Domain，CS）和分组交换域（Packet Switched Domain，PS）。UTRAN、CN 与用户设备（User Equipment，UE）一起构成了整个 UMTS 系统。UMTS 网络单元构成如图 4-30 所示。

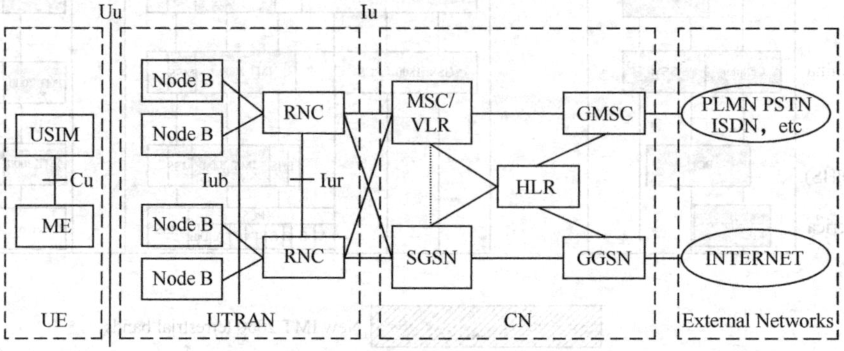

图 4-30　UMTS 网络单元构成示意图

从 3GPP R99 标准的角度来看，UE 和 UTRAN（UMTS 的陆地无线接入网络）由全新的协议构成，其设计基于 WCDMA 无线技术。而 CN 则采用了 GSM/GPRS 的定义，这样可以实现网络的平滑过度，此外在第三代网络建设的初期可以实现全球漫游。

从图 4-30 的 UMTS 系统网络构成示意图中可以看出，UMTS 系统的网络单元包括以下部分。

1. UE（User Equipment）

UE 是用户终端设备，它通过 Uu 接口与网络设备进行数据交互，为用户提供电路域和分组域内的各种业务功能，包括普通话音、数据通信、移动多媒体、Internet 应用（如 E-mail、WWW 浏览、FTP 等）。UE 包括两部分：

① ME（The Mobile Equipment），提供应用和服务；

② USIM（The UMTS Subscriber Module），提供用户身份识别。

2. UTRAN（UMTS Terrestrial Radio Access Network，UMTS）

UTRAN 即陆地无线接入网，其结构如图 4-31 所示。UTRAN 包含一个或几个无线网络子系统（RNS）。一个 RNS 由一个无线网络控制器（RNC）和一个或多个基站（Node B）组成。

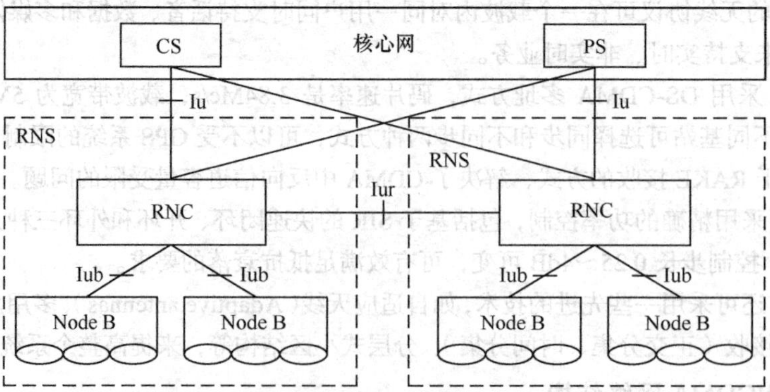

图 4-31　UTRAN 的结构

Node B 是 WCDMA 系统的基站，通过标准的 Iub 接口和 RNC 互连，主要完成 Uu 接口物理层协议的处理。它的主要功能是扩频、调制、信道编码及解扩、解调、信道解码，还包括基带信号和射频信号的相互转换等功能。

RNC（Radio Network Controller）是无线网络控制器，主要完成连接建立和断开、切换、宏分集合并、无线资源管理控制等功能，具体如下所示。

- 执行系统信息广播与系统接入控制功能。
- 切换和 RNC 迁移等移动性管理功能。
- 宏分集合并、功率控制、无线承载分配等无线资源管理和控制功能。

3. CN（Core Network）

CN，即核心网络，负责与其他网络的连接和对 UE 的通信和管理。在 WCMDA 系统中，不同协议版本的核心网设备有所区别。从总体上来说，R99 版本的核心网分为电路域和分组域两大块，R4 版本的核心网也一样，只是把 R99 电路域中的 MSC 的功能改由两个独立的实体：MSC Server 和 MGW 来实现。R5 版本的核心网相对 R4 来说增加了一个 IP 多媒体域，其他的与 R4 基本一样。

4. 系统接口

主要有如下接口。

（1）Uu 接口

Uu 接口是 WCDMA 的无线接口。UE 通过 Uu 接口接入到 UMTS 系统的固定网络部分，可以说 Uu 接口是 UMTS 系统中最重要的开放接口。

（2）Iur 接口

Iur 接口是连接 RNC 之间的接口，Iur 接口是 UMTS 系统特有的接口，用于对 RAN 中移动台的移动管理。比如在不同的 RNC 之间进行软切换时，移动台所有数据都是通过 Iur 接口从正在工作的 RNC 传到候选 RNC。Iur 是开放的标准接口。

（3）Iub 接口

Iub 接口是连接 Node B 与 RNC 的接口，Iub 接口也是一个开放的标准接口。这也使通过 Iub 接口相连接的 RNC 与 Node B 可以分别由不同的设备制造商提供。

（4）Iu 接口

Iu 接口是连接 UTRAN 和 CN 的接口。类似于 GSM 系统的 A 接口和 Gb 接口，Iu 接口是一个开放的标准接口。这也使通过 Iu 接口相连接的 UTRAN 与 CN 可以分别由不同的设备制造商提供。Iu 接口可以分为电路域的 Iu-CS 接口和分组域的 Iu-PS 接口。

4.3.1.2　无线接口

图 4-32 无线接口的物理结构显示了 UTRAN 无线接口与物理层有关的协议结构。从协议结构上看，WCDMA 无线接口由层一、层二、层三组成，分别称作物理层（Physical Layer）、媒体接入控制层（Medium Access Control，MAC）、无线资源控制层（Radio Resource Control，RRC）。从协议层次的角度看，WCDMA 无线接口上存在三种信道：物理信道、传输信道、逻辑信道。

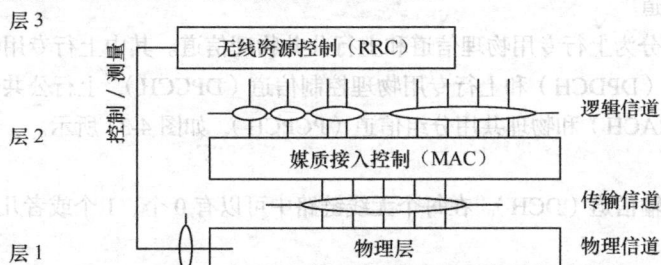

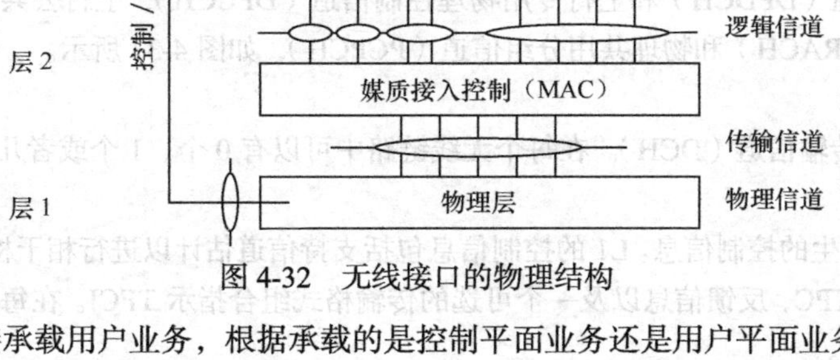

图 4-32　无线接口的物理结构

逻辑信道：直接承载用户业务，根据承载的是控制平面业务还是用户平面业务分为两大类，即控制信道和业务信道。

传输信道：无线接口层二和物理层的接口，是物理层对 MAC 层提供的服务；根据传输的是针对一个用户的专用信息还是针对所有用户的公共信息而分为专用信道和公共信道两大类。

物理信道：各种信息在无线接口传输时的最终体现形式；每一种使用特定的载波频率、码（扩频码和扰码）以及载波相对相位（I 或 Q）的信道都可以理解为一类特定的信道。

1. 传输信道

传输信道是指由物理层提供给高层的服务。传输信道定义了在空中接口上数据传输的方式和特性。

传输信道分为两类：专用信道和公共信道。它们的主要区别在于公共信道是由小区内的所有用户或一组用户共同分配使用的资源；而专用信道资源是由特定频率上特定的编码确定，只能是单个用户专用的。

（1）专用传输信道

仅存在一种专用传输信道，即专用信道（DCH）。专用信道（DCH）是一个上行或下行传输信道。DCH 在整个小区或小区内的某一部分使用波束赋形的天线进行发射。

（2）公共传输信道

共有六类公共传输信道：BCH, FACH, PCH, RACH, CPCH 和 DSCH。

BCH——广播信道，是一个下行传输信道，用于广播系统或小区特定的信息。BCH 总是在整个小区内发射，并且有一个单独的传输格式。

FACH——前向接入信道，是一个下行传输信道。FACH 在整个小区或小区内某一部分使用波束赋形的天线进行发射。

PCH——寻呼信道，是一个下行传输信道。PCH 总是在整个小区内进行发送。PCH 的发射与物理层产生的寻呼指示的发射是相随的，以支持有效的睡眠模式程序。

RACH——随机接入信道，是一个上行传输信道。RACH 总是在整个小区内进行接收。RACH 的特性是带有碰撞冒险，使用开环功率控制。

CPCH——公共分组信道，是一个上行传输信道。CPCH 与一个下行链路的专用信道相随，该专用信道用于提供上行链路 CPCH 的功率控制和 CPCH 控制命令（例如紧急停止）。CPCH 的特性是带有初始的碰撞冒险和使用内环功率控制。

DSCH——下行共享信道，是一个被一些 UEs 共享的下行传输信道。DSCH 与一个或几个下行 DCH 相随路。DSCH 使用波束赋形天线在整个小区内发射，或在一部分小区内发射。

2. 物理信道

物理信道是各种信息在无线接口传输时的最终体现形式，每一种使用特定的载波频率、码（扩频码和扰码）以及载波相对相位（0 或 $\pi/2$）的信道都可以理解为一类特定的信道。物理信道按传输方向可分为上行物理信道与下行物理信道。

（1）上行物理信道

上行物理信道可分为上行专用物理信道和上行公共物理信道。其中上行专用物理信道又可分为上行专用物理数据信道（DPDCH）和上行专用物理控制信道（DPCCH），上行公共物理信道又可分为物理随机接入信道（PRACH）和物理共用分组信道（PCPCH），如图 4-33 所示。

• 上行 DPDCH

用于传输专用传输信道（DCH）。在每个无线链路中可以有 0 个、1 个或者几个上行 DPDCH。

• 上行 DPCCH

用于传输 L1 产生的控制信息。L1 的控制信息包括支持信道估计以进行相干检测的已知导频比特，发射功率控制指令 TPC，反馈信息以及一个可选的传输格式组合指示 TFCI。在每个层 1 连接中有且仅有一个上行 DPCCH。

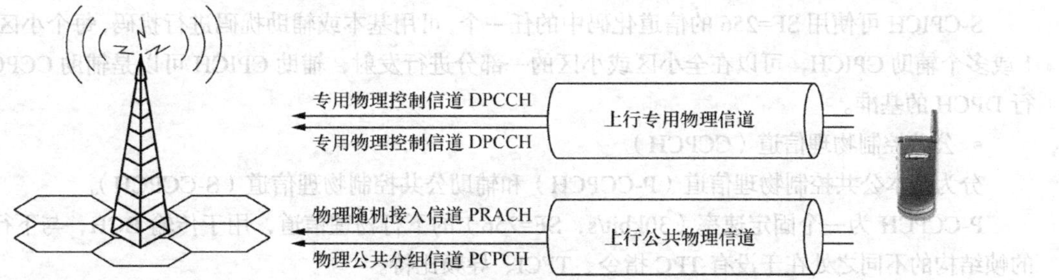

图 4-33　上行物理信道

- 物理随机接入信道（PRACH）

随机接入信道的传输是基于带有快速捕获指示的时隙 ALOHA 方式。UE 可以在一个预先定义的时间偏置开始传输，表示为接入时隙。每两帧有 15 个接入时隙，间隔为 5120 码片。当前小区中哪个接入时隙的信息可用是由高层信息给出的。PRACH 分为前缀部分和消息部分。

- 物理公共分组信道（PCPCH）

CPCH 的传输是基于快速捕获指示的 DSMA-CD（Digital Sense Multiple Access-Collision Detection）方法。UE 可在一些预先定义的与当前小区接收到的 BCH 的帧边界相对的时间偏置处开始传输。接入时隙的定时和结构与 RACH 相同。

（2）下行物理信道

下行物理信道可分为下行专用物理信道和下行公共物理信道，其中下行公共物理信道包括一个共享物理信道和五个公共控制物理信道，下行物理信道如图 4-34 所示。

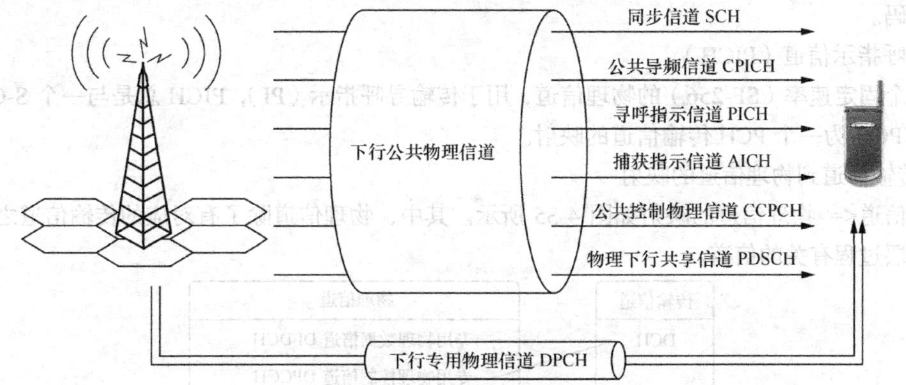

图 4-34　下行物理信道

- 下行 DPCH

下行专用物理信道只有一种类型即下行 DPCH。在一个 DPCH 内，专用数据在层 2 或更高层产生，即专用传输信道（DCH），是与 L1 产生的控制信息（包括已知的导频比特，TPC 指令和一个可选的 TFCI）以时间分段复用的方式进行传输发射。因此下行 DPCH 可看作是一个下行 DPDCH 和下行 DPCCH 的时间复用。

- 公共导频信道（CPICH）

CPICH 为固定速率（30kbit/s，SF=256）的下行物理信道，用于传送预定义的比特/符号序列。有两种类型的公共导频信道，基本和辅助 CPICH。它们的用途不同，区别仅限于物理特性。

- 基本公共导频信道（P-CPICH）

P-CPICH 总是使用同一个信道化码，对基本扰码进行扰码，每个小区有且仅有一个 CPICH，在整个小区内进行广播。

- 辅助公共导频信道（S-CPICH）

S-CPICH 可使用 SF=256 的信道化码中的任一个，可用基本或辅助扰码进行扰码，每个小区可有 0、1 或多个辅助 CPICH，可以在全小区或小区的一部分进行发射，辅助 CPICH 可以是辅助 CCPCH 和下行 DPCH 的基准。

- 公共控制物理信道（CCPCH）

分为基本公共控制物理信道（P-CCPCH）和辅助公共控制物理信道（S-CCPCH）。

P-CCPCH 为一个固定速率（30kbit/s，SF=256）的下行物理信道，用于传输 BCH，与下行 DPCH 的帧结构的不同之处在于没有 TPC 指令、TFCI、导频比特。

S-CCPCH 用于传送 RACH 和 PCH，有两种类型的辅助 CCPCH，包括 TFCI 的和不包括 TFCI 的，是否传输 TFCI 由 UTRAN 确定。

S-CCPCH 和下行 DPCH 的主要区别在于 S-CCPCH 不是内环功率控制。

P-CCPCH 和 S-CCPCH 的主要区别在于 P-CCPCH 是一个预先定义的固定速率而 S-CCPCH 可以通过 TFCI 来支持可变速率。更进一步讲，P-CCPCH 是在整个小区内连续发射的而 S-CCPCH 可以采用专用物理信道相同的方式以一个窄瓣波束的形式来发射。

- 同步信道（SCH）

是一个用于小区搜索的下行链路信道，有基本和辅助 SCH。

- 物理下行共享信道（PDSCH）

用于传送下行共享信道（DSCH）。

- RACH 接入捕获指示信道（AICH）

当捕获指示信道（AICH）时一个用于传输捕获指示（AI）的物理信道。捕获指示 Ais 对应于 PRACH 上的特征码。

- 寻呼指示信道（PICH）

是一个固定速率（SF-256）的物理信道，用于传输寻呼指示（PI），PICH 总是与一个 S-CCPCH 随路，S-CCPCH 为一个 PCH 传输信道的映射。

3. 传输信道到物理信道的映射

传输信道<=>物理信道的映射如图 4-35 所示。其中，物理信道除了有对应的传输信道之外，还有只与物理层过程有关的信道。

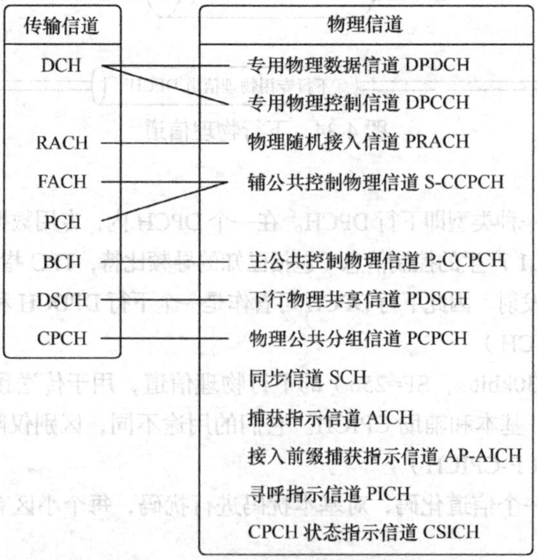

图 4-35 传输信道到物理信道的映射

4.3.2 TD-SCDMA 系统

TD-SCDMA（Time Division-Synchronous Code Division Multiple Access，时分-同步码分多址）是ITU（国际电信联盟）正式发布的第三代移动通信空间接口技术规范之一，它采用不需配对频率的 TDD 工作方式，以及 FDMA /TDMA/CDMA 相结合的多址接入方式。TD-SCDMA 系统全面满足 IMT-2000 的基本要求，采用了智能天线、联合检测、同步 CDMA、接力切换及自适应功率控制等诸多先进技术，与其他 3G 系统相比具有较为明显的优势，主要体现在以下一些方面。

（1）频谱灵活性和支持蜂窝网的能力

TD-SCDMA 采用 TDD 方式，仅需要 1.6MHz（单载波）的最小带宽。因此频率安排灵活，不需要成对的频率，可以使用任何零碎的频段，能较好地解决当前频率资源紧张的矛盾；若带宽为 5MHz 则支持 3 个载波，在一个地区可组成蜂窝网，支持移动业务。

（2）高频谱利用率

TD-SCDMA 频谱利用率高，抗干扰能力强，系统容量大，适用于人口密集的大中城市传输对称与非对称业务，尤其适合于移动 Internet 业务。

（3）适用于多种使用环境

TD-CDMA 系统全面满足 ITU 的要求，适用于多种环境。

（4）设备成本低

设备成本低，系统性能价格比高。具有我国自主的知识产权，在网络规划、系统设计、工程建设以及为国内运营商提供长期技术支持和技术服务等方面带来方便，可大大节省系统建设投资和运营成本。

TD-SCDMA 系统的无线接入部分主要参数如下所述。

- 多址接入方式：FDMA/TDMA/CDMA。
- 双工方式：TDD。
- 码片速率：1.28Mc/s。
- 载频宽度：1.6MHz。
- 无线帧长：10ms（分为两个子帧）。
- 每载波时隙数：10（其中 7 个时隙被用作业务时隙）。
- 扩频技术：OVSF。
- 调制方式：QPSK、8PSK（2Mbit/s 业务）。
- 编码方式：卷积编码、Turbo 编码、无编码。

图 4-36 表示了 TD-SCDMA 标准的发展历程。

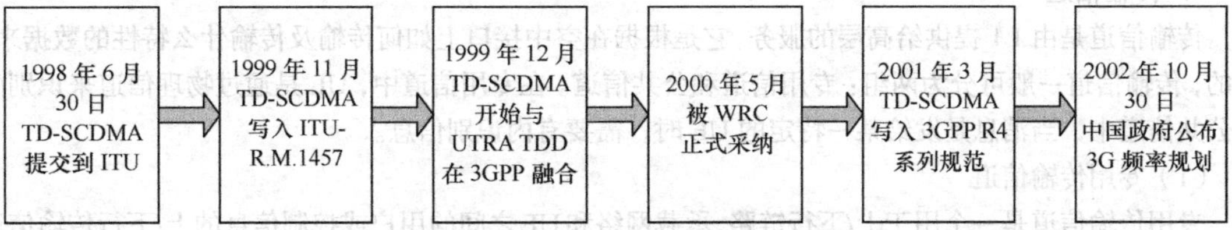

图 4-36 TD-SCDMA 标准发展历程

TD-SCDMA 系统作为 ITU 第三代移动通信标准之一，其网络结构遵循 ITU 统一要求，通过 3GPP 组织内融和后，TD-SCDMA 与 WCDMA 的网络结构基本相同，即其网络结构与 3GPP 制定的 UMTS 网络结构是一样的，所以 TD-SCDMA 网络结构模型完全等同于 UMTS 网络结构模型。

4.3.2.1 TD-SCDMA 空中接口

TD-SCDMA 的空中接口即 Uu 接口处于用户终端（UE）和无线接入网（RAN）之间，其协议栈的分层结构如图 4-37 所示。

在 Uu 接口上，协议栈按其功能和任务，被分为物理层（L1）、数据链路层（L2）和网络层（L3）。从图可以看出，物理层是空中接口的最底层，支持比特流在物理介质上的传输。物理层与数据链路层的媒体接入控制（MAC）子层及网络层的无线资源控制（RRC）子层相连。物理层向 MAC 层提供不同的传输信道信息在无线接口上的传输方式决定了传输信道的特性，MAC 层向数据链路层的无线链路控制（RLC）子层提供不同的逻辑信道传输信息的类型决定了逻辑信道的特性，物理信道在物理层定义，一个物理信道由码频率和时隙共同决定。

由图 4-37 可知在 TD-SCDMA 系统中存在着 3 种信道模式：逻辑信道，传输信道和物理信道。

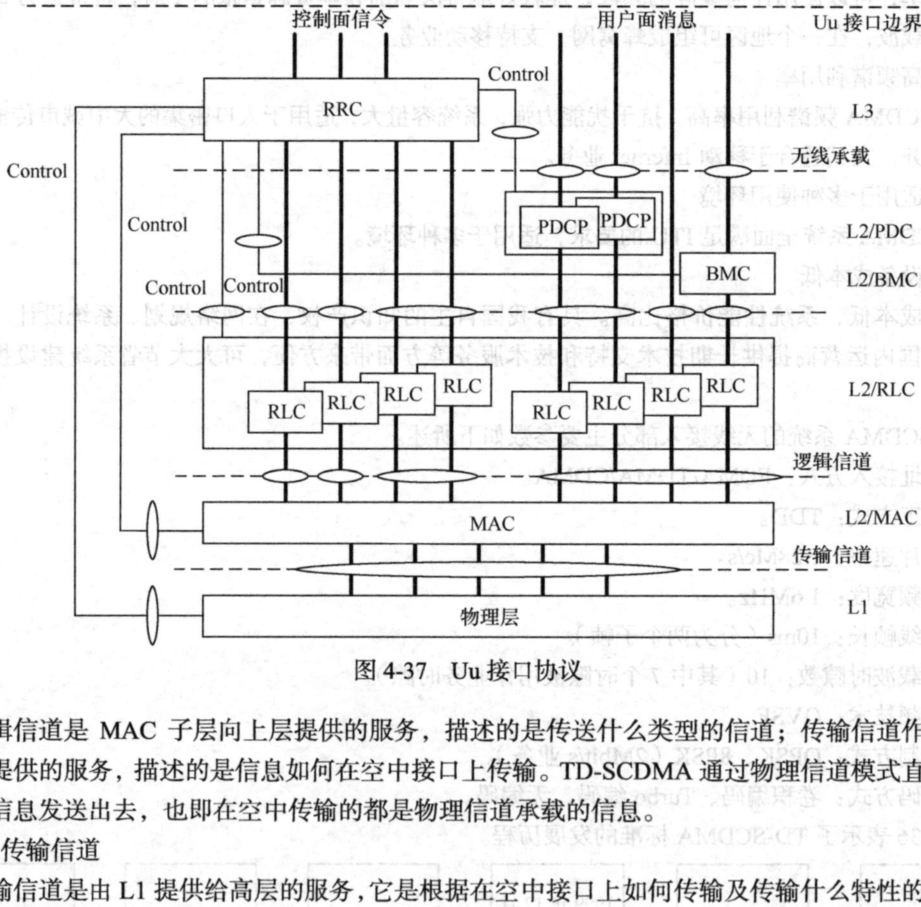

图 4-37 Uu 接口协议

逻辑信道是 MAC 子层向上层提供的服务，描述的是传送什么类型的信道；传输信道作为物理层向高层提供的服务，描述的是信息如何在空中接口上传输。TD-SCDMA 通过物理信道模式直接把需要传输的信息发送出去，也即在空中传输的都是物理信道承载的信息。

1. 传输信道

传输信道是由 L1 提供给高层的服务，它是根据在空中接口上如何传输及传输什么特性的数据来定义的，传输信道一般可分为两组：专用信道和公共信道。在专用信道中，UE 是通过物理信道来识别的。在公共信道中，当消息是发给某一特定的 UE 时，需要有内识别信息。

（1）专用传输信道

专用传输信道是一个用于上/下行链路，承载网络和 UE 之间的用户或控制信息的上/下行传输信道，仅存在一种，即专用信道（DCH），其在整个小区或小区内的某一部分使用波束赋形的天线进行发射。

（2）公共传输信道

公共传输信道根据其所承载的信息类型不同可分为 6 类：广播信道、寻呼信道、前向接入信道、随机接入信道、上行共享信道和下行共享信道。

• 广播信道（Broadcast Channel，BCH）

广播信道是一个下行传输信道，用于广播系统和小区的特有信息，其总是在整个小区内发射并且有一个单独的传送格式。

• 寻呼信道（Paging Channel，PCH）

寻呼信道是一个下行传输信道，用于当系统不知道移动台所在的小区位置时，承载发向移动台的控制信息。PCH 总是在整个小区内进行寻呼信息的发射，与物理层产生的寻呼指示的发射是相随的。

• 前向接入信道（Forward Access Channel，FACH）

前向接入信道是一个下行传输信道，用于当系统知道移动台所在的小区位置时，承载发向移动台的控制信息。FACH 也可以承载一些短的用户信息数据包，其在整个小区或小区内某一部分使用波束赋形的天线进行发射，使用慢速功控。

• 随机接入信道（Random Access Channel，RACH）

随机接入信道是一个上行传输信道，用于承载来自移动台的控制信息，有时也可以承载一些短的用户信息数据包。RACH 总是在整个小区内进行接收，其特性具有碰撞冒险，使用开环功率控制。

• 上行共享信道（Uplink Shared Channel，USCH）

上行共享信道是一种被几个 UE 共享的上行传输信道，用于承载专用控制数据或业务数据。

• 下行共享信道（Downlink Shared Channel，DSCH）

下行共享信道是一种被几个 UE 共享的下行传输信道，用于承载专用控制数据或业务数据。DSCH 使用波束赋形天线在整个小区内或在一部分小区内发射。

2. 物理信道

TD-SCDMA 系统的物理信道采用四层结构：超帧、无线帧、子帧、时隙/码。系统使用时隙和扩频码来在时域和码域上区分不同的用户信号。图 4-38 给出了物理信道的层次结构。

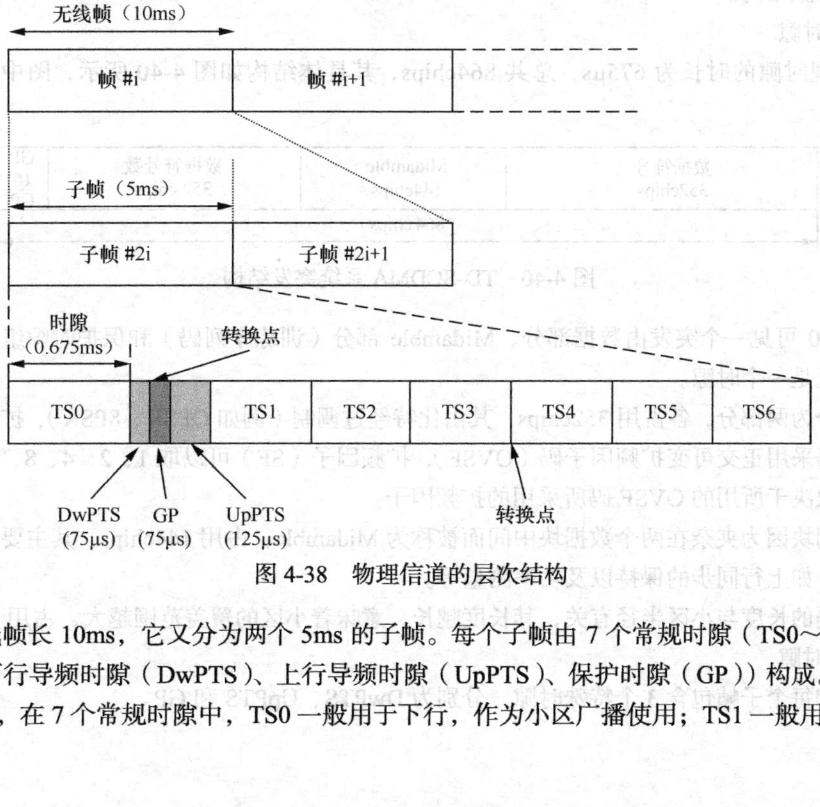

图 4-38　物理信道的层次结构

一个无线帧长 10ms，它又分为两个 5ms 的子帧。每个子帧由 7 个常规时隙（TS0～TS6）和 3 个特殊时隙（下行导频时隙（DwPTS）、上行导频时隙（UpPTS）、保护时隙（GP））构成。每个常规时隙长为 675μs，在 7 个常规时隙中，TS0 一般用于下行，作为小区广播使用；TS1 一般用于上行。

（1）子帧结构

TD-SCDMA 系统帧结构的设计考虑到对智能天线、上行同步等新技术的支持。一个 TDMA 无线帧长为 10ms，分成两个 5ms 子帧，每子帧长为 6400chips，这两个子帧的结构完全相同，其结构图如图 4-39 所示。

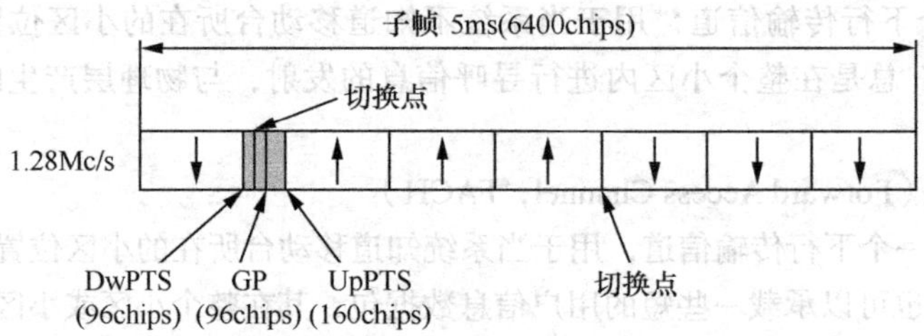

图 4-39　TD-SCDMA 无线子帧结构

由图 4-39 可见每个子帧包含 7 个常规时隙（TS0～TS6）和 3 个特殊时隙：DwPTS（下行导频时隙）、UpPTS（上行导频时隙）、GP（保护间隔）。

其中，每个常规时隙时长为 675μs，共 864chips；DwPTS 的时长为 75μs，共 96chips；UpPTS 的时长为 125μs，共 160chips；GP 的时长为 75μs，共 96chips。在 7 个常规时隙中，TS0 总是分配给下行链路，而 TS1 总是分配给上行链路。

上行时隙和下行时隙之间由转换点分开，在 TD-SCDMA 系统中，每个 5ms 的子帧有两个转换点：第 1 个切换点用于下行时隙到上行时隙的转换，第 2 个切换点用于上行时隙到下行时隙的转换。通过灵活的配置上下行时隙的个数，使 TD-SCDMA 适用于上下行对称及非对称的业务模式。

（2）时隙结构

每个子帧包含 7 个常规时隙（TS0～TS6）和 3 个特殊时隙（DwPTS、UpPTS、GP），下面分别具体讲述各类时隙结构。

① 常规时隙

每个常规时隙的时长为 675μs，总共 864chips，其具体结构如图 4-40 所示，图中 CP 表示码片长度。

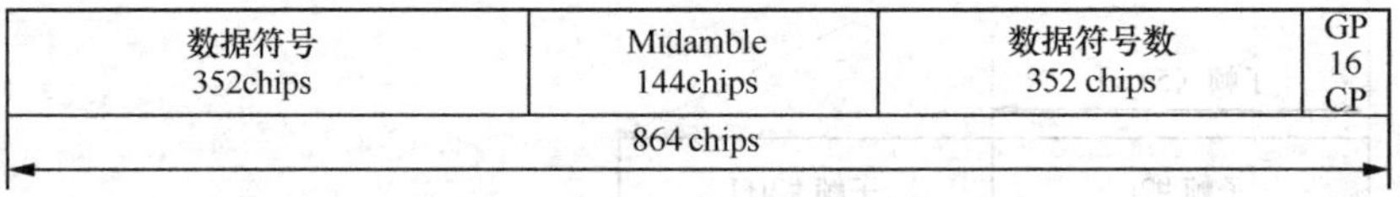

图 4-40　TD-SCDMA 系统突发结构

由图 4-40 可见一个突发由数据部分、Midamble 部分（训练序列码）和保护时隙组成。一个突发的持续时间就是一个时隙。

数据块分为两部分，各占用 352chips，其由比特经过调制（例如 QPSK、8PSK）、扩频和加扰过程得到。扩频码采用正交可变扩频因子码（OVSF），扩频因子（SF）可以取 1、2、4、8、16，物理信道的数据速率取决于所用的 OVSF 码所采用的扩频因子。

训练序列块因为夹杂在两个数据块中间而被称为 Midamble，占用 144chips。其主要用于进行信道估计、测量，如上行同步的保持以及功率测量等。

保护间隔的长度与小区半径有关，其长度越长，意味着小区的覆盖范围越大，占用 16chips。

② 特殊时隙

由上已知每个子帧包含 3 个特殊时隙，分别为 DwPTS、UpPTS 和 GP。

下行导频时隙（DwPTS）：每个子帧中的 DwPTS 是作为下行导频和同步而设计的。该时隙是由长为 64chips 的 SYNC_DL 序列和 32chip 的保护间隔组成，其结构如图 4-41 所示。

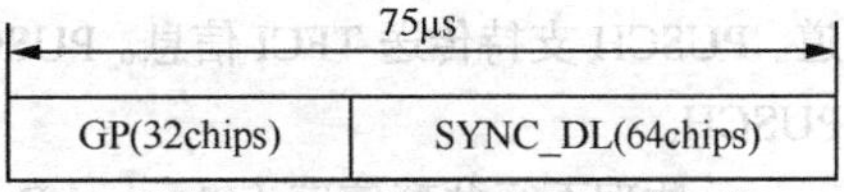

图 4-41　下行导频时隙结构

SYNC_DL 是一组 PN 码，用于区分相邻小区，系统中定义了 32 个码组，每组对应一个 SYNC_DL 序列，SYNC_DL PN 码集在蜂窝网络中可以复用。DwPTS 的发射，要满足覆盖整个区域的要求，因此不采用智能天线赋形。将 DwPTS 放在单独的时隙，一方面是便于下行同步的迅速获取，另一方面也可以减小对其他下行信号的干扰。

保护间隔(GP):占用 96chips,时长为 75μs,它使得某用户发射的 UpPTS 不对邻近用户接收 DwPTS 造成影响。GP 既用于 TDD 系统小区覆盖传播时延的保护，同时也为随机接入的 UE 提供时延保护，另外还作为下行链路和上行链路之间的切换点，其结构图如图 4-42 所示。

上行导频时隙（UpPTS）：每个子帧中的 UpPTS 是为建立上行同步而设计的，当 UE 处于空中登记和随机接入状态时，它将首先发射 UpPTS，当得到网络的应答后，发送 RACH。这个时隙由长为 128chips 的 SYNC_UL 序列和 32chips 的保护间隔（GP）组成，其结构如图 4-43 所示。

SYNC_UL 是一组 PN 码， 用于在接入过程中区分不同的 UE。GP 在 Node B 侧，是由发射向接收转换的保护间隔，时长为 25μs，可用于确定基本的小区覆盖半径为 11km。同时，较大的保护时隙，可以防止上、下行信号间的互相干扰，还可以允许终端在发出上行同步信号时进行时间提前操作。

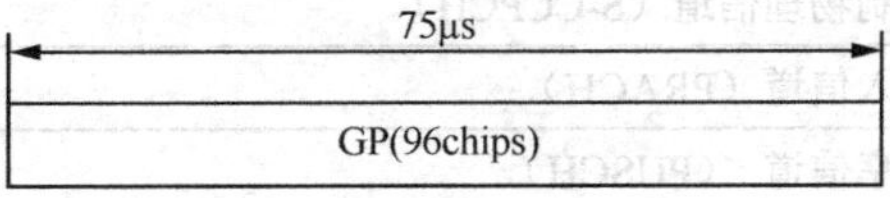

图 4-42　保护间隔时隙结构

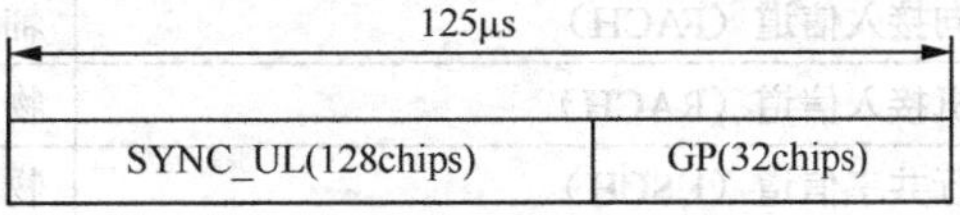

图 4-43　上行导频时隙结构

（3）物理信道的分类

物理信道根据其承载的信息不同被分成了不同的类别，有的物理信道用于承载传输信道的数据，而有些物理信道仅用于承载物理层自身的信息。物理信道也可分为专用物理信道和公共物理信道两大类。

① 专用物理信道

DCH 映射到专用物理信道（DPCH）上，支持上、下行数据传输，下行通常采用智能天线进行波束赋形。

② 公共物理信道

公共物理信道可分为以下几种。

• 主公共控制物理信道（Primary Common Control Physical Channel，P-CCPCH）：传输信道 BCH 在物理层映射到 P-CCPCH，用作整个小区下的系统信息广播。

• 辅助公共控制物理信道(Secondary Common Control Physical Channel，S-CCPCH ）：PCH 和 FACH 可以映射到一个或多个辅助公共控制物理信道（S-CCPCH），这种方法使 PCH 和 FACH 的数量可以满足不同的需要。

• 物理随机接入信道（Physical Random Access Channel，PRACH）：RACH 映射到一个或多个物理随机接入信道，可以根据运营者的需要，灵活确定 RACH 容量。

• 快速物理接入信道（Fast Physical Access CHannel，FPACH）：这个物理信道是 TD-SCDMA 系统所独有的，其不承载传输信道数据，它是 Node B 用来响应在 UpPTS 时隙收到的 UE 接入请求，调整 UE 发送功率和同步偏移，用于支持建立上行同步。Node B 使用 FPACH 传送对检测到的 UE 的上行同步信号的应答。

• 物理上行共享信道（Physical Uplink Shared Channel，PUSCH）：USCH 映射到物理上行共享信

道。PUSCH 支持传送 TFCI 信息。PUSCH 可供多个用户分时使用，同时一个用户也可以同时使用多个 PUSCH。

- 物理下行共享信道（Physical Downlink Shared Channel，PDSCH）：DSCH 映射到物理下行共享信道（PDSCH），PDSCH 支持传送 TFCI 信息。值得注意的是，DSCH 不能单独独立存在，必须有 FACH 或 DCH 与之相随，因此，作为 DSCH 承载信道的 PDSCH 也不能单独存在。
- 寻呼指示信道（Paging Indicator Channel，PICH）：寻呼指示信道不承载传输信道的信息，但却与 PCH 配对使用，为终端提供有效的休眠模式操作。
- 上行导频信道（UpPCH）：用于上行链路同步。
- 下行导频信道（DwPCH）：用于下行链路同步，全向发送。

3. 传输信道到物理信道的映射

传输信道到物理信道的映射关系如表 4-2 所示。

表 4-2　　传输信道到物理信道的映射

传输信道	物理信道
专用信道（DCH）	专用物理信道（DPCH）
广播信道（BCH）	主公共控制物理信道（P-CCPCH）
寻呼信道（PCH）	辅助公共控制物理信道（S-CCPCH）
前向接入信道（FACH）	辅助公共控制物理信道（S-CCPCH）
随机接入信道（RACH）	物理随机接入信道（PRACH）
上行共享信道（USCH）	物理上行共享信道　（PUSCH）
下行共享信道（DSCH）	物理下行共享信道　（PDSCH）
	寻呼指示信道（PICH）
	下行导频信道　（DwPCH）
	上行导频信道　（UpPCH）
	快速物理接入信道 F-PACH

值得注意的是 DwPCH、UpPTCH、PICH、FPACH 几个物理信道由于不承载来自传输信道的信息，所以没有对应的传输信道。

4.3.2.2　TD 数据发送过程

为了保证数据块在无线链路上高效且可靠的传输，物理层对上层传来的数据块进行信道编码/复用后再进行加权、扩频、加扰，形成码片级的数据后，加入 Midamble 码和保护时隙（GP）形成 Burst 突发结构，将不同物理信道上的数据合并后，经过脉冲成形和频带调制发送到信道中去。同样，对于接收到的数据，物理层需要经过解码和解复用后，再送到上层。此过程如图 4-44 所示。

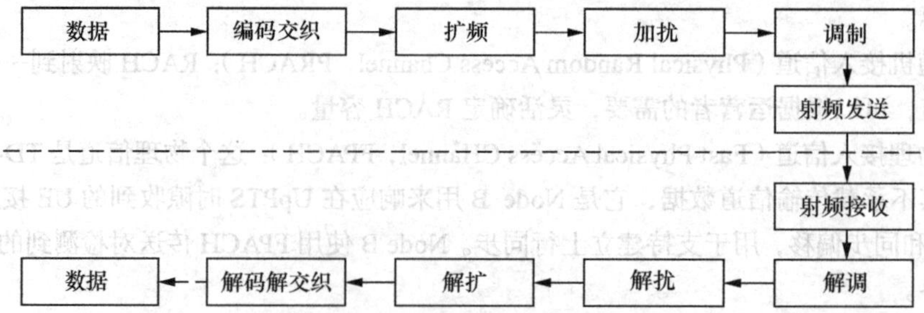

图 4-44　TD 数据简要发送过程

D-SCDMA 系统采用了 3 种类型的信道编码：卷积编码、Turbo 编码、不编码。不同类型的 TrCH 所使用的编码方案和编码率参见表 4-3。

表 4-3　　1.28Mcps TDD 所采用的信道编码方案和编码率

TrCH 类型	编码方案	编码率
BCH	卷积编码	1/3
PCH		1/3，1/2
RACH		1/2
DCH，DSCH，FACH，USCH		1/3，1/2
	Turbo 编码	1/3
	不编码	

1. 基带调制

经过物理信道映射的数据首先要进行基带调制。TD-SCDMA 系统的数据调制通常采用 QPSK 调制，在提供 2Mbit/s 业务时采用 8PSK 调制，在支持 HSDPA 时下行可以使用 16QAM 调制。

2. 扩频

因为 TD-SCDMA 与其它 3G 一样，均采用宽带 CDMA 的多址接入技术，所以扩频是其物理层很重要的一个步骤。

TD-SCDMA 所采用的扩频码是一种正交可变扩频因子（Orthogonal Variable Spreading Factor，OVSF）码，这可以保证在同一个时隙上不同扩频因子的扩频码是正交的。扩频码的作用是用来区分同一时隙中的不同用户。OVSF 码的定义可以采用码树的方式来定义，如图 4-45 所示。

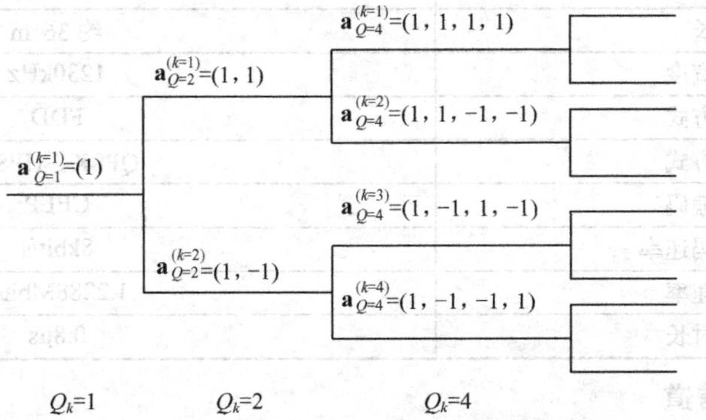

图 4-45　生成 OVSF 码的码树

从这个码树的定义可以看出，码树的每一级都定义了扩频因子为 Q_k 的码。但是，并不是码树上所有的码都可以同时在一个时隙中使用。码的使用有一个要求，就是当一个码已经在一个时隙中采用，则其父系上的码和下级码树路径上的码就不能在同一时隙中使用。也就是说：

（1）任意两个长度相同的 OVSF 码相互正交；

（2）任意两个不同长度的 OVSF 码，只要其中一个不是另外一个的母码，则它们之间也是正交的。

这也就意味着一个时隙可使用的码的数目是不固定的，而是与每个物理信道的数据速率和扩频因子有关。TD-SCDMA 系统中可用的扩频因子范围为 1～16。

3. 加扰

数据经过长度为 Q_k 的实值序列即信道化码扩频后，还要由一个小区特定的扰码进行加扰。扰码与扩频相似，也是用一个数字序列与扩频处理后的数据相乘。但是，与扩频不同的是，扰码用的数字序列与扩频后的信号序列具有相同的码片速率，所做的乘法运算是一种逐码片相乘的运算。扰码的目的是为了把终端或基站相互之间区分开。经过扰码，解决了多个发射机使用相同的码字扩频的问题。

4.3.3 cdma2000 系统

cdma2000 是国际电信联盟（ITU）规定的第三代移动通信无线传输技术之一。按照使用的带宽来区分，cdma2000 可以分为 1x 系统和 3x 系统。其中 1x 系统使用 1.25MHz 的带宽，所以其提供的数据业务速率最高只能达到 307kbit/s。从这个角度来说，cdma 2000 1x 系统也可以认为是第 2.5 代系统。

cdma2000 3x 与 cdma2000 1x 的主要区别在于 cdma2000 3x 应用了多路载波技术，通过采用三载波使带宽提高。

一个完整的 1x 系统由三个部分组成：网络子系统 NSS、基站子系统 BSS 和移动台 MS。

1x 系统可支持 307kbit/s 的数据传输，网络部份引入分组交换，支持移动 IP 业务。IP 业务是在现有 IS-95 系统上发展出来的一种新的承载业务，目的是为 CDMA 用户提供分组 IP 形式的数据业务。

4.3.3.1 1x 系统空中接口参数

1x 系统空中接口参数见表 4-4。

表 4-4 1x 系统空中接口参数

项目	指标
下行频段	870～880MHz
上行频段	825～835MHz
上、下行间隔	45MHz
波长	约 36cm
频点宽度	1230kHz
工作方式	FDD
调制方式	QPSK、HPSK
语音编码	CELP
语音编码速率	8kbit/s
传输速率	1.2288Mbit/s
比特时长	0.8μs

4.3.3.2 无线信道

无线信道分为前向信道和反向信道（Reverse Channel）两大类。前向信道指基站发而移动台收的信道，反向信道指从移动台到基站的信道。各个信道又有不同的信息承载。

1. 前向信道

前向链路由以下逻辑信道构成。

- 前向导频信道（F-PICH）

功能等同于 IS-95 中的导频信道，基站通过此信道发送导频信号供移动台识别基站并引导移动台入网。

- 前向同步信道（F-SYNCH）

功能等同于 IS-95 中的同步信道，用于为移动台提供系统时间和帧同步信息。基站通过此信道向移动台发送同步信息以建立移动台与系统的定时和同步。

- 前向寻呼信道（F-PCH）

功能等同于 IS-95 中的寻呼信道，基站通过此信道向移动台发送有关寻呼、指令以及业务信道指配信息。

• 前向快速寻呼信道（F-QPCH）

基站通过此信道快速指示移动台在哪一个时隙上接收 F-PCH 或 F-CCCH 上的控制消息。移动台不用长时间监视 F-PCH 或 F-CCCH 时隙，所以可以较大幅度的节省移动台电能。

• 前向广播控制信道（F-BCCH）

基站通过此信道发送系统消息给移动台。

• 前向公共指配信道（F-CACH）

F-CACH 通常与 F-CPCCH（前向公共功率控制信道）、R-EACH（反向增强接入信道）、R-CCCH（反向公共控制信道）配合使用。当基站解调出一个 R-EACH Header 后，通过 F-CACH 指示移动台在哪一个 R-CCCH 信道上发送接入消息，接收哪个 F-CPCCH 子信道的功率控制比特。

• 前向公共功率控制信道（F-CPCCH）

当移动台在 R-CCCH 上发送数据时，基站通过此信道向移动台发送反向功率控制比特。

• 前向公共控制信道（F-CCCH）

当移动台还没有建立业务信道时，基站和移动台之间通过此信道发送一些控制消息和突发的短数据。

• 前向专用控制信道（F-DCCH）

当移动台处于业务信道状态时，基站通过此信道向移动台发送一些消息或低速的分组数据业务、电路数据业务。

• 前向基本业务信道（F-FCH）

当移动台进入到业务信道状态后，此信道用于承载前向链路上的信令、语音、低速的分组数据业务，电路数据业务或辅助业务。

• 前向补充信道（F-SCH）

当移动台进入到业务信道状态后，此信道用于承载前向链路上的高速分组数据业务。

• 补充码分信道（F-SCCH）

用于数据传输。

• 前向功率控制子信道（F-PCSCH）

在前向业务信道上连续发射，用于反向功率控制。

1x 空中接口逻辑信道的编码过程各有不同。前向信道中，导频信道、同步信道、寻呼信道和 RC1 下的业务信道仍然采用 IS-95 的信道编码方式。其它逻辑信道的编码过程如图 4-46 所示。

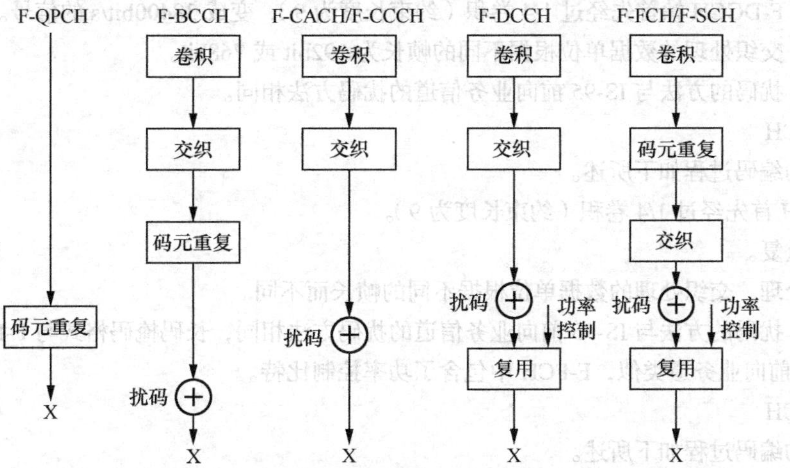

图 4-46 1x 前向信道的编码过程

（1）F-QPCH

F-QPCH 信道编码过程比较简单，没有卷积和交织，码元重复变成 28800bit/s 的信号，再进行扩频。第一个 F-QPCH 信道使用 W80128 扩频，如果有第二个 F-QPCH 信道，将使用 W48128；如果还有第三个 F-QPCH 信道，将使用 W112128。Walsh 码的比特速率为 1.2288Mbit/s，以下信道均相同，就不再说明。

（2）F-BCCH

F-BCCH 的编码过程如下所述。

• 卷积。F-BCCH 上传送的信息经过 1/2 卷积（约束长度为 9），变成 4800bit/s、9600bit/s 或 1920bit/s 的信号。

• 交织。交织处理的方法从 IS-95 的“列存行取”改为“顺序写入数组”，按特定公式计算的顺序读出。交织处理的数据单位为 1536bit。

• 码元重复。码元重复后变成 38400bit/s 的信号。

• 扰码。扰码的方法与寻呼信道的扰码方法相同。

（3）F-CACH

F-CACH 的编码过程如下所述。

• 卷积。F-CACH 上传送的信息经过 1/2 卷积（约束长度为 9），变成 19200bit/s 的信号。

• 交织。交织处理的数据单位为 96bit，交织处理的方法从 IS-95 的“列存行取”改为“顺序写入数组”，按特定公式计算的顺序读出。

• 扰码。扰码的方法与 IS-95 寻呼信道的扰码方法相同。

（4）F-CCCH

F-CCCH 的编码过程如下所述。

• 卷积。F-CCCH 上传送的信息首先经过 1/4 卷积（约束长度为 9）。

• 交织。由于 F-CCCH 的信息有 9600bit/s、19200bit/s 或 38400bit/s 多种速率，帧长也不相同，因此交织处理的数据单位各有不同。例如帧长为 20ms 的 9600bit/s 的 F-CCCH 帧，交织处理的数据单位为 384bit。

• 扰码。扰码的方法与寻呼信道的扰码方法相同。

（5）F-DCCH

F-DCCH 的编码过程如下所述。

• 卷积。F-DCCH 帧首先经过 1/4 卷积（约束长度为 9），变成 38400bit/s 的信号。

• 交织。交织处理的数据单位根据不同的帧长为 192bit 或 768bit。

• 扰码。扰码的方法与 IS-95 前向业务信道的扰码方法相同。

（6）F-FCH

F-FCH 的编码过程如下所述。

• F-FCH 首先经过 1/4 卷积（约束长度为 9）。

• 码元重复。

• 交织处理。交织处理的数据单位根据不同的帧长而不同。

• 扰码。扰码的方法与 IS-95 前向业务信道的扰码方法相同，长码掩码格式与 F-DCCH 相同。

与 IS-95 前向业务道类似，F-FCH 中包含了功率控制比特。

（7）F-SCH

F-SCH 的编码过程如下所述。

• F-SCH 帧首先经过 1/4 卷积（约束长度为 9）或者 Turbo 编码（帧内容至少 360bit）。

• 码元重复。

• 交织处理。交织处理的数据单位根据不同的帧长而不同。

• 扰码。扰码的方法与 IS-95 前向业务信道的扰码方法相同，长码掩码格式与 F-DCCH 相同。

与 IS-95 前向业务信道类似，F-SCH 中包含了功率控制比特。

2. 反向信道

反向信道包括如下几种。

• 反向导频信道（R_PICH）：用于辅助基站检测移动台所发射的数据。

• 反向接入信道（R-ACH）：功能与 IS-95 中的反向接入信道相同。

• 反向公共控制信道（R-CCCH）：当移动台还没有建立业务信道时，移动台通过此信道向基站发送一些控制消息和突发的短数据。

• 反向增强接入信道（R-EACH）：当移动台还未建立业务信道时，移动台通过此信道向基站发送控制消息，提高移动台的接入能力。

• 反向专用控制信道（R-DCCH）：当移动台处于业务信道状态时，移动台通过此信道向基站发送一些消息或低速的分组数据业务，电路数据业务。

• 反向基本信道（R-FCH）：当移动台进入到业务信道状态后，此信道用于承载反向链路上的信令、语音、低速的分组数据业务，电路数据业务或辅助业务。

• 反向补充信道（R-SCH）：当移动台进入到业务信道状态后，此信道用于承载反向链路上的高速分组数据业务。

• 反向补充码分信道（R-SCCH）：此信道用于在通话中向基站发送用户消息。

• 反向功率控制子信道（R-PCSCH）：反向功率控制子信道是反向导频信道的子信道，包括反向主功率控制子信道和反向辅助控制子信道，用于前向功率控制。

反向信道中，接入信道和 RC1 下的业务信道仍然采用 IS-95 的信道编码方式，这里就不再重复。其他信道的编码过程如图 4-47 所示，都会经历卷积、码元重复和交织过程，最后进行扩频。与 IS-95 有重大区别的是，移动台和基站一样采用 Walsh 码区分不同信道，因此取消了正交调制的过程。

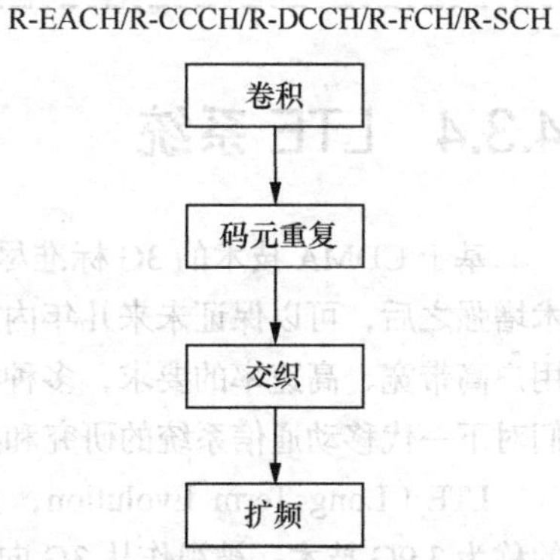

图 4-47 1x 反向信道的编码过程

（1）R-CCCH

图 4-47 描述了 R-CCCH 信道编码过程。

• 卷积。R-CCCH 帧首先经过 1/4 卷积（约束长度为 9）。

• 码元重复。由于 R-CCCH 帧长不相同，码元重复后统一为 38400bit/s 的速率。

• 交织。交织处理的数据单位根据不同的帧长而不同，例如帧长为 20ms 的 9600bit/s 的 R-CCCH 帧，交织处理的数据单位为 3072bit。

反向公共控制信道与前向公共控制信道对应，一个前向公共控制信道最多可以支持 32 个反向公共控制信道。

（2）R-EACH

R-EACH 的信道编码过程如下所述。

• 卷积。R-EACH 帧首先经过 1/4 卷积（约束长度为 9）。

• 码元重复。由于 R-EACH 帧长不相同，码元重复后统一为 38400bit/s 的速率。

• 交织。交织处理的数据单位根据不同的帧长而不同，例如帧长为 20ms 的 9600bit/s 的 R-EACH 帧，交织处理的数据单位为 3072bit。

（3）R-DCCH

R-DCCH 的信道编码过程如下所述。

- 卷积。R-DCCH 帧首先经过 1/4 卷积（约束长度为 9）。
- 码元重复。码元重复后速率为 768000bit/s。
- 交织。交织处理的数据单位根据不同的帧长而不同，帧长为 5ms 的 R-DCCH 帧，交织处理的数据单位为 384bit；帧长为 20ms 的 R-DCCH 帧，交织处理的数据单位为 1536bit。

（4）R-FCH

R-FCH 的信道编码过程如下所述。

- 卷积。R-FCH 上传送的信息首先经过 1/4 卷积（约束长度为 9）或 Turbo 编码。
- 码元重复。
- 交织。交织处理的数据单位根据不同的帧长而不同。

（5）R-SCH

R-SCH 的信道编码过程如下所述。

- 卷积。R-SCH 上传送的信息首先经过 1/4 卷积（约束长度为 9）或 Turbo 编码。
- 码元重复。
- 交织处理。交织处理的数据单位根据不同的帧长而不同。

1x 采用 HPSK 调制方式。HPSK 调制方式是包括 BIT/SK 调制和 QPSK 调制的混合调试方式。

在系统中采用混合移相键控（HPSK）具有以下优点。

- 降低移动台发射的反向链路波形的峰均比（也就是峰值因子）。
- 降低移动台的功率放大器的性能要求，使其更简单，成本降低，并能更有效地利用电池功率。
- 降低 CDMA 信号边缘的带外幅射 4dB。

📖 试总结 WCDMA、TD-SCDMA 和 cdma2000，给出各自的优缺点。

4.3.4 LTE 系统

基于 CDMA 技术的 3G 标准尽管目前已实现商用化，并在通过 HSDPA 以及 Enhanced Uplink 等技术增强之后，可以保证未来几年内的竞争力，但 3G 系统仍存在很多不足，例如无法满足日益增长的用户高带宽、高速率的要求，多种标准难以统一，难以实现全球漫游等。正是 3G 的局限性推动了人们对下一代移动通信系统的研究和期待。

LTE（Long Term Evolution，长期演进），是近几年来 3GPP 启动的最大的新技术研发项目，通俗的称为 3.9G 技术，被视作从 3G 向 4G 演进的主流技术。图 4-48 给出了 2G 技术到 4G 技术的演进。

3GPP 于 2004 年 12 月开始 LTE 相关的标准工作。2008 年 12 月 R8 LTE RAN1 冻结，2008 年 12 月 R8 LTE RAN2、RAN3、RAN4 完成功能冻结，2009 年 3 月 R8 LTE 标准完成，此协议的完成能够满足 LTE 系统首次商用的基本功能。

3GPP 要求 LTE 支持的主要指标和需求如下：

- 峰值数据速率大大提升：下行链路的瞬时峰值数据速率在 20MHz 下行链路频谱分配的条件下，可以达到 100Mbit/s（频谱效率 5bit/Hz）（网络侧 2 发射天线，UE 侧 2 接收天线条件下）；上行链路的瞬时峰值数据速率在 20MHz 上行链路频谱分配的条件下，可以达到 50Mbit/s（频谱效率 2.5bit/Hz）（UE 侧 1 发射天线情况下）。

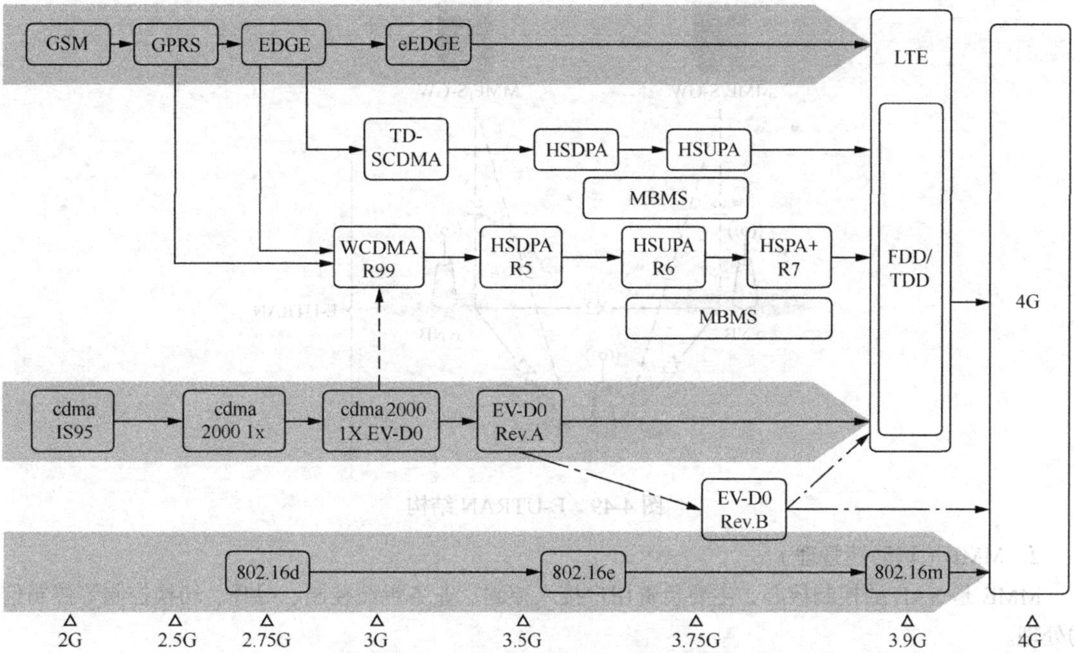

图 4-48 无线通信技术发展和演进图

- 降低时延：从驻留状态到激活状态，控制面的传输延迟时间小于 100ms；用户面延迟定义为一个数据包从 UE/RAN 边界节点（RAN edge node）的 IP 层传输到 RAN 边界节点/UE 的 IP 层的单向传输时间，期望的用户面延迟不超过 5ms。
- 灵活支持不同的带宽：支持不同大小的频谱分配，譬如 E-UTRA 可以在不同大小的频谱中部署，包括 1.4MHz、3MHz、5MHz、10MHz、15MHz 以及 20MHz，支持成对和非成对频谱。
- 频谱效率更高：在下行链路，在一个有效负荷的网络中，LTE 频谱效率（用每站址、每 Hz、每秒的比特数衡量）的目标是 R6 HSDPA 的 3～4 倍；对于上行链路，在一个有效负荷的网络中，LTE 频谱效率（用每站址、每 Hz、每秒的比特数衡量）的目标是 R6 HSUPA 的 2～3 倍。
- 具有更低的 CAPEX 和 OPEX：体系结构的扁平化和中间节点的减少使得设备成本和维护成本得以显著降低。
- 与现有的 3GPP 系统共存和互操作能力等等。

4.3.4.1 网络架构

LTE 采用了与 2G、3G 均不同的空中接口技术，即基于 OFDM 技术的空中接口技术，并对传统 3G 的网络架构进行了优化，采用扁平化的网络架构，亦即接入网 E-UTRAN 不再包含 RNC，仅包含节点 eNB，提供 E-UTRA 用户面 PDCP/RLC/MAC/物理层协议的功能和控制面 RRC 协议的功能。E-UTRAN 的系统结构如图 4-49 的 LTE E-UTRAN 系统结构图所示。

eNB 之间由 X2 接口互连，每个 eNB 又和演进型分组核心网 EPC 通过 S1 接口相连。S1 接口的用户面终止在服务网关 S-GW 上，S1 接口的控制面终止在移动性管理实体 MME 上。控制面和用户面的另一端终止在 eNB 上。图 4-49 中各网元节点的功能划分如下。

1. eNB

LTE 的 eNB 除了具有原来 NodeB 的功能之外，还承担了原来 RNC 的大部分功能，包括有物理层功能、MAC 层功能（包括 HARQ）、RLC 层（包括 ARQ）功能、PDCP 功能、RRC 功能（包括无线资源控制功能）、调度、无线接入许可控制、接入移动性管理以及小区间的无线资源管理功能等。

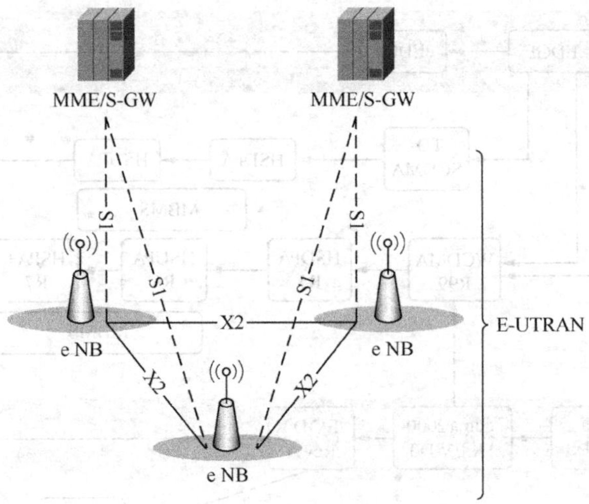

图 4-49　E-UTRAN 结构

2. MME（移动性管理）

MME 是 SAE 的控制核心，主要负责用户接入控制、业务承载控制、寻呼、切换控制等控制信令的处理。

MME 功能与网关功能分离，这种控制平面/用户平面分离的架构，有助于网络部署、单个技术的演进以及全面灵活的扩容。

3. S-GW（服务网关）

S-GW 作为本地基站切换时的锚定点，主要负责以下功能：在基站和公共数据网关之间传输数据信息，为下行数据包提供缓存，基于用户的计费等。

4. P-GW（PDN 网关）

公共数据网关 P-GW 作为数据承载的锚定点，提供以下功能：包转发、包解析、合法监听、基于业务的计费、业务的 QoS 控制，以及负责和非 3GPP 网络间的互联等。

5. S1 和 X2 接口

与 2G、3G 都不同，S1 和 X2 均是 LTE 新增的接口。从上图中可见，在 LTE 网络架构中，没有了原有的 Iu 和 Iub 以及 Iur 接口，取而代之的是新接口 S1 和 X2。

S1 接口定义为 E-UTRAN 和 EPC 之间的接口。S1 接口包括两部分：控制面 S1-MME 接口和用户面 S1-U 接口。S1-MME 接口定义为 eNB 和 MME 之间的接口；S1-U 定义为 eNB 和 S-GW 之间的接口。

X2 接口定义为各个 eNB 之间的接口。X2 接口包含 X2-CP 和 X2-U 两部分，X2-CP 是各个 eNB 之间的控制面接口，X2-U 是各个 eNB 之间的用户面接口。

S1 接口和 X2 接口类似的地方是 S1-U 和 X2-U 使用同样的用户面协议，以便于 eNB 在数据反传（data forward）时，减少协议处理。

4.3.4.2　物理层

LTE 无线接口协议结构如图 4-50 所示。物理层与层 2 的 MAC 子层和层 3 的无线资源控制 RRC 子层具有接口，其中的圆圈表示不同层/子层间的服务接入点 SAP。物理层向 MAC 层提供传输信道。MAC 层提供不同的逻辑信道给层 2 的无线链路控制 RLC 子层。

LTE 系统中空中接口的物理层主要负责向上层提供底层的数据传输服务。为了提供数据传输服务，物理层将包含如下功能。

- 传输信道的错误检测并向高层提供指示。

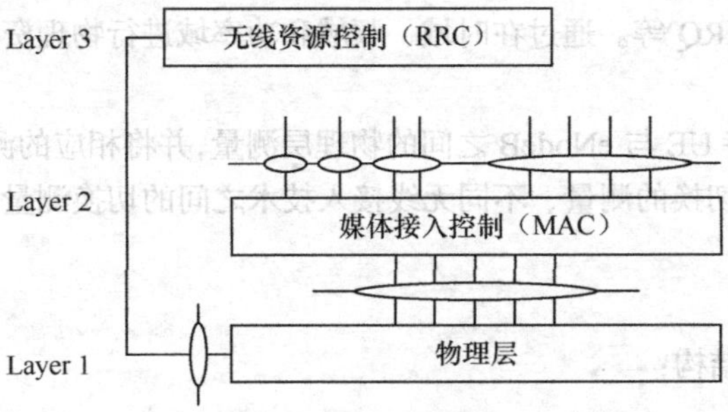

图 4-50　无线接口协议结构图

- 传输信道的前向纠错编码（FEC）与译码。
- 混合自动重传请求（HARQ）软合并。
- 传输信道与物理信道之间的速率匹配及映射。
- 物理信道的功率加权。
- 物理信道的调制与解调。
- 时间及频率同步。
- 射频特性测量并向高层提供指示。
- MIMO 天线处理。
- 传输分集。
- 波束赋形。
- 射频处理。

下面简要介绍一下 LTE 系统的物理层关键技术方案。

• 系统带宽：LTE 系统载波间隔采用 15kHz，上下行的最小资源块均为 180kHz，也就是 12 个子载波宽度，数据到资源块的映射可采用集中式和分布式两种方式。通过合理配置子载波数量，系统可以实现 1.4～20MHz 的灵活带宽配置。

• OFDMA 与 SC-FDMA：LTE 系统的下行基本传输方式采用正交频分多址 OFDMA 方式，OFDM 传输方式中的 CP（循环前缀）主要用于有效的消除符号间干扰，其长度决定了 OFDM 系统的抗多径能力和覆盖能力。为了达到小区半径 100km 的覆盖要求，LTE 系统采用长短两套循环前缀方案，根据具体场景进行选择：短 CP 方案为基本选项，长 CP 方案用于支持大范围小区覆盖和多小区广播业务。上行方向，LTE 系统采用基于带有循环前缀的单载波频分多址（SC-FDMA）技术。选择 SC-FDMA 作为 LTE 系统上行信号接入方式的一个主要原因是为了降低发射终端的峰值平均功率比，进而减小终端的体积和成本。

• 双工方式：LTE 系统支持两种基本的工作模式，即频分双工（FDD）和时分双工（TDD）；支持两种不同的无线帧结构，帧长度均为 10ms。

• 调制方式：LTE 系统上下行均支持 QPSK、16QAM 及 64QAM 等调制方式。

• 信道编码：LTE 系统中对传输块使用的信道编码方案为 Turbo 编码，编码速率为 R=1/3，它由两个 8 状态子编码器和一个 Turbo 码内部交织器构成。其中，在 Turbo 编码中使用栅格终止方案。

• 多天线技术：LTE 系统引入了 MIMO 技术，通过在发射端和接收端同时配置多个天线，大幅度地提高了系统的整体容量。LTE 系统的基本 MIMO 配置是下行 2×2、上行 1×2 个天线，但同时也可考虑更多的天线配置（最多 4×4）。LTE 系统对下行链路采用的 MIMO 技术包括发射分集、空间复用、空分多址、预编码等，对于上行链路，LTE 系统采用了虚拟 MIMO 技术以增大容量。

• 物理层过程：LTE 系统中涉及多个物理层过程，包括小区搜索、功率控制、上行同步、下行定时控制、随机接入相关过程、HARQ 等。通过在时域、频域和功率域进行物理资源控制，LTE 系统还隐含支持干扰协调功能。

• 物理层测量:LTE 系统支持 UE 与 eNodeB 之间的物理层测量,并将相应的测量结果向高层报告。具体测量指标包括：同频和异频切换的测量、不同无线接入技术之间的切换测量、定时测量以及无线资源管理的相关测量。

1. 帧结构

LTE 支持两种类型的无线帧结构：

• 类型 1，适用于 FDD 模式；
• 类型 2，适用于 TDD 模式。

（1）类型 1

帧结构类型 1 如图 4-51 所示。每一个无线帧长度为 10ms，分为 10 个等长度的子帧，每个子帧又由 2 个时隙构成，每个时隙长度均为 0.5ms。

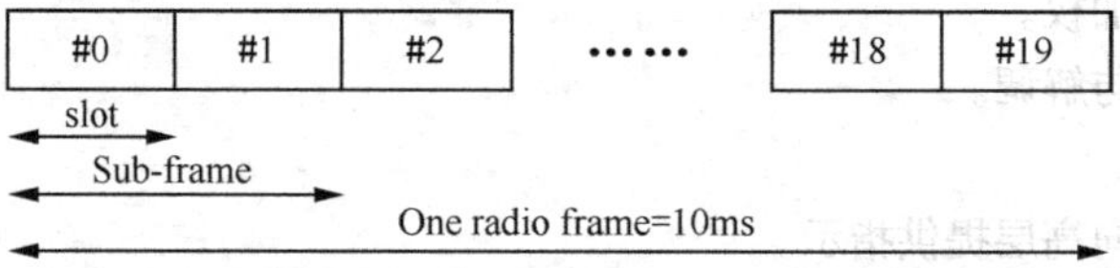

图 4-51　帧结构类型 1

对于 FDD，在每一个 10ms 中，有 10 个子帧可以用于下行传输，并且有 10 个子帧可以用于上行传输。上下行传输在频域上进行分开。

（2）类型 2

帧结构类型 2 适用于 TDD 模式。每一个无线帧由两个半帧（half-frame）构成，每一个半帧长度为 5ms。每一个半帧包括 8 个 slot，每一个 slot 的长度为 0.5ms，同时包括三个特殊时隙：DwPTS、GP 和 UpPTS。DwPTS 和 UpPTS 的长度是可配置的，并且要求 DwPTS、GP 以及 UpPTS 的总长度等于 1ms。子帧 1 和子帧 6 包含 DwPTS、GP 以及 UpPTS，所有其他子帧包含两个相邻的时隙，如图 4-52 所示。

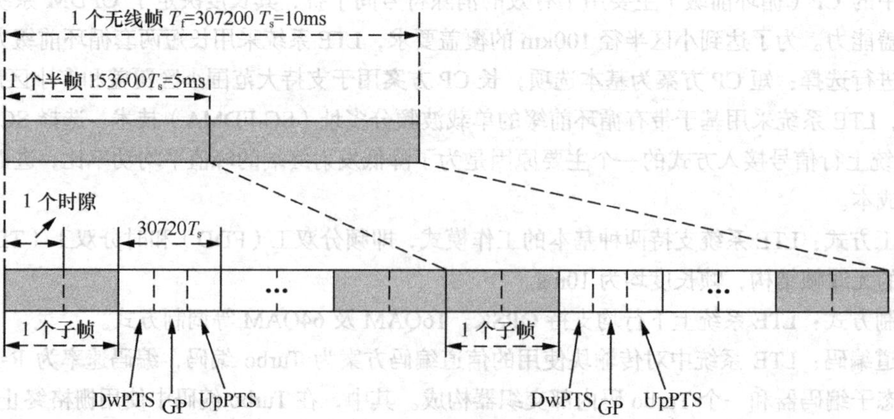

图 4-52　帧结构类型 2

其中：子帧 0 和子帧 5 以及 DwPTS 永远预留为下行传输，支持 5ms 和 10ms 的切换点周期。在 5ms 切换周期情况下，UpPTS、子帧 2 和子帧 7 预留为上行传输。

在 10ms 切换周期情况下，DwPTS 在两个半帧中都存在，但是 GP 和 UpPTS 只在第一个半帧中存在，在第二个半帧中的 DwPTS 长度为 1ms。UpPTS 和子帧 2 预留为上行传输，子帧 7 和到子帧 9 预留为下行传输。

LTE 上下行传输使用的最小资源单位叫做资源粒子（Resource Element，RE）。

LTE 在进行数据传输时，将上下行时频域物理资源组成资源块（Resource Block，RB），作为物理资源单位进行调度与分配。

一个 RB 由若干个 RE 组成，在频域上包含 12 个连续的子载波，在时域上包含 7 个连续的 OFDM 符号（在 Extended CP 情况下为 6 个），即频域宽度为 180kHz，时间长度为 0.5ms。

2. 物理信道

（1）上行物理信道

TD-LTE 的上行传输采用 SC-FDMA（单载波-频分多址），TD-LTE 定义了 3 种上行物理信道，如下所示。

- PUCCH（物理上行控制信道）

承载下行传输对应的 HARQ ACK/NACK 信息；

承载调度请求信息；

承载 CQI 报告信息。

- PUSCH（物理上行共享信道）

承载 UL-SCH 信息。

- PRACH（物理随机接入信道）

承载随机接入前导。

上行物理信道基本处理流程如图 4-53 所示。

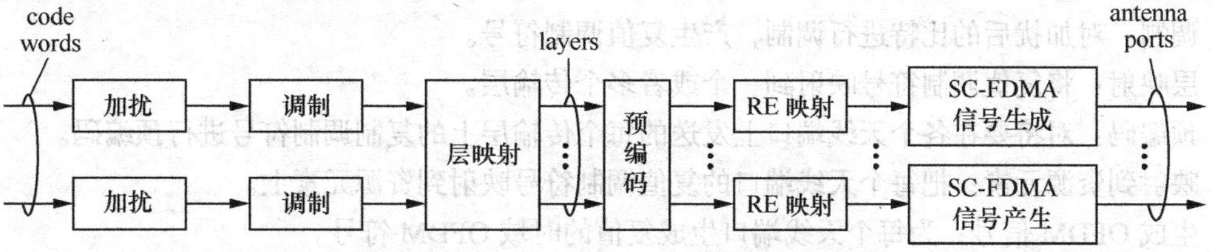

图 4-53　上行物理信道基本处理流程图

基本处理过程如下所述。

- 加扰：对将要在物理信道上传输的码字中的编码比特进行加扰。
- 调制：对加扰后的比特进行调制，产生复值调制符号。
- 层映射：将复值调制符号映射到一个或者多个传输层。
- 预编码：对将要在各个天线端口上发送的每个传输层上的复数值调制符号进行预编码。
- 映射到资源元素：把每个天线端口的复值调制符号映射到资源元素上。
- 生成 SC-FDMA 信号：为每个天线端口生成复值时域的 SC-FDMA 符号。

（2）下行物理信道

TD-LTE 的下行传输是基于 FDMA 的，TD-LTE 定义了 6 种下行物理信道，如下所示。

- PBCH（物理广播信道）

已编码的 BCH 传输块在 40ms 的间隔内映射到 4 个子帧；

40ms 定时通过盲检测得到，即没有明确的信令指示 40ms 的定时；

在信道条件足够好时，PBCH 所在的每个子帧都可以独立解码。

- PCFICH（物理控制格式指示信道）

将 PDCCH 占用的 OFDM 符号数目通知给 UE；

在每个子帧中都有发射。

- PDCCH（物理下行控制信道）

将 PCH 和 DL-SCH 的资源分配、以及与 DL-SCH 相关的 HARQ 信息通知给 UE；

承载上行调度赋予信息。

- PHICH（物理 HARQ 指示信道）

承载上行传输对应的 HARQ ACK/NACK 信息。

- PDSCH（物理下行共享信道）

承载 DL-SCH 和 PCH 信息。

- PMCH（物理多播信道）

承载 MCH 信息。

下行物理信道基本处理流程如图 4-54 所示。

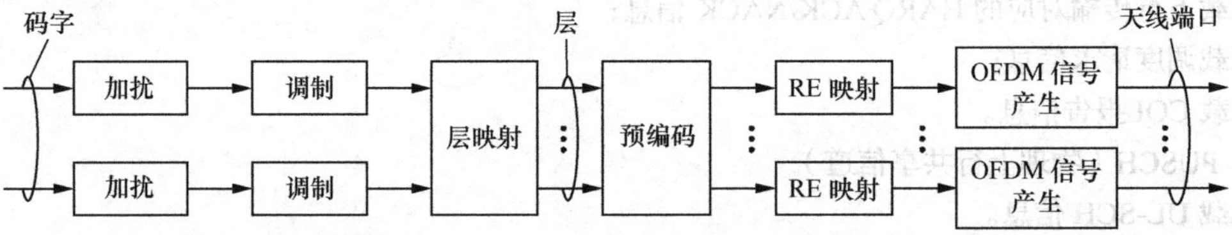

图 4-54　下行物理信道基本处理流程图

基本处理过程如下所述。

- 加扰：对将要在物理信道上传输的每个码字中的编码比特进行加扰。
- 调制：对加扰后的比特进行调制，产生复值调制符号。
- 层映射：将复值调制符号映射到一个或者多个传输层。
- 预编码：对将要在各个天线端口上发送的每个传输层上的复制调制符号进行预编码。
- 映射到资源元素：把每个天线端口的复值调制符号映射到资源元素上。
- 生成 OFDM 信号：为每个天线端口生成复值的时域 OFDM 符号。

3. 传输信道

传输信道主要负责通过什么样的特征数据和方式实现物理层的数据传输服务。

（1）下行传输信道

下行传输信道类型有如下几种。

- BCH（广播信道）

固定的预定义的传输格式；

要求广播到小区的整个覆盖区域。

- DL-SCH（下行共享信道）

支持 HARQ；

支持通过改变调制、编码模式和发射功率来实现动态链路自适应；

能够发送到整个小区；

能够使用波束赋形；

支持动态或半静态资源分配；

支持 UE 非连续接收（DRX）以节省 UE 电源；

支持 MBMS 传输。

- PCH（寻呼信道）

支持 UE DRX 以节省 UE 电源（DRX 周期由网络通知 UE）；

要求发送到小区的整个覆盖区域；

映射到业务或其它控制信道也动态使用的物理资源上。

- MCH（多播信道）

要求发送到小区的整个覆盖区域；

对于单频点网络 MBSFN 支持多小区的 MBMS 传输的合并；

支持半静态资源分配。

（2）上行传输信道

上行传输信道类型有如下几种。

- UL-SCH（上行共享信道）

能够使用波束赋形；

支持通过改变发射功率和潜在的调制、编码模式来实现动态链路自适应；

支持 HARQ；

支持动态或半静态资源分配。

- RACH（随机接入信道）

承载有限的控制信息；

有碰撞风险。

4. 传输信道到物理信道的映射

下行和上行传输信道与物理信道之间的映射关系如图 4-55 所示。

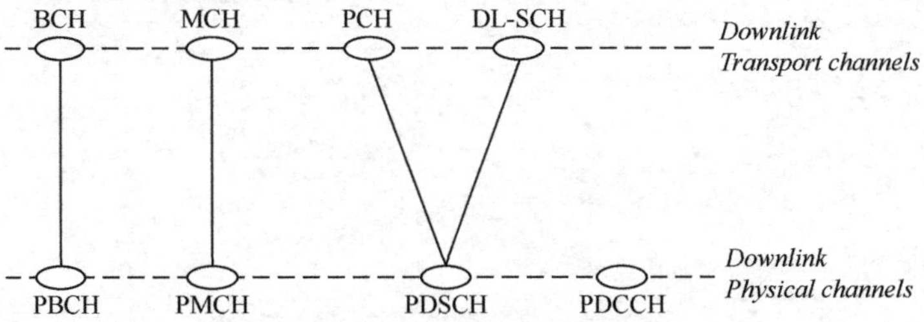

图 4-55　下行传输信道与物理信道的映射关系图

本章习题

1. 试画出 GSM 网络结构图，并简述各功能实体的作用。
2. 简述 A 接口、Abis 接口和 Um 接口的作用。
3. 已知 GSM 的频道序号为 124，试计算上下行中心频率点。
4. 请说明 MSC 服务区、位置区以及小区之间的关系。
5. MSISDN、IMSI、TMSI、IMEI、LAI、BSIC 这些编号各自的作用是什么？
6. GSM 的无线帧结构为哪 5 个层次，它们之间的关系是怎样的？
7. 请对 GSM 的逻辑信道进行分类，并简述各信道的作用。
8. CDMA 地址码的类型有哪些？
9. m 序列具有哪些特性？
10. IS-95 系统中采用了哪些地址码，分别起到怎样的作用？

11. 试对 IS-95 系统中的逻辑信道进行分类，并简述各信道的作用。
12. 简述 GPRS 系统的特点。
13. GPRS 在 GSM 网络的基础之上引入了哪三个关键组件，并叙述各自功能。
14. 简述第三代移动通信的主要特点。
15. 试画出 UTRAN 的网络结构，标出其中的接口，并简述各部分功能。
16. 给出 WCDMA 物理信道的分类，并简述各信道的作用。
17. 试画出 TD-SCDMA 系统物理信道的层次结构。
18. 给出 TD-SCDMA 物理信道的分类，并简述各信道的作用。
19. 给出 CDMA2000 逻辑信道的分类，并简述各信道的作用。
20. 请比较 WCDMA、TD-SCDMA 和 CDMA2000，给出各自优缺点。
21. 什么是 LTE 技术。
22. 试画出 E-UTRAN 的网络结构图，并给出各部分的功能。
23. 试画出 FDD-LTE 和 TDD-LTE 各自的帧结构。
24. 给出下列英文缩写语的中文全称：

HLR、VLR、BSC、MS、MSC、IMEI、LAI、SGSN、GPRS、TD-SCDMA、LTE、MME。

第二部分　工程应用

第 5 章

GSM 系统规划与优化

5.1 GSM 系统认识

5.1.1 GSM 网络结构

GSM 移动通信网的组织情况视不同国家地区而定，在中国 GSM 网络采取独立组网的形式。全国 GSM 移动电话网构成三级网络结构。

- 按大区设立一级汇接中心。
- 省内设立二级汇接中心。
- 移动业务本地网设立端局。

GSM 数字移动通信网与 PSTN（公用电话网）网相重叠，GSM 网络没有国际出口局，国际间的通信仍然还需借助于公用电话网的国际局。图 5-1 给出了 GSM 网络与 PSTN 网的连接关系。

全国划分为若干个移动业务本地网，原则上长途编号为一位、二位、三位的地区可建立移动业务本地网。每个移动业务本地网中应相应设立 HLR（归属位置寄存器），必要时可增设 HLR，用于存储归属该移动业务本地网的所有用户的有关数据。每个移动业务本地网中可设一个或若干个移动业务交换中心 MSC（移动交换中心）。

电信和移动分营后，移动网和固定网完全独立出来，在两网之间设有网关局。一个移动业务本地网可只设一个移动交换中心（局）MSC；当用户多达相当数量时也可设多个 MSC，各 MSC 间以高效直达路由相连，形成网状网结构，移动交换局通过网关局接入到固定网，同时它至少还应和省内两个二级移动汇接中心连接。当业务量比较大的时候，它还可直接与一级移动汇接中心相连，这时，二级移动汇接中心汇接省内移动业务，一级移动汇接中心汇接省级移动业务。典型的移动本地网组网方式如图 5-2 所示。

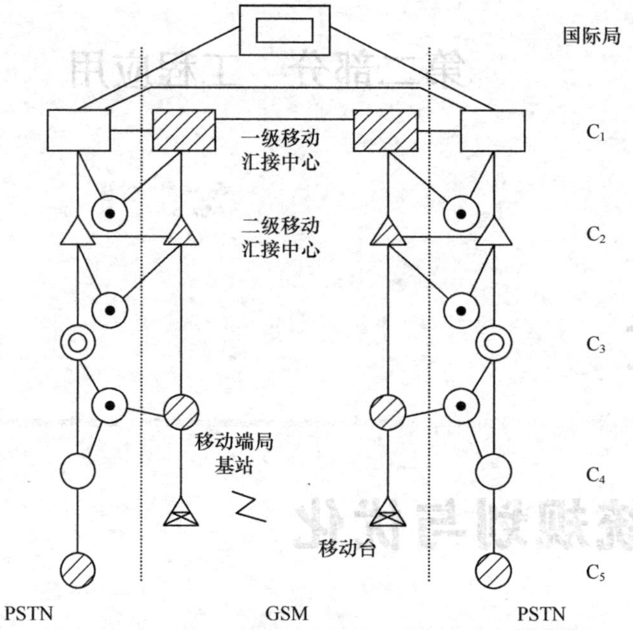

图 5-1　中国 PLMN 网络结构及其与 PSTN 连接示意图

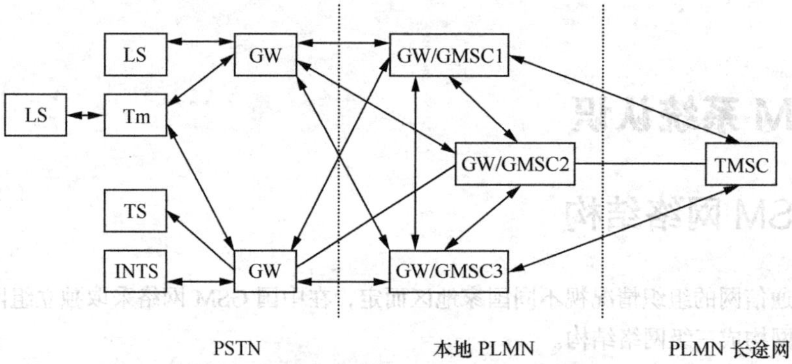

图 5-2　移动本地网组网图（MSC 较少）

省内 GSM 移动通信网由省内的各移动业务本地网构成，省内设若干个移动业务汇接中心（即二级汇接中心），汇接中心之间为网状网结构，汇接中心与移动端局之间成星状网。根据业务量的大小，二级汇接中心可以是单独设置的汇接中心（即不带客户，全至基站接口，只作汇接），也可兼作移动（端局）交换中心（与基站相连，可带客户），如图 5-3 所示。

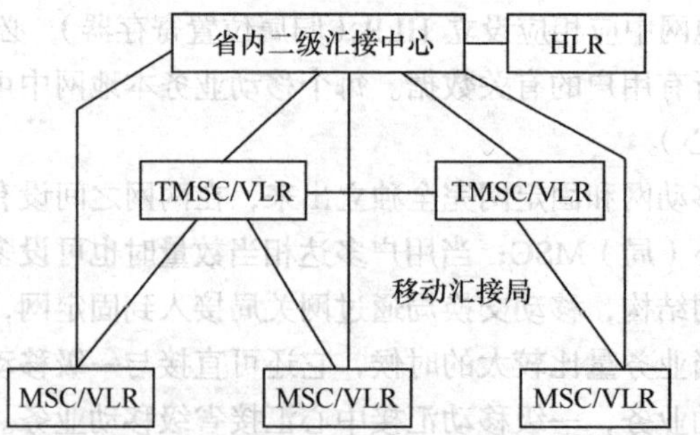

图 5-3　省内数字公用蜂窝移动通信网的网络结构

在各省或大区设有两个一级移动汇接中心，通常为单独设置的移动业务汇接中心，它们以网状网方式相连；每个省内至少应设有两个以上的二级移动汇接中心，并把它们置于省内主要城市，并以网状网方式相连，同时它还应与相应的两个一级移动汇接中心连接。

举例：图 5-4 为江苏省话务网络结构图，由图可见三层结构及连接关系。

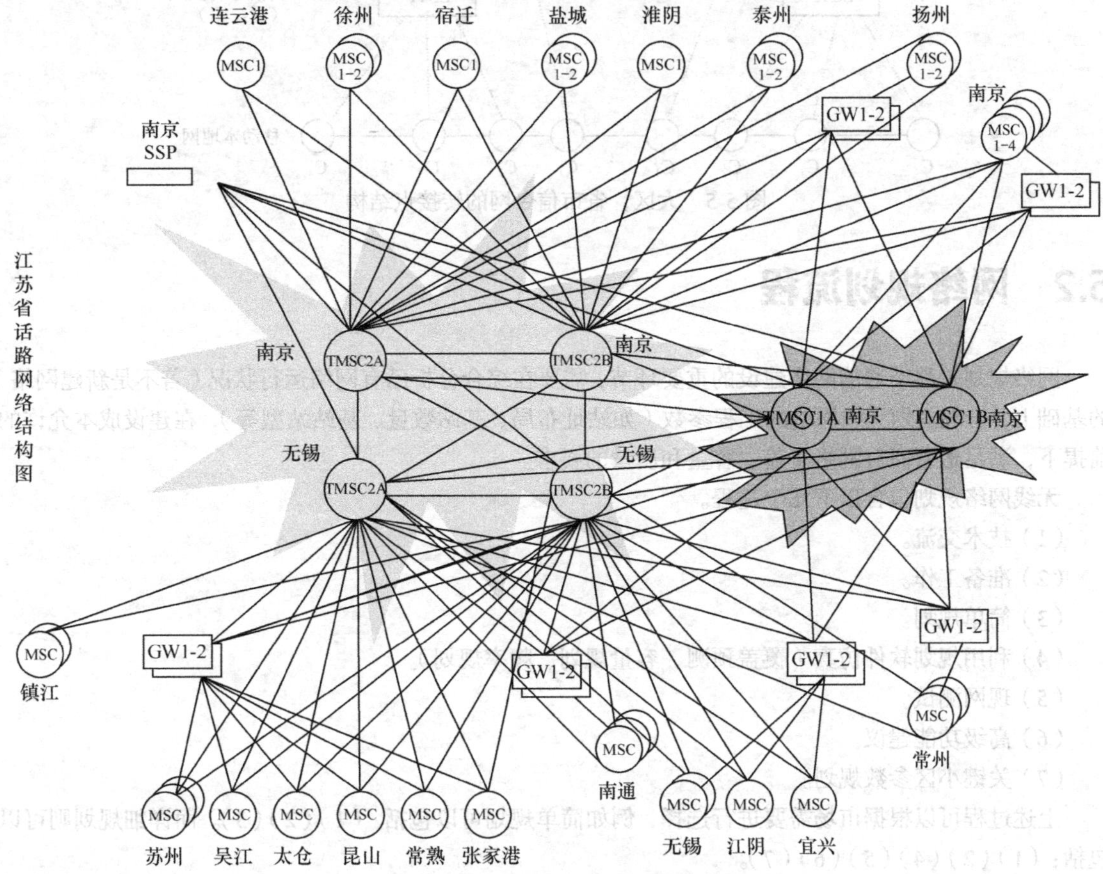

图 5-4　江苏省话路网络结构图

5.1.2　GSM 信令网络结构

七号信令网的组建也和国家地域大小有关，地域大的国家可以组建三级信令网（HSTP、LSTP 和 SP），地域偏小的国家可以组建二级网（STP 和 SP）或无级网，下面以中国 GSM 信令网为例来作一介绍。

在中国，随着移动和电信的分营，移动建有自己独立的的 No.7 信令网。

我国移动信令网采用三级结构（有些地方采用二级结构），在各省或大区设有两个 HSTP，同时省内至少还应设有两个以上的 LSTP（少数 HSTP 和 LSTP 合一），移动网中其他功能实体作为信令点 SP，如图 5-5 所示。

HSTP 之间以网状网方式相连，分为 A、B 两个平面；在省内的 LSTP 之间也以网状网方式相连，同时它们还应和相应的两个 HSTP 连接；MSC、VLR、HLR、AUC、EIR 等信令点至少要连接到两个 LSTP 点上，若业务量大时，信令点还可直接与相应的 HSTP 连接。

我国移动网中信令点编码采用 24 位，只有在 A 接口连接时采用 14 位的国内备用网信令点编码。

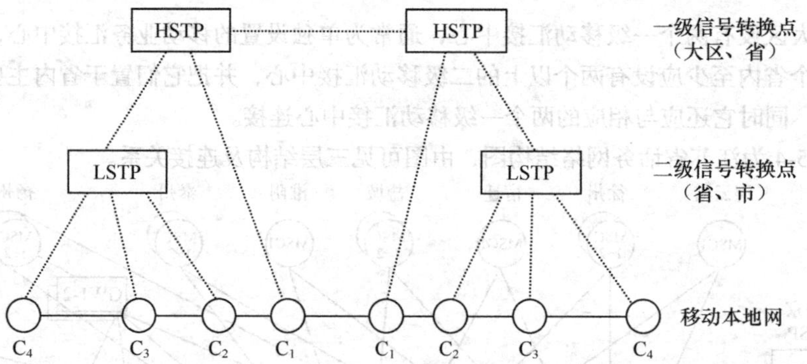

图 5-5　大区，省市信令网的转接点结构

5.2　网络规划流程

网络规划是移动通信网络建设的重要环节，需要在综合分析已有网络运行状况（若不是新建网络）的基础上，合理规划无线网络的工程参数（如站址布局、基站数量、基站站型等），在建设成本允许的前提下，满足运营商对网络覆盖、容量和质量的要求。

无线网络规划包含以下几个过程。

（1）技术交流。

（2）准备工作。

（3）简单规划。

（4）利用规划软件仿真（覆盖预测、容量规划、频率规划）。

（5）现网测试。

（6）高级功能建议。

（7）关键小区参数规划。

上述过程可以根据市场需要进行选择，例如简单规划可以包括：（1）（2）（3）。而详细规划则可以包括：（1）（2）（4）（5）（6）（7）。

5.2.1　技术交流

首先与用户进行技术交流，主要是为了了解用户的技术要求和对网络建设的期望。通过交流，根据网络建设的规模对覆盖、通话质量等技术指标达成一致，对一些分工进行详细约定。包括如下内容。

- 覆盖区域界定。
- 覆盖区域内服务质量详细划分。
- 每用户忙时话务量。
- Um 接口服务等级（GOS）。
- 网络容量和用户增长率预测。
- 可用频段和使用限制。
- 站点或载波数量的限制。
- 建筑物或车体的穿透损耗。
- 天线和传播环境分析。

- BTS 性能（输出功率、灵敏度、合路方式等）。
- 无线规划工具。
- 基站命名和编号规范。
- 现有网络的基站资料。

根据以上的这些技术条件，开始网络规划，并指导后续的工程建设。这些技术条件如果有任何改动，会对网络建设带来一系列的影响。所以，对以上的讨论结果用书面的形式固定下来。

另外对网络性能进行讨论，网络性能衡量一般包括如下内容。

- 关键性能指标（KPI）。
- KPI 的确认方式。
- 无线网络优化服务需求及方式。

常用的 KPI 指标如表 5-1 所示。

表 5-1　　KPI 指标

	KPI	指标含义	测试方法	参考值
1	TCH 拥塞率		OMC	<2%
2	SDCCH 拥塞率		OMC	<1%
3	掉话率		OMC	<2%
4	切换成功率		OMC	>92%
5	呼叫建立时间	平均呼叫建立时间	路测	<10
6	覆盖率	接收电平大于-90dBm 的百分比	路测	>90%
7	主观话音质量评价（MOS）	根据话音从完美到不可听分为 5 个等级	路测	≥3

主观话音质量评价指从无法辨别到完全清晰，按照移动通信行业标准分为 5 级，如表 5-2 所示。

表 5-2　　主观话音质量评测（MOS）

质量等级	质量评价标准
5 级	表示质量完美（Excellent）
4 级	表示高质量（Good）
3 级	表示质量尚可（Fair）
2 级	表示质量差（Poor）
1 级	表示质量不可接收（Bad）

通常认为，3 级以上话音质量可以入移动通信网，4 级以上可入公用网。

5.2.2　准备工作

1. 地理信息

用户分布和地理环境是无线网络规划的参考基础。首先要收集覆盖区域的纸质地图和数字地图，并在地图上标明本期规划要求的覆盖范围、用户分布。

2. 网络规划设计要求

在开始规划前，必须准确地了解运营商对将要建设的网络所要达到的目标。网络设计目标一般来自于标书或与其技术人员的讨论，表 5-3 列出了这些目标。

表 5-3　　　　目标列表

		覆盖目标		
		大中城市	小城市	公路
覆盖面积/长度（km^2/km）	密集市区	9	-	-
	市区	50	25	-
	郊区	100	60	-
	乡村	150	100	75
开通日期（日月年）		1/4/02	1/4/02	1/5/02
用户数量	开通	12 000	4 000	1 000
	+6 月	14 000	6 000	2 000
	+12 月	18 000	6 000	2 000
	+18 月	18 000	6 000	2 000
忙时话务量/用户（mErl）		30	25	20
话务冗余比例（%）		15	15	20
频点数量		25	25	25
服务类型	室内	X		
	车内	X		X
	室外	X	X	
GOS（%）		2	2	5
覆盖概率（%）		95	95	90
新建/扩容		新建	新建	扩容

注：话务冗余比例在此指为漫游、切换保留的无线容量。

3. 技术假设

由于会影响到网络质量，所有的技术假设都要与用户确认并以文档的形式记录下来。这些技术假设可能来自用户或规划人员的经验。这些技术假设将用于上下行链路平衡运算。

当用户不能提供这些数据时，可以参考表 5-4 的推荐值。

表 5-4　　　　技术假设参考值

		覆盖目标		
		大中城市	小城市	公路
网络类型		GSM900	GSM900	GSM900
天线增益（dBi）		15	17	18
天线挂高（m）	密集市区	25	—	—
	市区	30	30	—
	郊区	35	35	20
	乡村	45	45	45
天线分集增益（dB）	密集市区	4	—	—
	市区	4	4	—
	郊区	3	3	3
	乡村	3	3	3

续表

		覆盖目标		
		大中城市	小城市	公路
建筑穿透损耗（dB）	密集市区	25	—	—
	市区	20	20	—
	郊区	15	15	—
	乡村	15	15	—
汽车穿透损耗（dB）		—	—	10
慢衰落余量（dB）	密集市区	8	—	—
	市区	8	8	—
	郊区	8	8	8
	乡村	8	8	8

4. 覆盖区域调查

在不同类型的区域采用的信号传播模型不同，并由此决定了其覆盖区无线网络的设计原则、网络结构、服务等级和频率复用方式。为便于确定小区的覆盖范围，可将实现无线覆盖的区域划分以下几种类型：大城市、中等城市、小城镇和农村。如表 5-5 所示。

表 5-5　覆盖区域

区域类型	区域类型描述
大城市	指人口密集、经济发达、话务量巨大的地区，其中心市区高楼大厦林立，商业区人气旺盛
中等城市	指人口相对密集、经济较发达、话务量较大的地区，其中心楼群密集，商业区有生气，具有较大的发展前景
小城镇	人口较多、经济发展有潜力，话务量适中的地区，其中心地带楼群较密，有一定规模的商业区，有较大的发展前景
农村	人口密度小、经济有待发展，话务量较少

在上述区域的连接部，还有各类的交通干道，包括高速公路、国道、主要省道、主要铁路和主要航道等，一般省道、铁路、航道等，此外还有山间公路等等。这些区域同样需要考虑覆盖问题。

一般建议只在平原地区的乡村和地形受限的区域采用全向站满足覆盖需求，在大中小城市以及高速公路上采用定向站。

需要收集相关邻近区域已建网络的信息（包括分界处相邻基站的覆盖区设计、频率规划等），为本区域内的规划做好准备。

5. 传播环境勘测

传播环境勘测的主要目的是查看无线传播环境，熟悉地形，估计大致天线挂高，估算路径损耗，得到基本的无线传播模型，用于覆盖预测时对 BTS 数量的估计。必要的时候还要做传播模型的校正。

对于 GSM900，无线路径损耗的简单计算公式如下：

$$PLDU = 147 + 1.25d + 41\lg d \quad (5\text{-}1)$$

（Walfisch-Ikegami 模型，假定 GSM900，hBTS < hobstacle，hBTS = 25m，street width = 25m，building width = 50m，用于密集市区损耗估计）

$$PLU = 127 + 38\lg d \quad (5\text{-}2)$$

（Walfisch-Ikegami 模型，假定 GSM900，hBTS > hobstacle，hBTS = 25m，street width = 25m，building width = 50m，用于一般市区损耗估计）

$$PLSU = 126 + 35\lg d \tag{5-3}$$

（Okumura-Hata 模型，假定 GSM900，hBTS = 30m，用于郊区损耗估计）

$$PLRU = 116 + 35\lg d \tag{5-4}$$

（Okumura-Hata 模型，假定 GSM900，hBTS = 30m，用于乡村损耗估计）

6. 链路预算

链路预算使用了前面描述的覆盖目标参数和技术假设。对于不同的地形应该有不同的链路计算公式。根据链路平衡的计算结果得到最大允许的链路损耗。

通常认为上下行链路损耗是相同的。根据链路预算的结果设置基站的发射功率。

7. 话务分析

网络建设必须考虑经济可行性与合理性，只有对网络的初期和最终容量做出预测，才能做出合理的投资决策。网络的容量预测需要从人口分布、家庭收入、固定电话使用率、国民经济发展、城市建设等方面综合考虑。不同的资费政策也是用户考虑入网的重要因素。在得到网络建设总容量预测值后，需要对用户分布密度做出预测。

从工程实际需要考虑，一般都是市区、郊县、交通干道设基站，所以可以采用百分比的方法进行预测。网络建设初期，一般市区用户所占总用户预测数的百分比大些，随网络建设的深入，郊县和交通干道的用户数百分比增大。按照市区和郊县的划分，每用户的话务一般为 0.025Erl、0.020Erl。这样，根据话务量预测就可以得到具体某个基站需要的话音信道数。需要注意的是：在计算远期基站的话音信道数时，必须考虑小区分裂的影响。

对于扩容、搬迁或插花网络，可以依据现有网络的话务量统计预测新建网络所需的网络设计容量。

计算网络需要承担的话务容量可以采用厄朗话务模型（GPRS 业务暂不考虑）。一般情况下，呼损根据实际情况采用 2%或 5%。表 5-6 为厄朗 B 表：

表 5-6　　　　厄朗 B 表

每小区载波数	TCH 数	话务量（Erl）	
		GoS=2%	GoS=5%
1	6	2.27	2.96
2	14	8.2	9.73
3	21	14.03	16.18
4	29	21.03	23.82
5	36	27.33	30.65
6	44	34.68	38.55
7	52	42.1	46.53
8	59	48.7	53.55
9	67	56.25	61.63
10	75	63.9	69.73

信道利用率是一个小区本身的忙时实际话务量与其理论设计话务量之比值，是评价规划设计质量的重要指标，反应了网络的运营效率或无线资源的充分使用度。网络运行追求高信道利用率低呼损。从上表可以看出，小区的载波数越多，每 TCH 可承担的话务量越大，TCH 信道的利用率越高。如果某个基站用户数过少，建设单位一般考虑推迟建设该基站，或可以考虑暂时用直放站提供服务。受小

区覆盖范围和可用频率带宽的限制，必须合理规划小区的容量，尽可能在保证良好话音质量的前提下提高信道的利用率。在进行双频网络的建设中，考虑两个频段间的话务分担问题时，可以利用较为宽松的频率资源来降低网内同邻频干扰，减少对信道使用的影响，提高网络利用率。

根据实际应用经验，基站小区的实际每信道（TCH）话务量达到厄朗 B 表所给出的每信道（TCH）话务量（2%呼损率）的 85%～90%时，该基站小区出现拥塞的概率显著增加。因此，一般以厄朗 B 表所给出的话务量的 85%作为计算网络可承担的话务量的依据。这些话务容量的预测数据需要在网络建设的过程中逐步统计并加以完善。

5.2.3 基站数量分析

1. 小区范围确定

根据最大链路损耗预算和传播模型的计算，可以估算出不同覆盖地形下的小区覆盖范围。

假设设备允许的最大路径损耗为 131dB，按前述的简化计算公式，对于一般市区的 GSM900 网络：

$$131 = 127 + 38\lg d$$

解得：$d = 1.2\text{km}$

小区覆盖面积根据六边形蜂窝图来计算。如图 5-6 所示。

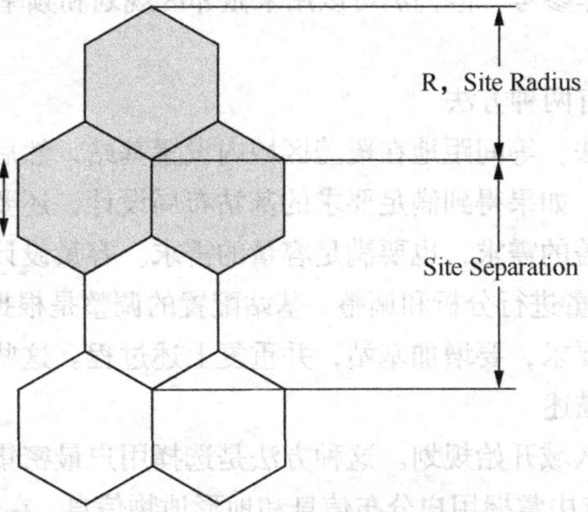

图 5-6　小区半径和覆盖面积

其中 X 为一个扇区的边界长度，R 为小区半径。以 X 为边的等边三角形面积：

$$S = \frac{R}{2}\cos 30^\circ \frac{R}{4} = \frac{\sqrt{3}}{16}R^2$$

其中一个小区的面积为：

$$S_{\text{sector}} = \frac{3\sqrt{3}}{8}R^2$$

则一个 3 扇区基站的覆盖面积为：

$$S_{\text{site}} = 18S \approx 1.95R^2$$

由此可知对于小区半径为 1.2km 的小区覆盖面积约为 2.8km²。

对于全向站，如小区半径为 r，其覆盖区域面积为：$S = \pi r^2$。

2. BTS/TRX 数量确定

根据上节中计算的小区覆盖面积，我们根据要求覆盖的区域面积可以简单通过整除来计算要求的基站数量。这个结果仅是从无线覆盖的角度计算得出的。

基站数量的计算还要从容量的角度考虑。网络容量的计算方法是根据前面确定的服务等级 GoS 查厄朗 B 表得到每小区的配置话务量，再乘以基站数量得出网络的最大话务容量。如果这个计算结果大于网络设计的目标值，那么根据覆盖角度计算得出基站数量是满足设计要求的结果。

如果这个计算结果小于网络容量的设计值。需要增加更多的基站或增加每个基站的配置来增加总的话务容量。根据实际经验，网络提供的实际话务容量应该是预期话务量的 1.3 倍左右，这样的网络不会出现较大程度的拥塞。

需要注意：小区的最大载频配置需要考虑频率资源是否足够，是否需要采用频率紧密技术，是否需要跳频、功控等抗干扰功能。

5.2.4 详细规划

详细规划是以简单规划的结果为基础的。

1. 准备工作

详细规划需要使用相应的规划工具。对城市和用户密度较大的地区需要准备数字地图。对于用户稀疏的农村或其他平原地带可以使用空白数字地图。空白地图对地物高度认为是相同的。在空白地图上的覆盖预测不够准确，仅作参考，但仍然可以用来做邻区规划和频率规划。

2. 基站布局规划

在覆盖区域内设置基站有两种方法。

一种是按照标准网格方法，等间距地在覆盖区域内设置基站，然后根据覆盖预测的结果对基站布局进行调整以满足覆盖要求。如果得到满足要求的基站布局设计，还要对这种结构的容量进行分析。最终的基站数目既要满足覆盖的需求，也要满足容量的需求。容量设计的方法是仔细计算每个基站配置的 TRX 数量，根据配置数量进行分析和调整。基站配置的调整是根据用户分布来确定的，如果在某些地区不能满足覆盖或容量要求，要增加基站，并重复上述过程。这些计算过程在地理信息系统中有比较直观的图形显示和数据描述。

另外一种方法是从特定区域开始规划。这种方法是选择用户最密集或最难于规划的区域开始进行规划。这需要在覆盖区域调查中掌握用户分布信息和地形地物信息。在这些关键区域中选择中心站点，这些站点的作用是保证重点区域的覆盖和容量。在这些站点布局完成后，再按照覆盖和容量的设计目标设计其他站点，最终得到满足系统设计要求的布局方案。得到这个方案后，其他的后续步骤和前面的第一种方法相同。

由于话务分布密度的不同和地形地物的不规则性，导致无线覆盖的不规则，所以基站实际站间距也不同。通常话务密度高的地区站间距小些，部分热点地区还可以考虑采用微蜂窝提供多层次覆盖，同时满足容量要求。由于频率资源限制，在满足容量的基础上，重点要避免干扰。一个网络的基站分布没有标准方案，但需要从整网的角度出发，选择较好的方案。

3. 网络结构设计

在考虑基站布局时需要对网络结构进行深入分析。通常根据需要可将网络结构按照天线高度分为高层站、中层站、低层站。网络中的话务量主要由中层基站承担。分层结构网络的设计需要 BSC 设备的支持。

高层站指天线高度远高于建筑物的平均高度，覆盖范围内涵盖了多个中层站的基站。高层站对频率资源的使用效率较低，所以只应在大城市（常有多座高架桥、环路、轻轨铁路，在这些道路上用户时速可达到 60～80km）和个别中等城市中部分高层建筑多的区域考虑建设或将原有的基站改设置为高层站，其它中等城市、小城镇和农村中，除个别原有基站为话务流向控制或地形原因而特殊设置为高层站外，一般不考虑建高层站。高层站的站址选取应以少而精为原则。高层站还可以解决市区内高层建筑的覆盖、频率干扰问题。

中层站指天线高度略高于建筑物的平均高度，天线一般安装在建筑物楼顶，覆盖范围一般在几个街区范围内的基站。小城镇和农村中除部分因话务流向控制或地形原因而特殊设置的高层站外，大部分的基站均为中层站。中层站一方面可以有效地利用频率资源（优于高层站），另一方面可以有效地吸收话务量（优于低层站），在网络运行中一直承担着主要的话务量。中层站的平均站距除农村外大部分在 0.6～5km 之间。在大城市中的中层站也有达到平均站距 0.6km 以下的区域。但即使在大城市中，建议中层站的平均站距不应小于 0.4km。平均站距的进一步减小将使楼群对各基站间信号强弱的影响更加明显并达到难以控制的程度。

低层站指天线高度低于建筑物的平均高度，天线一般安装在建筑物低层外墙、裙楼或低层建筑楼顶或建筑物室内，覆盖范围仅为一条街道、一条街道的一部分或某建筑物室内的基站。低层站的频率使用效率较高，但吸收话务量的能力较差，这主要是因为低层站的覆盖范围小，所以若其略偏离话务热点中心地区就难以有较理想的话务量。因此，建设低层站时应考虑建该低层站的目的是为了补充覆盖不足还是解决高话务量的问题，这关系到该低层站址位置的选取及规模的确定。

一般来说，网络建设初期以单层网方式设计，绝大多数基站设为中层站，基础网络建成后根据话务量和覆盖的要求，补充和调整新的基站，在密集商业区的热点话务区采用低层站（一般采用微蜂窝层以及室内分布式天线系统，一方面满足室内覆盖的要求，同时避免站距过近而带来的干扰和选站的困难问题），进而发展为分层网络结构。

需要注意的是分层网的设计需要有较多的频率资源，对于频率资源紧张的网络不宜采用。

4. 基站工程参数设计

确定基站数量、配置和布局之后，开始进行基站工程参数的详细设计。

基站工程参数主要包括：基站名称、经纬度、天线方位角、下倾角、高度。

在规划时，高度通常指天线相对地面的挂高。天线挂高依据不同的覆盖区类型、网络结构、建筑物平均高度而定。一般情况下，建议市区的天线挂高在 30 米以下；城郊边缘朝向外围的小区天线可以适当增加天线高度，一般为 40～50 米；一般全向基站和覆盖目标相对高度不宜超过 60～70m。对于搬迁基站，需要根据网络建设情况、用户要求覆盖的目标、安装环境来决定是否进行天线高度调整。某些山区由于地形原因需要把基站建在山上时，要注意尽量选用定向天线，避免全向天线带来的“塔下黑”。以前一般只在平原地区的农村、某种特殊地形、部分交通干道建全向天线的基站，其他区域内的基站基本上采用定向天线。随着网络建设的深入，全向基站明显不能满足覆盖要求。在用户密集城区，基站（不包括微蜂窝和室内分布式天线系统）采用 65°定向天线。为避免相互干扰，天线增益不需要太高。用户分布较集中且较少又需要广覆盖的基站，一般采用高增益的 90°定向天线。

为确保网络设计结构的规范性，最大可能地避开干扰，一般建议在局部区域内各基站各扇区的天线方向保持一致。例如都按 0°/120°/240°或 60°/180°/300°（优先推荐）设计。但在海、河流、交通干道、城郊结合部附近的基站，话务量不均衡的地区，高楼林里的市区，天线的朝向都需做相应的调整。特别需要强调的是，在大中小城市中，不少街道两旁都有高大建筑物，为避免波导效应，附近的基站小区天线方位角不能正对街道安装。

天线下倾角根据具体情况确定，既要减少对同频小区的干扰，又要保证满足覆盖区的范围，以免出现不必要的盲区；下倾过大时，必须考虑天线的前后辐射比，避免天线的后瓣对背后小区产生干扰或天线旁瓣对相邻扇区的干扰。一般说来，离水面较近的小区设计较大的下倾角，防止对对岸形成干扰；郊区和交通干道小区不设机械下倾以加大覆盖。

5. 覆盖预测和频率规划

根据以上设计的网络工程参数，就可以开始覆盖预测。

当发现覆盖预测结果与理想情况有所差别时，需要进行调整。一般措施有两种。

- 在小区的覆盖范围外有用户需求但建站不经济时，可采用直放站解决问题。在覆盖范围内但信号较弱或存在盲区时，视情况决定是否能采用微蜂窝解决。
- 相邻小区覆盖范围不重叠部分较大时，应考虑增高天线挂高或按照小区分裂原则增加基站。

小区的覆盖区不满足同邻频干扰指标时，可以做出以下调整。

- 调整小区载频数量。
- 调整站址或其他设计参数（包括天线型号、挂高、方位角、下倾角、发射功率），这需要考虑基站相互间的影响。

在覆盖预测的基础上，可以开始频率规划和 BCCH 规划。

通常对于简单规划，无须进行详细的频率规划，但需要描述计划采用的频率复用模式及规划思路。具体内容如下。

- BCCH 是否需要与 TCH 频点分段规划。
- BCCH 采用高端还是低端频点。
- BCCH 分配多少频点可以保证网络质量而又不浪费频率资源。
- TCH 需要多少个频点才能满足容量（或站型）的需要。
- 是否需要保留部分频点用作微蜂窝等等。

目前 GSM 网络常用的频率规划技术有：4×3、3×3、1×3、1×1、MRP、同心圆等。

4×3：是指 4 个基站 12 个小区为一个频率复用簇，频点在这 12 个小区中不被复用。

3×3：是指 3 个基站 9 个小区为一个频率复用簇，频点在这 9 个小区中不被复用。

1×3：是指 1 个基站 3 个小区为一个频率复用簇，频点在这 1 个小区中不被复用。

1×1：是指 1 个基站中的 1 个小区就为一个频率复用簇，频点在这个小区中不被复用，但在其他小区都被复用。

MRP：是一种相对复杂的频率复用技术，按载频一层一层依次增加频率复用紧密度。

同心圆：同心圆不是独立的频率复用技术，需要跟上述频率复用技术结合一起使用。

上述 1×3、1×1、MRP 属于紧密复用模式，需要跳频、功控、DTX 等抗干扰措施的支持。另外 BCCH 载频只能采用 4×3 或更宽松的频率复用模式，不能采用这些紧密复用模式。

5.2.5 位置区规划

位置区的大小（即一个位置区码 LAC 所覆盖的范围大小）在系统中是一个非常关键的因素。一般来说，位置区的规划需要跟运营商进行协调确定。

位置区的规划遵循以下原则。

- 位置区的划分不能过大或过小。如果 LAC 覆盖范围过小，则移动台发生位置更新的过程将增多，从而增加了系统中的信令流量；位置区覆盖范围过大，则网络寻呼移动台的同一寻呼消息会在许多小区中发送，会导致 PCH 信道负荷过重，同时增加 Abis 接口上的信令流量。位置区的计算跟不同厂家的寻呼策略相关。
- 尽量利用移动用户的地理分布和行为进行 LAC 的区域划分，达到在位置区边缘位置更新较少的目的。例如在高话务的大城市，如果存在两个以上的位置区，可以利用市区中山体、河流等地形因素来作为位置区的边界，减少两个位置区下不同小区的交叠深度。如果不存在这样的地理环境，位置区的划分尽量不要以街道为界，边界不要放在话务量很高的地方（比如商场）。一般要求位置区边界不与街道平行或垂直，而是斜交。在市区和城郊交界区域，一般将位置区的边界放在外围一线的基站处，而不是放在话务密集的城郊结合部，避免结合部用户频繁位置更新。

5.2.6　其他问题

1. 双频网

现在国内运营商使用双频网主要是由于用户量增加导致的频率资源不足。一般情况下，在覆盖区域 GSM900 网络已经实现良好覆盖，GSM1800 网络主要用于吸收话务量。因此对于 GSM1800 网络的预规划主要关注话务均衡的计算和双频配合的问题。通过现有网络的 OMC 收集各 GSM900 站点的话务量数据，并参考用户增长预测来确定 GSM1800 网络的基站和载频数量。1800MHz 的传播损耗比 900MHz 的大，而且为节省投资 1800 基站一般和 900 基站共站址建设。这样从无线覆盖的角度对小区选择和重选、切换等方面要进行配合，以免出现不必要的信令负荷。可以通过设计小区参数，使移动台尽量驻留在 1800 网络中，仔细选择切换门限和切换判决时间可以更好地改善通话质量。

双频网规划组网方式有共 BTS、共 BSC、共 MSC、独立 MSC 等几种方式。不同的组网的组网方式有不同的优缺点。

2. 室内覆盖系统

增强室内覆盖是网络发展到一定阶段提高网络质量的有效方法。某些特殊地区如建筑物内部深处、地下室、电梯和隧道等，依靠常规室外蜂窝无法保证良好覆盖。这时可以考虑使用其他一些技术来解决。具体技术如下。

- 直放站。
- 微蜂窝或微基站。
- 分布式天线系统。
- 泄漏电缆。

网络规划是移动通信建设的关键环节，决定了网络建成后的运行质量。在规划过程中也需要融合网络优化经验，使得所规划设计的网络一开通就能达到或超过运营商的要求，减少网络优化工作量。

5.3　网络优化流程

在上一节中就已经看到了网络优化的身影，事实上，网络技术发展到今天，网络规划和网络优化的界限已经很模糊了。网络优化是一个长期持续的工作，它贯穿于网络发展的全过程。对于使网络达到最佳运行状态，使现有网络资源获得最佳收益非常重要，同时也对网络今后的维护及规划建设提出合理的建议。

网络优化工作是指对投入运行的网络进行参数采集、数据分析，找出影响网络运行质量的原因，通过调整参数和采取某些技术手段使网络达到最佳运行状态，使网络资源获得最佳效益。

网络优化主要包括无线网络优化和交换网络优化两个方面。其中系统的无线部分具有诸多不确定因素，它对移动网络的影响很大，其性能优劣常常成为决定移动通信网好坏的决定性因素。无线网络优化又可分为清网排障、弥补规划的不足、日常维护和阶段性网优。

通常在下列情况需重点进行网络优化。

- 网络正式投入运行后或网络扩容后，即转入网络优化作业。

- 网络质量明显下降或用户投诉多时，应立即安排优化作业，解决网络质量问题。
- 发生突发事件并对网络质量造成很大影响时，比如某地举行大型演出，应立即安排优化作业。
- 当用户群改变并对网络质量造成很大影响时，应立即安排优化作业。

网络优化的工作过程有系统调查与评估、定位分析、实施优化调整方案等流程阶段。各流程阶段都要建立在科学方法论和技术手段的基础上，网优过程的整体流程如图 5-7 所示。

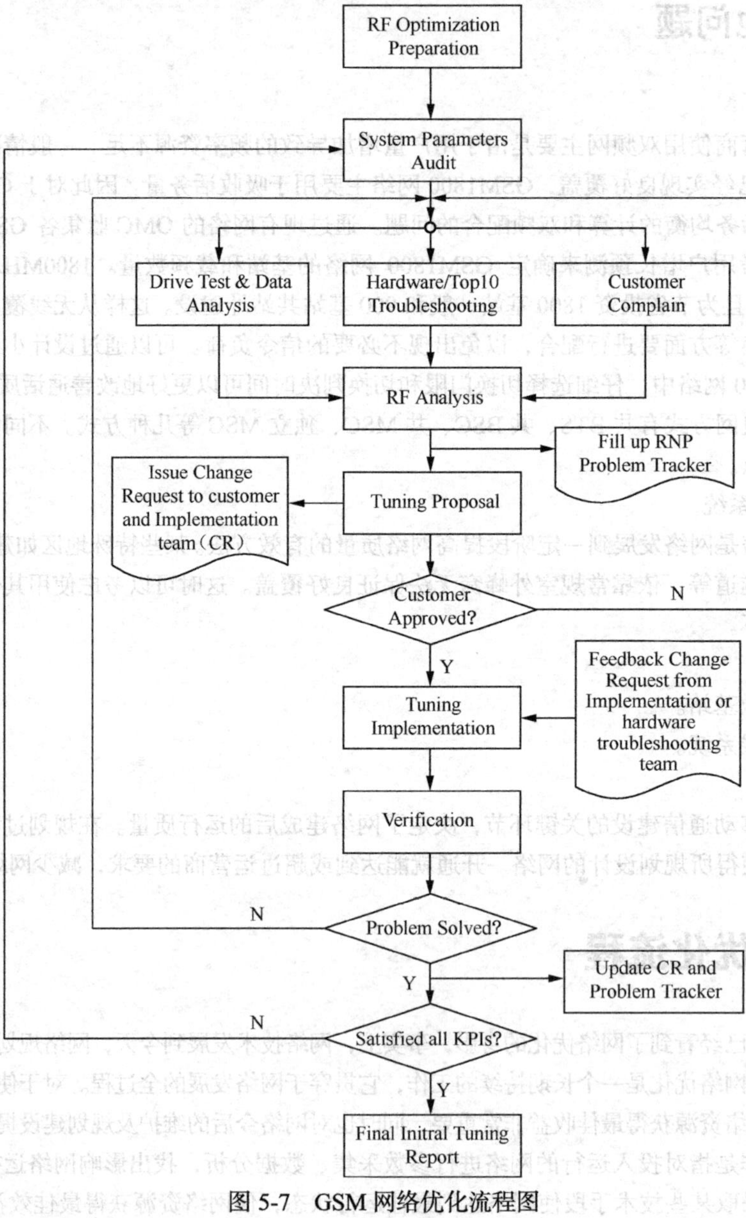

图 5-7　GSM 网络优化流程图

5.3.1　网络调查

网络优化要求优化人员对全网了解。优化的对象是整个网络，而不是某个单点。因此在优化实施前应对系统现有状况作一个全面的调查，切切不可在不了解全网的情况下，就开始优化。这种调查应包括 OMC、MSC 及基站系统话务数据、路测、话音质量测试、用户申告、小区频率规划等，并建立各种必要的数据资料库，如小区设计参数数据库等。数据资料库应包括原设计文件中的数据和调查所得到的当前运行时使用的数据。

网络调查是网络管理和网络优化的基础工作，也是进行网络优化的准备阶段，主要包括以下内容。

1. 资料调查

调查本次优化前的最新技术文件（如已有设计、测试结果、上一次优化的技术总结报告和用户申告等），包括全网 MSC、HLR、BSC、BTS 的容量和所在的物理位置，网络结构，中继电路数量及质量，信令方式，当前网上本地用户、漫游用户数及密度分布，用户投诉的热点问题和地区等内容。

2. 系统检查

在系统优化之前，应该仔细核查小区中基站频率配置是否符合频率配置规划，并对现有的频率规划根据移动通信中有关频率使用的规定进行审查。

除此之外，系统调查内容还包括基站设备检查，利用测试仪表检查基站硬件和天馈线系统工作是否正常；利用 OMC 或网管检查网络中存在的告警情况；检查交换机数据库，核实有关无线网络参数。

有时在网络调查之后，就可发现明显不合理、需要优化的方面，从而制定和实施优化。

5.3.2 数据采集

数据采集是网络优化最基本的因素，原始数据的类型包括：基站和小区基础知识，天线数据，电子地图，路测数据，话务数据，用户投诉数据，信令仪数据，无线网络运行参数。下面将对所需采集的各种数据进行详细的介绍。

1. 基站和小区基础数据

基站和小区的硬参数是所有数据中最基本的数据，也是必需的数据，要做网络优化和评估必须保证此部分数据的正确性，对于局方而言建议建立基站、小区硬参数数据库，并随工程的进展随时修正该数据库。

此部分数据如表 5-7 所示。

表 5-7　基站和小区数据列表

序号	名称	举例说明
1	基站编码	LA001
2	基站中文名	银都酒店
3	小区编码	LA0011
4	小区中文名	银都酒店 1
5	基站经度	117.33456°
6	基站纬度	31.887632°
7	基站归属 BSC	BSC1
8	基站归属行政区	市区
9	基站站型	6/6/6
10	小区 CGI	460-00-15673-28001
11	小区 BSIC	73
12	基站地面高度	10m
13	小区天线高度	40m

续表

序号	名称	举例说明
14	小区方向角	30°
15	小区天线下倾角	2°
16	小区天线型号	Kathrein 900/739622
17	基站输出功率	46dBm
18	天线端输出功率	38dBm
19	小区 TRX 数	6
20	工程状态	第三期
21	蜂窝类型	宏蜂窝
22	网络类型	GSM900
23	城市环境	密集城区
24	地形分类	城区

表 5-8 是基站和小区硬参数的实际列表。

表 5-8　　基站和小区参数数据示例

站点编号	名称	经度	纬度	地表高度	行政区	工程状态	站型	小区编号	网络类型
5001	A1	117.48149	30.651811	12	市区	第六期工程	3//2//2	50011	GSM900
5001	A2	117.48149	30.651811	12	市区	第六期工程	3//2//2	50012	GSM900
5001	A3	117.48149	30.651811	12	市区	第六期工程	3//2//2	50013	GSM900
5003	B1	117.48265	30.658997	20	市区	第六期工程	4//4//4	50031	GSM900
5003	B2	117.48265	30.658997	20	市区	第六期工程	4//4//4	50032	GSM900
5003	B3	117.48265	30.658997	20	市区	第六期工程	4//4//4	50033	GSM900

蜂窝类型	天线名称	天线方向角	天线下倾角	天线高度	BTS 输出功率	天线输入功率	城市环境	地形分类
宏蜂窝	KATHREIN900/739622	20	4	35	43	35	密集城区	城区
宏蜂窝	KATHREIN900/739622	120	6	35	43	35	密集城区	城区
宏蜂窝	KATHREIN900/739622	240	2	35	43	35	密集城区	城区
宏蜂窝	KATHREIN900/739622	20	6	42	43	35	一般城区	城区
宏蜂窝	KATHREIN900/739622	140	8	42	43	35	一般城区	城区
宏蜂窝	KATHREIN900/739622	240	8	42	43	35	一般城区	城区

2. 天线数据

天线数据的主要技术指标包括：天线起始和截止频率，天线增益，前后比，下倾方式（电子下倾或机械下倾），水平 3dB 夹角，垂直 3dB 夹角，水平和垂直方向图。在传播模型计算中需要获得更详细的天线数据，必须知道水平和垂直方向上各度的相对增益的 dB 值。

📖 比如：用 Kathrein900/739622 作为例子：

天线名称	Kathrein900/739622
超始频率	806
结束频率	960
增益	15.5dBi
前后比	30
下倾角	0
水平 3dB 夹角	65°
垂直 3dB 夹角	15°

3. 电子地图

在网络优化中，为了分析无线电波的传播环境，分析小区的实际覆盖范围，需要结合地形地物，需要依赖电子地图，因此电子地图在网络优化中是必不可少的。

4. 路测数据

网络优化中，路测数据是了解网络的最基本的数据，路测数据是从无线端获得的最直接和最基本的数据。

5. 话务数据

话务数据是提供全面、宏观了解网络运行情况的主要依据，通过话务数据可以发现问题小区，话务数据来源于 OMC-R。

6. 用户投诉信息

用户投诉是网络优化数据的另一种来源，可以及时发现网络存在的问题，定期汇总用户投诉，可以帮助优化的进行。

7. 信令仪数据

在 GSM 网络拓扑中，任何一个接口都是数据采集源。A 接口和 Abis 接口是信令数据的采集点，从 A 口处可以获得从 BSC 至 MSC 的信令信息，从 Abis 口处可以获得 BST 至 BSC 的信令信息。信令信息是网优中高级分析手段，可以通过信令数据发现一些高层次的问题，同时可以弥补部分厂商话务数据统计不全面的因素。信令数据的来源一般依赖于信令仪采集。

8. 无线网络运行参数

无线网络运行参数一定程度上决定了网络运行的性能，因此网络优化的主要手段在于对无线网络运行参数的调整，该数据同样从各厂商的 OMC-R 上得到，从路测数据的层 3 信令中可以得到部分无线参数，但不全面。

5.3.3 数据分析

数据分析是对数据采集的结果进行分析以发现网络中存在的问题，定位问题原因的过程。

📖 就好比医生看病，首先必须进行诊断，诊断完后方能开药方，数据分析的过程就好比医生诊断的过程。

不同来源的数据具有不同特点，相应的分析方法也存在差异。

（1）GSM 系统提供了完善的话务统计功能，话统指标异常是网络问题的直接体现，这为我们及时发现问题提供方便。分析网络性能的时候不能只看某一段时间或某一天的话统数据，这样分析比较片面。而应该分析一段时间内的话统指标。一般我们取一周的忙时话统数据平均值来分析网络的性能。另外，分析一个问题，常常需要多项指标综合分析来定位问题所在，如通过话务统计，发现某一小区存在拥塞现象，此时直觉是该小区话务量太高，需要扩容，其实其他原因也可能导致拥塞，如小区部分载频故障。此时需要首先检查小区信道利用率，结合小区的告警信息，定位是否存在某些载频或时隙无法利用，然后通过建立测量任务，进一步确定哪些载频或时隙无法利用。

（2）路测数据展示了网络下行信号的电平和质量的分布状况，能比较直观地反应网络服务质量，比如是否存在越区覆盖或者盲区，话音质量是否良好，是否存在掉话、干扰和切换等问题；同时能够帮助检查工程参数的正确性，例如基站经纬度，天线方位角等。缺点是无法反映上行信号的情况。

（3）信令跟踪分析是解决网络问题的有效途径和重要工具，信令所包含的丰富内容有助于分析系统之间的运作配合，为查找故障原因提供线索。

（4）用户投诉数据是网络问题反馈的重要来源。需要注意的是移动用户并非专业人士，对故障现象的描述可能与实际情况存在偏差，例如可能将干扰引起的话音断续归结为单通等，因此对部分比较含糊的问题需要进行实地回访和测试以便准确地定性投诉问题。

数据分析是复杂的过程，常常是一个问题需要综合分析话务统计数据、DT/CQT 数据、用户申诉数据和信令跟踪数据，同时结合优化软件中无线/工程参数的核查（例如频率、邻区关系、切换参数等），来分析、分类和定位网络中存在的问题。

5.3.4 方案制定及执行

通过对各种数据的分析，发现了网络存在的这种那种的问题，那么接下来一个自然的问题就是：我们如何去进行网络优化，解决问题？

> 📖 医生如何诊断并解决问题？
> 资料：一堆化验单、TC、超声波图。思考：开药方？打针？动手术？

虽然无线网络的复杂性使得网络表现的症状和原因各不相同，但是网络优化还是可以遵循一定的方法。根据网络优化的对象，可以分为无线参数优化和无线资源参数优化。按照优化所解决的问题层面又可分为：信号覆盖优化、频率干扰优化、容量优化、天线选型优化、接入参数优化、切换参数优化、移动性管理优化。

根据数据分析，制定出相应方案。

制定好优化方案后，就可按照方案进行实施。在优化实施阶段必须建立详细而完整的优化日志，这对整理优化的思路，结合统计数据和分析评估每项工作的效果大有帮助。

5.3.5 调整结果验证

网络调整方案实施完成后，必须通过各种手段来验证实施效果，确认达到预期目的，且没有副作用。通常通过下列两种方法来验证。

（1）在实施优化方案后，根据要求针对性地采集性能报表，对调整前后的数据进行对比分析；为保证验证效果的真实性，尽可能选择相同网络环境和相同采集时段。

（2）还可以做一些必要的测试，选择与实施前相同测试路径，同样测试时段，比较路测结果。比较同样测试环境，同样测试时段的拨测结果。

根据调整前后网络性能数据对比，确定网络问题是否解决或者网络性能是否满足要求。如果不能满足要求，整体或局部返回数据采集步骤重复整个过程。

每次优化结束后要对优化全过程总结，完成优化技术总结报告留档，为下一轮优化做好准备。

5.4 信令与协议

在前面提到，数据采集方式之一就是采用信令仪采集接口的信令消息，信令消息是网优中的高级分析手段，可以通过信令数据发现一些高层次的问题。因此想成为一名优秀的网络优化工程师，就必须掌握 GSM 信令与协议的相关知识。GSM 系统中，信令消息具体体现在接口的协议和规范上。

图 5-8 为 GSM 系统信令模型。

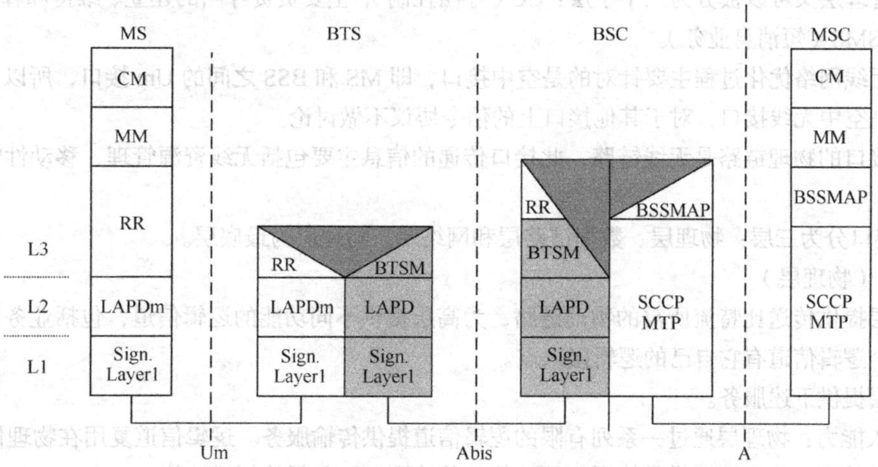

图 5-8　GSM 系统信令模型

注：LAPDm：Dm 信道的链路接入规程　SCCP：信令连接和控制部分

CM：通信管理　SMS：短消息管理　SS：补充业务管理

LAPD：D 信道的链路接入规程　CC：呼叫管理　MM：移动管理

BTSM：BTS 管理部分　MTP：消息传送部分　RR：无线资源管理

BSSMAP：BSS 管理应用部分　DTAP：直接传递应用部分

各功能分层的功能简单介绍如下。

（1）物理层

物理层主要负责物理数据单元的无差错传送。在物理层上，定义了传输路径上的电气特性。

在一般系统中，BTS 与 MS 之间的 Um 接口的物理层采用无线路径，在 BTS 与 BSC 之间的 Abis 接口的物理层采用在不均衡的 75Ω 同轴电缆或 120Ω 双绞线上的 2048bit/s 的 CEPT 数据流。

（2）链路层

链路层的主要功能有：帧传递、无差错传送以及通过物理层实现两连接实体之间的比特传送。在链路层上的任务主要是建立、维持和释放两连接实体之间的连接。

在 GSM 中，BTS 与 MS 之间的 Um 接口的数据链路层通过 LAPDm（Dm 信道的链路接入规程）实现；BTS 与 BSC 之间的 Abis 接口的数据链路层通过 LAPD（D 信道的链路接入规程）实现。注：Dm 信道是 GSM 系统中 Um 接口上各种信令信道的总称，比如 Dm 信道有可能是 PCH 也有可能是 BCCH。

（3）网络层

网络层主要用于建立端到端的连接，并实现寻址和选择路由功能。在网络层上，它主要负责通过一个任意的网络拓扑结构从目的地取得消息。

在 GSM 中，网络层可以被分为三个子层：CM 层（通信管理层）、MM 层（移动管理层）和 RR 层（无线资源层）。

无线资源层（RR）为移动管理层（MM）提供了一些服务。无线资源层的主要作用包括建立、维持、释放物理连接（比如无线的业务和控制信道）。无线资源层的一些主要功能在 BSC 中实现，但部分功能在 BTS 中实现。

移动管理层（MM）主要用于在网络中的用户设备的注册和用户的鉴别，移动管理层的功能在 MSC 一侧实现。

通信管理层（CM）是 GSM 信令模型中的最高一层，这个我们可以从它在信令模型中的位置可以很清楚的看到（在 MSC 和 MS 的信令模型结构的最高层）。

通信管理层又可以被分为三个子层：CC（呼叫控制），主要负责呼叫的建立、维持和释放；SS（补充业务）；SMS（短消息业务）。

由于无线网络优化过程主要针对的是空中接口，即 MS 和 BSS 之间的 Um 接口，所以，本部分讨论的重点是空中无线接口，对于其他接口上的信令协议不做讨论。

Um 接口的物理链路是无线链路，此接口传递的信息主要包括无线资源管理、移动性管理和通信管理等。

Um 接口分为三层：物理层、数据链路层和网络层。物理层为最底层。

1. L1（物理层）

物理层提供传送比特流所需的物理链路，为高层提供不同功能的逻辑信道，包括业务信道和信令信道，每个逻辑信道有它自己的逻辑接入点。

物理层提供下述服务。

- 接入能力：物理层通过一系列有限的逻辑信道提供传输服务。逻辑信道复用在物理信道上。
- 误码检测：物理层提供带错误保护功能的传输服务，包括检纠错功能。
- 加密。

2. L2（数据链路层）

L2 主要目的是建立移动台和基站间可靠的专用数据链路，所使用的链路层协议 LAPDm 是从 LAPD 协议演化而来。它接收物理层的服务，并向 L3 提供服务。

用于传输 L3 消息的数据链路操作有两种类型：无确认操作和确认操作。它们可以同时存在于一条 Dm 信道中。

- 无确认操作

在这种形式的操作下，L3 消息以无编号信息帧（UI）来传送。在数据链路层，对 UI 帧不加以确认，不进行流量控制和差错恢复。无确认操作适用于除 RACH 以外的所有控制信道。

- 确认操作

在这种形式的操作下，L3 信息以编号信息帧（I）来发送。数据链路层对所传送的 I 帧给出确认。对没有确认的帧，通过重发来实现错误恢复。在数据链路层无法恢复错误的情况下，向管理层报告错误指示。确认操作适用于 DCCH。

3. L3（网络层）

L3 信令提供在蜂窝移动网和与其相连的其他公众移动网建立、维护和终止电路交换连接的功能。L3 还提供必要的支持补充业务和短消息业务的控制功能。另外 L3 还包括移动性管理和无线资源管理的功能。

L3 实体由大量功能程序块构成。这些程序块在 L3 各主体之间以及 L3 与相邻层之间传送携带各种信息的消息单元。L3 信令完成的主要功能如下。

- 专用无线信道连接的建立、操作和释放（无线资源管理）。
- 位置注册更新、鉴权和 TMSI 再分配（移动管理）。
- 电路交换呼叫的建立、维护和终止（呼叫控制）。
- 补充业务的支持。
- 短消息业务的支持。

L3 由通信管理（CM）、移动管理（MM）和无线资源管理（RR）三个子层构成。其中 CM 层中包含有多个呼叫控制单元（CC），提供并行呼叫处理；在 CM 子层中还有补充业务单元（SS）和短消息业务管理单元（SMS），用于支持补充业务和短消息。

- 无线资源管理（RR）：负责物理信道和逻辑信道的建立、维持和释放，还包括根据 CM 子层的请求而进行的越区切换。
- 移动管理（MM）：具有支持移动用户的移动特性所必须的功能，当移动台激活与去激活，或者改变位置区时通知网络。它还负责已激活无线通道的安全。
- 呼叫控制（CC）：具有为建立与拆除移动台主呼和被呼是的电路交换连接所必须的功能。
- 补充业务支持（SS）：具有支持 GSM 补充业务所必须的功能。
- 短消息业务支持（SMS）：具有支持 GSM 点到点短消息业务所必须的功能。

除此之外，L3 还包括与消息传输有关的其他功能，如复接和分发。这些功能由无线资源管理和移动性管理规定，其任务是根据消息头的协议识别码（PD）和处理识别码（TI）确定消息的路由。这两个识别码将在消息的结构中详细讲述。

5.5 通信事件

通信事件就是 GSM 网络需要解决的主要问题，可分为以下五大类。

（1）移动用户在网络中的注册和登录：位置登记和更新。

（2）移动用户的合法性与通信安全：鉴权和加密。

（3）通话过程中，移动台占用信道的变换：切换。

（4）建立用户之间的通信：呼叫接续。

（5）短消息的发送和接收。

随着数据通信的发展，通信事件会越来越多，也就是我们可以通过移动通信网络享受到更多种业务的移动性体验。

比如无论是位置更新还是呼叫接续都需要先建立无线信道，所以将无线信道的建立放在无线资源管理层，这样位置更新或是呼叫接续都不需要知道如何建立无线信道，只需要向无线资源管理层提出请求即可。

5.5.1 位置登记和更新

5.5.1.1 位置登记

1. 网络选择

PLMN 选择和重选的目的是选择一个可用的、最好的 PLMN。移动台会维护一个 PLMN 列表，这些列表将 PLMN 按照优先级排列，然后从高优先级向下搜索，找到的自然是最高优先级的 PLMN。PLMN 选择和重选的模式有两种，自动和手动。自动选网就是移动台按照 PLMN 的优先级自动地选择一个 PLMN；手动选网是将当前的所有可用网络呈现给用户，由用户选择一个 PLMN。

在这个列表中，RPLMN 优先级最高。RPLMN 就是上次注册成功的 PLMN。当移动台关机后，上次注册成功的 RPLMN 会自动存储在 SIM 卡的文件中，存储的就是 MCC+MNC。

无论自动选网还是手动选网，移动台开机后，首先会尝试 RPLMN，成功后就不会有后续的过程。如果不成功，移动台就会生成一个 PLMN 列表（按照优先级）。

（1）HPLMN。

（2）SIM 卡文件"用户控制的 PLMN 接入技术选择"中的 PLMN（这些 PLMN 在 SIM 卡中是按照优先级排列的）。

（3）SIM 卡文件"操作者控制的 PLMN 接入技术选择"中的 PLMN（PLMN 在 SIM 卡中按照优先级排列的）。

（4）信号质量较好的 PLMN，这些 PLMN 的排列是随机的。

（5）其他的 PLMN，以信号质量从高到低的顺序排列。

移动台从 SIM 卡记录的 IMSI 中获取 HPLMN。（4）和（5）是由移动台逐个频率搜索得到的。

移动台按照上述有优先级的 PLMN 列表一个一个的搜索并尝试位置登记。对于不同的接入技术（UTRAN & GERAN），每个 PLMN 需要指明优先选用的接入技术。如果没有指出，一般优先选用 GERAN。

2. 小区选择

当移动台完成上面的网络选择后，就需要寻找网络允许的 BCCH 频点，选择一个合适的小区进行驻留，从中提取控制信道的参数和其他系统信息，这种选择过程被称为"小区选择"。

当移动台选择一个合适的小区驻留后，它将调谐到该小区的 BCCH 信道上，接收寻呼消息和 BCCH 广播的系统消息，并可以通过该小区的 RACH 信道来发出接入请求。

（1）情况 1

如果移动台并没有存储的 BCCH 消息，它将首先搜索完所有的 124 个 RF 信道（如果为双频手机还应搜索 374 个 GSM1800 的 RF 信道），并在每个 RF 信道上读取接收的信号强度，计算出平均电平值，整个测量过程将持续 3～5s，在这段时间内将至少分别从不同的 RF 信道上抽取 5 个测量样点。

MS 将调谐到接收电平最大的载波上，判断该载波是否为 BCCH 载波（通过搜寻 FCCH 突发脉冲），若是，移动台将尝试解码 SCH 信道来与该载波同步并读取 BCCH 上的系统广播消息。若 MS 可正确解码 BCCH 的数据，并当数据满足以下条件时，则驻留到该小区。

- 该小区属于所选的 PLMN。
- 参数 $C1$ 值大于 0。
- 该小区未被禁止接入。
- 移动台的接入等级并未被该小区禁止。

否则，MS 将调谐到次高的载波上直到找到可用的小区。

若 30 个最强的 RF 信道都被搜索后仍未找到合适的小区，MS 将继续监听所有的 RF 信道的信号强度并搜索 $C1>0$ 且未被禁止接入的 BCCH 信道，当找到该载波后，MS 则选择该小区，而不考虑 PLMN 识别。在这种模式下，仅可进行紧急呼叫。

（2）情况 2

如 MS 在上次关机时，存储了 BCCH 载波的消息，它将首先搜索已存储的 BCCH 载波，若 MS 可以译码该小区的 BCCH 数据，则检查该小区的 BA（BCCH）表，若表中所有的 BCCH 载波都被搜索后，仍未找到合适的小区，则执行上述的无存储 BCCH 信息的小区选择过程。

在上面中提到的参数 $C1$ 为供小区选择的路径损耗准则，其公式如下：

$$\begin{aligned} C1 = {} & RxLEV - RxLEV\_ACCESS\_MIN \\ & -MAX((MS\_TXPWR\_MAX\_CCH - P),0) \end{aligned} \tag{5-5}$$

其中：

- $RxLEV$ 为移动台接收的平均电平，单位为 dBm；
- $RxLEV\_ACCESS\_MIN$ 为允许移动台接入的最小接收电平，单位为 dBm；
- $MS\_TXPWR\_MAX\_CCH$ 为移动台接入系统时可使用的最大发射功率电平，单位为 dBm，可通过修改该值来改变 $C1$ 值，从而控制该小区的逻辑覆盖范围；
- P 为移动台的最大发射功率，单位为 dBm；
- 服务小区的 $C1$ 必须大于 0。

3. 小区重选

小区重选是 MS 在空闲模式下因位置变动，信号变化等因素引起的重新选择服务小区的过程。

当发生以下情况时，将触发小区重选。

（1）移动台计算某小区（与当前小区属同一个位置区）的 $C2$ 值超过移动台当前服务小区的 $C2$ 值连续 5 秒。

（2）移动台计算某小区（与当前小区不属同一个位置区）的 $C1$ 值超过移动台当前服务小区的 $C2$ 值与小区重选滞后值（CELL_SELECTION_HYSTERESIS）之和连续 5 秒。

（3）当前服务小区被禁止。

（4）MS 监测出下行链路故障。

（5）服务小区的 $C1$ 值连续 5 秒小于 0。

（6）MS 随机接入时，在最大重传后接入尝试仍不成功的情况下。

移动台检测服务小区的 BCCH 系统消息，该消息指示了邻小区频点配置表中的所有 BCCH 载波。

MS 对所有的 BCCH 载波抽取同样的测量抽样数目，对它们接收电平的测量至少需要 5 个测量抽样来进行平均，而且分配给每个载波的抽样点在每个测量周期内应尽量平均，至少在每分钟内更新最强的 6 个 BCCH 载波。

为了降低功耗，节省 MS 的耗电量，MS 还应在译码寻呼组时测量 BA（BCCH）表中的各载波的接收电平。在 MS 寻呼组出现的期间内可获得一些 BA（BCCH）表中所包含的 BCCH 频点和服务小区 BCCH 频点上的接收电平测量样本值。

在 MS 例行测量程序中，在至少 30s 内应试图去解码服务小区的 BCCH 广播的全部系统消息。MS 至少在 5min 内对 6 个最强的非服务小区的 BCCH 载波进行 BCCH 数据块的解码，该数据块包含影响小区重选的参数。当 MS 认为一个新的 BCCH 载波变为六个最强的载波之一时，则至少在 30s 内对新载波的 BCCH 数据进行解码。MS 至少在 30s 内检查 6 个最强载波之一的 BSIC，以证实监测的是同一个小区，BSIC 若发生了变化，MS 则认为该载波是一个新载波，并将重新解码该 BCCH 数据。在以上情况中，MS 尽量不中断对 PCH 的侦听。

应注意在 MS 进行小区重选之后，并在驻留该小区之前，应译码新小区所有的 BCCH 数据，根据所得的结果 MS 将检查影响小区重选的参数是否发生了变化。当有变化时，MS 应判决此时变化是否依然符合小区重选准则。如果小区选择标准仍可用，MS 将驻留该小区。如果不能用，移动台将以下一个 $C2$ 最高变量的小区重复这个过程。

小区重选采用的算法为 $C2$ 算法，计算公式如下：

当 $PENALTY\_TIME$ 不等于 11111 时：

$$\begin{aligned} C2 = C1 + CELL\_RESELECT\_OFFSET \\ -TEMPORARY\_OFFSET \times H(PENALTY\_TIME - T) \end{aligned} \quad (5\text{-}6)$$

当 $PENALTY\_TIME$ 等于 11111 时（保留用于 $CELL\_RESELECT\_OFFSET$ 对 $C2$ 改变作用的符号）：

$$C2 = C1 - CELL\_RESELECT\_OFFSET \tag{5-7}$$

其中，当 $PENALTY\_TIME < 0$ 时，函数 $H(X) = 0$；

当 $PENALTY\_TIME \geqslant 0$ X≥0 时，函数 $H(X) = 1$。

T 是一个定时器，它的初始值为 0，当某小区被移动台记录在信号电平最大的六个邻小区时，则对应该小区的计数器 T 开始计时，当该小区从移动台信号电平最大的六个邻小区表中去除时，相应的定时器 T 被复位；

$CELL\_RESELECT\_OFFSET$ 为小区重选偏移量，可人为的来调整 $C2$ 值的大小；

$TEMPORARY\_OFFSET$ 为临时偏移量；

$PENALTY\_TIME$ 为惩罚时间，从移动台发现某一小区的信号出现后，定时器 T 开始置位，到定时器 T 的值到达 $PENALTY\_TIME$ 规定的时间之前，将按照 $TEMPORARY\_OFFSET$ 所定义的值给该小区的 $C2$ 算法一个负偏置的修正，这种做法是用来防止当移动台在快速移动时来选择一个微蜂窝或覆盖较小的小区作为服务小区的情况。如果在时间未超过 $PENALTY\_TIME$ 所定义的时间，临时偏移量将被考虑在 $C2$ 的计算中；若时间超过了 $PENALTY\_TIME$ 所定义的时间后，将不考虑临时偏移量。在高速公路等覆盖区可使用惩罚时间。

在这里值得注意的是，仅当小区重选指示（$CELL\_RESELECT\_OFFSET$）激活时 $C2$ 算法这几个参数才起作用，否则移动台将不考虑 $CELL\_RESELECT\_OFFSET$、$TEMPORARY\_OFFSET$ 和 $PENALTY\_TIME$ 的设置情况，因而此时 $C2=C1$。

5.5.1.2 位置更新

当 MS 从一个位置区移动到另一位置区时，它必须进行登记，以便网络对 MS 进行寻呼，即当 MS 发现其存储器中的 LAI 发生了变化，便执行重新登记，这个过程就叫做"位置更新"。

在 GSM 系统中有三个地方需要知道位置信息，即 HLR、VLR 和 MS。当这个信息发生变化时，需要保持三者的一致，由位置更新流程实现。位置更新流程是位置管理中的主要流程，总是由 MS 发起。

位置更新流程是一个通用流程，有以下三类位置更新。

- 正常位置更新。
- 周期性位置更新。
- IMSI 附着位置更新流程。

正常位置更新、周期性位置更新和 IMSI 附着位置更新流程基本相同，流程如图 5-9 所示。

具体流程说明如下所述。

（1）MS 在空中接口的接入信道上向 BTS 发送 Channel Request（该消息内含接入原因值为位置更新）。

（2）BTS 向 BSC 发送 Channel Required 消息。

（3）BSC 收到 Channel Required 后，分配信令信道，向 BTS 发送 Channel Activation。

（4）BTS 收到 Channel Activation 后，如果信道类型正确，则在指定信道上开功率放大器，上行开始接收信息，并向 BSC 发送 Channel Activation Acknowledge。

（5）BSC 通过 BTS 向 MS 发送 Immediate Assignment Command。

（6）MS 发 SABM 帧接入，其中包含 Location Update Request 层三消息。

（7）BTS 回 UA 帧进行确认。

（8）BTS 向 BSC 发 Establishment Indication，该消息中包含了 Location Update Request 消息内容。

（9）BSC 建立 A 接口 SCCP 链接，向 MSC 发送 Location Update Request。

（10）MSC 向 BSC 回链接确认消息。

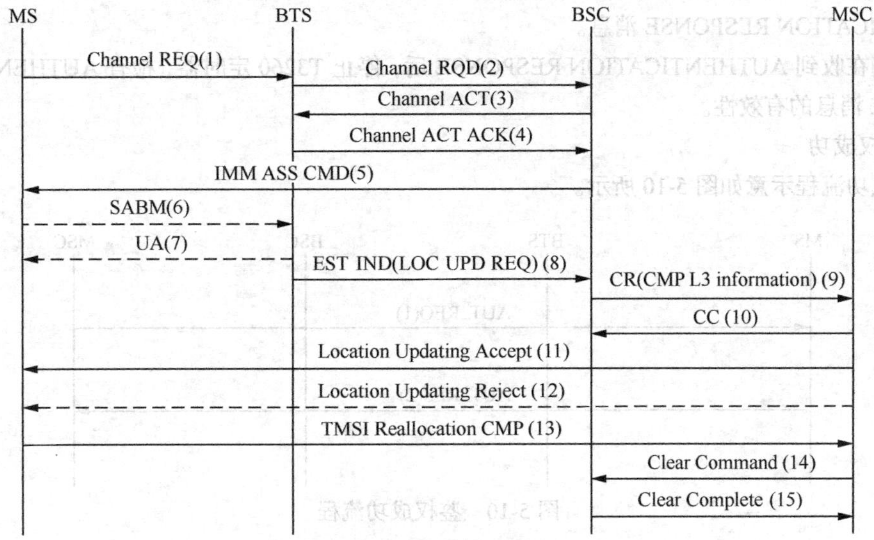

图 5-9 位置更新流程

（11）MSC 向 MS 回位置更新接受消息，表明位置更新成功，并分配新的 TMSI 号给移动台。

（12）在网络侧拒绝本次位置更新时，网络侧下发给消息给 MS。

（13）若 MSC 侧选择“位置更新时分配 TMSI”为否，则在位置更新的过程中，MS 没有“TMSI Reallocation Complete”消息的上报。

（14）从此处开始网络侧启动信道释放流程。

（15）信道释放完成。

由此可见，位置更新事件由两个协议功能层完成：无线资源管理层和移动性管理层。它包括 RR 连接建立规程、位置更新规程、信道释放规程，并可能包含 TMSI 重分配规程，其中 RR 连接建立规程和信道释放规程属于无线资源管理规程，而位置更新规程和 TMSI 重分配规程则属于移动性管理。

5.5.2 鉴权与加密

5.5.2.1 鉴权

为了防止非法用户接入 GSM 网络系统，同时也防止合法用户的私人信息被非法用户窃取，GSM 网络对移动台进行鉴权。

网络侧在下列条件下可以启动鉴权流程。

- 位置更新。
- 业务接入时（包括 MS 主叫、被叫、MS 激活或去激活及补充业务时）。
- MSC/VLR 重启后的第一次网络接入。
- 密钥序列 Kc 不匹配时。

鉴权总是由网络侧发起和控制。

网络侧通过向 MS 发送 AUTHENTICATION REQUEST 消息启动鉴权流程，同时启动定时器 T3260。AUTHENTICATION REQUEST 消息中包含计算鉴权响应的参数和分配给密钥的“密钥序列号码”（CKSN）。

MS 收到 AUTHENTICATION REQUEST 消息后，根据其中提供的参数计算 AUTHENTICATION RESPONSE 所需的信息和新的密钥 Kc，在给网络侧发送 AUTHENTICATION RESPONSE 消息之前，将新的密钥 Kc 取代原密钥连同“密钥序列号码”（CKSN）存于 SIM 卡中，并给网络侧回送

AUTHENTICATION RESPONSE 消息。

网络侧在收到 AUTHENTICATION RESPONSE 后，停止 T3260 定时器，检查 AUTHENTICATION RESPONSE 消息的有效性。

1. 鉴权成功

鉴权成功流程示意如图 5-10 所示。

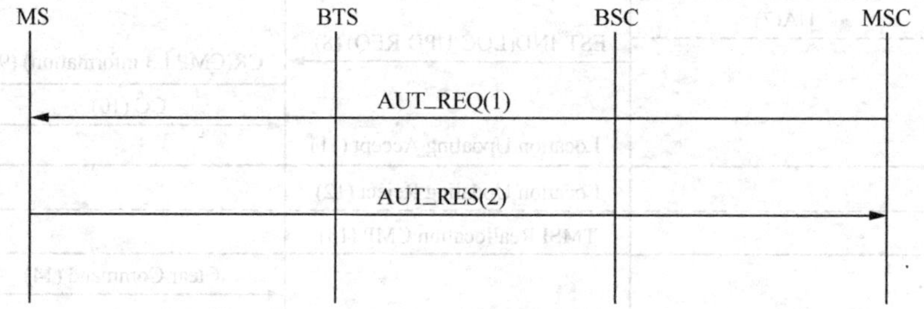

图 5-10　鉴权成功流程

鉴权成功流程说明如下。

• AUTHENTICATION REQUEST 消息中包含了包含一个随机数（RAND）和 CKSN 号码，RAND 共 128bit。

• AUTHENTICATION RESPONSE 消息中包含了一个响应数 SRES（由 RAND 和 Ki 经过 A3 算法计算获得）。

• 网络侧比较自己保存的 SRES 和 AUTHENTICATION RESPONSE 消息中的 SRES 是否一致，若一致则鉴权通过。如果 AUTHENTICATION RESPONSE 消息验证通过，则进入其他后续子流程（如加密流程）。

2. 鉴权拒绝

如果鉴权失败，即 AUTHENTICATION RESPONSE 消息无效。

如果 MS 的采用 TMSI 身份指示方式，网络侧将启动身份识别过程。如果 MS 的提供的 IMSI 身份指示信息与网络侧 TMSI 相关的 IMSI 信息不同，则网络侧将重启动鉴权过程。如果 MS 的提供的 IMSI 信息正确，则网络侧将回送 AUTHENTICATION REJECT 消息。

如果 MS 采用 IMSI 身份指示方式，则网络侧将直接回送 AUTHENTICATION REJECT 消息。鉴权拒绝流程示意图如图 5-11 所示。

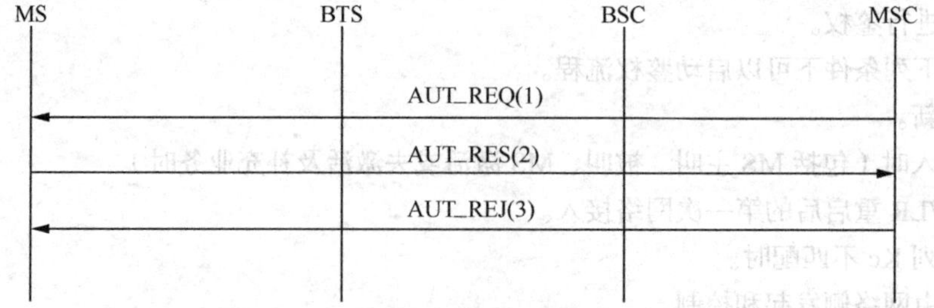

图 5-11　鉴权拒绝流程

鉴权拒绝流程说明如下。

• 网络侧发送 AUTHENTICATION REJECT 消息后，释放所有正在进行中的 MM 连接，并重启 RR 连接释放流程。

• MS 在收到 AUTHENTICATION REJECT 消息后，MS 将置漫游禁止标志，删除 TMSI、LAI、

密钥信息等。

5.5.2.2　加密

加密是通过对空中接口所传的码流加密，使得用户的通话和信令不被窃听。加密功能总是和鉴权功能一起使用的。

移动台和网络都可以利用计算出来的 Kc 值和当前脉冲串的帧号码通过 A5 算法得到加密序列，再用加密序列与数据做异或运算，以搅乱移动台和基站之间的语音和数据传输，如图 5-12 所示。

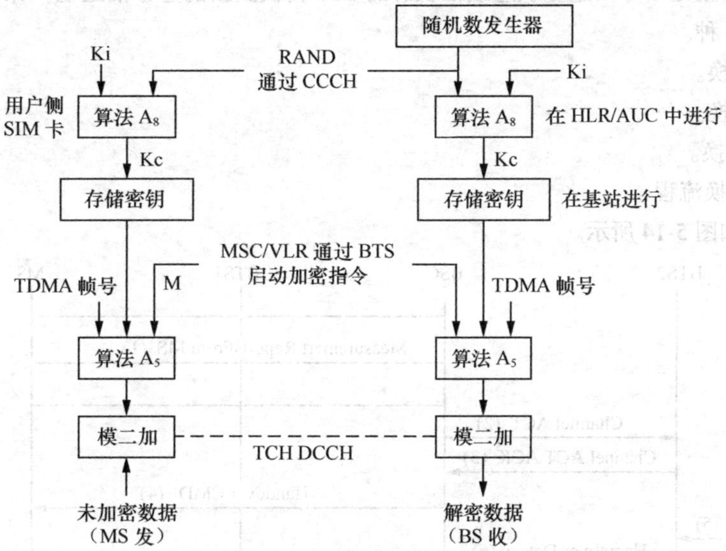

图 5-12　数据加密的过程

具体信令流程图如图 5-13 所示。

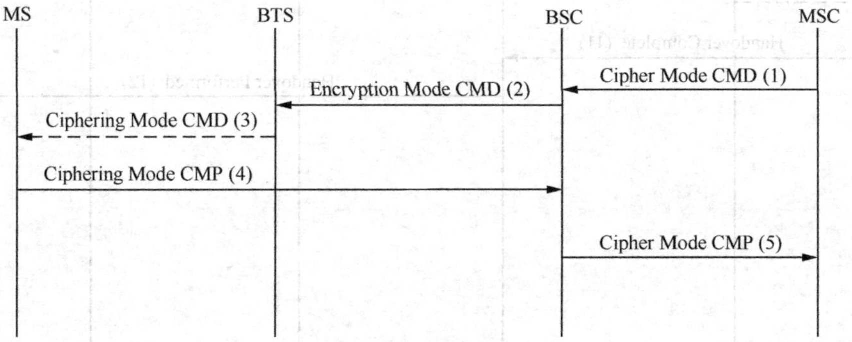

图 5-13　加密流程

具体流程说明如下所述。

（1）加密模式设置流程中，MSC 向 BSC 发一条 Cipher Mode CMD 命令，该消息中包含要求的加密算法（包括要求不加密），以及是否要求 MS 在 Ciphering Mode CMP 中包括 IMEI。

（2）BSC 根据 MSC 的 Cipher Mode CMD 命令中的加密算法、BSC 允许的加密算法以及 MS 支持的加密算法来最终决定采用的算法，然后通知 BTS。

（3）BSC 向 MS 发送 Ciphering Mode CMD 命令，用来通知 MS 所选择的加密算法。

（4）MS 收到 Ciphering Mode CMD 命令后，启动加密模式的传送，然后向系统返回 Ciphering Mode CMP。

（5）收到 MS 的 Ciphering Mode CMP 消息后，BSC 通知 MSC Cipher Mode CMP。

GSM 协议规定了 A5/0～A5/7 共 8 种加密算法，A5/0 表示不加密。加密设置流程由网络侧发起，在 Cipher Mode CMD 消息的 Encryption Information 单元中指明要求的加密算法。

5.5.3 切换

切换是将一个正处于呼叫建立状态或忙状态的 MS 转换到新的业务信道上，保证通话不中断的过程，可分为如下 3 种。

- BSC 内切换。
- BSC 间切换。
- MSC 间切换。

1. BSC 内切换流程

具体流程图如图 5-14 所示。

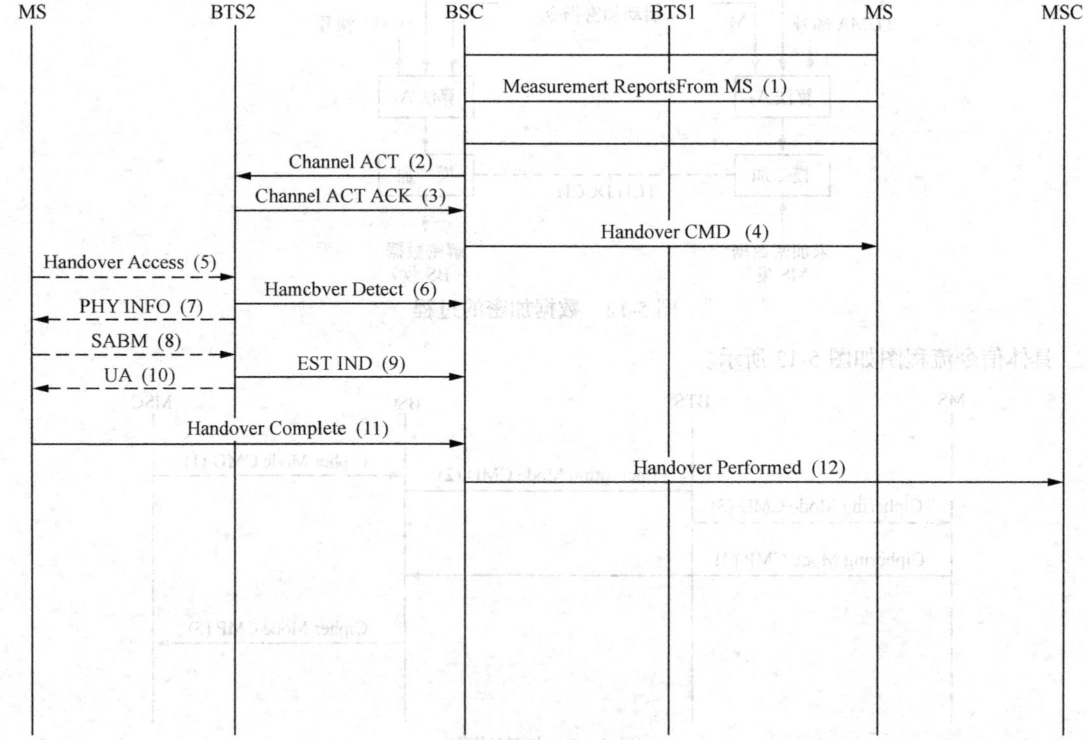

图 5-14 BSC 内切换

切换流程说明如下。

（1）MS 在空中接口的 SACCH 上向 BTS1 发送 Measurement Report，BTS1 再转发给 BSC。

（2）BSC 收到 Measurement Report 后，根据 Measurement Report 的信息，判断需要将该 MS 切换到 BSC 内的其他小区，则 BSC 向目标小区的 BTS2 发送 Channel Activation，激活信道。

（3）BTS2 收到 Channel Activation 后，如果信道类型正确，则在指定信道上开功率放大器，上行开始接收信息，并向 BSC 发送 Channel Activation Acknowledge。

（4）BSC 收到 BTS2 的 Channel Activation Acknowledge 后，发送 Handover CMD 给 BTS1，由

BTS1 转发给 MS。

（5）MS 接收到 Handover CMD 后，在 BTS2 尝试接入，发送 Handover Access 给 BTS2。

（6）BTS2 收到 MS 的 Handover Access 后发送 Handover Detect 给 BSC，通知收到切换接入消息。

（7）对于异步切换，即 BTS1 和 BTS2 是属于不同的基站，BTS2 发送 Handover Detect 的同时也向 MS 发送 PHY INFO，该消息包括 MS 能正确接入的同步信息等内容；但如果是同步切换，即 BTS1 和 BTS2 属于相同基站时，不会有 PHY INFO 消息的下发。

（8）对于异步切换，MS 接收到 PHY INFO 后，发送 SABM 到 BTS2；但对于同步切换，MS 在发送 Handover Access 后很快就会发送 SABM 帧给 BTS2。

（9）BTS2 收到第一个 SABM 帧后，将发送 EST IND 给 BSC，通知 BSC 无线链路建立。

（10）同时 BTS2 给 MS 回应 UA 帧，通知 MS 无线链路层建立。

（11）至此，MS 发送 Handover Complete 给 BTS2，BTS2 转发 Handover Complete 给 BSC，通知 BSC 切换完成。

（12）BSC 将发送 Handover Performed 给 MSC，通知 MSC 进行了一次切换，同时 BSC 将对 BTS1 的老信道发起本地释放流程，释放信道。

2. BSC 间切换流程

具体流程图如图 5-15 所示。

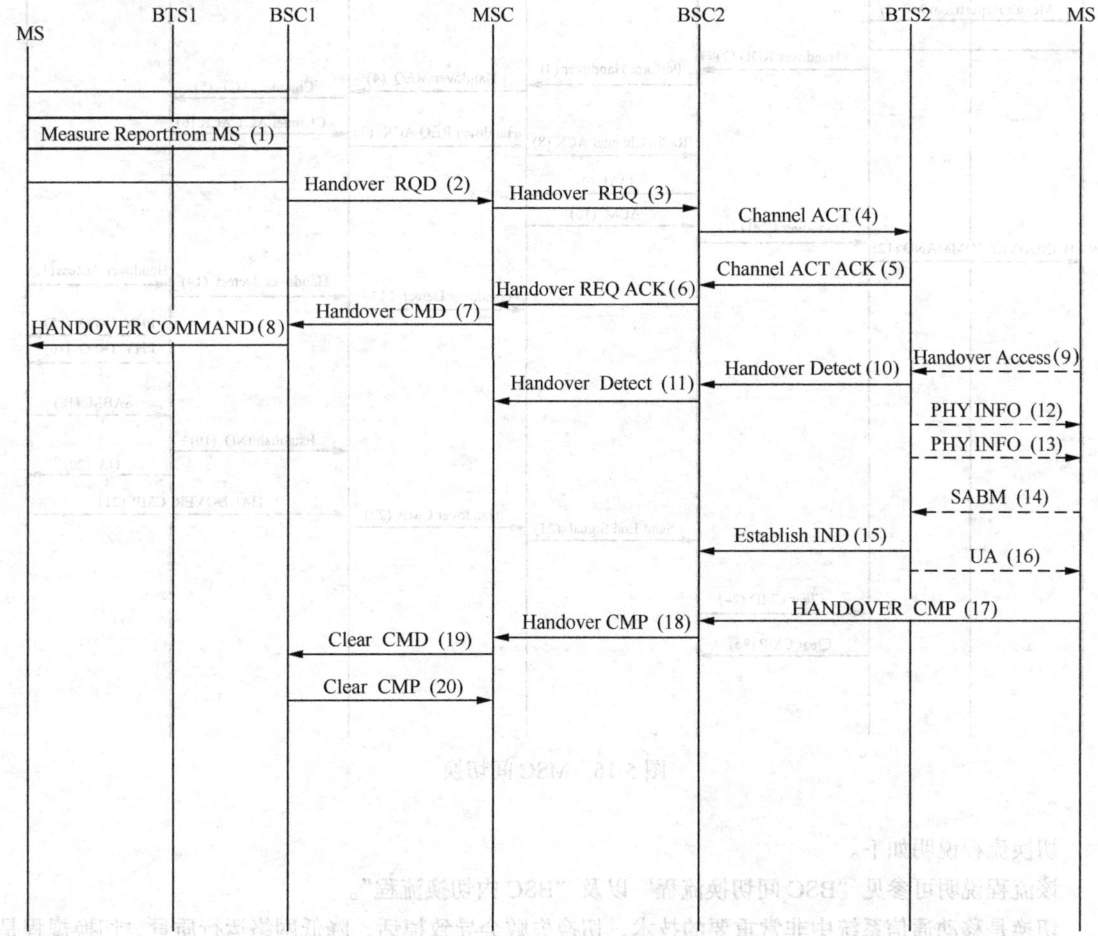

图 5-15 BSC 间切换流程

切换流程说明如下。

BSC 间的切换流程与 BSC 内切换流程的差异只在于多了几条 A 接口信令，因此，这里只对不同的信令进行说明。其他信令说明，请参见 BSC 内切换流程。

（1）MS 需要切换到 BSC2 所属的小区时，BSC1 发送 Handover Required 给 MSC，请求发起出 BSC 切换。

（2）MSC 收到 Handover Required 后，发送 Handover Request 给目标 BSC2。

（3）BSC2 在激活新信道后，发送 Handover REQ ACK 给 MSC，通知 MSC 信道已经准备好。

（4）MSC 接收到 Handover REQ ACK 后，发送 Handover CMD 给 BSC1，BSC1 发送 Handover CMD 给 MS，通知 MS 在新信道接入。

（5）MSC 收到 BSC2 发送的 Handover CMP 后，发送 Clear CMD 给 BSC1，BSC1 发起本地释放，释放老信道，同时回应 Clear CMP 给 MSC，表示清除完成。

3. MSC 间切换流程

具体流程图如图 5-16 所示。

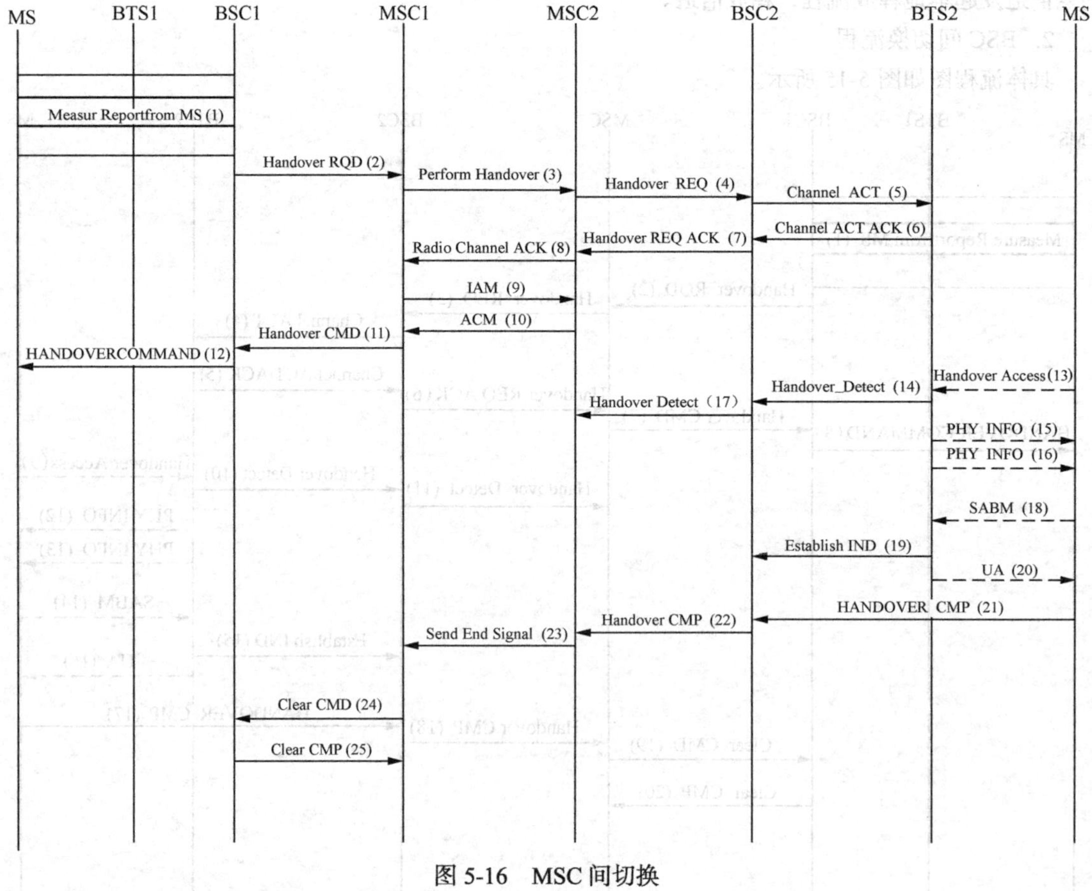

图 5-16　MSC 间切换

切换流程说明如下。

该流程说明可参见“BSC 间切换流程”以及“BSC 内切换流程”。

切换是移动通信系统中非常重要的技术，切换失败会导致掉话，降低网络运行质量。切换规程是在移动台的专用模式下发生的。切换的判断依据移动台对小区环境及通话质量等的测量，而测量对象则依据专用模式下，网络对移动台广播的系统消息，即 BA active 列表。所以，切换事件涉及的规程包括 SACCH 规程和切换规程。

5.5.4 呼叫接续

5.5.4.1 移动台主叫流程

移动台主叫（Mobile Originate，MO）包括 MS 拨打 MS、MS 拨打固定电话。

一般来说主叫经过几个大的阶段：接入阶段，鉴权加密阶段，TCH 指配阶段，取被叫用户路由信息阶段。

根据指配流程类别，移动主叫正常流程分成三类。

- Early Assignment。
- Late Assignment。
- Very Early Assignment。

其中前两者流程的选择是 MSC 决定的；最后一种流程是由 BSS 根据无线资源等情况决定的。

1. 移动主叫建立流程（Early Assignment）

具体信令流程图如图 5-17 所示。

信令流程说明如下。

（1）MS 在空中接口的接入信道上向 BTS 发送 Channel Request（该消息内含接入原因值为 MOC。但是该消息中的原因值并不完全准确，因为 MS 在做移动主叫和 IMSI 分离时都填的是该原因值）。

（2）BTS 向 BSC 发送 Channel Required 消息。

（3）BSC 收到 Channel Required 后，分配信令信道，向 BTS 发送 Channel Activation。

（4）BTS 收到 Channel Activation 后，如果信道类型正确，则在指定信道上开功率放大器，上行开始接收信息，并向 BSC 发送 Channel Activation Acknowledge。

（5）BSC 通过 BTS 向 MS 发送 Immediate Assignment Command。

（6）MS 发 SABM 帧接入。

（7）BTS 回 UA 帧进行确认。

（8）BTS 向 BSC 发 Establishment Indication（该消息中准确的反映了 MS 的接入原因，此时对移动主叫和 IMSI 填的是不同的原因值），内含 CM Service Request 消息内容。

（9）BSC 建立 A 接口 SCCP 链接，向 MSC 发送 CM Service Request。

（10）MSC 向 BSC 回链接确认消息。

（11）MSC 发 CM Service Accept。

（12）主叫 MS 发 Setup。

（13）MSC 向主叫 MS 发 Call Proceeding。

（14）MSC 向 BSC 发 Assignment Request，在该消息中，分配了 A 接口 CIC。

（15）BSC 分配话音信道，向 BTS 发送 Channel Activation。

（16）BTS 收到 Channel Activation 后，如果信道类型正确，则在指定信道上开功率放大器，上行开始接收信息，并向 BSC 发送 Channel Activation Acknowledge。

（17）BSC 通过 BTS 向 MS 发送 Assignment Command。

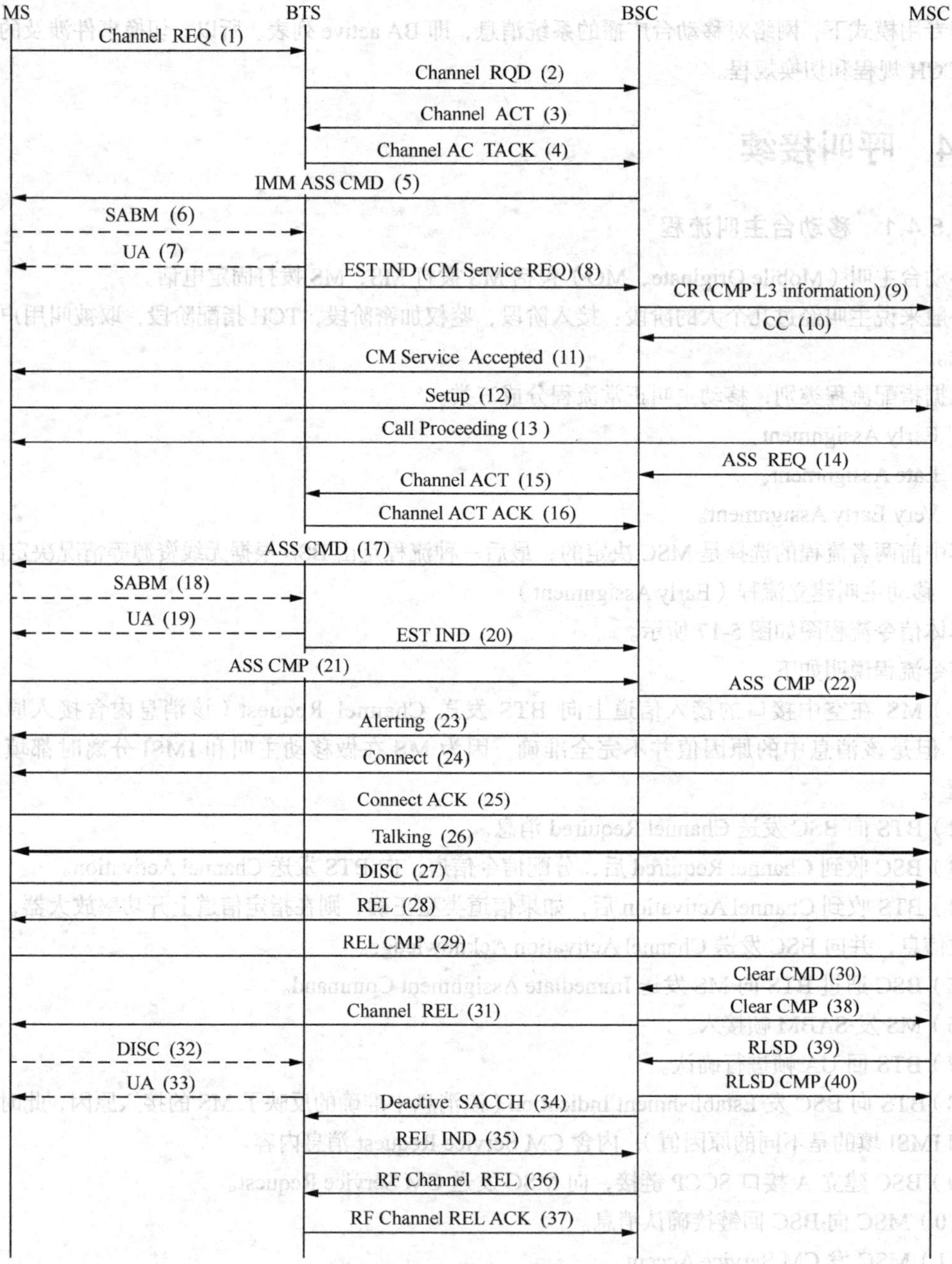

图 5-17 移动主叫流程（early assignment）

（18）MS 发 SABM 帧在 Assignment Command 中指定的信道上接入。

（19）BTS 回 UA 帧进行确认。

（20）BTS 向 BSC 发 Establishment Indication。

（21）MS 在接入话音信道后，发送 Assignment Complete。

（22）无线业务信道和地面电路均成功连接后，BSC 向 MSC 发送 Assignment Complete，并认为该呼叫进入通话状态。

（23）MSC 向主叫 MS 发 Alerting，说明被叫 MS 振铃。

（24）MSC 向主叫 MS 发 Connect。

（25）主叫 MS 向 MSC 回 Connect Acknowledge。

（26）主叫 MS 和被叫 MS 进入语音通话状态。

（27）通话完毕，主叫 MS 挂机，主叫 MS 发 Disconnect。

（28）MSC 向 MS 发 Release。

（29）MS 回 Release Complete。

（30）MSC 向 BSC 发 Clear Command，BSC 收到该消息后，启动释放流程；后续的释放流程参见释放流程的描述。

其中，（1）～（8）为随机接入、立即指配过程。在此过程中，BSS 为 MS 分配信令信道。

在（10）和（11）之间，可能会有鉴权、加密流程、类标查询（更新过程）。根据 MSC 的数据配置情况等的不同，在 A 接口链接建立后，MSC 有可能不会立即下发 CM Service Accepted 消息，而是进行如下操作。

① 下发 Cipher Mode Command 启动加密流程（这种情况下 MSC 就不会再下发 CM Service Accepted 消息）。

② 下发 Authentication Request 启动鉴权流程。

③ 下发 Classmark Update 启动类标更新流程。

此外，如果 BSC 数据配置中“ECSC”配置为“是”，则双频 MS 在上报 Establishment Indication 后，将紧接着上报 Classmark Change 消息。

（14）～（22）为 TCH 指配流程。在此流程中，BSS 为 MS 分配话音信道以及 A 接口电路等资源。

（30）～（40）为释放流程。图 1 所示为主叫 MS 先挂机的释放流程。在资源释放时，无线口先释放逻辑信道，再释放物理信道。

2. 移动主叫流程（Late Assignment）

信令流程如图 5-18 所示。

信令流程说明如下。

（1）图 5-17 与图 5-18 的区别是后者的指配流程在 Alerting 消息之后，其他方面没有差别。

（2）图 5-18 所示流程的优点：可以节约占用话音信道的时间。

（3）图 5-18 所示流程的缺点：如果后续指配不成功，会造成用户听到振铃却不能打通电话，从而易导致用户投诉。因此，实际应用中，一般不使用本流程，而是使用图 5-17 所示的流程。

3. 移动主叫流程（Very Early Assignment）

信令流程如图 5-19 所示。

信令流程说明如下。

（1）图 5-17 与图 5-19 的区别是：后者在立即指配时分配的是 TCH 作为信令信道使用，因此在指配时不需要再分配 TCH，而是通过 Mode Modify，将立即指配分配的 TCH 调整为话音信道。

（2）图 5-19 所示的流程，一般发生在立即指配时无空闲 SDCCH 供分配，但有空闲 TCH 且 BSC 数据配置容许立即指配 TCH 的情况下。

总结如下。

• 接入阶段主要包括信道请求，信道激活，信道激活响应，立即指配，业务请求等几个步骤。经过这个阶段，手机和 BTS（BSC）建立了暂时固定的关系。

• 鉴权加密阶段主要包括鉴权，加密，呼叫建立等几个步骤。经过这个阶段，主叫用户的身份已经得到确认，网络认为主叫用户是一个合法用户，允许继续处理该呼叫。

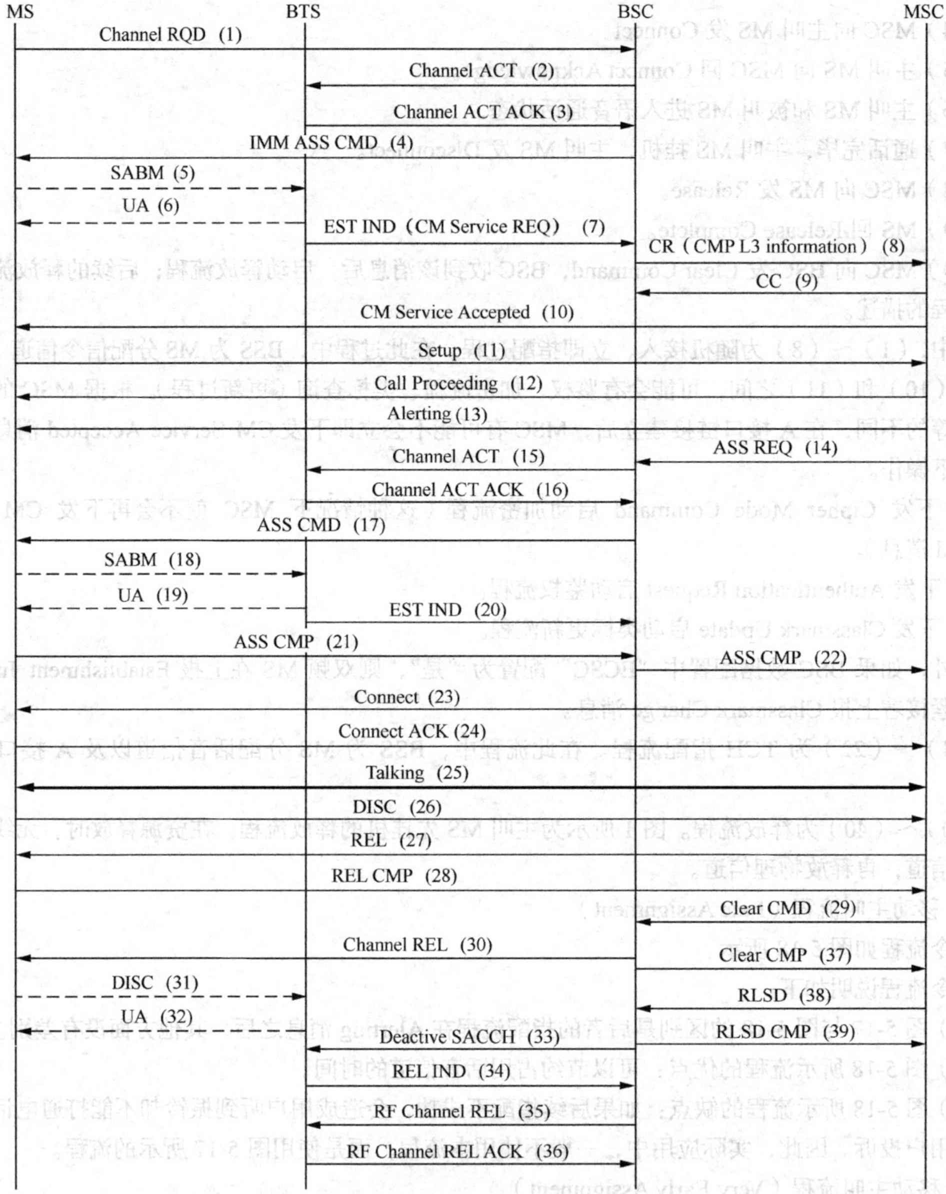

图 5-18　移动主叫流程（late assignment）

•TCH 指配阶段主要包括指配信道。经过这个阶段，主叫用户的话音信道已经确定，如果在后面被叫接续的过程中不能接通，主叫用户可以通过话音信道听到 MSC 的话音提示。

5.5.4.2　移动被叫流程

移动被叫包括 MS 拨打 MS 和固定拨打 MS。

同样，根据指配类型，指配流程别可分成 3 类：Early Assignment、Late Assignment 和 Very Early Assignment。除了 Late Assignment 过程中 Assignment Request 消息在 MSC 收到 MS 的 Connect 消息以后下发，其他流程与移动主叫基本相同，具体流程参见主叫流程。

具体流程图如图 5-20 所示。

移动被叫正常流程说明如下。

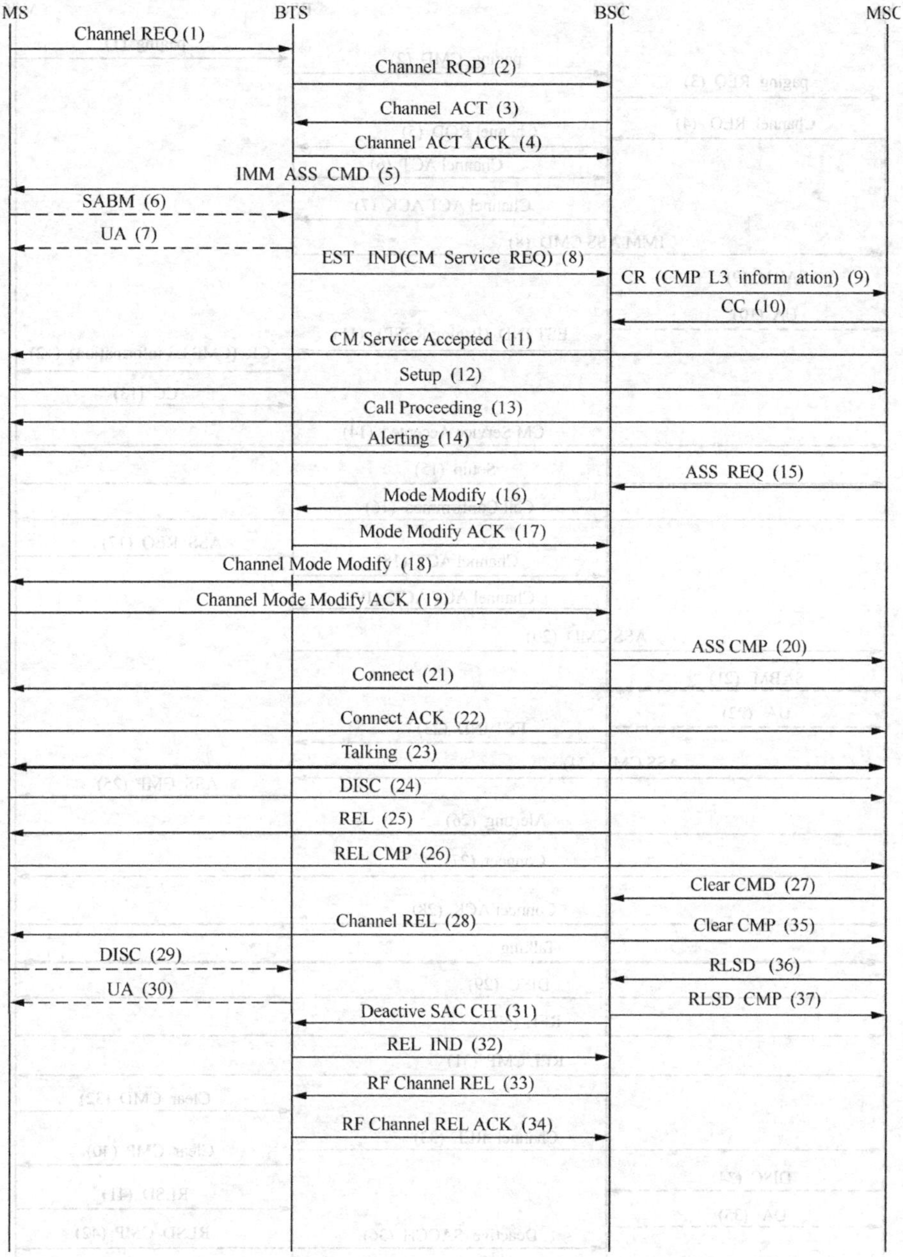

图 5-19 移动主叫流程（Very Early Assignment）

（1）当被寻呼的 MS 在 MSC 的服务区内时，MSC 向 BSC 发送 Paging 消息，该消息中包含寻呼小区列表以及 TMSI 和 IMSI 信息。

（2）BSC 向寻呼小区发送 Paging Command 消息，该消息中包含所属寻呼子信道的号码和所占用的时隙号。

（3）BTS 收到 BSC 的 Paging Command 消息后，在该寻呼组所属的寻呼子信道上发送 Paging Request 消息，该消息中包含被寻呼用户的 IMSI 或 TMSI。

（4）MS 解码寻呼消息后，若发现是对自己的寻呼，则将发出 Channel Request 消息来触发初始化信道分配过程。

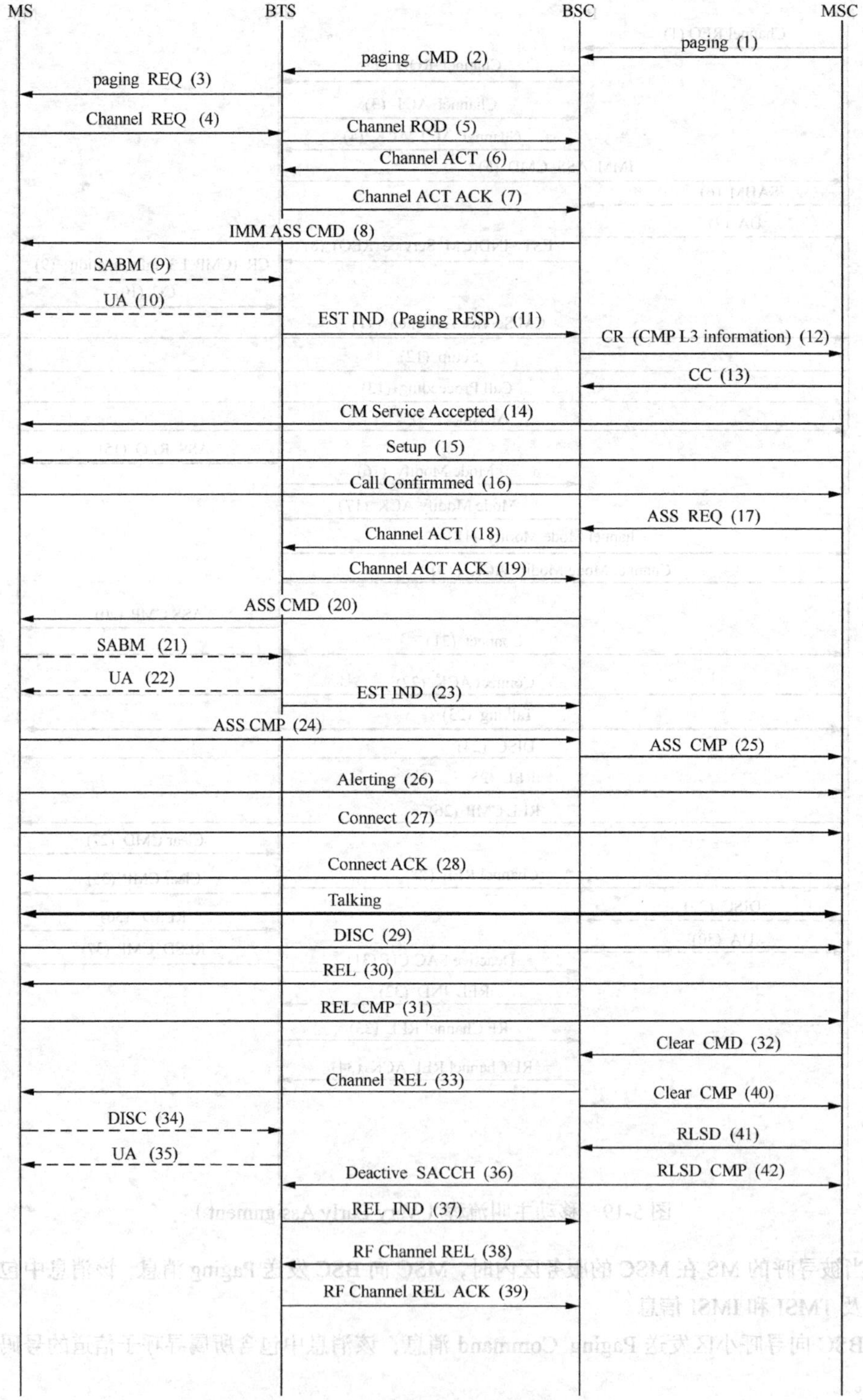

图 5-20 移动被叫流程图

（5）其余消息见移动主叫流程。

其中，（1）～（11）为寻呼信令流程。在此流程中，BSS 发起寻呼，并为 MS 分配信令信道。

5.5.5 短消息

短消息可以通过 SDCCH 也可以通过 SACCH 发送，根据发送短消息与接收短消息的不同，其流程可分为两种。

- 短消息主叫流程。
- 短消息被叫流程。

1. SDCCH 上的短消息主叫流程

具体流程图如图 5-21 所示。

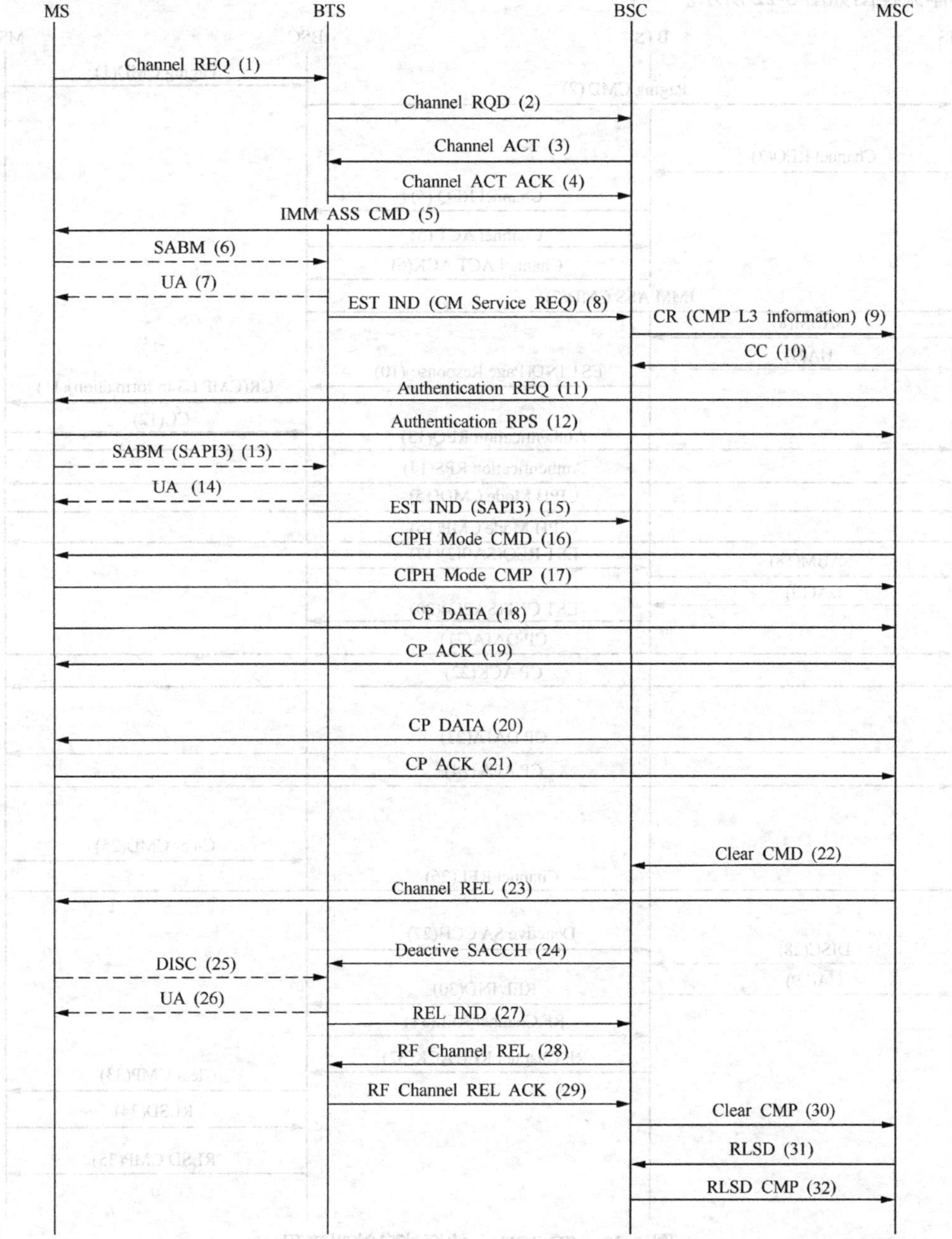

图 5-21　SDCCH 上的短消息主叫流程

流程说明如下。

（1）～（8）为随机接入、立即指配流程。在此流程中，BSS 为 MS 分配信令信道。

（14）～（21）为短消息发送流程。MS 再次发送 SABM 帧，通知网络侧该用户需要建立短消息服务。其后 BSC 将提供透明传输通道，供 MS 与 MSC 交换短消息信息。在该流程中，有的厂家的 MSC 可以发送 ASS REQ 给 BSC，请求指配短消息的信道，其发送 ASS REQ 的时间点与普通呼叫相同，BSC 可以分配其他的信道以提供短消息服务，也可以使用原有的 SDCCH 信道提供短消息服务。

（22）～（32）为释放流程。短消息发送结束，由 MS 发起释放。

2. SDCCH 上的短消息被叫流程

具体流程图如图 5-22 所示。

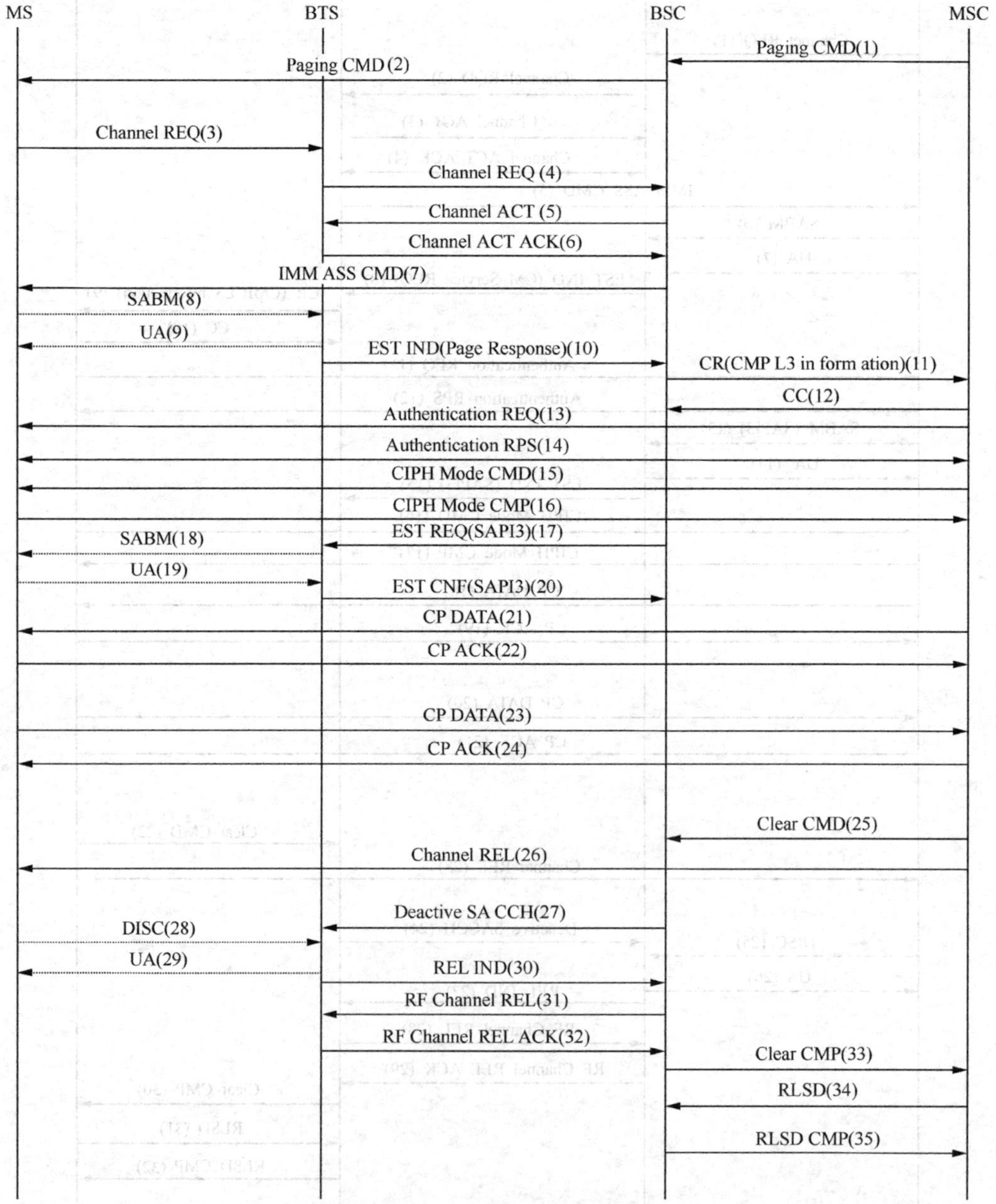

图 5-22　SDCCH 上的短消息被叫流程

流程说明如下所述。

（1）～（10）为寻呼相应、立即指配流程。MSC 发送 Paging CMD，寻呼被叫，MS 请求 SDCCH 信道，并回应以 Paging Response。

（17）～（24）为建立短消息连接，进行短消息发送的流程。对于短消息的被叫流程，由 BSC 发送 EST REQ 请求 MS 建立短消息连接，得到 MS 的 EST CNF 后，短消息通道建立成功。BSC 透明传输短消息，直到短消息发送结束。其中，（14）（15）为可选信令流程。

（25）～（35）为释放流程。

3. SACCH 上的短消息主叫流程

具体流程图如图 5-23 所示。

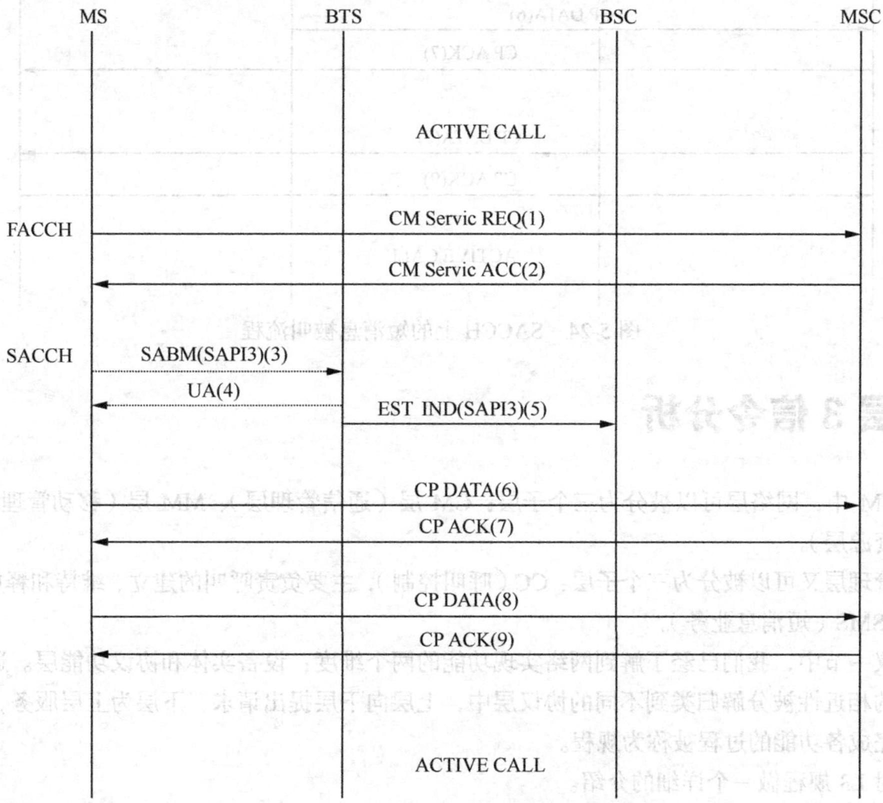

图 5-23　SACCH 上短消息主叫流程

流程说明如下。

（1）通话中的呼叫，通过 FACCH 发送 CM SERV REQ，MSC 回 CM SERV ACC 消息，建立 CC 层连接。

（2）之后在 SACCH 上建立 RR 层连接，发送短消息。

4. SACCH 上短消息的被叫流程

具体流程图如图 5-24 所示。

流程说明如下。

（1）BSC 收到 MSC 发送的 CP DATA 消息，建立短消息的 RR 层连接。

（2）得到 MS 的确认后，发送短消息。

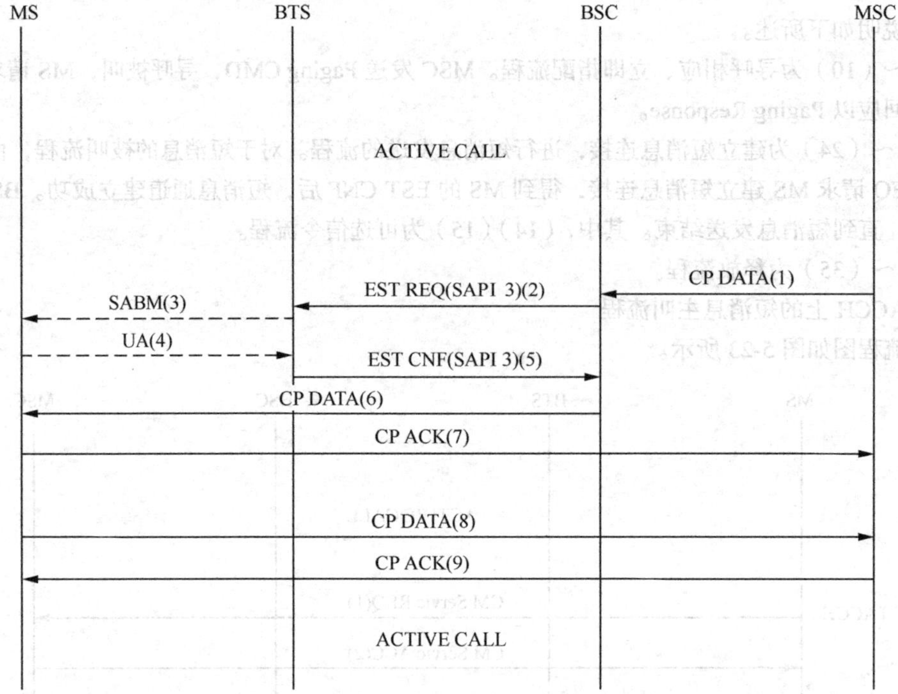

图 5-24　SACCH 上的短消息被叫流程

5.6　层 3 信令分析

在 GSM 中，网络层可以被分为三个子层：CM 层（通信管理层）、MM 层（移动管理层）和 RR 层（无线资源层）。

通信管理层又可以被分为三个子层：CC（呼叫控制），主要负责呼叫的建立、维持和释放；SS（补充业务）；SMS（短消息业务）。

在协议一节中，我们已经了解到网络实现功能的两个维度：设备实体和协议功能层。通信事件会依据功能的相近性被分解归类到不同的协议层中，上层向下层提出请求，下层为上层服务，在各协议功能层中完成各功能的过程被称为规程。

下面对 L3 规程做一个详细的介绍。

5.6.1　L3 规程详述之 CM

5.6.1.1　呼叫控制管理

所有需要建立通话的移动台都必须支持呼叫控制协议。如果不支持此功能的移动台在接收到 SETUP 消息时，就会以消息 RELEASE COMPLETE 回应。比如建立多方通信时，移动台可以定义不止一个 CC 实体，每个 CC 实体都会有一个 MM 实体与之对应。

在本层内，移动台和网络要就它们各自的业务类型、能力、兼容性等内容进行协商，当不能兼容时，也是不能进行通信的。业务类型狭义上是指语音、数据，更广义是指通信传输路径的能力；为了传输“业务”，需要在各种不同设备和网络接口间有许多适配的设备，移动网还需要和外部网络具有交互能力，这些被称为“承载能力”；在通信中，还要求终端到终端传输参数和协议的“兼容性”。这些内容都需要包含在本层协议中的消息中在 MS 和 MSC 间被传输。

在移动台与 MSC 的实体间，一系列的行为组成了“基础规程”，可以将这些规程分为如下 3 种。

- 呼叫建立规程。
- 呼叫清除规程。
- 其他混杂规程。

在本章中，常会用到两个术语。术语“移动主叫（MO）”常被用于描述由移动台发起的呼叫。术语“移动终接（MT）”常被用于描述网络侧发起的呼叫。

1. 呼叫建立规程

（1）起始呼叫建立规程

从移动主叫通信事件的学习中可以了解到，要建立通话，需要建立 RR、MM 连接。其中涉及的规程将分别在无线资源管理和移动性管理中的相应规程中详细介绍。

呼叫建立是由移动侧或网络侧上层请求发起的。在 CC 实体向 MM 实体发出呼叫建立请求后，MM 实体在建立 MM 连接时就同时启动了 CC 连接。即 MM 层将 CM SERVICE 消息发送至 RR 层时，启动了 MM 连接。移动台接收到 CM SERVICE ACCEPTED 消息即确认 MM 连接已经完成。此时，可以发起呼叫建立了。移动主叫呼叫建立分为两种，一种是普通呼叫建立，一种是紧急呼叫建立，它们分别用 SETUP 和 EMERGENCY SETUP 消息发起建立。

移动台通过 SETUP 消息启动呼叫建立规程。在这一消息中包含了本次呼叫请求的具体业务种类及 MS 能提供的承载能力，包括信息传输要求、发送方式、编码标准及可使用的无线信道类型，被呼用户电话号码以及被叫号码类型和编码方案，其中对于补充业务还可以包含各种附加信息。当 MSC 接收到此消息后，对请求进行分析检查它是否可被接受。如果不被接受，则释放低层连接，并向移动台发送 RELEASE COMPLETE 消息放弃呼叫建立；如果一切顺利，MSC 则一边通过被叫号码分析被叫号码中包含的信息通过网络建立连接，一边向移动台发送 CALL PROCEEDING 消息，通知移动台已通过 MSC 测试，MSC 正在处理它，告诉主叫用户请耐心等候。在 CALL PROCEEDING 消息中，包含了承载能力和过程指示，如果移动台支持优先级协议，此消息中还包含优先级方面的内容。

在发送 SETUP 消息后，可能因为被呼号码不能被识别，路由无法建立，承载业务未被许可，被叫用户号码不齐全等原因进入呼叫清除规程，清除呼叫。

在 MSC 向 MS 发出 CALL PROCEEDING 消息后，网络就会向 MS 分配 TCH 信道用于通话，如果此时没有无线资源供分配，如果网络允许，网络需要“排队”分配信道。当给 MS 分配好业务信道后，网络会向移动台发送 ASSIGNMENT COMMAND（指配命令）消息，告知移动台：分配信道的信道类别指示、信道速率及话音解码算法和透明传输指示、分配优先级、启动时间、功率电平、加密模式等。在移动台收到网络的 ASSIGNMENT COMMAND（指配命令）后，断连原物理信道，并根据命令切换到分配的信道，并通过 FACCH 信道向系统发送 SABM 消息，由网络发回 UA 帧来证实该信道已被占用。

一旦网络侧建立起通话路由，则向移动台发送 ALERTING 消息，通知移动用户网络路由建立成功，并已启动振铃。此时，被叫方听到振铃音，主叫用户听到回铃音。在这个过程中，如果路由建立失败则向移动台返回 DISCONNECT 消息清除呼叫。而移动台则以消息 RELEASE 应答，MSC 以 RELEASE COMPLETE 消息确认，此时才能释放低层连接。

被叫方按下接听键接听电话时，MSC 会接收到一条消息指示被叫摘机，此时 MSC 会向移动台发送 CONNECT 消息，指示主叫用户。而主叫用户则以 CONNECT ACKNOWLEDGE 应答网络，停止待命指示，随后将信道从信令信道转移到业务信道上，进入连接阶段，开始通话。

（2）终接呼叫建立规程

就整个网络而言，移动终接呼叫路由的建立是比较复杂的。因为它不像有线固网，被叫号码是一个地址或一根电话线的另一端。在移动网络中，移动用户的号码即 MSISDN 仅显示了该移动台的归属位置寄存器（HLR），而由于用户的移动性，还存在一段从除主叫方到归属位置寄存器之外的一部分路由建立，而这部分路由的建立依赖于对 HLR 的查询。所以将这种移动终接呼叫建立分为查询前和查询后两个阶段。这部分内容有利于对 MSISDN 和 MSRN（漫游号）作用的理解，因为不影响空中无线接口部分协议的理解，不再赘述。

当呼叫路由建立到移动台的访问位置区时，MSC 将对被叫移动台所在分组进行寻呼，要求移动台与 MSC 建立连接。网络侧的 CC 层向 MM 层请求建立 MM 连接，并将 SETUP 消息传送至 MM 层。当 MM 连接建立完成后，网络侧即发送 SETUP 消息，此消息中包含所要求的服务类型及主呼方的号码。此时移动台将检查它是否能处理所要求的服务类型，如果不能则用 RELEASE COMPLETE 消息拒绝建立；如果可以处理，则以消息 CALL CONFIRMED 消息应答，并用振铃提示用户。在 CALL CONFIRMED 消息中还携带着移动台选定的参数，如移动台可选用哪一种速率的信道（全速率 TCH 或半速率 TCH）和选定的业务类别。在此时，开始分配业务信道，移动台选择的业务指示参数也装载在 CALL CONFIRMED 消息中。信道参数方案通过 SETUP 消息已告知移动台，一旦分配了合适的业务信道，移动台即处于待命状态，此时移动台向网络发送 ALERTING 消息告知网络被叫方已振铃。当被叫用户按下接听键，即发送 CONNECT 消息，开始端到端通信。

2. 呼叫清除规程

除通话结束后正常挂机外，在呼叫建立过程中，也常常会因为被叫号码不可用，服务未被授权，无法到达目的路由等原因终止呼叫建立，启动呼叫清除规程。也可能在呼叫建立过程中，因为不满足某些条件呼叫被拒绝，通过停止计时器，发送 RELEASE COMPLETE 消息作为应答，进而释放连接。

在正常的呼叫清除规程中，假设主叫方挂机，在主叫用户按下挂机键时，即发送一条 DISCONNECT 消息，呼叫被解除。然而此时呼叫并未完全释放，MSC 与移动台仍保持着连接，以完成收费指示等附带任务。当 MSC 不再需要呼叫存在时，它向移动台发送 RELEASE 消息，而移动台以 RELEASE COMPLETE 消息应答，完全释放 MM 连接。

当被叫方挂机时，MSC 在收到网络侧的释放消息后向移动台发送 DISCONNECT 消息启动呼叫清除，如果是非正常清除，在这个消息中还包含非正常结束的原因。移动台以 RELEASE 消息应答，当网络以 RELEASE COMPLETE 消息应答确认时，释放低层连接。

3. 其他混杂规程

混杂规程是呼叫建立、通话、释放过程中可能用到的，或者处理一些非正常情况的规程。它们包括带内铃声/通知、呼叫冲突、状态规程、呼叫重建规程和进展。

（1）带内铃声/通知

在移动台还未完全被激活之前，即未完全建立通话之前，当网络向借助用户连接提供铃声或通知等信令时使用该规程。

在 SETUP, CALL PROCEEDING, ALERTING, CONNECT 或 PROGRESS 消息中包含的 progress indicator 信息单元中将包含是否允许借助用户连接提供铃声或通知的信息。

（2）呼叫冲突

比如存在多方通信时，为了避免呼叫冲突，每一呼叫建立都被分配事务标识符（TI），并通过它加以区分。

（3）状态规程

状态规程用于在呼叫建立过程中，呼叫控制实体希望确认它的对应实体所处的状态（如 MSC 的 CC 实体希望了解移动台的 CC 实体所处的状态）时使用状态规程。

CC 实体通过发送 STATUS ENQUIRY 消息发起状态规程，对方在接收到 STATUS ENQUIRY 消息后，以 STATUS 消息应答，并携带#30 原因“应答状态查询”，在此消息中包括实体现在所处的状态，以便发起方根据此状态做出正确的行为。

当发起方接收到的 STATUS 消息显示一个非兼容呼叫控制状态时，发起方将清除呼叫，并回应 RELEASE COMPLETE 消息，并携带#101 原因“消息与协议状态不兼容”。

（4）呼叫重建规程

一些原因可能导致呼叫建立或者通话的中止，当中止被恢复时，即要使用该规程。

当 MM 连接处于激活状态时，MM 子层会通知上层，即 CC 层，MM 连接被中止，但可以通过呼叫控制层发出请求重建 MM 连接。之后，呼叫控制层会根据条件判断应该释放 MM 连接还是重建连接，如果呼叫控制实体决定重建连接，那么将中止其他准备发送的消息直至呼叫重建完成。

呼叫重建完成后，呼叫控制实体被通知恢复被中止消息的传输，如果有合适的信道，恢复信息交换和传输。网络侧将启动比如状态查询规程使网络和移动台的状态得以校准。

（5）进展

在呼叫建立或释放的过程中，网络随时可能向移动台发送 PROGRESS 消息。在呼叫建立或释放的过程中，如果接收到该消息，则移动台将停止与呼叫相关的计时器。

5.6.1.2　短消息规程

短消息服务是为了提供通过服务中心在移动台和短消息实体之间传输短消息。

1. 短消息协议结构

对于电路交换的短消息服务的协议结构如图 5-25 所示。

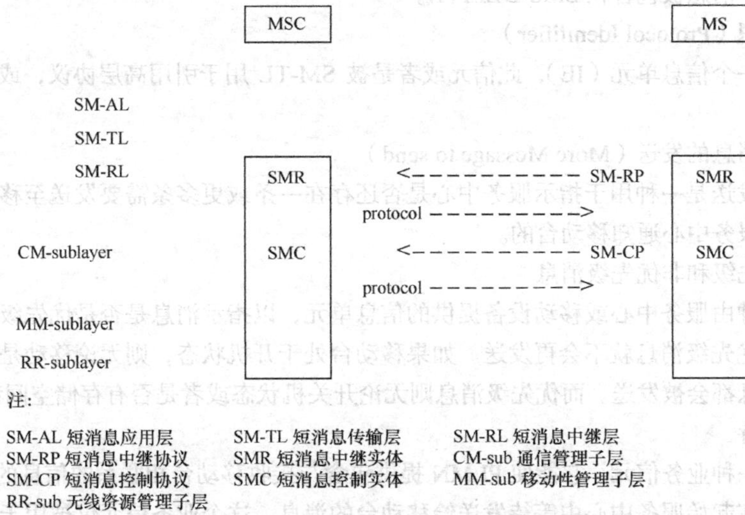

图 5-25　电路交换模式的协议结构

CM 子层使用 SM-CP 协议，它是用于向短消息中继层提供服务的。SM-RL 子层使用 SM-RP 协议，它被用于向短消息传输层提供服务，同样，短消息传输层被用于向短消息应用层提供服务。SM-AL 传输短消息至它的对端实体，并从对端实体接收短消息和短消息传输的报告。

2. 短消息中的 PDU

短消息传输层用于跟踪这些消息和它们的报告。在传输层形成一些协议数据包（PDU），通过这些 PDU 的传输达到消息和报告跟踪的作用。在 SM-TL 层传输的数据包被称为 TPDU。在 SM-TL 层，TPDU 包含六种格式。

- SMS-DELIVER，从短消息中心发送短消息至移动台。
- SMS-DELIVER-REPORT，被用于传输 SMS-DELIVER 传输失败的原因，或 SMS-DELIVER 或 SMS-STATUS-REPORT 的确认信息。

- SMS-SUBMIT，从移动台传输短消息值短消息中心。
- SMS-SUBMIT-REPORT，用于传输 SMS-SUBMIT 传输失败的原因，或者 SMS-DELIVER 或者 SMS-STATUS-REPORT 的确认信息。
- SMS-STATUS-REPORT，传输从短消息中心到移动台的状态报告。
- SMS-COMMAND，传输移动台至短消息中心的命令。

在 SM-RL 层使用 RPDU 跟踪 TPDU 的状态。

在我们讨论的重点 CM 子层中，层三消息包括 CP-DATA、CP-ACK、CP-ERROR，在 CP-DATA 中包含 RPDU，RPDU 的识别指示以及数据包长度等信息。

3. 短消息服务中的信元

短消息由 7 个业务信元组成，介绍如下。

（1）有效周期（Validity Period）

有效周期是一个信息单元（IE），MS 在传递 SMS-SUBMIT 消息到 SC 时，在短消息内容中可能包含了一个时间周期值（TP-Validity Period），这个表明了短消息在短消息中心有多少时间是有效的，也就是接收方没接收到短消息之前，SC 中心保证此短信在多长时间内是有效的。

（2）服务中心时间戳（Service Centre Time Stamp）

服务中心时间戳是一个信息单元（IE），SC 通过此信息元通知接收 MS 短消息到达 SC 的 SM-TL 实体的时间。这个消息被包含在 SMS-DELIVR。

（3）协议标识（Protocol Idenitifier）

协议识别是一个信息单元（IE），此信元或者是被 SM-TL 用于引用高层协议，或者是指示特定电信设备的交互。

（4）多条短消息的发送（More Message to send）

多条短消息发送是一种用于指示服务中心是否还存在一条或更多条需要发送至移动台的短消息的信息单元，是由服务中心通知移动台的。

（5）传输优先级和非优先级消息

优先级是一种由服务中心或移动设备提供的信息单元，以指示消息是否是优先级消息。如果移动台暂时关机，非优先级消息就不会再发送。如果移动台处于开机状态，则无论移动是否还存在存储空间，非优先级消息都会被发送。而优先级消息则无论开关机状态或者是否有存储空间都会被发送。

（6）消息等待

消息等待是一种业务信元，它能使 PLMN 提供包含与接收移动台相联系的信息的 HLR 和 VLR，该信息中包含了在起始服务中心中等待发送给移动台的消息。这个业务信元仅被用于因移动台暂时关机或者没有存储空间而未能成功发送消息的情况。

（7）提醒服务中心

提醒服务中心是业务信元，可能在某些 GSM/UMTS PLMN 网络中被使用，以通知服务中心某移动台因为移动台不能接收或者存储能力溢出的原因而未能成功传输短消息。或者由 PLMN 网络识别移动台的恢复操作或者已经有新的存储空间。服务中心在接收到提醒服务中心的指示后，启动目的地址为该移动台的所有排队消息的传输过程。

5.6.2 L3 规程详述之 MM

前面提到移动台需要随时告知网络其当前位置，移动性管理子层就负责这方面功能的实现，并且负责 TMSI 的分配、鉴权以及 MM 连接的管理等。

依据 MM 建立的条件，可将 MM 规程分为 3 种类型。

- MM 普通规程（MM common procedure）。
- MM 特殊规程（MM specific procedure）。
- MM 连接管理规程（MM connection management procedure）。

1. MM 普通规程

MM 普通规程必须当 RR 连接已经存在的情况下才启动。在这种类型中包括的规程有两大类。

由网络侧启动的规程：

- TMSI 重新分配规程（TMSI reallocation procedure）;
- 鉴权规程（authentication procedure）;
- 识别规程（identification procedure）;
- MM 信息规程（MM information procedure）;
- 中止规程（abort procedure）。

由移动台启动的规程：IMSI 分离规程。

2. MM 特定规程

MM 特定规程仅在其他 MM 特定规程正在运行或没有 MM 连接存在时启动。属于本类型的规程有：

- 一般位置更新规程；
- 周期性更新规程；
- IMSI 附着规程。

3. MM 连接管理规程

这类规程用于移动台和网络之间建立、维持和释放移动性连接。MM 连接建立仅会在没有 MM 特殊规程运行时执行。在同一时间内，可以有不止一个 MM 连接被激活。属于本类型的规程有：

- MM 连接建立规程；
- 呼叫重建规程；
- MM 连接建立中止规程；
- MM 连接建立释放规程。

5.6.2.1 MM 普通规程

1. TMSI 重分配规程

为了防止用户信息入侵者识别盗用，在 GSM 系统中，使用 TMSI 保护用户信息。而 TMSI 重分配规程则是给用户分配 TMSI 的过程。

对于需要身份保密服务的每个 IMSI，都会分配一个 TMSI 在无线接口的信令规程中用于识别。

TMSI 仅在一个位置区内有意义。当离开本位置区就必须结合新的位置区识别码才能提供独一无二的身份识别。

通常 TMSI 重分配规程至少在每次位置区发生变化的时候执行（由网络决定）。

TMSI 重分配既可通过本节定义的专用规程完成，也可以暗含于使用 TMSI 的位置更新规程中。其中暗含的 TMSI 重分配将结合在位置更新规程中讲述。

如果移动台向网络发送的 TMSI 不能被网络识别，网络会要求移动台提供它的 IMSI。在这种情况下，会先开始用户识别规程，再进行 TMSI 重分配。

当 RR 连接在网络和移动台之间存在时，网络可以在任何时候启动 TMSI 重分配。通常 TMSI 重分配在加密模式中完成。一般 TMSI 重分配常会与其他规程连接在一起发生，比如在位置更新或在呼叫建立时。

TMSI 重分配由网络启动。网络通过向移动台发送 TMSI REALLOCATION COMMAND 消息启动

TMSI 重分配规程，并启动计时器 T3250。TMSI REALLOCATION COMMAND 消息包含新的由网络分配 TMSI 和 LAI 的结合，或者 LAI 和 IMSI 的结合（如果使用的 TMSI 被删除）。移动台接收到 TMSI REALLOCATION COMMAND 消息后，将位置区识别码存储在 SIM 卡中。如果接收到识别号是移动台的 IMSI，移动台就会删除所有的 TMSI。如果接收到 TMSI，移动台就会将此 TMSI 存储到 SIM 卡中。这两种情况，移动台都会向网络发送 TMSI REALLOCATION COMPLETE 消息。网络接收到 TMSI REALLOCATION COMPLETE 消息，网络停止计时器 T3250，并认为新的 TMSI 是可用的。如果网络发送 IMSI，则认为旧的 TMSI 已经被删除。如果不再需要 RR 连接，则网络请求 RR 子层释放连接。

2. 鉴权规程

鉴权规程有以下双重作用。

- 网络用于检查 MS 提供的身份标识是否有效。
- 网络向 MS 提供新的参数以生成新的加密密钥。

鉴权规程总是由网络发起并控制的。

当 GSM 鉴权请求在 GSM 系统中执行时，GSM 安全环境在移动台和网络中建立。在 GSM 鉴权成功后，GSM 加密密钥（Kc）和加密序列号码（CKSN）存储在网络和移动台中。

网络通过传输 AUTHENTICATION REQUEST 消息发起鉴权规程，并启动计时器 T3260。在该消息中包含可以用于计算相应参数的必要参数（RAND），在 GSM 鉴权请求中，它还包含了 GSM 加密序列号码。

在 RR 连接建立时的任意时刻移动台都可以应答 AUTHENTICATION REQUEST 消息。它将处理请求信息，使用 SIM 卡中存储的密钥 Ki 和 RAND 通过 A3 算法得到参数 SRES，并向网络发送 AUTHENTICATION RESPOND 消息应答。

在 GSM 鉴权中，从请求信息中通过 A8 算法计算出的新的 GSM 加密密钥（Kc）将会覆盖原有的 GSM 加密密钥。新的 GSM 加密密钥将和加密密钥序列号码一起存储于 SIM 卡中。

当接收到 AUTHENTICATION RESPOND 消息后，网络将停止计时器 T3260 并确定应答的正确性。

当接收到 AUTHENTICATION FAILURE 消息，网络停止计时器 T3260。在同步失败的情况下，核心网与 HLR/Auc 重新联系，并提供给 MS 新的鉴权参数。

3. 识别规程

识别规程是网络请求移动台向网络提供用于识别移动台的特殊识别参数，比如 IMEI，IMSI。识别规程是由网络向移动台发送 IDENTITY REQUEST 消息发起的，并启动计时器 T3270。在 IDENTITY REQUEST 消息中的 identity type 消息单元中含有请求识别参数类型。当 RR 连接存在时，移动台随时准备对 IDENTITY REQUEST 消息应答。当移动台接收到 IDENTITY REQUEST 消息，移动台就会发送 IDENTITY REPOND 消息以应答，在这个消息中包含请求中需要的识别参数。网络接收到此消息后停止计时器 T3270。

4. IMSI 分离规程

该规程由移动台发起，用于移动台处于非活动状态或者 SIM 卡从移动台中分离的情况下。这个规程将导致移动台在网络中被指示为去激活状态，此时网络无法和移动台通信。

MSI 分离由移动台发起，在此规程中仅包含移动台发送至网络的 IMSI DETACH INDICATION 消息，此时，移动台启动计时器 T3220。

如果没有 RR 连接存在，移动台的 MM 子层请求 RR 子层建立 RR 连接。如果因为没有合适的小区可提供 RR 连接的建立，则移动台会至少 5 秒，至多 20 秒为周期寻找合适的小区。如果在此期间有合适的小区被找到，移动台会请求 RR 子层建立 RR 连接，否则 IMSI 分离会被中止。

如果 RR 连接存在，MM 子层在 IMSI DETACH INDICATION 发送之前将会释放所有 MM 连接。

如果有特定的 MM 规程正在运行，则 IMSI 分离规程不会被启动，直至 MM 特殊规程完成。

在网路侧，当接收到 IMSI DETACH INDICATION 消息，网络会对相应的 IMSI 设置一个去激活指示，并不向移动台做出回应。在接收到 IMSI DETACH INDICATION 消息后，网络会释放所有 MM 连接，并启动正常的 RR 连接释放规程。

当 RR 连接释放完毕，计时器 T3220 停止计时。移动台可能推迟信道的本地释放以允许来自网络侧的正常释放，直至 T3220 溢出。

5. 中止规程

在 MM 建立过程中，常常会因为各种原因中止该过程。中止规程就是由网络侧发起用于中止正在或已经建立的 MM 连接的过程。中止规程由网络侧发起，它仅含 ABORT 消息。在发送 ABORT 消息之前，网络将释放所有正在建立的 MM 连接，在发送之后，网络将开启正常的 RR 连接释放规程。在消息中的原因信息单元中指示了中止的原因，原因可能是非法的移动台（#6）或网络失败（#17）。

在接收到 ABORT 消息后，移动台将放弃所有 MM 连接建立或呼叫重建规程，并释放所有的 MM 连接，如果是非法移动台，则将删除 SIM 卡中所有的 TMSI、LAI 和加密密钥序列码，设置更新状态为 ROAMING NOT ALLOWED，并认为 SIM 卡不可用。

6. 移动管理信息规程

在网络侧，该规程是可选的。在 RR 建立存在的任何时候，网络都可以启动该规程。移动管理信息规程仅包含从网络发送至移动台的 MM INFORMATION 消息。在 RR 连接期间，网络或不发送，或发送一个，或发送多个 MM INFORMATION 消息至移动台，如果多个消息被发送，消息不必含有相同的内容。移动台在收到此消息后，将随机使用这些内容更新存储在移动台中的适当的信息。如果移动台不支持 MM 信息消息，则忽略消息中的内容，并返回含有原因#97 的 MM STATUS 消息。

5.6.2.2　MM 特定规程

MM 特定规程仅在没有其他 MM 特定规程运行时或没有 MM 连接在网络和移动台之间存在时被启动。

在 MM 特定规程运行期间，如果 CM 请求建立 MM 连接，该请求要不被拒绝，要不延迟至 MM 特定规程运行结束。任何 MM 普通规程（除 IMSI 分离）在 MM 特定规程中都可以被启动。

除非有网络侧的特殊许可，移动台必须等到某一 MM 特定规程的 RR 连接释放才可以建立新的 MM 特定规程或者 MM 连接。

1. 位置更新规程

位置更新规程一般用于下列目的。

- 正常的位置更新。
- 周期性的更新。
- IMSI 附着。

（1）正常的位置更新

正常的位置更新规程被用于移动台当前位置区的更新注册。在 LOCATION REQUEST 消息中的位置更新类型信息单元将指示正常的位置更新。正常的位置更新规程必须在移动台处于移动性管理的空闲模式时使用。为了限制位置更新尝试的次数，在 MS 中有一个位置更新尝试次数计数器，当移动台开机或 SIM 卡被插入时，该计数器被启动。

移动台成功地位置更新后，移动台将在 SIM 卡中设置更新状态为已更新，并在 SIM 卡中存储接收到的位置区识别码。尝试次数计数器将被复位。

移动设备包含一张“禁止漫游位置区列表”和一张“禁止提供服务位置区列表”。这些列表将在移动台关机或 SIM 卡被取出时或周期性的（12 小时至 24 小时）被擦除。无论是接收到原因为“在本位置区漫游未许可”还是“位置区不许可”的位置更新拒绝消息，在 BCCH 上接收到的被位置更新请求触发的位置区识别码将被加至合适的列表中。这张列表最多可以容纳 10 个位置区识别码。当列表已满并有新的成员加入时，将删除最先保存的。

（2）周期性位置更新

周期性位置更新用于周期性向网络通知移动台的可用性。周期性更新是通过位置更新规程完成的。在 LOCATION UPDATING REQUEST 消息中位置更新类型信息单元将指示为周期更新。

这个规程是由移动台中的计时器 T3212 控制的。当移动台处于移动性管理的空闲模式时启动该计时器。当移动台离开移动性管理的空闲状态，计时器 T3212 将继续运行直至溢出停止。

计时器在下列情况下复位。

- 接收到 LOCATION UPDATING ACCEPT 或 LOCATION UPDATING REJECT 消息时。
- 接收到鉴权拒绝消息。
- 接收到第一个 MM 消息，或者在 MM 连接建立时安全模式设置完成，除非 MS 处于限制服务状态。
- 移动台应答寻呼并接收到除 RR 消息外的正确的第三层消息。
- MS 关机或 SIM 卡取出。

当 T3212 溢出，位置更新规程将启动，计时器将设置成初始值，准备下一次启动。如果计时器溢出时移动台不在移动性管理的空闲模式，则位置更新规程将被延迟直至移动台返回到移动性管理的空闲模式。

（3）IMSI 附着规程

IMSI 附着规程用于通知网络 IMSI 处于活动状态。移动台所存储的 LAI 与当前小区 BCCH 通道上广播的 LAI 相同时才使用，否则应执行正常位置更新规程。

IMSI 附着规程实际上通过执行位置更新规程来完成，即在 LOCATION UPDATING REQUEST 消息相关参数指示这是一次 IMSI 附着规程。

2. 一般正常位置更新流程概述

当没有 RR 连接存在，位置更新规程又必须被启动时，移动台的 MM 子层将请求 RR 连接建立。

移动台通过 LOCATION UPDATING REQUEST 消息启动位置更新规程，并启动计时器 T3210。位置更新类型信息单元将指示被请求的更新类型。

位置更新首先由 MS 发起，即向网络发 LOCATION UPDATING REQUEST 消息，网络侧可能要启动分类标识询问规程，来获得 MS 的加密能力等一些相关信息，当通过 TMSI 和 LAI 不能获得移动台的 IMSI 时，网络侧还可能要启动身份识别规程。网络侧在收到 LOCATION UPDATING REQUEST 消息后，还可能要启动鉴权规程以及加密模式设置规程。

如果网络侧接收了 MS 的位置更新请求，将向 MS 发 LOCATION UPDATING ACCEPT 消息，在位置更新请求中可能包含 TMSI 重分配请求；如果包含，则在 LOCATION UPDATING ACCEPT 消息中有新分配的 TMSI。

此时，TMSI 重分配会是位置更新规程的一部分。被分配的 TMSI 号和位置区识别码 LAI 一起被包含在 LOCATION UPDATING ACCEPT 消息内。移动台接收到 LOCATION UPDATING ACCEPT 消息后将存储接收到的位置区识别码 LAI。如果消息中包含的是 IMSI 号，则表示移动台未被分配 TMSI 号，移动台将删除 SIM 卡中的 TMSI 号。如果消息包含 TMSI 号，移动台将在 SIM 卡中存储该 TMSI 号并向网络返回 TMSI REALLOCATION COMPLETE 消息；如果可能，旧的 TMSI 也将被保留。

如是网络侧拒绝接收 MS 的位置更新请求，则向 MS 发 LOCATION UPDATING REJECT 消息，MS 在收到该消息后，将等待网络来触发 RR 连接释放过程。在此消息中将包括拒绝原因，MS 将根据不同的被拒绝原因进行不同的处理。

- ＃2 IMSI 在 HLR 中不存在（IMSI unknown in HLR）。
- ＃3 非法移动台（Illegal MS）。
- ＃6 非法移动设备（Illegal ME）。

如果被拒绝原因为#2、#3、#6，MS 将删除 TMSI，存储 LAI 和密钥序列，在关机之前认为 IMSI 非法。

- #11　PLMN 不允许（PLMN not allowed）。
- #12　位置区不允许（Location Area not allowed）。
- #13　本位置区不允许漫游（Roaming not allowed in this location area）。

如果位置更新被拒绝原因为#11、#12、#13，移动会删除 SIM 卡中 LAI、TMSI 和密钥序列，位置更新尝试计数器清零，存储 LAI 和 PLMN ID 与相关禁止列表中。即如位置更新拒绝原因为#11，则将 PLMN ID 存储于“forbidden PLMN list”中；如位置更新拒绝原因为#12，则将 LAI ID 存储于“forbidden location areas for regional provision of service”列表中；如位置更新拒绝原因为#13，则将 LAI 存储于“forbidden location areas for roaming”列表中并且位置更新被拒绝原因为#13，之后 MS 将重新启动网络选择流程而非消息选择流程。

其他位置更新拒绝原因值视为异常。

位置更新结束后，MS 将等待 RR 连接释放。网络侧可选择保留 RR 连接来建立 MM 连接。

5.6.2.3　MM 连接管理规程

网络侧发起的 MM 连接建立可以是本地的（由第一个 CM 层消息完成，而不是 MM 层消息的传输），或者可以由 CM SERVICE PROMPT 消息的传送完成。由网络侧或由移动台侧发起的 MM 连接的释放通常是本地的，也就是这些目的的完成不需要通过无线接口发送任何 MM 消息。

MM 层是向不同的上层实体提供连接管理服务的。它向 CM 实体提供使用用于对应实体间交换信息的 MM 连接的可能性。一个 MM 连接的建立和释放是由 CM 实体发出请求的。不同的 CM 实体使用不同的 MM 连接。几个 MM 连接可以同时被激活。

MM 连接需要 RR 连接。对于一个移动台而言，所有 MM 连接可以同时使用一个相同的 RR 连接。

下面将介绍用于建立、重建、维护和释放 MM 连接的规程，每个规程都分为移动台侧和网络侧两部分介绍。

1. MM 连接建立

（1）移动台侧发起的 MM 连接建立

当 CM 实体请求建立 MM 连接，MM 子层首先决定是否接收、延迟或拒绝请求。

如果此刻有一个 MM 特定规程正在运行，而 CM 层发送 LOCATION UPDATING REQUEST 消息，那么此位置更新请求或者被拒绝，或者被延迟，直至 MM 特定规程结束，RR 连接释放，这依赖于具体实现。如果 LOCATION UPDATING 消息未被发送，移动台将在消息中包含“follow-on 请求”标志，移动台将延迟位置更新请求直至 MM 特定规程完成。

为了建立 MM 连接，移动台将做如下处理。

① 如果没有 RR 连接存在，MM 子层将请求 RR 子层建立 RR 连接。这个请求包含建立原因和 CM SERVICE REQUEST 消息。当 RR 子层指示 RR 连接建立，移动台 MM 子层开启计时器 T3230，并向给出 MM 连接建立请求的 CM 实体以指示。

② 如果 RR 连接可用，那么移动台的 MM 子层发送 CM SERVICE REQUEST 消息到网络，并启动计时器 T3230，停止并重启计时器 T3241，给请求 MM 连接建立的 CM 实体以指示。

CM SERVICE REQUEST 消息包含如下内容。

- 移动识别（mobile identity）。
- 移动台级别 2。
- 加密密钥序列码。
- CM 服务类型识别请求类型（如，移动主叫建立，紧急呼叫建立，短消息服务，补充业务服务，本地服务）。

支持 eMLPP 协议的移动台会包含 CM SERVICE REQUEST 消息的优先级。

当移动台在 MM 子层处于已存在正在处理的 MM 连接时，如果在接收到 CM 层的消息可能会产生冲突。在这种情况下，移动台的 MM 子层将建立一个新的 MM 连接。

当网络侧接收到 CM SERVICE REQUEST 消息时，网络将分析消息中的内容。依据请求类型和 RR 连接的当前状态，网络将启动 MM 普通规程和 RR 规程。

MM 连接建立完成后，计时器 T3230 将停止，通知请求 MM 连接的 CM 实体。此时，认为 MM 连接被激活。

如果服务请求不被接受，网络将向移动台发回 CM SERVICE REJECT 消息。拒绝原因信息单元指示了拒绝的原因。可能出现的原因变量有如下情况。

- #4：VLR 中不含该 IMSI。
- #6：非法移动设备。
- #17：网络失败。
- #22：拥塞。
- #33：请求服务操作未被同意。
- #34：业务异常。

如果没有其他的 MM 连接，当 CM SERVICE REJECT 消息被发送，网络就开始启动 RR 连接释放。

如果移动台接收到 CM SERVICE REJECT 消息，计时器 T3230 停止计数，并通知 CM 子层。之后移动台将做如下处理。

- 如果原因变量不是#4 或#6，MM 子层返回原始状态（接收到请求时的状态），其他 MM 连接不受 CM SERVICE REJECT 消息的影响。
- 如果消息变量时#4，移动台中止所有 MM 连接，删除 SIM 卡中所有 TMSI，LAI 和加密密钥序列码。如果 RR 连接被释放或中止，则移动台启动正常的位置更新。
- 如果原因变量为#6，移动台中止所有的 MM 连接，删除 SIM 卡中的所有 TMSI，LAI 和加密密钥序列码。移动台认为 SIM 卡为不可用直至关机或 SIM 卡被移除。

（2）网络侧启动的 MM 连接建立

当网络侧的 CM 子层实体请求 MM 子层建立 MM 连接，MM 子层将请求 RR 子层建立 RR 连接。当所有的 MM 和 RR 规程成功的完成后，MM 子层将通知请求的移动终接端 CM 子层实体 MM 连接已成功建立。

如果 RR 连接已经存在且没有 MM 特定规程运行，网络侧同样可以通过发送一个含有新的 PD/TI 的 CM 消息建立一个新的移动终接 MM 连接。

在 GSM 中，如果 RR 连接的建立是不成功的，或者任意 MM 普通规程或者安全模式设置失败，将会向 CM 层指示一个合适的错误原理。

如果 RR 连接被用于已存在 MM 特定规程的移动台，CM 请求将被拒绝或延迟，这取决于具体的执行操作。当 MM 特定规程已经完成，网络将为此延迟的 CM 请求使用同样的 RR 连接。

拒绝原因信息单元指示了拒绝原因。下列原因参数可能会应用到。

- #3 非法移动台。
- #4 VLR 不识别 IMSI。
- #5 IMEI 不被接受。
- #6 非法移动设备。
- #17 网络失败。
- #22 拥塞。
- #32 服务操作不被支持。

- #34 业务异常。

2. 呼叫重建

重建规程允许移动台恢复因无线连接失败而中止的连接，可能在新的小区和新的位置区。尝试呼叫建立的条件或者是依赖于呼叫控制状态，或者是找到允许呼叫重建的小区。MM 连接通过协议标识符（PD）和传输识别码（TI）识别，这些在呼叫重建过程中不会被改变。

呼叫重建在低层失败时发生，并且至少一个 MM 连接是激活的。

如果 CM 实体接收到至少一个 MM 连接重建请求作为 MM 连接被中止的应答，移动台就启动呼叫重建规程。如果几个 CM 实体请求重建，那么仅有一个重建规程被启动。如果任意 CM 实体请求重建，那么所有属于所有允许呼叫重建的 PD 都会被尝试。

CM 实体请求重建 MM 连接，MM 实体请求 RR 子层建立 RR 连接。这个请求包含建立原因和 CM RE-ESTABLISHMENT REQUEST 消息。当 RR 连接建立，移动台的 MM 子层开启计时器 T3230，并向所有 CM 实体指示正在重建。

CM RE-ESTABLISHMENT REQUEST 消息包含如下内容。

- 移动识别。
- 移动台级别 2。
- 加密密钥序列码。

网络侧接收到 CM RE-ESTABLISHMENT REQUEST 消息，就会分析其内容，依据请求类型，网络会开启 MM 普通规程和 RR 规程。

在 GSM 中，网络决定是否启动安全模式设置规程。当从 RR 子层获得安全模式设置规程完成的指示，或者接收到 CM SERVICE ACCEPT 消息，移动台将其作为服务接收指示。

MM 连接重建完成，计时器 T3230 将停止计时，所有与重建相关的 CM 实体都被通知，所有 MM 连接被激活。

如果网络侧不能将重建请求和任意存在的呼叫联系在一起，将会发送 CM SERVICE REJECT 消息，在消息中包含拒绝原理。

- #38：呼叫不能被识别

如果呼叫重建因为其他原因不能被执行，CM SERVICE REJECT 消息可能含有下列原因。

- #4 VLR 不识别 IMSI。
- #6 非法移动设备。
- #17 网络失败。
- #22 拥塞。
- #32 服务操作不支持。
- #34 业务异常。

无论移动台接收到何种拒绝原因，移动台都将停止计时器 T3230，释放所有 MM 连接并开始 RR 释放规程。另外：

- 如果接收到原因变量#4，移动台将删除 SIM 卡中所有 TMSI，LAI 和加密密钥序列码。如果 RR 连接被释放或中止，将迫使移动台开启正常位置更新。在位置更新规程期间 CM 重启请求会被记录。
- 如果接收到的是#6 原因变量，移动台将删除 SIM 卡中所有 TMSI，LAI 和加密密钥序列码。MS 将认为 SIM 卡不可用直至关机或取出 SIM 卡。

3. 紧急呼叫的 MM 连接建立

允许普通呼叫建立的 MM 连接的所有 MM 子层状态下，紧急呼叫的 MM 连接都可以被建立。另外在所选小区所有服务状态下都可以尝试建立。然而，作为一个依赖网络操作，用于紧急呼叫的 MM

连接建立可能在某些状态被拒绝。

当用户请求一个紧急呼叫建立，移动台将发送 CM SERVICE REQUEST 消息到网络侧，消息中 CM 服务类型信息单元指示紧急呼叫建立。如果网络不接收紧急呼叫请求，比如 IMEI 作为识别但网络不支持该功能，网络将拒绝请求，并回应 CM SERVICE REJECT 消息至移动台。拒绝原因可能包括如下情况。

- #3 非法移动台。
- #4 VLR 不识别 IMSI。
- #5 IMEI 不被接受。
- #6 非法移动设备。
- #17 网络失败。
- #22 拥塞。
- #32 服务操作不被接受。
- #34 业务异常。

4. 移动主叫期间强制释放 MM 连接建立

在移动台的 CM 层请求 MM 连接时，CM 层希望在建立完成前中止建立，移动台将 RR 连接完成之后的任何时候发送 CM SERVICE ABORT 消息，而不是在第一个 CM 消息（如 SETUP）被发送之后。

如果第一个 CM 消息已经被发送，适当的 CM 协议将定义正常的释放规程，CM SERVICE ABORT 将不会被发送。

CM SERVICE ABORT 消息的发送仅在第一个 MM 连接建立期间被允许。如果已经同时存在若干个 MM 连接，新的连接建立不会被中止，将在完成 MM 连接后应用正常的 MM 连接释放规程。

当接收到 CM SERVICE ABORT 消息，移动台中止正在进行的规程，释放响应的资源，并启动 RR 连接释放。

如果 RR 连接在计时器 T3240 所控制的时间内未能释放，移动台将中止 RR 连接。

5. MM 连接释放

本地 CM 实体可以释放一个已经建立的 MM 连接。CM 连接的释放将在 MM 子层中完成，也就是说，为释放 MM 连接，将不再通过无线接口发送 MM 消息，并释放 RR 连接。如果 RR 连接在计时器控制时间内未能释放，移动台将中止 RR 连接。

5.6.3 L3 规程详述之 RR

由于无线资源的有限性，移动台只能短时间占用信道，并且因为移动台的移动台性，移动台需要和不同基站建立无线信道的连接。无论手机处于空闲状态还是通话状态，移动台都需要随时向网络报告自己的当前位置。这一切关于无线资源分配、建立和维护的工作，还有移动台处于空闲状态时接收来自网络广播消息等都属于无线资源管理层的范畴。

同前面一样，将这些工作划分为许多简单的规程，无线资源管理层包含的规程及规程的分类如下所述（这里仅介绍 GSM 系统的语音业务部分规程）。

（1）系统信息广播

（2）RR 连接建立

- 进入专用模式，立即指配规程。
- 用于 RR 连接建立的寻呼规程。

（3）专用模式规程

- SACCH 规程。

- 信道指配规程。
- 切换规程。
- 频率重定义规程。
- 通道模式变化规程。
- 加密模式设置规程。

（4）无线资源连接释放

在我们使用手机的时候，通常会使手机处于两种状态，一种是空闲状态，一种是通话状态；在协议中也有两个专用术语，一个是空闲模式，一个是专用模式；这个概念和空闲状态、通话状态是有区别的，在协议中有更专业的方法鉴定移动台处于何种模式。而空闲状态和通话状态是作者为了方便在讲述规程时和我们平时使用手机的习惯联系起来引入的概念。

在协议中，区分空闲模式和专用模式的关键在于是否建立了专用无线资源连接，也就是移动台和基站之间是否建立了专用无线信道。

当我们平时将手机装在口袋中不使用时，即手机处于空闲状态时，但此时手机并未真正空闲，它在以一定的时间间隔监听基站广播的系统信息，使一些必须的参数，比如时钟信息、频点信息等，与网络保持一致；还有一些比如所在小区及其周围的信道频点，位置区号等信息，用于判断自己所在位置区是否发生变化，以便随时与新位置区的基站建立联系；手机还会接收寻呼信息，以便随时与呼叫方建立通信等。

协议中以是否分配了专用信道建立 RR 连接来区分空闲模式和专用模式，所以，移动台在空闲模式时，会接收系统广播信息，测量周围基站信号参数，监听寻呼消息。类似位置更新、呼叫建立等规程，都需要请求建立 RR 连接使移动台进入专用模式。当我们携带手机在路上行走时，手机常会因为位置区的变化而申请位置更新，而此时我们并没有主动使用手机，这就是在本文中空闲状态和空闲模式的区别。本章是以空闲模式和专用模式为界限介绍无线资源管理规程的，所以，本部分将分三节介绍无线资源管理规程，分别是空闲模式规程、RR 连接建立规程及专用模式规程。

5.6.3.1　空闲模式规程

无论是移动台与基站之间传送信令信号还是交换业务信息都需要无线信道作为传输通道。而这个传输通道是以频点和时隙确定的，所以需要移动台和基站收发信双方在这些信息上达成共识，比如占用哪个频点和时隙编号，还包括时隙的同步信息。当前小区描述参数以及一些行为的控制参数也都将通过系统信息广播给移动台。

系统信息分为很多种类型，一般可分为必需系统消息、选择系统消息和不必需系统消息三类。必需系统消息是指包含必需的网络参数的系统消息，它在 BCCH 信道上发送。选择系统消息包含必需系统消息的扩展信息，在需要的时候发送，通常也在 BCCH 信道上发送，有的消息类型会在 CCCH 信道上发送，如果被发送会在必需消息中提示移动台注意接收。而不必需系统消息则是根据网络的情况，由网络操作者决定是否发送的。

为了增加移动台的待机时间，移动台不可能时时刻刻接收空中的信息。协议采用的方法是系统广播消息在设计时就被有规律的安排在物理信道中，而移动台和基站的时钟是同步的，所以，移动台就可以按一定的时间周期接收系统消息了，在其他的时间，移动台就可以处于睡眠状态以将设备的用电降到最低。系统消息是如何在物理信道中安排的，也将在本节中介绍。

先了解一下这些系统消息中包含信息的作用以及如何占用控制信道，之后将逐渐熟悉这些系统消息类型（system information type i）。

1. 系统消息中的信息类型

广播的系统消息包含下面几种类型信息。

- 用于当前网络、位置区、小区的识别信息。
- 当切换和小区重选时需要的候选小区测量信息。
- 描述当前控制信道结构的信息。
- 控制随机接入信道使用的控制信息。
- 本小区支持的各种操作信息。
- 部分属于第一阶段协议的消息字段长度信息。

2. 系统消息、BCCH 信道和物理信道的映射

在基础知识中已经介绍了物理信道的相关知识。我们知道每个超高帧是由 2048 个超帧组成，每个超帧是由 51 个 26 复帧或 26 个 51 复帧组成，每个复帧是由 51 个或 26 个帧组成，每个帧是由 8 个时隙组成。26 复帧主要用于业务信道，而 51 复帧主要用于控制信道。这 51 个帧中仅有四帧用于 BCCH 信道，这四帧被称为一个消息块（block）。

在协议中规范了哪些消息块传送哪些系统消息，以便于移动台在固定的时间接收系统消息。每个消息块仅发送一条系统消息，即每个复帧发送一条系统消息。因为系统消息类型较多，所以，协议规定每 8 个复帧循环一次。比如，第一个消息块传送系统消息类型 1，第二个消息块传送系统消息类型 2，依此类推，第八个消息块传送系统消息类型 i 后，又从系统消息类型 1 开始发送。一个超帧由 2715648 个帧组成，在协议中如果用具体的帧号说明系统消息和帧的对应关系将很难想象，所以用一个简单的算法来说明，具体的公式为 TC=(FN div51)mod8（FN 为帧号）。

系统消息	发送消息块 TC	信道分配
Type 1	0	BCCH Norm
Type 2	1	BCCH Norm
Type 2bis	5	BCCH Norm
Type 2ter	5 或 4	BCCH Norm
Type 3	2 或 6	BCCH Norm
Type 4	3 或 7	BCCH Norm
Type 7	7	BCCH Ext
Type 8	3	BCCH Ext
Type 9	4	BCCH Norm

BCCH Norm 占用 51 复帧中的第 2 至 5 帧，而 BCCH Ext 占用 51 复帧的第 6 至 9 帧，这几帧通常用于 CCCH 信道。

当某个系统消息不需要发送时，网络可以发送其他任何系统消息和空闲突发脉冲序列。一般遵从下列规则。

（1）BCCH Ext 可以和 PCH、AGCH 信道共享资源。

（2）系统信息类型 1 在使用跳频或存在 NCH 信道（CCCH 信道的一种，用于语音广播和群呼）时必须发送。

（3）如果系统消息类型 2bis 或 2ter 中的一种消息需要被发送，那么将在 TC=5 时发送，如果两者都需要被发送，则 2bis 在 TC=5 时发送，2ter 在 TC=4 时发送。

由上述可知，所有的系统消息传输时都需要占用一个消息块，而选择系统消息和不必需系统消息使得 BCCH 信道的消息块的安排并不固定，会随要发送的系统消息而发生变化，这些 BCCH 信道消息块的安排被称为 BCCH 调度信息，并会通过系统消息类型 9 通知移动台。BCCH 调度信息规范如下。

（1）BCCH 调度信息可能被包含在系统消息类型 9 中，如果被包含在其中，那么在系统消息类型

3 中将指示如何找到系统消息 9。

（2）如果移动台接收到 BCCH 调度信息，那么它将假设 BCCH 调度信息在本位置区内可用直至接收到新的调度信息。并且会将此调度信息储存起来，当回到此位置区后仍可使用。

（3）当移动台检测到系统消息并没有向系统消息类型 9 中安排的那样，那么移动台将读取系统消息类型 3，如果指示有调度信息在系统消息类型 9 中被指示，它将尝试读取其中的信息；如果系统消息类型 3 显示没有系统消息类型 9，那么它将认为 BCCH 调度信息不可用。

3. 常见的系统消息

系统消息类型 1：主要包括小区信道描述+RACH 控制参数。

系统消息类型 2：主要包括邻小区的 BCCH 频点+允许 PLMN+RACH 控制参数。

系统消息类型 2bis：主要包括扩展邻小区的 BCCH 频点+RACH 控制参数。

系统消息类型 2ter：扩展邻小区的 BCCH 频点描述 2。

系统消息类型 3：小区识别（CI）+位置区识别（LAI）+控制信道描述+小区选项+小区选择参数+RACH 控制参数。

系统消息类型 4：位置区识别（LAI）+小区选择参数+RACH 控制参数+CBCH 信道描述+CBCH 移动配置（CBCH 用于短消息广播的信道）。

系统消息类型 5：邻近小区 BCCH 频点。

系统消息类型 5bis：扩展邻近小区 BCCH 频点。

系统消息类型 5ter：扩展邻近小区 BCCH 频点。

系统消息类型 5ter：扩展邻近小区 BCCH 频点。

系统消息类型 6：小区识别+位置区识别+小区选项。

系统消息类型 7：小区重选参数。

系统消息类型 8：小区重选参数。

4. 选择系统消息在必需系统消息中的指示

系统消息类型 2、3、4 是必需系统消息，系统消息类型 1、2bis、2ter、7、8 等为选择系统消息，这两类系统消息将在 BCCH 信道上广播。基于这些信息，移动台才可以决定是否能够和如何获得通过当前小区接入网络系统。

系统消息类型 2 和系统消息类型 2bis 中邻区描述信息单元的 EXT-IND 位指示这两个系统消息都只装载了一部分 BA 列表[1]时，系统消息类型 2bis 会被发送。系统消息类型 2ter 同样包含了扩展邻区的 BCCH 频点描述信息，它是否被发送在系统消息类型 3 中指示。

系统消息类型 2quater 用于提供扩展测量报告，关于 3G 小区重选、测量和报告的相关信息也可能被包含其中，但如果移动台不支持 3G 就会忽视这些信息。系统消息类型 2quater 是否发送会在系统消息类型 3 中指示。

系统消息类型 3 和系统消息类型 4 中会包含小区重选方面的参数，如果参数字节较多，在这两个消息中仍未装完，就会被安排在系统消息类型 7 和 8 中。当系统消息类型 7 和 8 需要被发送时会在系统消息类型 4 中指示它们的位置。

5.6.3.2　RR 连接建立规程

RR 连接建立就意味着移动台进入专用模式。RR 连接建立的过程就是进入专用模式的过程。RR

[1] BA 列表是一张存储移动台所在位置区的邻区 BCCH 频率的存储列表，它分为 BA idle 列表（用于空闲模式）和 BA active 列表（用于专用模式）

连接建立通常由两种方式触发。一种是移动台的功能需要，主动发起 RR 连接建立；另一种是由网络寻呼触发的。准确地讲，寻呼并不算 RR 连接建立的范围。RR 连接建立规程都是从立即指配规程开始的，立即指配规程都是由移动台发起的。

1. 立即指配规程

立即指配规程通常是由移动台的 RR 实体发起的，它通常是由 MS 的 MM 实体请求触发，或者是 LLC[2]层，又或者是 RR 层应答寻呼请求消息发起的。MM 层实体要求 RR 连接建立时需要在请求中描述建立原因。同样的，RR 实体应答寻呼发起 RR 连接时也要说明原因"应答寻呼"。

移动台通过 RACH 信道向网络发送 CHANNEL REQUEST 消息，因为不知道网络会在什么时候应答，所以，在发送信道请求消息之后，移动台会监听 CCCH 信道上的所有时隙。发送完 M+1 次消息后（M 指允许的最大重传次数），启动计时器 T3126，如果计时器 T3126 超时，则移动台放弃本次信道分配。

移动台申请 RR 连接，网络在接收到申请之前是无法知晓和控制的，所以，在一个小区里很容易出现移动台申请冲突的问题。协议中通过发送分布系数、允许最大重传次数等参数来控制 RACH 避免多台移动台信道申请时的冲突，还会采用将移动台进行接入分类的方法，在某一时间禁止某一分类的移动台接入，以解决 RACH 的业务负载，或者通过发送指配拒绝消息指示移动台在一定时间内不要申请接入。

网络侧在接收到 CHANNEL REQUEST 消息后，在 CCCH 通道（接收到 CHANNEL REQUEST 消息的通道）上发送 IMMEDIATE ASSIGNMENT 消息或 IMMEDIATE ASSIGNMENT EXTENDED 消息响应。这两个响应消息的不同之处在于 IMMEDIATE ASSIGNMENT 消息包含一个 MS 的的分配信息，而 IMMEDIATE ASSIGNMENT EXTENDED 消息同时包含两个 MS 的信道分配消息。MS 在收到 IMMEDIATE ASSIGNMENT 消息后，将切换到分配的通道上，将该通道标识为信令专用通道，并发送一个包含第三层消息的第二层 SABM 帧，该 SABM 帧包含层三消息。

如果没有可以分配的通道，网络侧将向 MS 发 IMMIDIATE ASSIGNMENT REJECT 消息，MS 在接收到该消息后，停止发送 CHANNEL REQUEST 消息，启动定时器 T3122 和 T3126，然后在 CCCH 通道上监听，直到 T3126 超时。如果在此期间收到通道分配消息，则按前所述进行处理，否则 MS 回到 IDLE 状态。

在 T3122 超时之前，MS 不允许在同一个小区内建立新的 RR 连接，除非在紧急呼叫时没有收到 IMMEDIATE ASSIGNMENT REJECT 消息。

2. 寻呼发起的立即指配规程

网络通过在 CCCH 上广播寻呼请求消息发起移动台申请接入信道。PAGING REQUEST 消息根据识别移动台的方式和消息中包含的寻呼移动台的数量的不同而分为三种类型。当移动台接收到寻呼请求消息后，即触发 RR 连接建立规程，如果网络允许，则移动台如上述 RR 连接建立规程所述建立 RR 连接。RR 连接建立后，移动台切换到专用信道上，并发送一个包含寻呼应答消息的 SABM 层二帧给网络。

5.6.3.3 专用模式规程

专用模式规程是移动台进入专用模式后，进行的一些无线资源管理的规程，比如信道的指配（这里的信道指配已经不同于立即指配规程中的信道指配了）、切换和信道模式的修改等。

1. SACCH 规程

在专用模式，SACCH 被用于从 MS 传输测量结果。由于 SACCH 具有必须双向连续传输的特性，因此，如果没有其他内容要传输，MS 将向网络报告测试结果（MEASUREMENT REPORT）；另外一

[2] LLC：逻辑链路控制。它负责识别网络层协议，并对它们进行打包。LLC 告诉数据链路层应该如何处理接收到的数据包。

方面，网络如果没有其他内容要传输，则向 MS 发 SYSTEM INFORMATION TYPE 5，6 或 5bis，5ter 消息。网络会向移动台发送 MEASUREMENT INFORMATION 消息命令移动台使用增强型测量报告。

如果 MS 具有扩展的测量能力，当它收到 EXTENDED MEASUREMENT ORDER 消息时，将进行相应的测量，并报告测量结果（EXTENDED MEASUREMENT REPORT）。第二层每发送一个其他消息，就应至少发送一个包含测量信息的帧。

2. 信道指配规程

信道指配规程不同于移动台接入网络时的立即指配规程，它是用于移动台在已经建立无线信道，在同一小区内，修正或更改信道配置的情况。

信道指配规程包括如下内容。

- 中止除无线资源管理外的一般操作。
- 释放掉原有的信令及其他信道。
- 释放原有信道。
- 激活、建立新的信道。
- SPAI=0 的数据信道的建立。

网络向移动台发送 ASSIGNMENT COMMAND 消息触发信道指配规程，并开启计时器 T3107。在移动台接收到网络发送的 ASSIGNMENT COMMAND 消息后，移动台初始化信道分配，包括释放旧的信道，交换到新分配的信道，并初始化低层链接和信令链路。

所以，在 ASSIGNMENT COMMAND 消息中包含了很多对新信道的描述，包含了复用时隙和信道的配置，多种速率配置的描述，频点的变化，还包括接入信道的时间和是否加密及跳频的相关描述。

如果主信令连接已经建立好，移动台就在 CCCH 信道上向网络返回信道指配完成（ASSIGNMENT COMPLETE）消息。当网络接收到该消息后，就立即恢复原先中止的一些信令层消息，并释放原先分配的资源，停止计时器 T3107。

3. 切换规程

切换规程是在已建立有 RR 连接时，由网络侧的 RR 层发起的位置区间或位置区内信道的变化。以小李为例，正在移动的状态下打电话，当他从一个位置区移动到另一个位置区，需要新的位置区给他分配新的专用信道。

切换分为 SDCCH 过程中的切换和 TCH 过程中的切换。

当 SDCCH 切换过程中，网络侧通过 SDCCH 向移动台发送 HANDOVER COMMAND 消息触发切换规程，发送并开启计时器 T3103。由移动台在接收到该消息后开始初始化的 HANDOVER COMMAND 消息包括参数：新的时隙和信道的配置、新小区的特点、物理信道建立的指示、切换参考、切换时间指示、速率配置的描述、是否加密等。

移动台接收到 HANDOVER COMMAND 消息后，就向网络发送 HANDOVER ACCESS 消息，建立物理链路。根据移动台和小区同步的情况，物理信道建立的过程分为四种情况：精确同步、伪同步、预同步、非同步。

底层信道建立成功后，移动台即向网络发送 HANDOVER COMPLETE 消息。网络侧恢复原中断信令层消息，释放源分配资源，停止计时器 T3103。

在 TCH 过程中，网络则在 FACCH 信道上向移动台发送 HANDOVER COMMAND 消息。

4. 频率重定义规程

在专用模式和组传输模式，该过程用于改变所分配通道的频点。网络向 MS 发 FREQUENCY REDEFINITION 消息，该消息中包含了新的参数以及开始时间。

在收到该消息后，MS 改变消息中指定时隙的频点，并发送一个 RR STATUS 消息指出成功与否。

5. 信道模式改变规程

信道模式包含专用通道的编码，解码及转换等功能，总是由网络侧发起。

网络侧通过发 CHANNEL MODE MODIFY 消息来开始该过程。MS 在收到该消息后将在指定的通道上设置通道模式，并返回 CHANNEL MODE MODIFY ACKNOWLEDGE 消息。

6. 加密模式设置规程

在专用模式，该过程被网络侧用于设置加密模式，如传输是否加密，如果加密使用什么算法。

网络侧发 CIPHERING MODE COMMAND 消息开始该过程，MS 在收到该消息后，如果有一个有效的 SIM 卡及一个加密 KEY 存在，则将该 KEY 装入 ME 中，MS 将返回 CIPHERING MODE COMPLETE 消息。

7. RR 连接释放规程

该过程主要用于去激活所有在用的专用通道。当通道被释放后，MS 回到 IDLE 状态。该过程可用于呼叫结束后 TCH 通道释放，以及专用通道释放后的 DCCH 通道释放。该过程总是由网络发起。

网络在主 DCCH 链路上向 MS 发 CHANNEL RELEASE 消息，并启动定时器 T3109，去激活 SACCH；MS 在接收到消息后，启动定时器 T3110，断开主链路连接；在 T3110 超时后，或断开连接被确认后，MS 去激活所有的通道，回到 IDLE 状态。

在网络侧，当主信令链路被断开后，网络停止 T3109，启动 T3111，在 T3111 超时后，网络去激活所有的通道。如果 T3109 超时，则网络也释放所有的连接。

5.7 DT 与 CQT

网络优化过程中，利用 DT（Drive Test）和 CQT（Call QualityTest）测试就能模拟用户使用中的情形，尽可能多的发现网络中存在的问题，同时也收集更多的数据进行故障分析和网络调整。

路测是 GSM 无线网络优化中最常用的方法，通过地理化观测和分析无线网络中无线信道上的基础参数来发现网络存在的问题，并结合小区参数库和地理环境来解决网络问题。基础参数包括主小区和邻小区的 RxLev 和 RxQual（FULL 和 SUB）、ARFCN、BSIC 及其他 GSM 网络的测量参数以及 GSM 网络中的第 3 层信令信息等。路测能重现故障区出现的问题，记录整个通信过程，并进行分析。

在无线通信网络的生命期中，路测有几个方面的应用。

（1）在基站安装前，首先要进行站址的评估测量，以确定适宜的基站地点。

（2）基站安装后，要进行路测，以评估是否达到设计要求。

（3）日常网络优化中，通过路测发现网络中存在的问题。

路测是优化过程中非常重要的一步，其任务是收集与用户位置有关的测量数据。一旦在所要的 RF 覆盖范围收集到数据，就把这些数据输出到后处理软件工具，工程师可用后处理和收集工具确定 RF 覆盖或干扰问题的原因，分析如何解决这些问题。确定了问题、原因和解决方案，就可转入采取实际措施解决问题。

5.7.1 路测系统

路测的实施基于路测设备。所谓路测设备，就是为网络优化和规划工作而专门生产的软、硬件设备，其中包括数据采集前端、全球定位系统 GPS、笔记本电脑及专用测试软件等。

目前的数据采集前端多为内部有特殊软件的测试手机，这种手机外观上与普通手机一样，但是手机内部装有专门的软件，可以依靠网络来完成一些特殊功能，如锁频、强制切换、显示网络信息等；也可以不依靠网络来完成一些功能如全频段扫频和选频点扫频等；同时还可以通过计算机与手机之间的通信电缆来接收计算机发来的指令，并且将采集到的数据传输给计算机存储起来，供计算机进一步处理。

全球定位系统 GPS 和数字化地图配合可以把路测数据放在地图上，显示出测试路线，生成各种图形，便于问题分析和道路覆盖的宏观把握。

1. DT 测试的作用

路测软件基于 GSM 蜂窝小区的现有规划设计的基础，利用无线下行移动测试手段去验证小区设置及其结果，并结合交换局的话务统计报告中的各项宏观统计结论，来调整蜂窝小区的有关参数，从而实现优化。

通过 DT 测试能够进行下面的各种测试。

- BCCH 覆盖测试。
- TCH 覆盖测试。
- 边界切换测试。
- CQT 拨打测试。
- 特殊场所室内覆盖测试。
- 特定小区覆盖范围测试。
- 竞争对手网络测试。

DT 路测对于解决如下的一些常见问题十分有效。

- 基站小区的工程排障。
- 基站资源检查。
- 小区切换带定位。
- 掉话故障来源。
- 话务密度分布。
- 干扰点确定与评估。
- 盲点定位。
- 异网覆盖与干扰。
- 孤岛效应定位和评估。
- 有效邻小区分布合理性分析。
- 生成图文并貌的测量电子报告等。

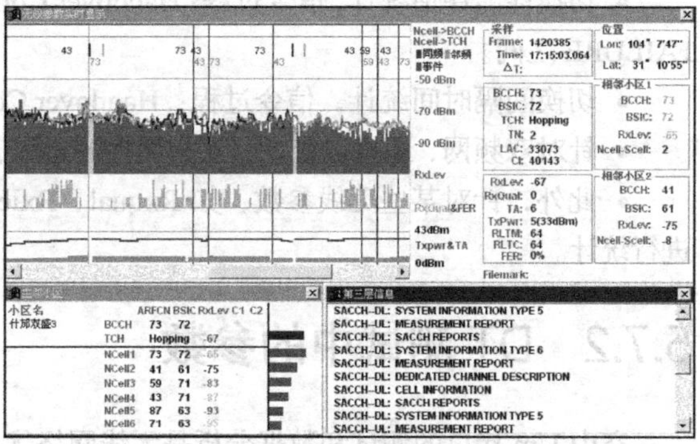

图 5-26 路测软件

通过路测，优化人员能在数字化地图上同步地再现测量车采集数据的过程，移动网无线信道的量化测量数据，再现与网络资源紧密的结合，确定 GSM 网的上下行事件记录中事件产生的地理位置和频度。

2. CQT

除了对移动网主要无线参数进行客观测量和分析外，主观的拨打测试也是衡量移动网服务质量实际终端表现的重要指标。由于 DT 测试不能体现实际话音质量，回音、串音等网络问题不能通过 DT 测试发现，因此 CQT 拨测是 DT 测试很好的补充，它也是目前室内测试的主要方法。

拨打测试是在城市中选择多个测试点，在每一个测试点进行一定数量的呼叫或被叫。通过记录接通情况和测试者主观的评估通话质量，来分析网络的运行质量和存在的问题。

3. 扫频分析

扫频分析是对 GSM 网络无线资源的全面了解，对于频率干扰查找、滚动开站有很大帮助。

扫频分析可解决如在每一个地理位置上蜂窝小区无线载频信道的资源有多少，无线信号强度有多大，是否存在同频、邻频干扰等问题。

4. 统计

通过 DT 测试数据，可以生成各种统计报告，便于了解网络质量和对问题的分析。

（1）通话信令统计

- 通话信令统计（Call Attempt）：根据通话中的一些信令命令来统计在通话过程中出现的通话次数、完整通话次数、接入失败数、切换次数、切换成功率、掉话率等。
- 建立信令（Call setup）：根据信令，对建立信令的成功、失败次数及建立的成功率和失败率进行统计。
- 振铃信令（Call Alert）：对振铃信令的成功、失败次数及成功率、失败率的统计。
- 连接信令（Call Connect）：连接成功、失败次数的信令统计，还包括成功率、失败率。其次还统计了呼叫建立时的拥塞（Blocked Call）、掉话时的信令及拥塞率和掉话率。
- 位置更新信令（LOCATION UPDATING）：更新过程、成功、失败、终止过程及成功率、失败率和终止率。

（2）切换信令统计

依据信令对切换的一些事件进行统计，统计出网络的切换成功率和失败率，以及切入、切出次数和频度。

（3）测量统计报告

在测量过程中，有些事件是需要统计的，它可以直接反映出网络存在的问题，如下所示。

- 系统响应的时间统计，信令过程为：Channel Request 与 Assignment Command。
- 切换性能评估统计，信令过程：Handover Command 与 Handover Complete 或 Handover Command FAILURE 之间。
- 切换间隔时间统计，信令过程：Handover Command 与下一个 Handover Command 之间。
- 针对双频网，还可以统计：互相切换的过程，双频测试机每个频段的网上手机不同的发射功率。
- 此外，针对某些无线参数，如 Rxqual、Rxlev、TA、小区选择参数 C1、小区重选参数 C2 都可进行统计。

5.7.2 DT 测试中的参数

空中 Um 接口的测试和数据分析是无线网络优化工作的一个重要组成部分。

在进行网络优化时，用测试手机能最直观地反映用户的实际通话情况，同时记录空中 Um 接口的各种参数值，在数据采集结束后，通过对数据的分析，可以得出网络存在的各种问题，然后再进行网络软、硬件的调整，继而再进行测试、分析和优化。

网络优化中遇到的问题是形形色色的，但解决这些问题的办法都来源于对专业知识的理解，因此对 GSM 网络结构和各种参数的理解程度，直接影响到网络优化的效果。在无线网络优化时，优化人员要对网络的组成结构、网元功能、网元间的控制关系，无线参数含义和取值范围，参数间的关系和影响有一定的了解。对于从事 Um 空中接口测试和优化的工程师更应该对 Um 口的参数有深入的理解和认识。

通过测试手机和移动通信网不断地建立呼叫，了解网络的工作状况及各项通信参数。一般能记录的有 BCCH、TCH、Rx1eve1、RxQua1、TxPower、TimeAdvance、Timesolt、BSIC、CellID 以及相邻小区的 BCCH、Rx1eve1 等。这些参数可能过曲线或柱状图等显示出来，反映了通话质量及小区环境等重要内容。

通过功率控制曲线可以观察功率控制是否灵敏、有效。BSC 中有关功率控制参数是否合适。

根据测试结果可以判断接收质量（Rx1eve1）变质的性质。结合相邻小区环境，可以分析同频、邻频的可能性。根据 Rx1eve1、RxQua1、相邻小区环境分析切换的类型，是不是紧急切换，频繁切换的原因，是不是“乒乓效应”，有无“孤岛”问题等。通过对通话中的具体事件（如掉话、切换等）的定位与分析，可从微观角度提高网络的服务水平。

服务区内长时间通话测试，掌握路测区域的切换情况。对于切换频繁的地方（乒乓切换），对其切换参数、邻小区定义关系进行检查。如果切换带位于话务集中的地方，通过调整小区覆盖范围的方式调整切换带。

强迫信道切换能强迫 MS 切换到六个相邻小区之一（如在待机状态，则是位置更新），锁定某一小区的一个载频，指定通话向相邻小区另一载频切换，在两个小区之间进行通话测试，可以得出两小区之间明显的切换带。由此来评估要换参数设置的合理性，借以平衡话务量。

为了了解某个小区覆盖范围，将测试手机锁定该小区频点，禁止 MS 重选或切换到相邻小区，开车向小区覆盖边缘移动，用以了解当前小区最大覆盖范围，调查小区半径，以避免同/邻频干扰的产生。

在网络建设初期，网络主要的问题是覆盖问题。随着话务需求的增加，频率复用更加紧密，频率之间的干扰也越来越严重。通过路测干扰测试，在通话的过程中扫频接收机对 BCCH 进行高速扫频，计算出载干比，发现同、邻频干扰并且进行定位。

在两个地区之间进行手机通话测试，通过观测 BSIC 或 LAC 的变化，发现两个网络的切换带。通过这种测试，结合扫频数据，掌握两地网络的边界带。

通过采用双频手机进行 Idle 与通话路测，发现双频手机在双频网之间的小区重选与切换关系。结合小区设计参数，对小区重选和切换关系进行调整，吸收话务量到 1800M 网络上面。

随着移动用户的增加与用户需求的提高，提出了室内覆盖的需要，特别对于高级写字楼与星级宾馆的覆盖。利用便携测试设备进行 CQT 拨打测试记录呼叫事件与无线参数，评估全网的室内覆盖。

对于高层楼房由于附近宏蜂窝辐射信号与室内微蜂窝信号造成的乒乓切换，需要通过扫频测试掌握干扰来源进行调整。

DT 路测系统能实时观测和回放下面的基本测量参数。

当前主小区参数（ServingCell）

- RxLevSUB：描述测量数据在开通间歇发射条件下（DTX=1）场强变化。
- RxQualSUB：描述测量数据在开通间歇发射条件下（DTX=1）误码率变化。
- ARFCN：描述测量数据中的无线载波（BCCH、SDCCH/TCH）的变化。
- CI：描述测量数据中的无线小区分布。
- RxLevFULL：描述测量数据中的无线场强变化趋势。
- RxQualFULL：描述测量数据中的无线信道误码率变化趋势。
- Tx_Power：描述测试手机功率衰减的变化。
- TimingAdvance：描述时分多址通信中时间提前量。

注意：

GSM05.08 规范中规定：没有开通间歇发射（DTX=0）的小区，RxLev 和 RxQual 的 FULL 和 SUB 值基本相等，因为此时 RXLev 和 RXQual 的测量值是 8 个时隙的统计平均值。

在开通间歇发射（DTX=1）的小区，应观测 SUB 的 RxLev 和 RxQual 值，其值是占用时隙的统计平均值。

1. 无线信号强度 Rxlevel

Rxlev 描述接收到信号电平强度的统计参数，作为 RF 功率控制和切换过程的依据。

该参数为一个 SACCH 复帧期间的收信电平测量样值的平均值，以 dBm 为单位，取值范围 0～63，步长 1。一般说来，前一个报告期间的测量总是被丢弃。MS 和 BSS 在范围−110～−48dBm 内报告，收信机输入端的收信电平的均方根值（R.M.S），在−110～−70dBm 范围内正常条件下有 ± 4dBm 的绝对精确性。

当给 MS 分配一个 TCH 或 SDCCH 时，MS 将进行收信电平测量。

至少对 BCCH 配置（BA）所指示的一个 BCCH 载波在每 TDMA 帧里进行测试，以后再接着另一个 BCCH 载频，作为可选，在每 SACCH 复帧上的 4 个搜索帧期间测量可省略。

在有关物理信道上的所有实发脉冲（包括 SACCH 的突发脉冲）上进行测试。如果该物理信道上使用跳频，且在 BCCH 小区选择设置了功率控制指示 PWRC，则在 Rxlev 收信电平过程中 BCCH 频率上不进行实发脉冲的测量。

除非运营者特殊指定，对任何分配给 MS 的 TCH 或 SDCCH，BS 将对有关物理信道上所有时隙进行测试，包含 SDCCH 时隙，但不包括空闲时隙。

收信信号电平将被映射到 0～63 之间的某个 Rxlev 值，如表 5-9 所示。

表 5-9　　　　Rxlev 值

0	RX<-110dbm
1	−110dbm≦RX<−109dbm
2	−109dbm≦RX<−108dbm
3	−108dbm≦RX<−107dbm
……	……
62	−49dbm≦RX≦−48dbm
63	RX>−48dbm
≦17	信号强度不满足室外覆盖要求
≦27	信号强度不满足室内覆盖要求

注：定义每个载波的 Rxlev 需 6bit。

由优化人员选定的场强门限值找出在门限值以外的测试点称之为盲点。优化人员可以自定义主邻小区的场强覆盖门限值，如果主邻小区的场强值均在门限值以外，则表明该处的覆盖有问题。应该通过网络优化调整有关参数或者工程建设，减少覆盖盲区。

2. 无线信号质量 Rxqual

Rxqual 描述收信无线链路信号质量的统计参数。

该参数作为 RF 功率控制和切换过程依据，Rxqual 为一个 SACCH 复帧期间（480ms）收信信号质量测试的平均值。

MS 和 BSS 将通过测量信道译码前的等效平均 BER 值（即块误码率），来决定接收信号质量。

误码率是指数字通信无线链路在传输的过程中出现的错误码，以百分比表示。误码率客观地反映出网络的无线环境的好坏，它分 0～7 八个等级，各个等级对应的 BER 百分比如表 5-10 所示。

表 5-10　　　　误码率

等级	对应百分比
0	（BER<0.2%）
1	（0.2%<BER<0.4%）
2	（0.4%<BER<0.8%）
3	（0.8%<BER<1.6%）
4	（1.6%<BER<3.2%）
5	（3.2%<BER<6.4%）
6	（6.4%<BER<12.8%）
7	（12.8%<BER）

Rxlev_FULL 和 Rxqual_FULL：指 TCH 和 SACCHTDMA 帧全集的 Rxlev 和 Rxqual。

TDMA 帧全集数目对全速率 TCH 为 100 帧（104_4 个空闲帧）或对半速率 TCH 为 52 帧。

Rxlev_SUB 和 Rxqual_SUB：指在开通间歇发射条件下（DTX）下的 Rxlev 和 Rxqual 值，即 4 个 SACCH 帧子集和 8 个 SIDTDMA 帧的 Rxlev 和 Rxqual 值。

信道类型：SID 消息块帧（FN 模 104）

TCH/F：52，53，54，55，56，57，58，59。

TCH/H 子信道 0：52，54，56，58，60，62，66，68。

TCH/H 子信道 0：53，55，57，59，61，63，65，67。

在任何 TCH 语音信道上，该 TDMA 帧子集在 DTX 期间被用作静寂帧 SID（Silence Descriptor）的传输。

FER（Frame Eraser Rate）表示不能被 MS 译码的帧的占有率。

3. 不连续传输 DTX

在 GSM 系统中，传输方式有普通和不连续传输 DTX 两种模式。所谓不连续传输，就是在通话期间，进行 13kbit/s 的话音编码；在通话间隙，传输 500bits/s 低速编码。目的是降低空中的总的干扰电平，节省无线发射机电源的耗电量。

4. 时间提前量 Timing Advanced

TA 参数是确保 GSM 数字通信信息同步的参数，TA 参数测量值的大小反映了 MS 与 BS 间无线信号的空间传输距离。结合电子地图也可以反映出小区天线覆盖的合理性和多径衰落、孤岛效应等。TA 的取值范围是 0<TA<63，一个 TA 约等于 500 米。

注意：只有在占用 TCH 信道的测试数据中才有 TA。

5. TX 功率电平（TXPWR）

在每一个下行 SACCH 信息块或专用信令块中第一层的首标有 5bits 的发信功率（TXPWR）指示，范围为 0～31，传送信道是 BCCH，属于双向传送。

MS 通过在上行 SACCH 第一层首标将 MS-TXPWRCONF 字段设置到其现在的功率电平，来证实其目前使用的功率电平，其间的最后一个实发脉冲所用的功率电平。MS 用最新收到的功率电平值发射所有实发脉冲，包括 TCH（包含切换接入实发脉冲）、FACCH、SACCH 或 SDCCH。

当 MS 在 RACH 上接入小区，但未收到在 DCCH 或 TCH 上的功率电平（如在立即指配消息后）时，MS 则用在 BCCH 上，广播的 MS-TXPER、MAX-CCH 参数或 MS 按其类别所定义的最大的 TXPWR 来发送其信号。

MS 功率控制范围：从定义的最大输出功率到最小 20mW（13dBm），步长为 2dB。

BS 实现功率控制为可选功能。

BS 功率控制范围：从最大输出功率开始减少，变化范围为 30dB，步长为 2dB，一共有 15 个步长。

6. 无线链路丢失统计（Radio link timeout）

无线链路丢失统计（Radio link timeout）是描述通话过程中信令层能否成功解码 SACCH 信道信息的指标，取决于 SACCH 消息译码的成功率。

地理化描述无线链路丢失状态对分析掉话的成因（与误码率的关系）十分有帮助。MS 的无线链路故障主要是为保护具有不可接受的声音/数据质量（不能通过 RF 功率控制或切换来改善）的呼叫能够重建或释放。Radio link timeout 在交换机中有一计数器 S，若 MS 不能正确译码 SACCH 消息（BFI=1），则无线链路计数器 S 将减 1，在成功接收 SACCH 消息后（BFI=0），S 加 2，S 不能超过无线链路逾时值，也就是 S 的初设值。若 S=0，则断定无线链路发生故障，信道自动释放。该参数包含在由 BTS 发送的 BCCH 数据中。该参数主要是为了当 MS 在无线小区边缘时，尽管质量很坏，但只要用户愿意，仍可完成通话。该参数的设置对降低系统掉话率也有一定帮助，它是以牺牲用户通话质量来换取掉话率。

7. HSN跳频序列号

为了提高抗衰落和抗干扰能力，在许多高话务地区开通了跳频功能。跳频中的两个主要参数：MAIO（移动分配指数偏移）和HSN（跳频序列号）。另外，根据跳频的算法和第三层信令报告中的“Handover Command”可以知道跳频序列的载频号（ARFCN）。通常在一个Cell中TCH信道载有同样的HSN和不同的MAIO。这是为了避免同Cell小区内信道间的干扰，使用同样频率组的远端小区应使用不同的HSN。

GSM系统允许有64种不同的跳频序列。MAIO的取值可以与一组频率的频率数一样多，HSN可以取64个不同值。跳频序列选用伪随机序列。通常，在一个小区的信道载有同样的HSN和不同的MAIO以避免邻小区干扰，为了获得干扰参差的效果，使用同样频率组的远端小区应使用不同的HSN。跳频算法的好坏直接影响载/干比值CI。

8. 小区内切换

在同一服务小区从一个频道/时隙切换到另一个频道/时隙通常发生在切换测量结果显示出较低的Rxqual，但有较高的Rxlev。这表示尽管MS仍位于服务小区内，但由于干扰引起服务质量下降。小区内切换应提供一个低于干扰电平的频道/时隙。表5-11给出了常见的测量参数说明。

表5-11　　常见测量参数

无线环境测量报告	用于报告MS及网络专用物理信道的质量及MS报告周围BCCH载波质量
空闲报告（IDEL）	报告出在手机空闲态（即没有建立呼叫）时主小区及6个最强邻小区的ARFCN，BSIC，RxLev和RxQual
第2手机参数报告	用于显示第二手机MS2的服务小区及6个最强的邻小区的无线环镜参数
专用信道报告	报告出主小区的ARFCN，BSIC，RxLev和RxQual，TX-Power，TA和6个最强邻小区的RFCN，BSIC，RxLev等。包含信道控制信息
第三层信令和消息	报告出完成PLMN和MS连接的建立、维持、和结束相关的信令信息，如测量报告（MEASUREMENTREPORT），同步信道信息（SYNCHRONIZATIONChannel INFORMATION），系统信息类型5（SYSTEMINFORMATIONTYPE5）和系统信息类型6（SYSTEMINFORMATIONTYPE6）等。可以信令流的方式观察整个通话过程，并可展开某一帧命令的具体内容
第二层信令和消息	链路层信令，更清晰显示测试中问题存在的链路原因，同时对第三层网络层信令完善解释的功能
信道请求报告（RACH）	有关请求分配SDCCH（上行）
紧急分配报告（AGCH）	有关分配SDCCH或直接分配TCH（下行）
随路信道报告（SACCH）	有关慢速随路控制信道的信息
广播信道报告（BCCH）	有关该信道广播BTS的一般信息
小区广播信道报告（CBCH）	下行，有关用于携载小区广播短消息业务的信息（SMSCB）。它使用与SDCCH同样的物理信道
寻呼报告（Paging）	有关寻呼的消息，有请求和响应
错误报告（ERROR）	所出现的操作失败、不可解码等信息
切换前后变化	对于切换前后的BCCH、BSIC、Rxlev、Rxqual、TA进行比较列明和前后变化的量，并总结切换的原因和统计信令事件
采集事件统计	对于采集过程中一些事件的统计，如呼叫建立失败的次数、良好通话的次数、掉话的次数、拥塞的次数、噪音通话的次数、非服务区次数及切换成功和失败的次数统计
其他参数显示	显示一个主小区六个邻小区的最小电平，手机最大发射功率，小区重选滞后参数，小区重选偏移量等;显示RR层无线资源管理层参数，MM层移动管理层参数和质量参数

5.8　常见优化问题分析

本节主要介绍覆盖、干扰、拥塞、切换及掉话五类常见的网络问题。

5.8.1　覆盖

1. 覆盖问题常见表现

- 信号盲区：信号弱没有主导小区，基站的覆盖区不交叠或障碍物的影响，可能存在信号覆盖盲区。
- 越区覆盖：实际网络中，高基站沿丘陵地形或道路可以传播很远，产生“孤岛”问题。
- 过度重叠：过多的重叠导致过多不必要的切换，在跳频网络会导致 C/I 恶化。
- 扇形小区：引起话务不均匀，并有大面积重叠，在跳频网会带来质量问题。

2. 覆盖问题排查

- 功率控制性能测量。
- 接收电平性能测量。
- 小区性能测量/小区间切换性能测量。
- 掉话性能测量。
- 邻近小区性能测量。
- 未定义邻区平均电平过高，个数过多（孤岛）。
- 出小区切换性能测量。

3. 覆盖问题解决

- 调整网络参数。
- 调整天馈参数。
- 使用大功率 TRX、EDU、塔放。
- 增加基站。

5.8.2　干扰

1. 干扰问题常见表现

根据干扰的严重程度，常可导致下列问题。

- 话音质量差。
- 切换发起次数增多，切换失败次数多，可能出现乒乓切换。
- 掉话率增高。

2. 干扰问题排查

可从如下几个方面入手来排查干扰问题。

- 分析话统中的干扰带出现的规律。
- 接收电平性能测量（给出了电平与质量的矩阵关系）。
- 质量差切换比例。
- 接收质量性能测量。
- 掉话性能测量。

- 切换失败但重建也失败次数过多。
- 实际路测，检查干扰路段和信号质量分布。
- 频谱仪分析，找出干扰频点。
- 开启跳频、DTX、功率控制。
- 排查设备问题。

3. 干扰问题解决

对于网内干扰，根据不同情况，常可采取如下措施来解决。

- 增加同（邻）频相对小区间距离。
- 降低基站发射功率。
- 天线高度、方向角、下倾角的调整。
- 避开外界干扰频点。
- 使用窄波束天线。
- 频率配置的优化调整。
- 启用功率控制、不连续发射（DTX）以及跳频等 GSM 系统中的抗干扰技术。
- 排除互调干扰。

对于来自外部的干扰，在确定干扰源后，在采取上述方法无法解决时，还可调整干扰源频点及位置，必要情况下，可建议关闭干扰源。

5.8.3 拥塞

1. 拥塞问题常见表现

拥塞常可导致下列问题。

- 起呼困难。
- 切入失败率较高。
- 呼叫成功率低。

2. 拥塞问题排查

TCH 拥塞问题排查相对简单，在所有载频正常工作的情况，直接查看性能报表的 TCH 拥塞率即可。SDCCH 拥塞相对复杂，一般可从如下方面入手排查。

- 接入参数设置不当。
- LAC 区划分不合理导致位置更新太多。
- T3212 设置太小，导致周期性位置更新次数太多。
- SDCCH 信道存在频率干扰。
- 在 TRX 较多的情况下，SDCCH 配置的信道数不足。
- 虽然在同一 LAC 内而且不在 LAC 区边界，但是该扇区的 LAC 号与周围小区有的 LAC 号设置的不同。
- 短消息太多。

3. 拥塞问题解决

对于 TCH 拥塞的解决，可以考虑如下措施。

- 调整基站天线高度、下倾角。
- 改变手机及基站的发射功率。

- 调整部分小区接入、重选及切换参数的设置。
- 开启半速率功能。
- 启用负荷切换、定向重试功能。
- 扩载频或增加新基站。

对于 SDCCH 拥塞问题，根据不同原因，可采取如下措施。

- 检查 LAC 边界相关小区的 CRH 等小区重选参数设置。
- 合理划分 LAC 区。
- 适当增大 T3212 定时器的值。
- 修改配置，增加 SDCCH 信道。
- 检查该小区和周围 LAC 号的设置是否正确，与 MSC 侧的 LAC 号设置是否一致。
- 调整接入参数，如 tx_integer 和 max_retran、T3122 等。
- 检查频率干扰：如果在 SDCCH 频点上存在较严重射频干扰，一方面会造成无效试呼次数和 SDCCH 射频丢失次数的增加，另一方面，由于移动台频繁占用 SDCCH 或占用 SDCCH 的时长增加，可能造成 SDCCH 的拥塞。解决办法是修改频率规划，或倒换 SDCCH 载频。

5.8.4 切换

1. 切换问题常见表现

切换问题主要表现为切换失败、延迟、频繁切换及切入切出比例不合理等，详述如下。

- 切换失败或切换延迟，导致话音质量下降，甚至掉话。
- 频繁切换，导致话音质量下降，系统信令负荷增大。
- 切出和切入比例不合理，导致话务分布问题。

2. 切换问题排查及解决

- 硬件问题：尤其对于切换失败率极高的情况，结合其他运行统计指标及话务分析，定位硬件故障并及时解决，必要时需要现场检查。
- 邻区关系问题：如近距离同频同 BSIC 及孤岛现象，检查邻区关系设置情况，重点针对近距离同频同 BSIC 问题，同时现场测试，验证孤岛现象。
- 邻区信道资源紧张或传输故障：邻区负荷太高，没有可用的无线资源，邻区的传输故障，如误码率较高或传输瞬断等；检查邻区的拥塞状况和邻区的传输告警，是否存在大量误码或瞬断告警，并根据实际情况，采取相应措施。
- 无线环境太差：恶劣的无线环境可能导致移动台无法收到源小区的切换命令或无法占用目标小区所指派的信道，确认导致无线环境太差原因，改善无线环境。
- 覆盖：源小区和目标小区没有足够的重叠覆盖区，可能导致无法登录目标小区的 TCH，采取相应手段，加大重叠覆盖区域。
- 干扰：由于干扰而导致无法占用目标小区的 TCH 信道，请参照干扰排查及解决方法。
- 天线问题：天线被阻挡或同一小区两根发射天线覆盖范围不同，现场检查天线实际安装情况，并采取相应措施解决问题。
- 直放站问题：常表现为直放站选频质量差，只放大了源站部分频点，根据实际情况处理。
- 参数设置问题：由参数不合理或不匹配导致，如 T3103 值设置过小，将导致未占用上目标小区的信道，邻小区参数中关于目标小区的 LAC 或 CI 描述不正确，将导致很高的切换失败。

• MSC 的 Lac 表定义不全：如 MSC 的 REMOTELAC 表定义不全或错误，而 BSS 部分关于该 MAC 边界小区有定义，将导致切换失败。

• 信令链路负荷过高：A 口负荷过大产生拥塞，导致 MSC 内部或 MSC 间在传输切换请求和切换时无时隙资源可用，此时应对中继链路扩容。

5.8.5 掉话

1. 掉话问题描述

掉话可分为两种形式：一类是在 SDCCH 信道上的掉话，一类是在 TCH 信道上的掉话。SDCCH 的掉话是指在 BSC 给移动台分配了 SDCCH 信道，而 TCH 信道还未分配成功期间发生的掉话。TCH 的掉话是指在 BSC 给移动台成功分配了 TCH 信道后，发生的不正常掉话。

造成掉话的原因，从全局角度来讲有 3 种。

• 无线链路故障（发生在通信过程中，消息无法正常接收）。

• 切换掉话（切换过程中，T3103 超时，MS 无法占用目标小区信道，也无法返回原信道）。

• 系统故障（设备故障等各种可能发生的故障）。

2. 掉话问题排查及解决

（1）覆盖原因

① 原因分析

• 不连续覆盖（盲区）。

• 室内覆盖差。

• 越区覆盖（孤岛）。

• 覆盖过小。

② 分析判断

依据用户的投诉，了解覆盖不足的地区，再进行较大范围的路测，观察信号电平大小，切换是否正常，是否存在掉话等，还可借助 OMC 话统查看 BSC 整体掉话率，找出掉话率大的小区及其他相关的话统，来辅助分析和判断。下面列举出了一些话统任务及统计项。

• 从功率控制性能测量中，是否平均上下行信号强度过低。

• 从接收电平性能测量中，接收电平低的次数所占比例过大。

• 在小区性能测量/小区间切换性能测量中，发起切换时电平等级过低，平均接收电平过低。

• 掉话性能测量中，掉话时电平过低，掉话前 TA 值异常。

• 定义邻近小区性能测量，手机上报的在小区相邻关系表里定义的邻近小区的统计，可以定位到哪个邻区的平均电平过低。

• 未定义邻近小区性能测量：是否存在平均电平过高的未定义邻近小区。

• 功率控制性能测量，MS 与 BTS 的最大距离（TA 值），连续多个时段超常。

③ 解决措施

• 查找覆盖不足的地区，对于孤站、山区基站等未形成连续覆盖的地方，可用提高基站的最大发射功率，改变天线的方位角、倾角、挂高等方法来解决，必要时增加基站来形成连续覆盖。对于由地形地势原因导致的，如隧道、大商场、地铁入口、地下停车场及洼地，可考虑用微蜂窝来解决覆盖。

• 要保证室内通信的效果，必须使到达室外的信号足够强，如通过提高基站的最大发射功率，改变天线的方位角、倾角、挂高等，不能明显改善室内通话质量的，可考虑增加新站或应用室内分布系统。

• 对于越区覆盖小区漏作邻区关系的小区，补充全邻区，减少无合适的小区切换而造成的掉话。可以通过减少该基站的倾角，来消除越区覆盖。

• 排除硬件故障：进行路测，是否由于硬件故障，覆盖范围过小。如果掉话率突然上升并且本站其他指标全部正常，则应该检查相邻小区此时是否工作正常（可能出现下行链路发生故障，如 TRX、分集单元及天线出现问题，若是上行链路故障，则会导致原小区切出失败率较高）。

（2）切换引起的掉话

① 原因分析

• 参数不合理：如两个小区相交的区域信号电平都很低，在参数上切换候选小区电平设置过低，切换门限设置太小，当邻小区电平某一时段稍强于服务小区时，一些 MS 就会切入该邻小区，而在切入后不久，恰好该小区的信号减弱，而又没有合适的小区再发生切换时就会掉话。

• 邻区不全：邻小区定义不全会导致移动台保持通话在现有的小区中，直至超出该小区覆盖边缘而不能切换到信号更强的小区而掉话。

• 邻区中有同 BCCH 同 BSIC 的小区存在。

• 话务拥塞：由于话务不均衡，造成因目标基站无切换信道而切换失败，在重建也失败时产生掉话。

• 时钟失步，频偏超标，发生切换时失败而掉话。

• 计数器超时导致掉话。具体见前面所述。

② 判断方法

通过话统指标的分析是否存在切换成功率低、切换失败但重建失败的次数多、掉话率高的小区。用话务统计来分析主要是什么原因引起的切换。如上下性接收电平原因引起的切换；上下行接收质量原因引起的切换；功率预算（PBGT）引起的切换；呼叫定向重试；话务原因引起的切换。查看告警，观察是否有与 BTS 相关的时钟告警，BTS 时钟运行状态是否处于正常运行状态，必要时校验基站时钟，排除时钟问题。进行路测，在路测中发现有无切换问题。在有问题的小区附近多次路测，从多方面发现与切换有关的掉话问题，通过切换的优化来减少掉话。下面列出了话统中应注意的指标。

• 小区间切换性能测量，切换失败但重建也失败次数过多。

• 小区间切换性能测量，切换次数过多，重建成功也多。

• 未定义邻近小区性能测量，未定义邻区电平及测量报告个数超标。

• 出小区切换性能测量，出小区成功率低（针对某小区），找出切向哪个邻小区的成功率低，进一步从目标小区查找原因。

• 入小区切换成功率低，对方小区切换参数设置不合理。

• TCH 性能测量：切换次数与 TCH 呼叫占用成功次数不成比例，切换次数过多（切换/呼叫>3）。

③ 解决措施

• 检查影响切换的参数，如层级设置、各种切换门限、各种切换迟滞、切换统计时间、切换持续时间、切换候选小区最小接入电平等参数。

• 话务量不均衡：通过调整天线下倾角、方位角等工程参数，控制小区的覆盖范围，或通过网络参数，如通过 CRO 引导 MS 驻留在其他较空闲的小区，通过层级优先级的设置引导通话中的 MS 切换到空闲小区，也可以采用负荷切换来均衡话务，或者直接通过载频扩容来解决。

• 对时钟有问题的 BTS 进行 BTS 时钟校准，解决好时钟同步问题。

（3）干扰而导致的掉话

① 原因分析

干扰主要包括同频、邻频及交调干扰。当手机在服务小区中收到很强的同频或邻频干扰信号时，会引起误码率恶化，使手机无法准确解调邻近小区的 BISC 码或不能正确接收移动台的测量报告。干扰门限是同频载干比 C/I≥9dB，邻频载干比 C/A≥−9dB，当干扰指标恶化超过该门限后，就会对网络中的通话造成干扰，使通话质量差，引起掉话。

② 判断方法

干扰可能是网外或网内的，存在于上行信号或下行信号中，我们可采用多种方法来定位。一般可采用如下措施。

- 从话统上分析，找出可能受到干扰的地方。
- 结合用户投诉，在可能受干扰的地方进行通话路测，检查下行干扰。借助路测工具发现是否有接收信号电平强，但通话质量等级很差的地方。还可用测试手机锁频拨打测试，观察是否在某个频点上受到干扰。
- 检查频率规划，是否存在规划不当的地方而出现同邻频干扰。
- 对可能存在干扰的频点调整频点，看是否能避开干扰，降低干扰。
- 排除设备方面的原因造成的干扰。
- 通过以上方法仍不能很好的排除干扰，可使用频谱仪进行扫频，找出干扰频点，进一步查出干扰源。

③ 解决措施

针对网外和网内干扰采取不同的措施。网外的非法干扰通过无线电管理委员会来解决，网内干扰通过调整网络来解决。

- 根据实际情况，通过调整相关小区的基站发射功率、天线倾角，或调整频点规划等避免干扰。
- 使用不连续发射（DTX）、跳频技术、功率控制及分集技术来降低整体干扰水平。
- 解决由设备自身问题产生的干扰（如载频板自激、天线互调干扰）。

（4）由天馈引起的上下行不平衡造成的掉话（塔放、功放、天馈）

① 原因分析

- 工程方面的原因，小区天线的馈线接反。
- 采用单极化天线，一个小区有两副天线，天线俯仰角不同而产生的掉话。
- 两副天线的方位角原因而产生的掉话。
- 天馈线自身原因，如天馈线损伤、进水、打折、接头处接触不良均会降低发射功率和收信灵敏度，从而产生严重的掉话，可通过测驻波比来确认。

② 问题定位和处理

- 检查是否有合路器、CDU、塔放、驻波比告警等。
- 从远端维护查看 BTS 各单板是否正常，从话统中分析是否存在上下行不平衡。
- 可通过 OMC 的 Abis 接口跟踪或使用 MA10 信令仪跟踪有关的 Abis 接口，从信令消息中的测量报告中进一步观察上下行信号是否平衡。
- 进行路测和拨打测试，路测时可注意服务小区的 BCCH 频点是否与规划的相一致，即小区的发射天线是否安装正确。
- 到基站现场检查和测试，检查天线方位角和俯仰角安装是否符合设计规范，馈线、跳线连接是否正确，有无接错；检查天馈接头是否接触良好，天馈线有无损伤，测驻波比是否正常，排除天馈方面的原因。
- 判断是否由基站部件的硬件故障导致上下行不平衡而掉话。对硬件设备问题，可更换怀疑有问题的部件，也可以通过关闭掉小区内其他载频，对怀疑有问题的载频进行拨打测试来发现故障点。一旦发现故障硬件后，应及时更换，如无备件，也应先闭塞掉该故障板以免产生掉话现象影响网络运行质量。

（5）由传输故障造成的掉话

Abis 接口、A 接口链路因传输质量不好，不稳定也会造成掉话。

分析和解决方法如下。

• 观察传输和单板告警（TC 板故障，A 接口 PCM 失步告警，LAPD 断链，功放板，TRX 板告警），根据告警数据，分析是否传输闪断或有故障单板（如载频板坏或接触不良）。

• 进行传输通道的检查，挂表测试误码率，检查 2M 接头，设备接地是否合理。

• 通过话统观察，是否是传输造成的掉话次数多。

（6）无线参数设置不合理

检查有关的参数配置，按数据配置规范的要求合理配置，如无线链路失效计数器、MS 最小接收信号等级、RACH 最小接收电平、RACH 忙门限。

（7）其他原因

如软件版本不一致造成整网掉话次数增大，掉话率上升。

本章习题

1. 无线网络规划包含哪些过程？
2. 试解释什么是高层站、中层站和低层站。
3. 基站工程参数主要有哪些？
4. 位置区规划须遵循哪些原则？
5. 什么是网络优化？
6. 数据优化过程中，原始的数据类型有哪些？
7. 阐述 GSM 系统信令模型各层的功能。
8. GSM 网络中，通信事件主要可分为哪几类？
9. 什么是小区选择，什么是小区重选？
10. 试阐述 GSM 网络中鉴权过程。
11. 阐述移动台主叫流程。
12. GSM 中，网络层可分为哪三个子层，各子层的作用是什么？
13. 什么是 DT 测试？什么是 CQT 测试？
14. 覆盖问题常见表现有哪些？可采取哪些措施进行解决？
15. 常见干扰问题有哪些？可采取哪些措施进行解决？
16. 常见拥塞问题有哪些？可采取哪些措施进行解决？
17. 常见切换问题有哪些？可采取哪些措施进行解决？
18. 常见掉话问题有哪些？可采取哪些措施进行解决？

第 6 章

CDMA 系统规划与优化

CDMA 系统的规划和优化与 GSM 系统有相似之处，但也存在不同之处，如图 6-1 所示。

	CDMA	GAM
规划方法	预测仿真	预测
覆盖	动态覆盖 与容量和干扰有关	静态覆盖
频率规划	简单，N=1	复杂，关键技术
容量规划	干扰受限	静态容量
数据业务规划	多业务、高速率	语音业务为主

图 6-1　CDMA 系统与 GSM 系统规划与优化比较

其中的主要不同之处可从以下两方面进行分析。

1. 小区呼吸

在 CDMA 系统中，所有的频率和时间是每个用户都在同时共享的公共资源，而非给某个用户单独所有。无线信道是基于不同的扩频码来区分的，理论上来说系统容量也就自然取决于码资源即扩频码的数量，但实际的系统容量却是受限于系统的自干扰，即不同用户间由于扩频码并非理想正交而产生的多址干扰，同时包括本小区用户干扰及其他小区干扰。所以说，CDMA 系统是一个干扰受限的系统，具有“软”容量的特性。

在 CDMA 系统中，小区的容量和覆盖是通过系统干扰紧密相连的。当小区内用户数增多，也就是小区容量增大时，小区基站端接收到的干扰将增大，这就意味着在小区边缘地区的用户即使以最大发射功率发射信号，也无法保证自身与基站间的传输 QoS 能够得到保证，于是这些用户将会切换到邻近小区，也就意味着本小区的半径即覆盖范围相对减小了。当小区用户数目减少，也就是小区容量减小时，系统业务强度的降低使得基站接收的干扰功率水平降低，各用户将可以发射更小的功率来维持与基站的连接，结果导致在小区内可以容忍的最大路径损耗增大，等效于小区半径增加，覆盖范围增大。

以上所描述的小区面积随着小区内业务量的变化而动态变化的效应称之为“呼吸效应”。

> 📖 我们也可以利用 CDMA 系统中常提及的“鸡尾酒会”的例子更加形象的来说明，在一个鸡尾酒会上，来了很多客人，同时讲话的人数越多，就越难听清对方的声音。如果开始你还可以与在房间另一头的客人交谈，但是当房间里的噪声达到一定程度后，你就根本听不清对方的谈话了，这就意味着谈话区的半径缩小了。

以上我们解释了“呼吸效应”的含义，并详细分析了造成“呼吸效应”出现的原因，即 CDMA 系统的“软”容量特性。接下来我们将分析一下由于小区的“呼吸效应”所带来的危害。

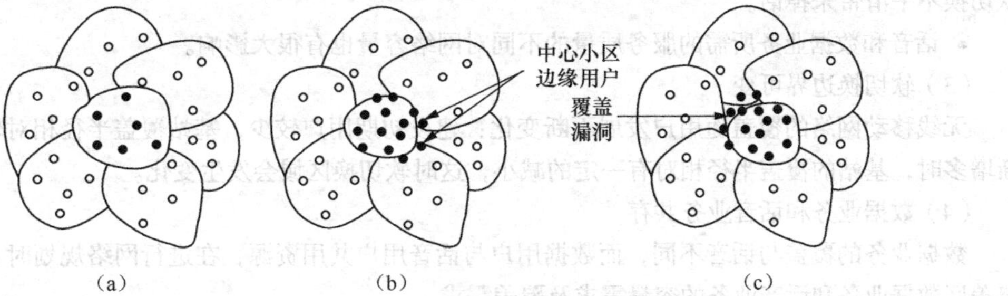

图 6-2 呼吸效应示意图

如图 6-2 所示，我们可以看出“呼吸效应”最大的危害是可能由于小区的收缩而形成“覆盖漏洞”，即覆盖盲区，这在网络规划时是必须要注意到的问题。在进行网络规划时，运营商一般会采用“先覆盖，后容量”的策略，即在建网初期先进行薄容量的覆盖，在后期再逐渐进行扩容。而 CDMA 系统的“呼吸效应”使得这种策略很难再得以实施，如果在 CDMA 网络建网初期也像 GSM 一样基于覆盖建一层薄薄的网（低负荷），随着容量的增加，基站间就会普遍的出现覆盖漏洞。这时就不得不通过建一些新基站来弥补这些漏洞。但由于 CDMA 是一个干扰受限的系统，新基站增加的同时会对周围基站带来干扰，因此周围基站的容量也就相应降低。因此，CDMA 网络中由于容量需求而增加新基站，并不能使网络容量像 GSM 网络一样线性增长，尤其是在城市密集区，基站间距本身就很小，这种现象也就更加严重。由此可以看出，“呼吸效应”增大了网络规划的复杂性。

网络规划工程师必须注意到上述问题，因为单一地提高发射功率并不能消除因业务量增多而引起的接受信号的恶化。发射功率的提高只能改善某一小区的接收信号，付出的代价是增加了对所有相邻小区的干扰，从而影响了整个网络的通信质量。

> 📖 我们回到上述酒会的例子，您可以通过提高嗓音同位于房间另一头的熟人继续交谈下去，而其他客人为了听清对方的声音也必须同时大声说话。这样一来，整个房间只能淹没在一片嘈杂声中。

2. 远近效应问题

CDMA 网络的另一典型问题是所谓的远近效应问题。因为同一小区的所有用户分享相同的频率，所以对整个系统来说，每个用户都以最小的功率发射信号显得极其重要。我们还是举上述酒会的例子，房间里只要有一个人高声叫嚷，就会妨碍所有其他在座客人的交流。在 CDMA 网络中，可以通过调整功率来解决这一问题。

CDMA 系统性能受很多网络方面因素的影响，主要包括以下几个因素。

（1）CDMA 无线网络覆盖随系统负载、移动用户速度、数据速率等参数动态变化。

- 负载增大时，干扰增大，反向覆盖半径变小。

• 移动用户速率越高，基站侧解调所需的 Eb/Nt 相应提高，覆盖半径减小。

• 数据业务速率越高，扩频增益越小，导致相应速率数据业务的覆盖半径比话音业务、低速率数据业务的覆盖半径减小。

（2）系统容量与前反向干扰、软切换比例、所需的服务质量等因素有关。

• CDMA 系统是自干扰系统，本基站内部的干扰、基站之间的干扰会造成系统容量减小，因此控制系统内部干扰，合理建设网络，是网络规划的重要内容。

• 软切换比例的大小直接关系到基站系统容量的利用率，过大的软切换比例导致系统可用资源在一定程度上的浪费，而过小的软切换比例又会引来在小区边缘部分地区覆盖不连续，话音质量下降，软切换不平滑带来掉话。

• 话音和数据业务所需的服务质量的不同对网络容量也有很大影响。

（3）软切换边界可变

无线移动网络的覆盖随用户发展不断变化：建设初期用户较少，基站覆盖半径相对较大；用户逐渐增多时，基站的覆盖半径相对有一定的减小，这时软切换区域会发生变化。

（4）数据业务和话音业务共存

数据业务的覆盖与话音不同，而数据用户与话音用户共用资源，在进行网络规划时，要充分考虑覆盖区数据业务和话音业务的容量需求及覆盖需求。

（5）实际地形地貌非常复杂

实际网络规划时，由于地形地貌的不同，无线传播模型不同，传播损耗差异很大，在网络规划站址选择时，要充分考虑地形地貌的影响。

由于 CDMA 网络的规划与优化和 GSM 网络总体思路相仿，所以本章主要讨论 CDMA 常用无线参数的规划，并分析 CDMA 网络常见优化问题。

6.1 CDMA 系统认识

6.1.1 话路网网络结构

CDMA 网的网络结构为二级网和三级网的混合结构。

采用二级网络的部分，在省中心设置一对一级汇接中心（TMSC1）。TMSC1 为独立设置的移动汇接中心，TMSC1 之间为网状网相连。TMSC1 主要负责汇接和转接其所连的移动本地网端局间的业务。二级网的网络结构示意图如图 6-3 所示。

在二级网不能容纳或因传输系统不能组成二级网的省份，可以采用三级网。在省中心设置一对一级移动通信汇接中心（TMSC1）。TMSC1 为独立设置的移动汇接中心，TMSC1 之间为网状网相连。TMSC1 主要负责汇接和转接其所连移动本地网的二级汇接中心（TMSC2）间的业务。在省内根据业务量的情况，可以分为两个或多个区，每区设置一对 TMSC2，TMSC2 之间为网状网相连。各对 TMSC2 汇接和转接其所连的移动本地网的端局间的业务。

三级网的网络结构示意图如图 6-4 所示。

短期在传输条件不具备的省份和业务量很小的省，省内不独立设置 TMSC1，而共用所属大区或其他省的 TMSC1。在这种情况下，在省中心设置 TMSC2，TMSC2 负责汇接省内业务并转接至 TMSC1 的省际业务。TMSC2 根据业务量可合设也可分设。省内的 TMSC2 与其对应的 TMSC1 相连接。

这种省内二级、省际三级网网络结构示意图如图 6-5 所示。

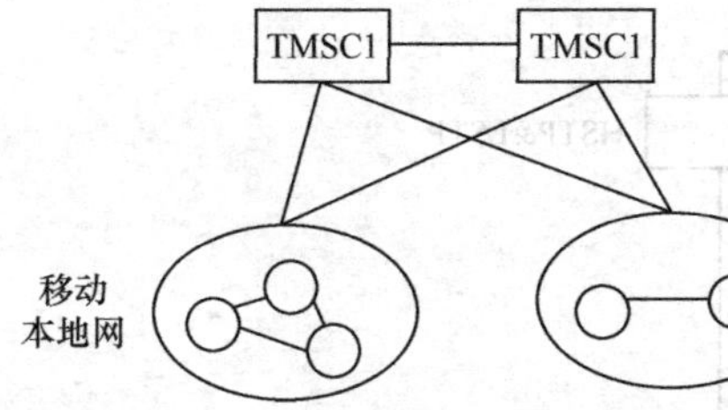

图 6-3　二级话路网结构示意图

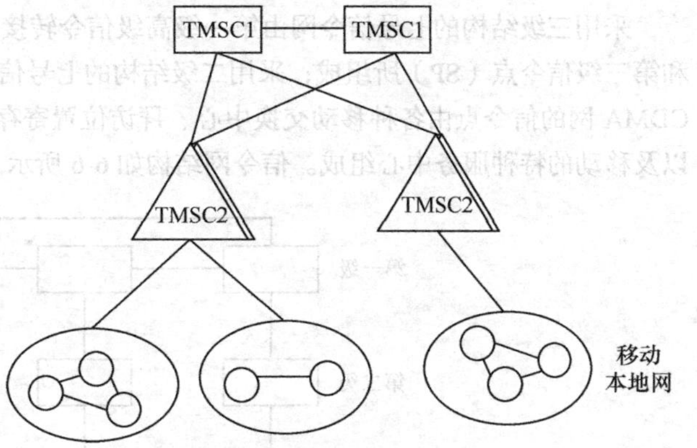

图 6-4　三级话路网结构示意图

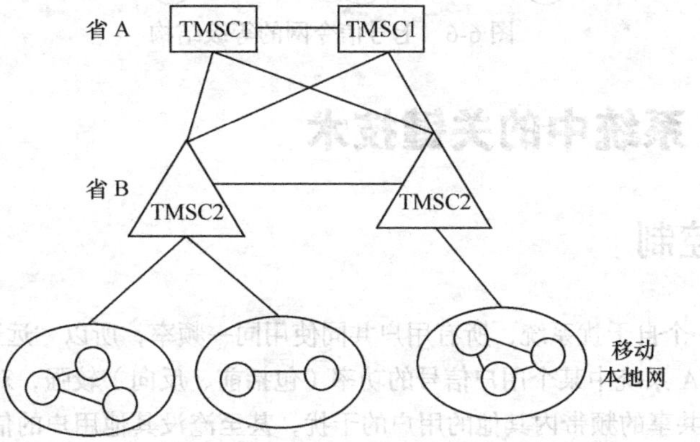

图 6-5　省际三级、省内二级话路网结构示意图

在图 6-5 中，随着省 B 将来移动业务的发展，条件具备时应将 TMSC2 上升为 TMSC1。如果该省的业务量可以采用二级网时，则不必设置 TMSC2，如果二级网不能容纳本省的移动业务时，根据业务量的大小，可以在移动本地网中设置一定数量的 TMSC2。

移动本地网与固定电话网的本地网对应设置。

每个移动本地网中设置一个或多个 HLR（包括虚拟 HLR）。如果业务量较小，可以几个移动本地网合设一个实体 HLR，随着业务的不断扩大，一个移动本地网中也可以几个 HLR。

在移动本地网中可设一个或若干个 MSC。可以根据需要几个本地网设置一个 MSC。

CDMA 与其他网络的互连互通有以下原则。

• 与市话网之间的连接：CDMA 网的本地网汇接局与本地的市话汇接局相连，当业务足够大时，也可以与端局直接相连。

• 与长途网之间的连接：当 CDMA 本地网内设有长途交换局或前置交换机时，则 CDMA 网的本地网汇接局应与长途交换机相连接。

• 与国际局之间的连接：国际局所在城市的 TMSC1 负责所辖区域的国际来去话汇接以及至国际局的话务。在业务量比较大的 TMSC1 可以设置到国际局的直达路由。

• 与 GSM 之间的连接：CDMA 网与 GSM 之间的连接通过两网的移动本地网汇接局连接。

6.1.2　信令网网络结构

CDMA 7 号信令网采用二级和三级混和的等级结构。

采用三级结构的七号信令网由第一级高级信令转接点（HSTP）、第二级低级信令转接点（LSTP）和第三级信令点（SP）所组成；采用二级结构的七号信令网由 HSTP&LSTP、信令点（SP）所组成。CDMA 网的信令点由各种移动交换中心、拜访位置寄存器、归属位置寄存器、鉴权中心、业务控制点以及移动的特种服务中心组成。信令网结构如 6-6 所示。

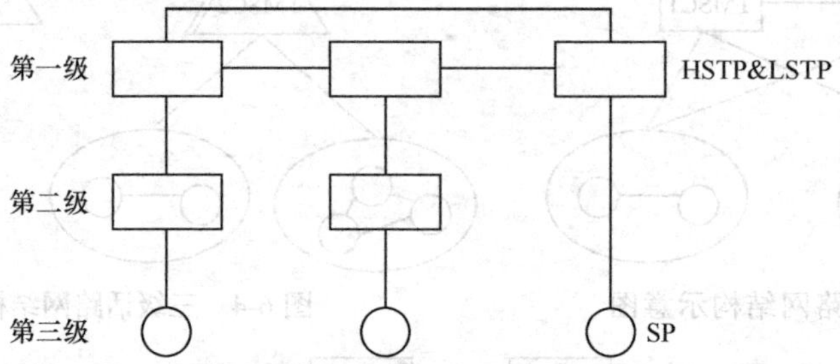
第一级
HSTP&LSTP
第二级
第三级
SP

图 6-6　七号信令网的等级结构

6.2　CDMA 系统中的关键技术

6.2.1　功率控制

因为 CDMA 是一个自干扰系统，所有用户共同使用同一频率，所以“远近效应”问题更加突出，如图 6-7 所示。CDMA 系统中某个用户信号的功率（包括前、反向）较强，对该用户被正确接收是有利的，但却会增加对共享的频带内其他的用户的干扰，甚至淹没其他用户的信号，结果使其他用户通信质量劣化，导致系统容量下降。为了克服远近效应，必须根据通信距离的不同，实时地调整发射机所需的功率，这就是“功率控制”。

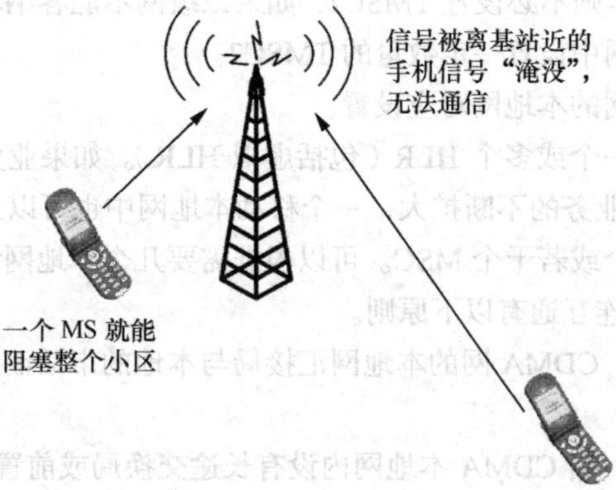
信号被离基站近的
手机信号“淹没”，
无法通信
一个 MS 就能
阻塞整个小区

图 6-7　CDMA 远近效应

功率控制的原则如下。

• 控制基站、移动台的发射功率，首先保证信号经过复杂多变的无线空间传输后到达对方接收机时，能满足正确解调所需的解调门限。

• 在满足上一条的原则下，尽可能降低基站、移动台的发射功率，以降低用户之间的干扰，使网络性能达到最优。

• 距离基站较近的移动台，比距离基站较远的或者处于衰落区的移动台发射功率要小。

1. 前向功控

CDMA 的前向信道功率要分配给前向导频信道、同步信道、寻呼信道和各个业务信道。基站需要调整分配给每一个信道的功率，使处于不同传播环境下的各个移动台都得到足够的信号能量。前向功率控制的目的就是实现合理分配前向业务信道功率，在保证通讯质量的前提下，使其对相邻基站/扇区产生的干扰最小，也就是使前向信道的发射功率在满足移动台解调最小需求信噪比的情况下尽可能小。前向功控的原理如图 6-8 所示。

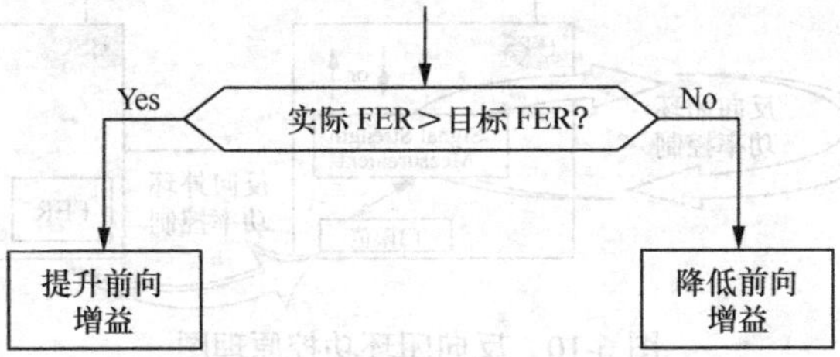

图 6-8　前向功控的原理图

移动台通过 Power Measurement Report Message 上报当前信道的质量状况，上报周期内的坏帧数，总帧数。BSC 据此计算出当前的 FER，与目标 FER 相比，以此来控制基站进行前向功率调整。

2. 反向功控

在 CDMA 系统的反向链路中引入了功率控制，通过调整用户发射机功率，使各用户不论在基站覆盖区的什么位置和经过何种传播环境，都能保证各个用户信号到达基站接收机时具有相同的功率。在实际系统中，由于用户的移动性，用户信号的传播环境随时变化，致使每时每刻到达基站时所经历的传播路径、信号强度、时延、相移都随机变化，接收信号的功率在期望值附近起伏变化。

反向功率控制包括三部分：开环功率控制、闭环功率控制和外环功率控制。

在实际系统中，反向功率控制是由上述三种功率控制共同完成的，即首先对移动台发射功率作开环估计，然后由闭环功率控制和外环功率控制对开环估计作进一步修正，力图做到精确的功率控制。

（1）反向开环功控

CDMA 系统的每一个移动台都一直在计算从基站到移动台的路径损耗，当移动台接收到从基站来的信号很强时，表明要么离基站很近，要么有一个特别好的传播路径，这时移动台可降低它的发送功率，而基站依然可以正常接收；相反，当移动台接收到的信号很弱时，它就增加发送功率，以抵消衰耗，这就是开环功率控制。开环功率控制简单、直接，不需在移动台和基站之间交换控制信息，同时控制速度快并节省开销。反向开环功控的原理如图 6-9 所示。

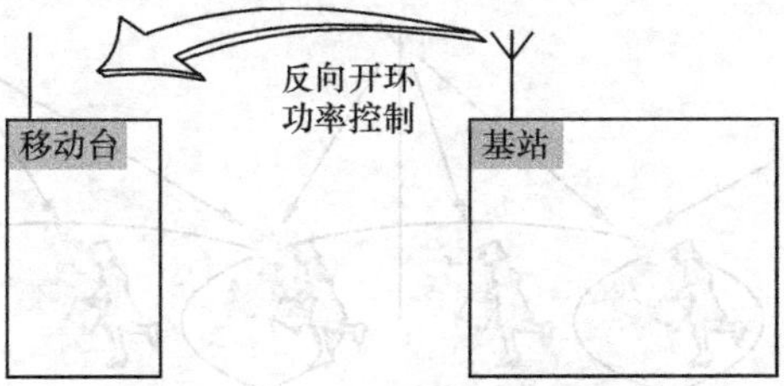

图 6-9　反向开环功控的原理图

（2）反向闭环功控

反向闭环功控又分为内环和外环两部分，内环指基站接收移动台的信号后，将其强度与一门限（下面称为“闭环门限”）相比，如果高于该门限，向移动台发送“降低发射功率”的功率控制指令；否则发送“增加发射功率”的指令。外环的作用是对内环门限进行调整，这种调整是根据基站所接收到的反向业务信道的指令指标（误帧率）的变化来进行的。通常 FER 都有一定的目标值，当实际接收的 FER 高于目标值时，基站就需要提高内环门限，以增加移动台的反向发射功率；反之，当实际接收的 FER 低于目标值时，基站就适当降低内环门限，以降低移动台的反向发射功率。最后，在基站和移动台的共同作用下，基站能够在保证一定接收质量的前提下，让移动台以尽可能低的功率发射信号，以减小对其他用户的干扰，提高容量。反向闭环功控原理如图 6-10 所示。

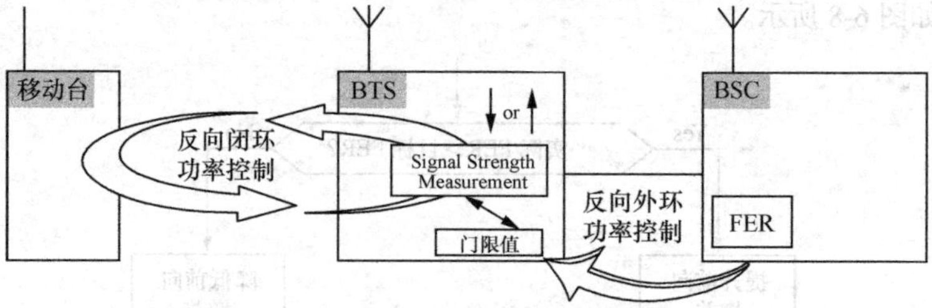

图 6-10　反向闭环功控原理图

6.2.2 软切换

所谓软切换就是当移动台需要跟一个新的基站通信时，并不先中断与原基站的联系。软切换是 CDMA 移动通信系统所特有的，以往的系统所进行的都是硬切换，即先中断与原基站的联系，再在一指定时间内与新基站取得联系。软切换只能在相同频率的 CDMA 信道间进行，它在两个基站覆盖区的交界处起到了业务信道的分集作用。

在 CDMA 系统中提出的软切换技术，与硬切换技术相比，具有以下更好的优点。

（1）软切换发生时，移动台只有在取得了与新基站的链接之后，才会中断与原基站的联系，通信中断的概率大大降低。

（2）软切换进行过程中，移动台和基站均采用了分集接收的技术，有抵抗衰落的能力，不用过多增加移动台的发射功率；同时，基站宏分集接收保证在参与软切换的基站中，只需要有一个基站能正确接收移动台的信号就可以进行正常的通信，由于通过反向功率控制，可以使移动台的发射功率降至最小，这进一步降低移动台对其他用户的干扰，增加了系统反向容量。

（3）进入软切换区域的移动台即使不能立即得到与新基站通信的链路，也可以进入切换等待的排队队列，从而减少了系统的阻塞率。

软切换示意图如图 6-11 所示。

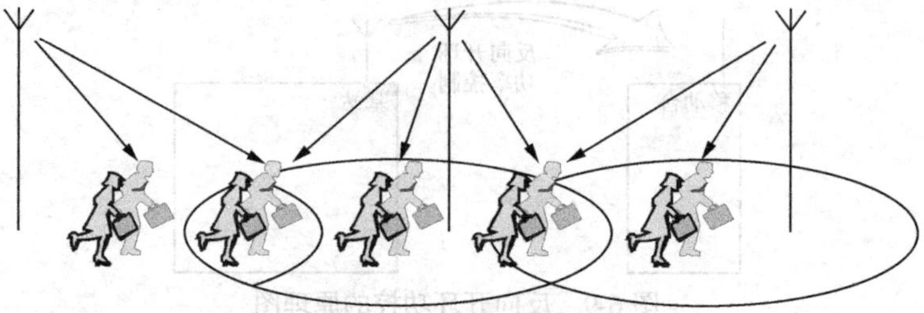

图 6-11　软切换示意图

6.2.2.1　导频集

“导频信号”可用一个导频信号序列偏置和一个载频标明，一个导频信号集的所有导频信号具有相同的 CDMA 载频。移动台搜索导频信号以探测现有的 CDMA 信道，并测量它们的强度，当移动台探测了一个导频信号具有足够的强度，但并不与任何分配给它的前向业务信道相联系时，它就发送一条导频信号强度测量消息至基站，基站分配一条前向业务信道给移动台，并指示移动台开始切换。业务状态下，相对于移动台来说，在某一载频下，所有不同偏置的导频信号被分类为如下集合。

（1）有效导频信号集：所有与移动台的前向业务信道相联系的导频信号。

（2）候选导频信号集：当前不在有效导频信号集里，但是已经具有足够的强度，能被成功解调的导频信号。

（3）相邻导频信号集：由于强度不够，当前不在有效导频信号集或候选导频信号集内，但是可能会成为有效集或候选集的导频信号。

（4）剩余导频信号集：在当前 CDMA 载频上，当前系统里的所有可能的导频信号集合（PILOT_INCs 的整数倍），但不包括在相邻导频信号集，候选导频信号集和有效导频信号集里的导频信号。

各种导频集如图 6-12 所示。

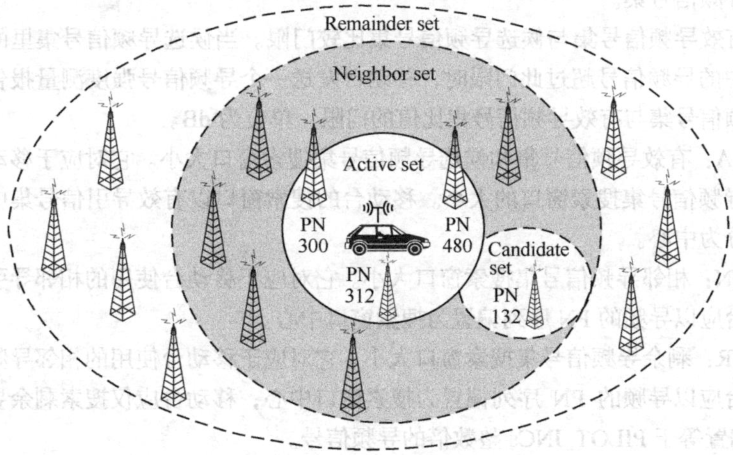

图 6-12　导频集

6.2.2.2　示例：IS-95 的软切换过程

图 6-13 为 IS-95 的软切换过程示意图。

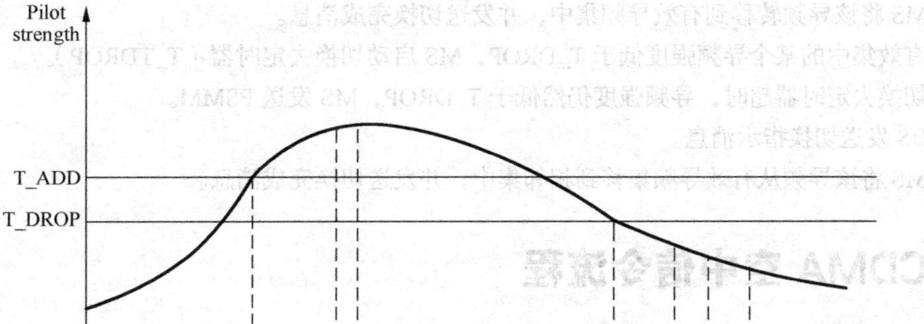

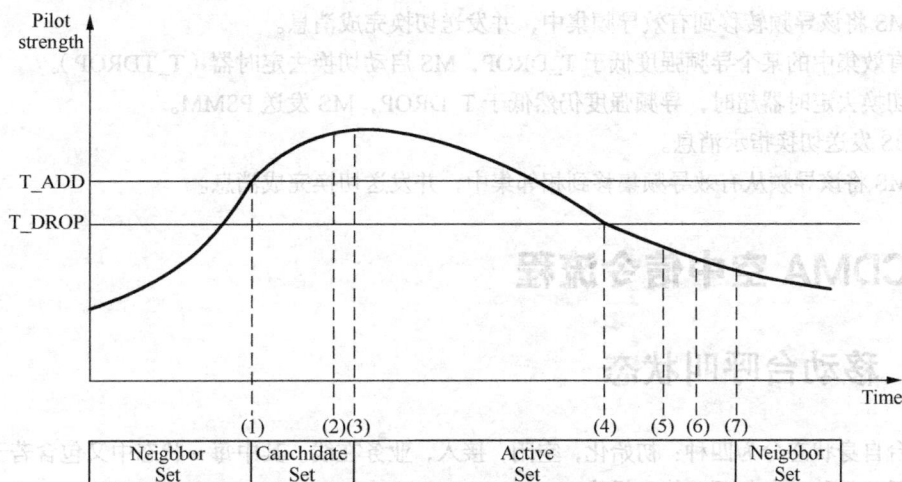

图 6-13　IS-95 软切换过程

其中：

T_ADD：导频信号加入门限。如果移动台检查相邻导频信号集或剩余导频信号集中的某一个导频信号的强度达到 T_ADD，移动台将把这一导频信号加到候选导频信号集中，并向基站发送导频强度测量报告消息（PSMM）。

T_DROP：导频信号去掉门限。移动台需要对在有效导频信号集和候选导频信号集里的每一个导频信号保留一个切换去掉定时器。每当与之相对应的导频信号强度小于 T_DROP 时，移动台需要打开定时器。如果与之相对应的导频信号强度超过 T_DROP，移动台复位该定时器。如果达到 T_TDROP，移动台复位该定时器，并向基站发送 PSMM 消息。如果 T_TDROP 改变，移动台必须在 100ms 内开始使用新值。

T_TDROP：切换去掉定时器。若该定时器超时，若该定时器所对应的导频信号是有效导频信号集的一个导频信号，就发送导频信号强度测量消息。如果这一导频信号是候选导频信号集中的导频信号，它将被移至相邻导频信号集。

T_COMP：有效导频信号集与候选导频信号集比较门限。当候选导频信号集里的导频信号强度比有效导频信号集中的导频信号超过此门限时，移动台发送一个导频信号强度测量报告消息。基站置这一字段为候选导频信号集与有效导频信号集比值的门限，单位为 dB。

SRCH_WIN_A：有效导频信号集和候选导频信号集搜索窗口大小。它对应于移动台使用的有效导频信号集和候选导频信号集搜索窗口的大小。移动台的搜索窗口以有效导引信号集中最早到来的可用导频信号多径成分为中心。

SRCH_WIN_N：相邻导频信号集搜索窗口大小。它对应于移动台使用的相邻导引信号集搜索窗口大小的值。移动台应以导频的 PN 序列偏置为搜索窗口中心。

SRCH_WIN_R：剩余导频信号集搜索窗口大小。它对应于移动台使用的相邻导频信号集搜索窗口大小的值。移动台应以导频的 PN 序列偏置为搜索窗口中心，移动台应仅搜索剩余导频信号集中其导频信号 PN 序列偏置等于 PILOT_INCs 整数倍的导频信号。

具体流程介绍如下。

（1）MS 检测到某个导频强度超过 T_ADD，发送导频强度测量消息 PSMM 给 BS，并且将该导频移到候选集中。

（2）BS 发送切换指示消息。

（3）MS 将该导频转移到有效导频集中，并发送切换完成消息。

（4）有效集中的某个导频强度低于 T_DROP，MS 启动切换去定时器（T_TDROP）。

（5）切换去定时器超时，导频强度仍然低于 T_DROP，MS 发送 PSMM。

（6）BS 发送切换指示消息。

（7）MS 将该导频从有效导频集移到相邻集中，并发送切换完成消息。

6.3 CDMA 空中信令流程

6.3.1 移动台呼叫状态

移动台自身状态分为四种：初始化，空闲，接入，业务在线。其中每一状态中又包含若干子状态，这些状态涵盖了移动台各项功能和操作。

- 初始化状态主要完成移动台对系统的选择和捕获。

- 空闲态完成系统消息的获取、登记等功能。
- 接入状态完成移动台与系统建立连接的过程。
- 业务在线状态完成移动台与系统间的业务交互。

在一定条件的触发下，这 4 种状态可以相互转换，移动台状态转移如图 6-14 所示。

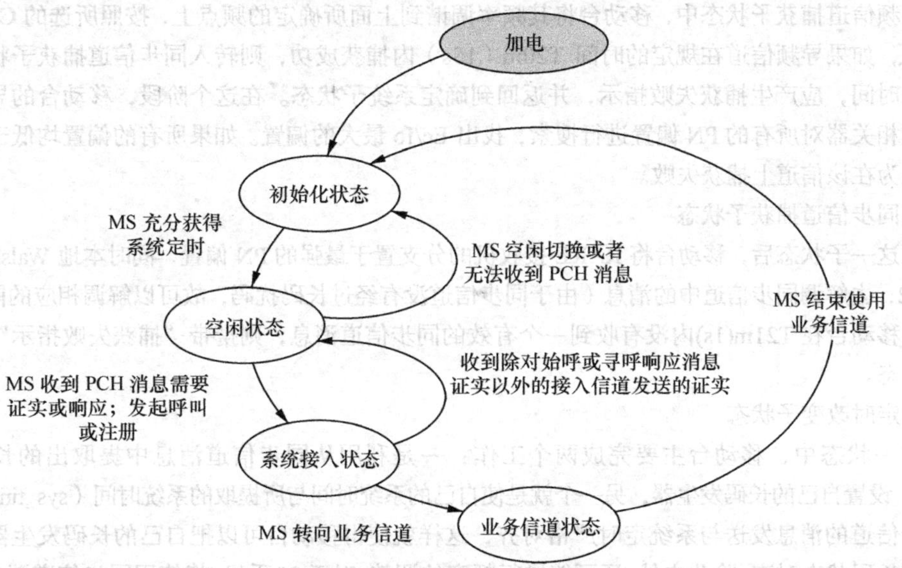

图 6-14　移动台状态转移图

移动台各个状态说明如下。

1. 初始化状态

移动台接通电源后就进入“初始化状态”。在此状态中，移动台不断检测周围各基站发来的导频信号和同步信号。各个基站使用相同的引导 PN 序列，但其偏置各不相同，移动台只要改变其本地 PN 序列的偏置，很容易测出周围有哪些基站在发送导频信号。移动台比较这些导频信号的强度，即可判断出自己处于哪个小区之中。

移动台初始化状态又分为四个子状态：确定系统子状态、导频信道捕获子状态、同步信道捕获子状态以及定时改变子状态。其状态转移图如图 6-15 所示。

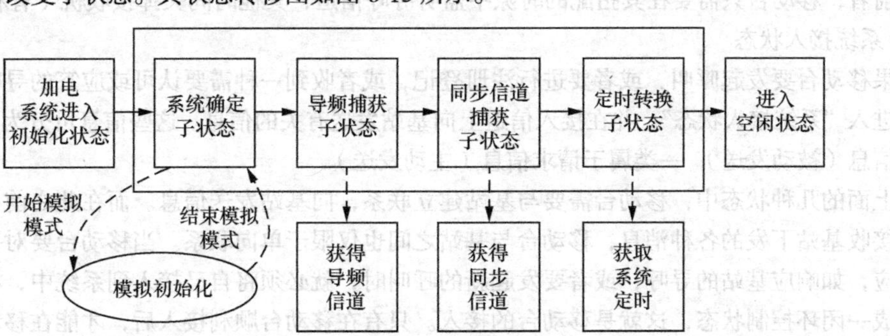

图 6-15　移动台初始化状态图

（1）确定系统子状态

当移动台上电后，就会产生上电指示，进行系统自检（如检查电池电量），然后进入系统确定子状态并复位相应的系统参数，并根据移动台的设置确定移动台的工作模式为 CDMA 系统还是模拟系统，以及移动台的工作频点。移动台从最近一次保存的载频或者从移动台内保存的 Primary 或 Secondary 载频中选择一个频点作为接入 CDMA 系统的载频，此步骤可以称为系统选择过程。这一过程完成后，移动台进入导频捕获子状态。

（2）导频捕获子状态

在导频信道捕获子状态中，移动台将其频率调谐到上面所确定的频点上，按照所选的 CDMA 信道进行搜索，如果导频信道在规定的时间 T20m（15s）内捕获成功，则转入同步信道捕获子状态；如果超出这一时间，应产生捕获失败指示，并返回到确定系统子状态。在这个阶段，移动台的导频搜索器利用本地相关器对所有的 PN 偏置进行搜索，找出 Ec/Io 最大的偏置。如果所有的偏置均低于可解调门限，则认为在该信道上捕获失败。

（3）同步信道捕获子状态

进入这一子状态后，移动台将 RAKE 接收机的分支置于最强的 PN 偏置，同时本地 Walsh 码生成器输出 W32，去解调同步信道中的消息（由于同步信道没有经过长码扰码，故可以解调相应的同步信道）。

如果移动台在 T21m(1s)内没有收到一个有效的同步信道消息，则携带“捕获失败指示”返回系统确定子状态。

（4）定时改变子状态

在这一状态中，移动台主要完成两个工作：一是利用从同步信道消息中提取出的长码状态值（lc_state）设置自己的长码发生器，另一个就是使自己的系统时间与所提取的系统时间（sys_time）同步。由于同步信道的消息发送与系统定时严格对齐，这样就使得移动台可以把自己的长码发生器状态与整个系统的长码状态对齐。除此之外，还可能进行频率的调整，对于 95 手机，将使用同步信道消息（SCHM）中的 CDMA_FREQ 接收主寻呼信道系统消息。如果当前手机与该 CDMA_FREQ 不一致，手机将频点调整到该频点。对于 2000 手机，使用同步信道消息（SCHM）中的 EXT_CDMA_FREQ 接收主寻呼信道系统消息。如果当前手机所在频点与该 EXT_CDMA_FREQ 不一致，手机将频点调整到该频点。

在此基础上，移动台就进入空闲状态。

2. 空闲状态

移动台在完成同步和定时后，即由初始状态经入“空闲状态”。在此状态中，移动台可接收外来的呼叫，可进行向外的呼叫和登记注册的处理，还能置定所需的码信道和数据率。移动台的工作模式有两种：一种是时隙工作模式，另一种是非时隙工作模式。如果是后者，移动台要一直监视寻呼信道；如果是前者，移动台只需要在其指配的时隙中监听寻呼信道，其他时间关掉接收机（有利于节电）。

3. 系统接入状态

如果移动台要发起呼叫，或者要进行注册登记，或者收到一种需要认可或应答的寻呼信息时，移动台即进入“系统接入状态”，并在接入信道上向基站发送有关的信息。这些信息可分为两类：一类属于应答信息（被动发送）；一类属于请求信息（主动发送）。

在上面的几种状态中，移动台需要与基站建立联系，向基站发送信息。而在此之前，移动台只是被动地接收基站下发的各种消息，移动台与基站之间也仅限于单向联系。当移动台要对基站下发消息进行回应，如响应基站的寻呼，或者要发起新的呼叫时，就必须将自己接入到系统中，在移动台与基站间形成一闭环控制状态，这就是移动台的接入。只有在移动台顺利接入后，才能在移动台与基站之间建立双向联系。

IS-95 移动台的接入方案是基于一种时隙方式的 ALOHA 协议。由于所有的用户都可以根据自己的意愿随机地发送接入信息，但是接入信道只有一个，因此他们所发出的帧在时间上就有可能发生冲突，而产生碰撞。碰撞的结果是使碰撞的双方（也可能是多方）所发送的数据都出现差错，因而都必须重发。为了避免继续发生碰撞，各方不能马上重发，ALOHA 协议采用的重发策略是让各方等待一段随机的时间，然后再进行重发。如果再进行碰撞，则再等一段随机的时间，直到重发成功为止。

接入过程如下所述。

当移动台在寻呼信道中得到上面的接入参数消息后，对自身状态进行配置，于是就可以进行一次接入了。

接入过程是由多次接入尝试组成的，进行一次消息的发送和对该消息的应答的接收（或者接收失败）的整个过程，称为一次接入尝试。而接入尝试的每一次发送过程，都称为一次接入试探（Access Probe）。在一次接入尝试的每一次接入试探中，移动台都发送相同的消息。在一次接入尝试中，接入试探按照接入试探序列（Access Probe Sequences）分成组。每一个接入试探序列由多至 1+NUM_STEP 个接入试探组成，并在同一个接入信道上发送。而对于每一个接入试探序列，发送的接入信道是从与当前的寻呼信道相关联的所有接入信道中采用伪随机的方法选出来的。每个接入试探序列的第一次试探总是采用与标称开环功率水平（Nominal Open Loop Power Level）相应的发送功率水平。接下来的每一次试探，都采用比前一次高出一定量的功率水平进行发送。

图 6-16 就是一个接入子尝试的示意图。从图中可以看出，一个接入尝试中包含多个接入试探序列（Access Probe Sequence）。

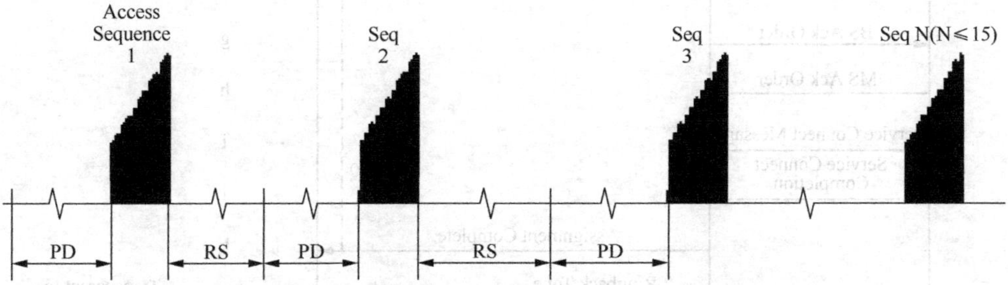

图 6-16　接入子尝试（其中包含 4 个接入试探序列）

一个接入试探序列中包含多次接入试探（access probe）。图 6-17 就说明了一个接入试探序列的构成。

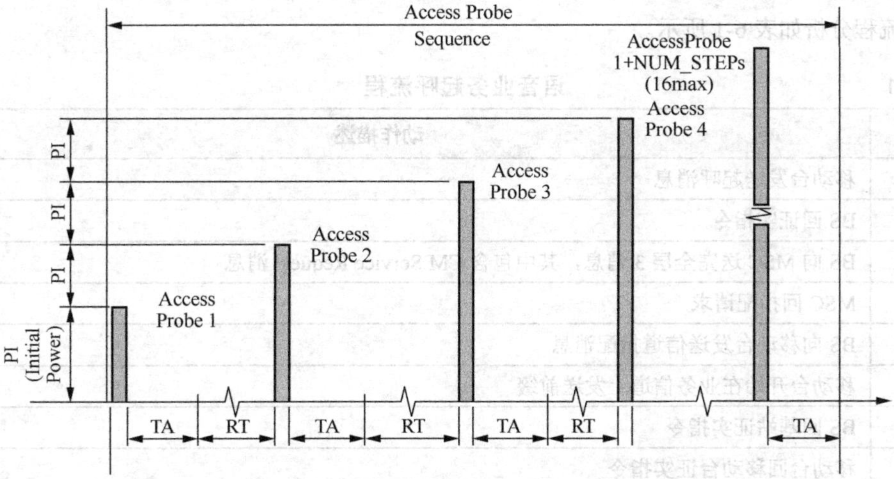

图 6-17　接入尝试序列（其中包含了 5 个接入尝试）

4. 业务信道状态

在此状态中，移动台和基站利用反向业务信道和前向业务信道进行信息交换。

6.3.2 CDMA 基本信令流程

6.3.2.1 语音业务起呼

图 6-18 为语音业务起呼流程图。

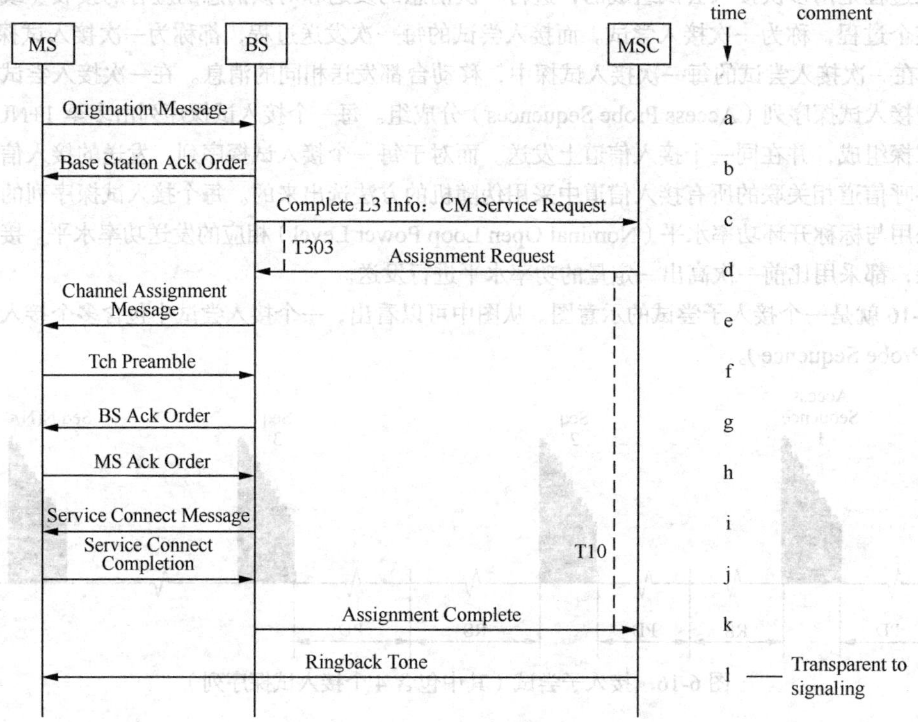

图 6-18 语音业务起呼流程

具体流程分析如表 6-1 所示。

表 6-1 语音业务起呼流程

动作	动作描述
a	移动台发送起呼消息
b	BS 回证实指令
c	BS 向 MSC 送完全层 3 消息，其中包含 CM Service Request 消息
d	MSC 回指配请求
e	BS 向移动台发送信道指配消息
f	移动台开始在业务信道上发送前缀
g	BS 回基站证实指令
h	移动台回移动台证实指令
i	BS 发送业务连接消息
j	移动台发送业务连接完成消息
k	BS 发送指配完成消息
l	MSC 送回铃音

6.3.2.2　语音业务被呼

图 6-19 为语音业务被呼流程图。

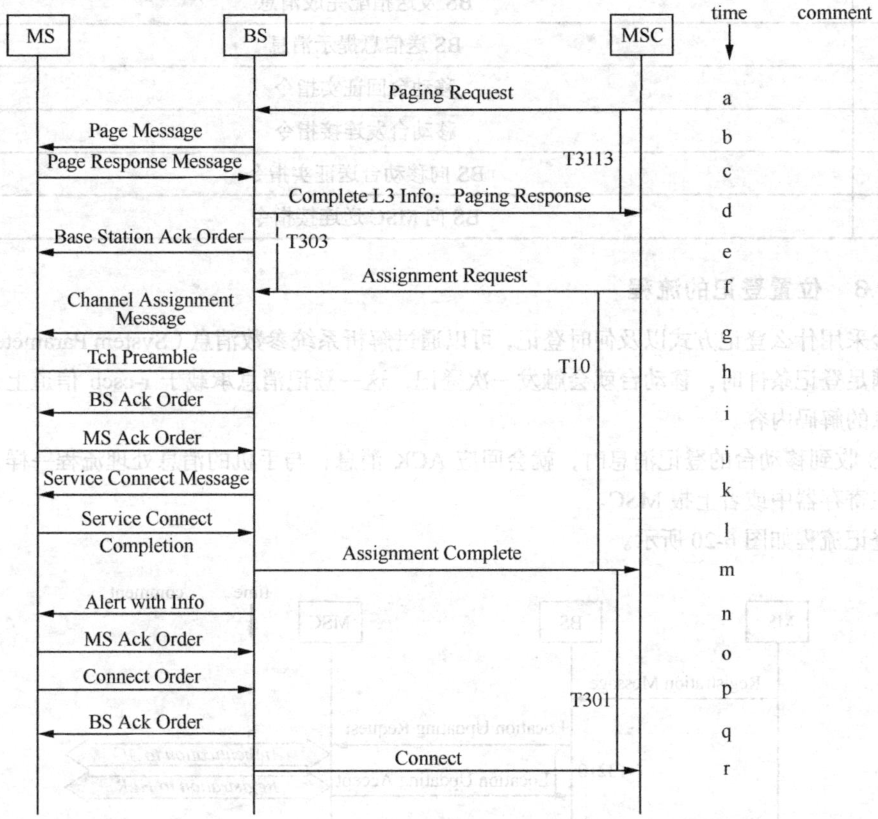

图 6-19　语音业务被呼流程

具体流程分析如表 6-2 所示。

表 6-2　　　　语音业务被呼流程

动作	动作描述
a	MSC 发起寻呼请求
b	BS 向移动台发送寻呼消息
c	移动台向 BS 回寻呼响应消息
d	BS 向 MSC 回寻呼响应消息，并设置定时器 T303
e	BS 向移动台送基站证实指令
f	BS 收到 MSC 的指配请求
g	BS 发送信道指配消息
h	移动台开始在业务信道上发送前缀
i	BS 回基站证实指令
j	移动台回移动台证实指令
k	BS 发送业务连接消息
l	移动台发送业务连接完成消息

续表

动作	动作描述
m	BS 发送指配完成消息
n	BS 送信息提示消息
o	移动台回证实指令
p	移动台发连接指令
q	BS 向移动台送证实指令
r	BS 向 MSC 送连接指令

6.3.2.3 位置登记的流程

移动台采用什么登记方式以及何时登记，可以通过解析系统参数消息（System Parameter Message）得到。当满足登记条件时，移动台就会触发一次登记，这一登记消息承载于 r-csch 信道上，下面是一个登记消息的解码内容。

当 BSS 收到移动台的登记消息时，就会回应 ACK 消息，与手机的消息处理流程一样，将相应的参数保存在寄存器中或者上报 MSC。

位置登记流程如图 6-20 所示。

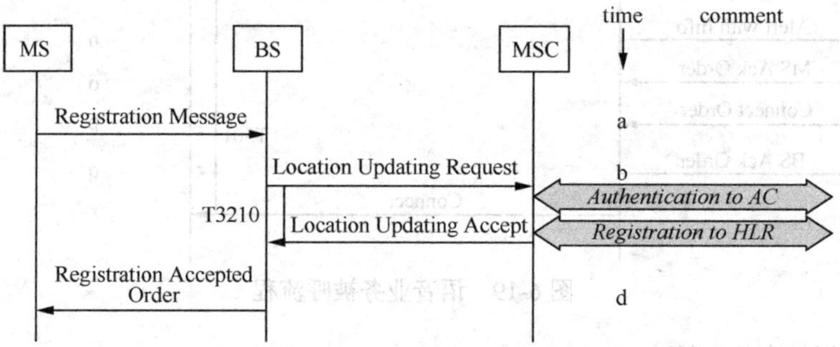

图 6-20 位置登记的流程

具体流程分析如表 6-3 所示。

表 6-3 位置登记的流程

动作	动作描述
a	移动台 MS 在接入信道上发送 Registrstion Message 到基站系统 BS
b	BS 在收到 Registration Message 后创建登记表，返一些信息保存在登记表中，然后构造 Location Updating Request 消息，把它放在 Complete Layer3 Information message 发送到 MSC，然后启动定时器
c	MSC 处理完后，发送 Location Updating Accept 消息到 BS。BS 收到 Location Updating Accept 后，停止定时器。若定时器超时，则清空登记表
d	BS 向 MS 发送 Registrstion Accepted Orader 用来指示 Location regestration 操作成功

6.3.2.4 切换流程

1. 基本信道的软切换流程

图 6-21 为基本信道软切换流程图。

具体流程分析如表 6-4 所示。

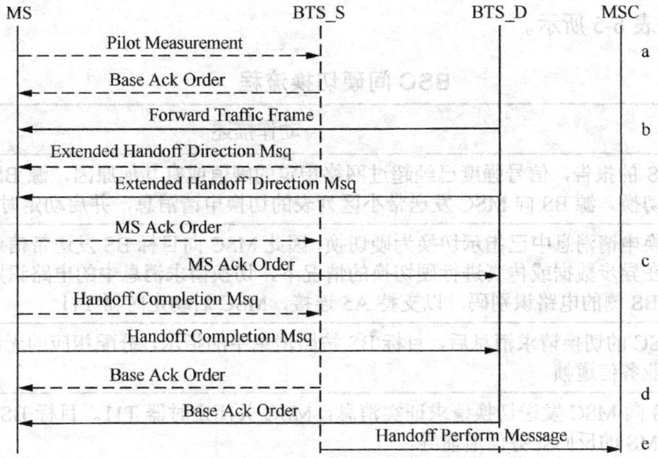

图 6-21　基本信道软切换流程

表 6-4　　基本信道软切换流程

动作	动作描述
a	导频信号超过 T_ADD，移动台将导频强度测量报告消息（PSMM）作为软切换的请求事件上报给当前基站，同时将目标导频加入候选集；当前基站将对 PSMM 消息做 ORDER 应答
b	BSC 处理该次切换请求，对切换请求的合法性，当前资源的占用情况进行评估，如果允许切换，为目标基站准备好相应的资源，同时开始在切换的目标基站发送前向业务信道帧
c	在当前基站以及切换的目标基站均分送切换指导消息，MS 对切换指导消息做应答
d	MS 向当前基站以及切换目标基站发送切换完成消息，BS 侧向 MS 发送切换完成消息的 ORDER 应答
e	BSC 向 MSC 发送切换执行消息，通知 MSC 发生了软切换

2. BSC 间硬切换流程

图 6-22 为 BSC 间硬切换流程图。

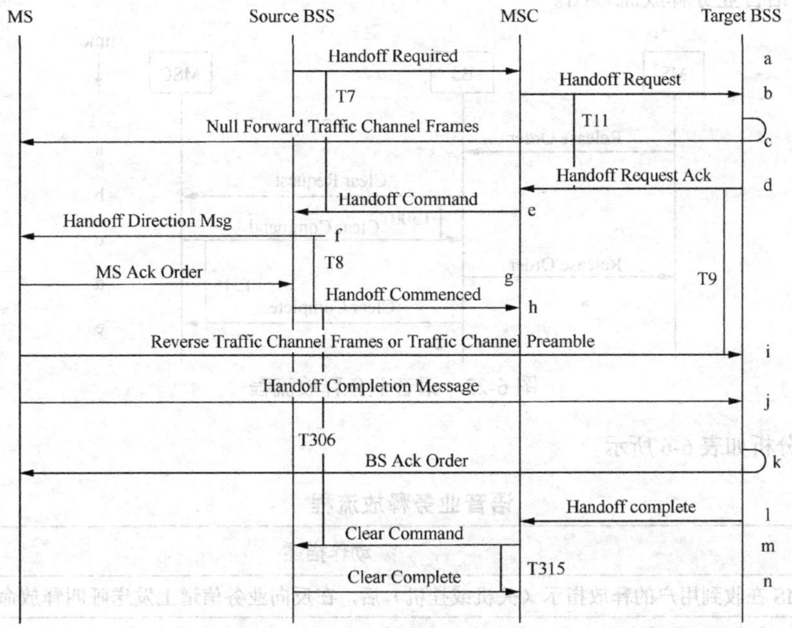

图 6-22　BSC 间硬切换流程

具体流程分析如表 6-5 所示。

表 6-5　　BSC 间硬切换流程

动作	动作描述
a	根据 MS 的报告，信号强度已经超过网络指定的阈值或有其他原因，源 BS 切换判决后发起至目标的硬切换。源 BS 向 MSC 发送带小区列表的切换申请消息，并启动定时器 T7
b	由于切换申请消息中已指示切换为硬切换，因此 MSC 向目标 BS 发送带信道识别单元的切换请求消息。在异步数据或传真进行硬切换的情况下，切换请求消息中的电路识别码扩展单元将指示连至目标 BS 侧的电路识别码，以支持 A5 连接，MSC 启动定时器 T11
c	收到 MSC 的切换请求消息后，目标 BS 按照消息中的指示，分配相应的无线资源，向 MS 发送空的前向业务信道帧
d	目标 BS 向 MSC 发送切换请求证实消息，MSC 关闭定时器 T11。目标 BS 开启定时器 T9，等待捕获到 MS 的反向业务信道前导
e	MSC 准备从源 BS 至目标 BS 的切换，并向源 BS 发送切换命令，源 BS 关闭定时器 T7
f	源 BS 向 MS 发送切换指示消息，源 BS 开启定时器 T8 等待切换完成消息
g	MS 向源 BS 发送移动台证实指令，作为切换指令消息的响应。源 BS 关闭定时器 T8
h	源 BS 向 MSC 发送切换开始消息，通知 MS 已经被命令切换至目标 BS 信道
i	MS 向目标 BS 发送反向业务信道帧或业务信道前导码，目标 BS 捕获 MS 后停止 T9
j	MS 向目标 BS 发送切换完成消息
k	目标 BS 发送基站证实指令
l	目标 BS 向 MSC 发送切换完成消息，通知 MS 已经成功完成了硬切换
m	MSC 向源 BS 发送清除命令消息
n	源 BS 发送清除完成消息通知 MSC

6.3.2.5　语音业务释放

图 6-23 为语音业务释放流程图。

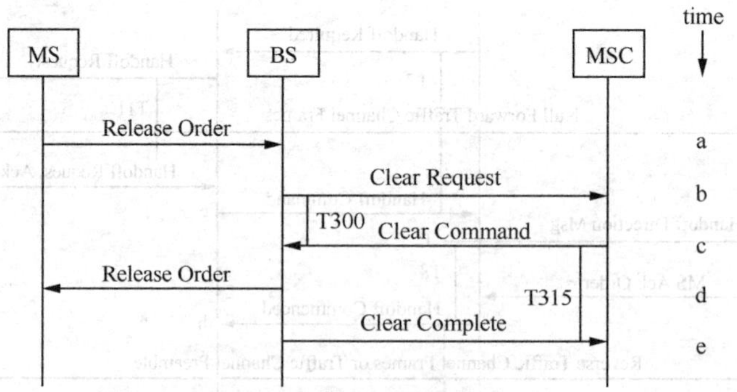

图 6-23　语音业务释放流程

具体流程分析如表 6-6 所示。

表 6-6　　语音业务释放流程

动作	动作描述
a	MS 在收到用户的释放指示（关机或挂机）后，在反向业务信道上发送呼叫释放命令
b	BS 向 MSC 发送清除请求消息，启动呼叫释放，同时启动定时器 T300

续表

动作	动作描述
c	MSC 发送清除命令消息给 BS，通知 BS 释放相关资源，同时启动定时器 T315
d	基站收到 MSC 的指令后，释放相关资源
e	BS 回送清除完毕消息给 MSC

6.3.2.6 数据业务起呼

图 6-24 为数据业务起呼流程图。

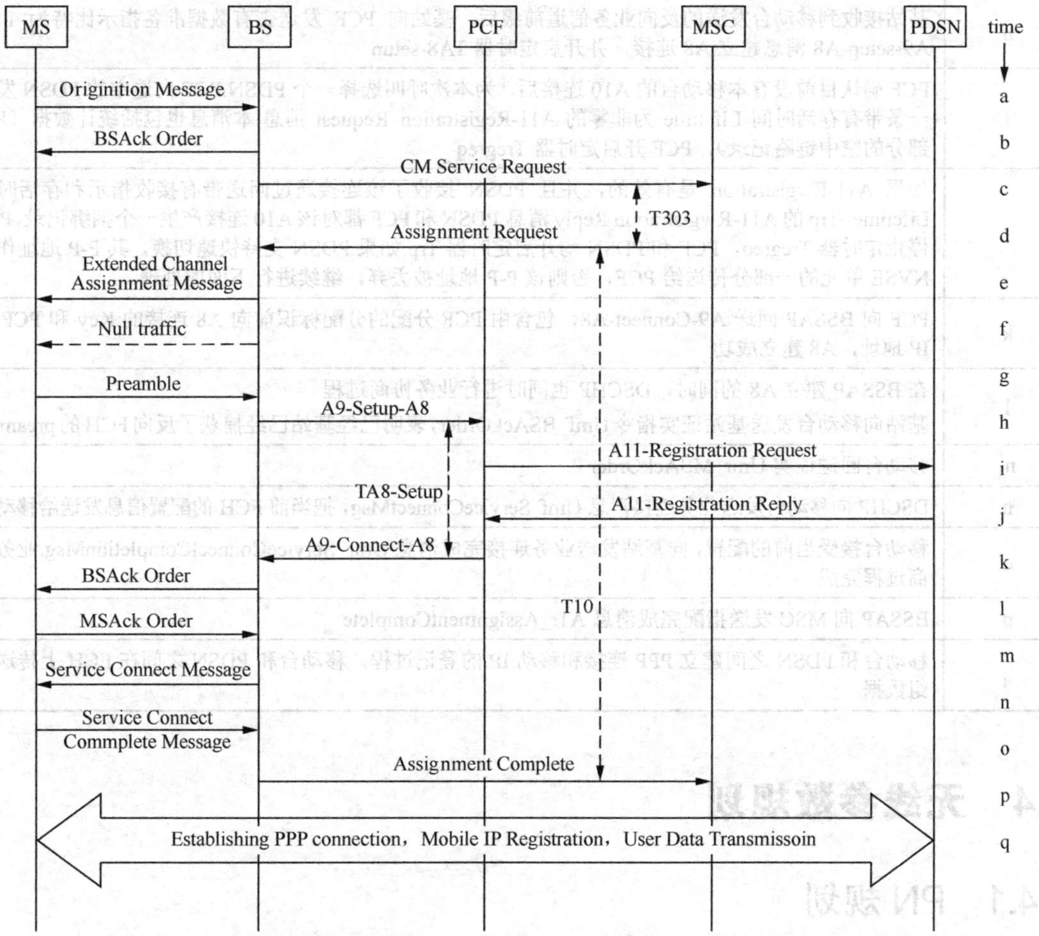

图 6-24 数据业务起呼流程

具体流程分析如表 6-7 所示。

表 6-7 数据业务起呼流程

动作	动作描述
a	为了登记分组数据业务，移动台通过接入信道向基站发送带有要求层 2 确认指示的起呼消息，起呼消息包括有一个分组数据业务选项
b	基站通过向移动台发送基站证实指令表明接收到了起呼消息

续表

动作	动作描述
c	基站构造一条 CM ServiceRequeat 消息，将它放在 Complete Layer 3 消息中发送给 MSC，开启定时器 T303
d	MSC 向基站发送 Assignment Request 消息请求指配无线资源，并开启定时器 T10，在 MSC 与 BS 之间没有地面电路指配给分组数据呼叫
e	基站分配无线资源，向 MS 发送 ECAM 消息
f	基站向 MS 发送前向业务信道空帧
g	MS 在反向业务信道上发送业务信道前缀，帮助基站捕获反向业务信道
h	基站接收到移动台发送的反向业务信道前缀后，基站向 PCF 发送带有数据准备指示比特为 1 的 A9-setup-A8 消息建立 A8 连接，并开启定时器 TA8-setup
i	PCF 确认目前没有本移动台的 A10 连接后，为本次呼叫选择一个 PDSN.PCF 向选中的 PDSN 发送一条带有存活时间 Lifetime 为非零的 A11-Registration Request 消息.本消息也包括统计数据（R-P 部分的空中链路记录），PCF 开启定时器 Tregreq
j	如果 A11-Rwgistration 是有效的，并且 PDSN 接收了该连接通过回送带有接收指示和存活时间 Lifetime=Trp 的 A11-Rwgistration Reply 消息.PDSN 和 PCF 都对该 A10 连接产生一个捆绑记录，PCF 停止定时器 Tregreq，PCF 和 PDSN 均开启定时器 Trp.如果 PDSN 支持快速切换，其 P-P 地址作为 NVSE 单元的一部分传送给 PCF，否则该 P-P 地址被丢弃，继续进行下面的处理
k	PCF 向 BSSAP 回送 A9-Connect-A8，包含由 PCF 分配的分配标识前向 A8 连接的 Key 和 PCF 的 IP 地址，A8 建立成功
l	在 BSSAP 建立 A8 的同时，DSCHP 也同时进行业务协商过程 基站向移动台发送基站证实指令 Umf_BSAckOrder，表明已经基站已经捕获了反向 FCH 的 preamble
m	移动台回送证实 Umr_MSAckOrder
n	DSCHP 向移动台发送业务连接消息 Umf_ServiceConnectMsg，把当前 FCH 的配置信息发送给移动台
o	移动台接受当前的配置，向基站发送业务连接完成消息 Umr_ServiceConnectCompletionMsg.业务协商过程完成
p	BSSAP 向 MSC 发送指配完成消息 A1r_AssignmentComplete
q	移动台和 PDSN 之间建立 PPP 连接和移动 IP 的登记过程，移动台和 PDSN 之间在 FCH 上传送分组数据

6.4 无线参数规划

6.4.1 PN 规划

每个小区拥有一个 PN 偏置码，PN 可复用。PN 规划关注的主要问题是 PN 复用和 PN 混淆。现使用 ZXPOS CNO1（简称 CNO1）软件为例来做 PN 规划。

PN 偏置码资源共 512 个，范围从 0～511，相邻 PN 偏置相位差为 64chip。Pilot_INC 为导频增量，范围从 1～15，通常使用 3 或 4。若 Pilot_INC=3，可用导频资源为 512/3≈170 个，每三个为一组 PN，则共有 170/3≈56 组；若 Pilot_INC=4，可用导频资源为 512/4=128 个，每三个为一组 PN，则共有 128/3≈42 组。

图 6-25 给出了 PN 规划流程图。

同一系统中，如果延迟估计出错的话，除当前服务导频之外，其他导频有可能被解调，将会影响网络质量。所以需要保证不同导频之间有一定的隔离，避免出现不同小区之间由于导频解调错误产生干扰。

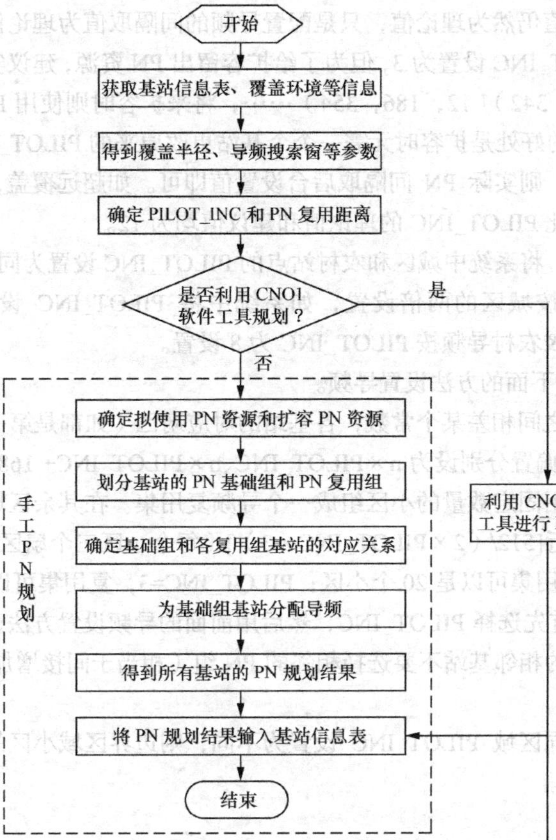

图 6-25　PN 规划流程图

注：PN 基础组指的是无 PN 复用的基站簇；PN 复用组指的是 PN 复用的基站簇。

从避免邻 PN_Offset 干扰和同 PN_Offset 干扰两个角度考虑相位差（PILOT_INC，每个单位对应 64 个码片）设置。避免邻 PN_Offset 干扰，要求邻 PN_Offset 间的间隔比传播时延造成的不同大得多，防止大时延导致干扰导频出现在激活导频和相邻导频的搜索窗中。或者手机收到的大时延邻干扰导频的能量相对于服务导频的能量不是足够低；避免同 PN_Offset 干扰，要求复用的 PN_Offset 不同时出现在激活导频和相邻导频的搜索窗中，或者其能量相对于服务导频足够低。综合考虑这两方面的要求，可以得出 PILOT_INC 的合理的参数设置和 PN_Offset 复用距离的要求。

采用如表 6-8 所示的 PILOT_INC 设置，基本上可以满足干扰要求。

表 6-8　PILOT_INC 设置表

	密集区理论值	密集区 PN 间隔建议取值	郊区&农村理论值	郊区&农村 PN 间隔建议取值	超远覆盖理论值和建议值
PILOT_INC	3	6	6	12	12
PILOT_INC	4	8	8	16	12

导频规划时，必须保留一部分导频资源作为保留集，用作以后扩容。为此，初期规划时，将 PN 间隔取值扩大一倍设置导频：一方面减少初期网络由于基站覆盖范围比较大导致导频之间传输延迟产生干扰的可能性；另一方面为后期扩容留出足够多的 PN 资源。

注意，这里的后台设置值仍然为理论值，只是配置导频的间隔取值为理论值的一倍。比如对于密集区，在后台将基站的 PILOT_INC 设置为 3，但为了给扩容留出 PN 资源，建议实际使用 PN 间隔为 6，即使用的 PN 组为（6，174，342）（12，186，354）……，将来扩容时则使用 PN 组（3，171，339）（9，183，351）……。这样的好处是扩容时无需一个个基站更改原来的 PILOT_INC。当然，如果网络建设一期到位，不会再扩容，则实际 PN 间隔取后台设置值即可。如超远覆盖，通常网络容量很小，一期建设后很难再扩容，因此 PILOT_INC 的理论值和建议值均为 12。

另外，实际设置的时候，将系统中城区和农村站点的 PILOT_INC 设置为同一个值，配置导频时，郊区&农村的 PILOT_INC 按城区的两倍设置，如系统中将 PILOT_INC 设置为 4，城区导频按 PILOT_INC 为 4 设置，郊区&农村导频按 PILOT_INC 为 8 设置。

选定 PILOT_INC 后，按下面的方法设置导频。

同一个基站的 3 个导频之间相差某个常数，各基站的对应扇区（如都是第一扇区）之间相差 n 个 PILOT_INC：三个扇区的 PN 偏置分别设为 n × PILOT_INC、n × PILOT_INC+ 168、n × PILOT_INC+336。

如何合理分配导频，可用固定数量的小区组成一个导频复用集。在其余区域按同样的顺序作导频复用。小区数可以小于且接近[512/（2 × PILOT_INC × 3）]（每个小区三个扇区、PN 预留一半）的某个值。如 PILOT_INC=4，复用集可以是 20 个小区；PILOT_INC=3，复用集可以是 25 个。

实际网络 PN 规划时，首先选择 PILOT_INC，然后用前面的导频设置方法设置各扇区的导频。设置导频时，要求距离比较远的相邻基站不要选择相邻的 PN 组（相当于间接增加 PILOT_INC，减少相邻导频混淆的可能性）。

对于大型网络，如果不同区域 PILOT_INC 设置为不同，则边界区域小区的导频需要设置为两侧 PILOT_INC 的公倍数的倍数。

6.4.2 邻区列表设置

PN 设定后，需要进行邻区列表设置，邻区列表设置是否合理影响基站之间的切换。

系统设计时初始的邻区列表参照下面的方式设置，系统正式开通后，根据切换次数调整邻区列表：同一个站点的不同小区必须相互设为邻区；接下来的第一层相邻小区和第二层小区基于站点的覆盖选择邻区（见图 6-26），当前扇区正对方向的两层小区设为邻区，小区背对方向第一层可设为邻区。

下面是一个邻区设置的例子。

（1）PILOT_INC 设为 4，PN 规划按照前面介绍两种方法中的第一种设置。

（2）粗箭头表示的是当前小区，3 个扇区导频号分别设为 4/8/12；虚箭头表示的是第一层小区；细箭头表示的是第二层小区。

当前小区的邻区可以设为如表 6-9 所示。

图 6-26 邻区列表设置举例

表 6-9　　邻区列表设置举例

扇区号	导频号	邻区列表
1-1	4	8(1-1)、12(1-2)、32(3-2)、48(4-3)、88(8-1)、92(8-2)、100(9-1)、108(9-3)、112(10-1)、128(11-2)、140(12-2)、144(12-3)、156(13-3)、196(17-1)、200(17-2)、204(17-3)、208(18-1)、220(19-1)

图中用虚线并加粗表示的即为当前扇区的邻区，其余扇区的邻区设置依此类推。

邻区配置的原则如下所示。

• 根据各小区配置的邻区数情况及互配情况，调整邻区，尽量做到互配，邻区的数量不能超过 18 个，邻区互配率必须大于 90%。调整的顺序是首先调整不是完全正对方向的第二层小区，然后是正对方向的第二层小区。

• 对于站点比较少的业务区（6 个以下），可将所有扇区设置为邻区，只要邻区数目不超过 18 个。

• 对于载频之间的切换，需要设置临界小区和优选小区。将两载频到单载频边界处的非基本载频小区设为临界小区。优选邻区设置有两种方法，一种是 handover 方式，设置 3 个覆盖和本扇区重叠比较多的小区，切换时直接切到这三个小区上，由于切换方向不包括本小区的基本载频，切换成功率低一些；另一种是 hand-down 方式，设置 2 个覆盖和本小区重叠比较多的小区，切换时往这两个小区及本小区的基本载频上切，成功率比较高，一般用后一种切换方式。

• 对于搬迁网络，在现有网络邻区设置基础上，根据路测情况调整。如果存在邻区没有配置导致的掉话等问题，在邻区列表中加上相应的邻区，调整后的邻区列表作为搬迁网络的初始邻区。

6.4.3　导频集搜索窗规划

导频集搜索窗包括三个参数：SRCH_WIN_A，SRCH_WIN_N，SRCH_WIN_R。这三个参数取值范围是 0～15，具体对应的窗口大小如表 6-10 所示。

表 6-10　　导频集搜索窗宽度

SRCH_WIN_A SRCH_WIN_N SRCH_WIN_R	窗口宽度 （PN 码片）	实际 公里数	SRCH_WIN_A SRCH_WIN_N SRCH_WIN_R	窗口宽度 （PN 码片）	实际 公里数
0	4	0.9756	8	60	14.634
1	6	1.4634	9	80	19.512
2	8	1.9512	10	100	24.39
3	10	2.439	11	130	31.707
4	14	3.4146	12	160	39.024
5	20	4.878	13	226	55.1214
6	28	6.8292	14	320	78.048
7	40	9.756	15	452	110.2428

SRCH_WIN_A：激活/候选集搜索窗口。该参数用于搜索激活和候选集的导频信号，目前后台缺省设置为 6，需要根据实际规划情况进行调整，主要考虑以下两个方面的因素。

• 该小区的覆盖区域内导频的多径之间时延。如果同导频的多径之间时延比较大而该窗口设置较小，容易出现无法进行多径合并的现象，造成干扰导致掉话。可以估计一下小区内最早多径和最迟多径之间的时间差，先假设这个时延是覆盖半径的一半，那么对于覆盖半径为 30km 的小区，时间差是 15km，也就是 60 个 chip，搜索窗口就需要在 120chip 以上，即窗口值为 11。如果多径之间的时延更大，相应的搜索窗口也需要增大。

- 如果该小区附近有来自远方的导频，而本小区却是覆盖范围并不大的时候，需要考虑到这个远方导频的时延，如果小区的激活集搜索窗口设置小了，将无法搜索到来自远方的导频信号。通过计算小区边界处来自两个小区（本小区和远方小区）的信号时延，设置出一个合适的窗口。

SRCH_WIN_N：相邻集搜索窗口。该参数用于搜索相邻集的导频信号，目前后台缺省设置为 8。设置原则和 SRCH_WIN_A 类似。

SRCH_WIN_R：剩余集搜索窗口。该参数设置意义不大。目前后台缺省设置为 9。在网络优化后，该值可设置为 0。

搜索窗设置过小（如 SRCH_WIN_A）可能会导致搜索不到某些导频而造成干扰，引起掉话；过大则会增加终端搜索导频的时间。

缺省值在城区和郊区环境下是足够的，但是在农村环境显然是不够的，因此在农村环境中，需要对各个基站的搜索窗进行规划，根据各个基站的覆盖规划和地形条件来确定初始搜索窗大小，并在基站开通后根据网络实际情况来优化这几个参数。

以下有一种规划思路，供参考。

（1）预测基站覆盖半径 r(km)，估算最早多径与最迟多径之间的时延差为覆盖半径的一半，即时延 chip 数 $t=r/(2\times 0.244)$。

（2）激活集窗口大小 WS≥2t。

（3）查对应关系表，得到 SRCH_WIN_A 取值。

（4）SRCH_WIN_N 和 SRCH_WIN_R 可适当取值为 SRCH_WIN_A+2 或 SRCH_WIN_A+3。

6.4.4 位置区规划

为了方便地寻呼到移动台，CDMA 的覆盖区都被划分成许多位置区（包括 LAC 与 REG_ZONE)。位置区的大小在系统中是一个非常关键的因素。在划分位置区过程中，应该使寻呼信道的负荷尽量少，这样会提高系统的前向容量并能很好地寻呼到移动台；同时，如果位置区划分得过小，则会引起频繁的登记，这只会降低系统的反向容量与接入速度及成功率等指标，而不能给运营商带来任何好处。所以，位置区的大小是一个矛盾，寻呼负荷确定了位置区中 LAC 的最大范围，而边缘小区的位置更新负荷决定了位置区的最小范围。

位置区中 LAC 的划分不能过大，LAC 的最大值由寻呼信道容量决定。

与 GSM 不同，CDMA 的位置区（LAC）概念只是在寻呼时用到，而在登记时的一个相对应的区域为登记区（REG_ZONE），协议里没有说明两者的关系，但是为了很好地寻呼到移动台，登记区应该为位置区的子集，如没有特殊说明，登记区应该与位置区的大小一致。

在登记区与位置区的大小一致的情况下，位置区就不能设计得太小了。否则会引起频繁的登记，这对寻呼没有增加多少好处，但是却引起更多的消息处理，提高了接入信道的负荷与整个系统的负荷，严重时对系统的接入速度及成功率都有很大的影响，所以在设计时应使得一个 REG_ZONE 在寻呼信道负荷允许的情况下设计的尽量大（即 LAC 尽量大）。

尽量利用移动用户的地理分布和行为进行位置区的划分，达到在位置区边缘位置更新较少的目的。

6.5 常见优化问题分析

6.5.1 导频污染

导频污染是指有多个强度相当的导频存在，且在移动台的激活集中没有占主导的导频，主要原因如下。

（1）由于站址布局不合理或受地形地貌的影响，有过多无线信号越区覆盖到相邻小区，从而产生了导频污染。

（2）系统存在弱覆盖问题无主服务小区。

导频污染的直接影响就是容易产生掉话。在设计阶段就应努力克服导频污染问题，便于以后的网络优化。

导频污染的发现主要有路测以及后台数据的统计，相应的优化措施主要如下。

（1）调整天线：通过调整基站天线挂高、方向角和下倾角，控制扇区覆盖范围，减少越区覆盖或加强主覆盖扇区信号。

（2）调整基站功率：通过增强或者减少某些扇区功率，加强主导频信号相对强度。

（3）调整网络覆盖结构：增加基站或者分布系统增强主小区信号。

6.5.2 切换优化

切换是移动通信的特色技术，同时也是必不可少的技术，它可有效保证用户移动过程中的业务连续性，提高用户感受，减小掉话率。因此，切换通常作为专题来分析和研究。

CDMA 采用先进的软切换和更软切换，从而降低了掉话率，提高了话音质量。再加上 CDMA 先进的编码和功率控制，使得用户的话音质量清晰，这些方面都使得 CDMA 的话音质量和 GSM 以及 GPRS 相比均有较大的提高。

虽然切换是一个老话题，切换的算法随着移动网的发展应用也逐渐成熟，但是任何算法都无法解决一些具体问题，如切换边界信号不稳定，切换需要判决时间或判决失误等。因此要严格控制切换带，降低切换带过大带给整网业务传输特性的影响。

6.5.3 邻区优化

邻区优化是无线网络优化中重要的一个环节。邻区设置不合理会导致干扰加大，容量下降以及网络性能的恶化。因此良好的、准确的邻区配置是保证 CDMA 网络运行的基本条件。

邻区干扰的主要内容为邻区配置不合理，如漏配邻区（导致掉话等）、多配邻区（增加手机对导频搜索时间）或者优先级设置不合理（导致掉话等）。这些都会严重影响网络性能。下面给出邻区优化的一些建议。

地理位置上直接相邻的小区要作为邻区；信号可能最强的邻区放在邻区列表优先级最高的地方，依次类推；邻区关系是相互的，即互为邻区；一些特殊场合如单双载波边界可能要求配置单向邻区（如网络规划中，作为分层小区的负载均衡的情况等）。

6.5.4 常见问题的发现及排查

无论是工程优化，运维优化还是专项优化，有些问题点比较隐蔽，发生的原因也比较隐蔽，一般的告警不能及时发现或提示故障的发生，对于故障或优化问题的及时处理，保障客户的使用，有着比较大的影响。因此，对于隐性问题的发现、排查和处理，必须作为维护工作中重点关注的内容之一。本节内容主要介绍优化流程中常见隐性问题的发现及排查。

6.5.4.1 问题的发现

这些问题可通过话务数据、投诉数据、测量数据、告警数据、DT/CQT 信息以及 CDMA 无线通话记录等数据来发现。

1. 话务数据

话务数据的分析，在网优维护中是主要的分析手段，也是发现问题最直接，最快捷的途径。话务数据主要指的是各种网管系统统计的性能指标，包括：呼叫建立成功率、业务信道掉话率、业务信道负载率、业务信道拥塞率、BSC CPU 负荷、基站硬切换成功率、基站软切换成功率、软切换因子、话务掉话比、坏小区比例、忙基站比例、闲基站比例、溢出基站比例、位置登记成功率、业务信道话务量（含软切换）、业务信道话务量（不含软切换）、walsh 码承载话务量、载频话务量等。

在实际应用中，呼叫建立成功率、掉话率等指标与用户感知关系较大，而话务量指标的突降往往是由于无线设备出现硬件或软件问题。通过监控重点指标的变化情况，能够提前发现网络的隐性问题，及时处理，保障用户感知。

2. 告警数据

设备故障对网络的影响非常大，在网络维护优化过程中，首要任务是解决故障问题，告警数据的分析是非常重要的。对告警的管控和分析能及时了解设备和网络出现的异常运行状态，帮助操作人员确定故障原因和故障位置，以便及时纠正问题，保证设备和网络的正常运行。

大部分情况下，告警信息是能够直接对应故障原因的。在某些情况下，告警信息不能够直接或者很清晰的与故障点进行关联，需要优化维护人员进行详细的排查工作，这也是一类隐形问题的发现方式；更有一些告警信息不是常规网管系统能提供的告警，而是在设备上的告警，需要现场检查才能发现，而这些告警，不一定会立即影响到设备的运行，有可能导致一些不稳定的隐性问题，也是一种提前发现潜在的隐性问题的手段。因此，需要网络优化维护人员在日常工作中，对通过告警信息发现隐形问题具有一定的经验，并将其纳入日常检查范围。

3. 呼叫记录数据

对于 CDMA 网络来说，每次用户通话（语音、数据、短信）结束，会产生一条呼叫记录，其中记录了与分析通话相关的服务小区信息、导频信息、通话质量信息、通话类型、切换信息、资源占用等非常详尽的数据，各厂家的具体名称并不统一，如 LOG/CDL/CHR/PCMD 等。

在呼叫记录数据中包含了十分丰富的内容，对于隐形问题来说，分析小区的具体服务质量，往往是发现这类问题的一个有效手段，可以很大程度上提高发现问题的速度和效率。

4. DT/CQT 数据

DT（Driving Test）测试是使用测试设备沿指定的路线移动，进行不同类型的呼叫，记录测试数据，统计网络测试指标。

CQT（Call Quality Test）测试是在特定的地点使用测试设备进行一定规模的拨测，记录测试数据，统计网络测试指标。

通过 DT 测试和 CQT 测试在现场模拟用户行为，结合专业测试分析工具，是获取无线网络性能、发现无线网络问题的主要方法。

定期进行 DT/CQT 分析是网优日常工作内容之一，这一分析有两个主要功能。

（1）处理数据并产生各种性能指标统计，评估系统是否满足最低性能指标。

（2）检查失败事件并发现隐性问题，特别是固定区域出现的失败事件，解决问题后作为后评估的主要手段。

步骤是首先处理路测数据，生成统计数据，然后找出单个事件失败的原因，调整系统参数，再进行测试分析。

测试的指标主要有覆盖率/里程覆盖率、里程掉话比、接通率、掉话率、平均呼叫建立时延、MOS 值等。

5. 投诉数据

对于隐性问题的发现来说，用户投诉是最直接的方式，根据用户投诉的发生时间、发生地点、终端类型、投诉产生原因、投诉类型等数据进行用户投诉申告数据的定性定量分析，往往能分析出问题的类型和可能的原因，并定位问题的影响范围。

常见的用户投诉列举如下。

- 信号差/没信号，无法正常拨打电话。
- 信号不稳定，通话质量差。
- 时而满格信号，时而不在服务区，无法正常通话。
- 有信号但无法通话/接打困难。
- 电话拨打不畅、易掉话、有杂音。
- 接入时间过长，有时候甚至提示“暂时无法接通”。
- 无法正常起呼，掉话现象严重。

6. 测试数据

测试数据指的是网管系统对于基站的相关测量数据，如反向 RSSI 等，也包括现场各种仪表测试的数据，如天馈测试，频谱仪，基站综测仪。现场测试数据通常用于最终定位问题点的手段，需要反复测试并对比测试结果，结合性能指标、告警等其他数据共同定位问题点，并在解决问题后作为后评估的手段之一。

6.5.4.2 问题的排查

1. 天馈系统问题

可能原因如下。

- 天馈硬件设备损坏。
- 天线信号被阻挡。
- 天馈类型使用不当。
- 天线参数不合理。
- 天馈接反。
- 驻波比过大。

2. 无线设备问题

可能原因如下。

- 硬件上有告警而网管上无法显示，基站有故障。
- 硬件上有告警而网管上无法显示，但是基站没有故障，此类问题需要进行关注，防止后续产生硬件故障，但未必会影响网络性能。

- 软件或硬件元件性能变差引起基站的性能下降，这类问题往往通过重启基站就能解决，如果重启还不能解决问题，就需要通过替换法找到具体的问题硬件，然后更换有问题硬件。

3. 室分系统与直放站问题

可能原因如下。

- 直放站反向增益异常、同一信源所带室分系统、直放站套数过多、所带干放太多、直放站自激、外部干扰等引起的反向底噪过高。
- 干放反向增益设置不合理、干放异常，直放站增益异常等引起的前反向平衡问题。
- 邻区误配、漏配、单配，邻区配置优先级不合理等引起的邻区问题。
- 搜索窗参数设置不合理。
- 部分覆盖、弱覆盖区、盲区等覆盖问题。
- 越区覆盖、导频污染等。

4. 无线环境问题

如果在前期判断的基础上得到某个基站存在干扰时，接下来就可以对干扰进行查找、定位。在得到干扰源的确切位置后，可以联系业主进行妥善解决，有必要也可以联系无线电委员会按照相关法规进行申请清频。

本章习题

1. CDMA 系统的规划与优化和 GSM 系统的规划与优化有哪些不同之处？
2. 什么是呼吸效应？
3. 影响 CDMA 系统性能主要有哪些因素？
4. 简述什么是功率控制技术，试对其进行分类，并阐述各种功率控制各自的原理。
5. 导频集有哪些？并解释。
6. 阐述 IS-95 系统的软切换过程。
7. 什么是导频污染？造成导频污染的原因有哪些？可采取哪些措施进行解决？

第 7 章

增强覆盖系统

7.1 增强覆盖方式

覆盖是移动通信网络的首要目标，覆盖增强技术的作用是解决投资与覆盖容量的矛盾。在激烈的市场竞争环境下，运营商需要提高覆盖的广度和深度，而要改善覆盖就要增加投资。覆盖增强技术在一定程度上缓解了广覆盖与大量投资之间的矛盾，它不仅能够扩大覆盖范围，还能加快网络的建设速度，与此同时降低运营商的投资。

目前，我们能利用的覆盖技术有 OTSR、射频拉远、直放站、塔放、电调天线、大功率基站、室内分布系统等，它们各有特点，在不同的应用场景发挥作用。

1. OTSR 技术

所谓 OTSR，就是 Omni-directional Tx Sectorized Rx 的缩写，即全向发射扇区接收技术，也称为宏蜂窝扇区分裂技术。

一个基站传统的覆盖方式通常有两种：全向（OMNI）和定向（STSR）。传统的全向站（OMNI）采用一个功率放大器，其天线为全向天线；而传统的定向站（STSR）采用 3 个功率放大器，其天线为定向天线。由于全向天线的增益要比定向天线低 7dB 左右，所以全向站（OMNI）的覆盖范围远小于定向站（STSR）（多达 70%左右）。另一方面，定向站（STSR）需要 3 个功率放大器，不言而喻，其成本要大大高于全向站（OMNI）。

对于网络的最初部署来说，运营商可以采用配置一个 PA（功率放大器）的基站，并使用标准扇区定向天线子系统。接收机将使用其 6 个端口来依次接收每条天线的接收信号，在传输端 PA 将通过分离器由 3 个扇区中共享。

OTSR 相对于 STSR 来说，两者在下行天线口的导频信道发射功率相同情况下，无论导频测试还是业务测试，两者上下行覆盖基本相同，保证相同覆盖情况下，OTSR 相对 STSR 容量有 40%到 50%的缩减。它所适用的场合是有明确覆盖需求、覆盖范围广、话务量低、话务量增长缓慢的地方，比如位于经济发展水平相对较低的农村或交通干道。OTSR 升级为 STSR 时需要增加两个功放，要考虑信道功率配比、切换门限、无线下倾角等。

OTSR 技术在特定条件下可实现既不减少覆盖范围，又可减少对 PA 的投资，从而节省成本。

2. 射频拉远技术

射频拉远技术是将无线基站中的模拟射频收发部分与无线基站的基带数字信号处理部分在模拟中频处分开，从而形成远端射频前端设备与室内单元。

射频拉远技术主要有以下特点，即主基站射频远端模块，通过光纤与主基站连接，与主基站共享基带处理。在容量上如果是 3dB，10W 的 RRU 和 20W 的 STSR 容量没有区别。在功控方面相当，光纤时延对功率控制没有明显影响，切换时延和 STSR 相当。

基于光纤的中频拉远技术，使得超级基站，即基带处理能力足够大的公共室内单元成为可能，它可以连接数个甚至数十个位于远端的射频前端设备中的模拟射频收发单元，用以连接一个天线或多个天线，同时支持数个至数十个宏小区、微小区及微微小区。射频拉远技术可以适用于：采用“RRU+室内分布系统”实现室内覆盖；在话务量低、具有光纤资源、建网效率低的地区，可以用 RRU 解决覆盖问题；可以通过现状组网实现交通干线等线性区域的覆盖。

3. 塔放

塔顶放大器提高了基站接收灵敏度，改善了基站上下行不平衡问题。可以增加基站有效覆盖半径。塔放主要应用于郊区、农村等较为开阔的地区，主要是广覆盖而且上行覆盖受限的场景。上行链路增益随馈缆长度而变化，在馈缆比较长的场景下，这一改善尤为明显。

4. 电调下倾天线

其特点是通过改变共线阵天线振子的相位，从而使天线的垂直方向性图下倾。由于天线各方向的场强强度同时增大和减小，保证在改变倾角后天线方向性图变化不大，使主瓣方向覆盖距离缩短，同时又使整个方向性图在扇区内减小覆盖面积但又不产生干扰。

电调下倾天线能够实现以下性能：小区径向近处覆盖强度，电调天线大于机械下倾天线；电调天线相对机械下倾天线同站邻区干扰减少，Ec/Io 明显改善；小区正对方向电调天线的场强大于机械天线，小区侧面电调天线的场强小于机械天线，方向图畸变在测试结果中表现的较为明显。电调下倾天线拥有很多的应用场景，比如在密集市区可以使用电调天线，在环境比较复杂、天线下倾角经常需要调整的城市区域，使用电调天线可以使维护操作工作变得便捷高效。

5. 大功率基站

目前有很多基站产品下行链路采用大功率功放，采用 17dB 的定向天线，覆盖范围可达 70 公里。对于地域辽阔话务量很小的草原和半沙漠地区，可以利用最少的站址实现无缝覆盖。在海岸线，提供近海海面连续覆盖，可以对离陆地较远的海岛进行覆盖，为当地生活的居民及游客提供廉价的通信手段。

为保证大功率基站的覆盖范围，基站选址应选择在目标覆盖区内地势较高的山峰或丘陵之上，当自然高度不足时，可通过铁塔增高天线挂高，尽量保证视距传播。由于大功率基站覆盖距离远所引起的无线空间传播时延，必须合理设置小区半径参数。另外，大功率基站可结合塔放、四天线接收分集等设备同时使用，以提高上行接收灵敏度，保证上行覆盖。

6. 直放站技术

直放站技术采用同频放大设备，将射频信号功率增强，在 2G 系统里应用很多。直放站本质是一种信号双向放大器，所以并没有增加系统容量，只是增强了信号强度而已。直放站可以应用于密集市区、地下停车场、隧道等无线覆盖盲区，以小功率直放站为主，优先考虑光纤直放站，避免污染。另外，直放站还可以解决郊区、农村地区以及公路、铁路沿线等低话务地区的覆盖和补盲，作为室内和室外分布系统信号源解决室内、室外弱覆盖区的覆盖问题，恢复主导导频，在业务量稀疏、缺少光纤资源的农村和交通干道可以采用。

7. 室内分布系统

室内分布系统要考虑多系统共用，通过干放，让多个信号吸收室内的话务，较大程度地提高室内覆盖的效果。目前，室内外、电梯口切换成功率较高（97%以上），室内外异频硬切换成功率相对较低。由于室内分布系统无接收分集，上下行对称业务表现为上行受限，上下行非对称业务表现为码资源受限。

在使用室内分布系统时，我们应该注意，一要选择合理的建设物类型，提高设备利用率，避免投资的浪费；二要在方案设计前进行模拟的测试和调研，提高设计方案的合理性和实用性，因为这是针对某一个产品设计的，不是一个通用的标准。在方案实施前必须进行严格审核，发现问题，减少后期工作量，提高设计质量，控制建设成本。

在上述常见的移动信号增强方式中，“直放站+室内分布”的室内信号增强方案应用非常广泛。因为，在密集城区范围内是移动话务集中地，而城区内无线环境复杂加上信号穿墙损耗，在很多建筑特别是大型建筑内信号通常较弱，所以要解决建筑内信号覆盖问题，就会用到“直放站+室内分布”系统。以下的内容将介绍直放站和室内覆盖问题。

7.2 直放站

直放站（Repeater）属于同频放大设备，是指在无线通信传输过程中起到信号增强的一种无线电发射中转设备，基本功能就是一个射频信号功率增强器。

在 FDD 系统中（如 GSM、CDMA2000、WCDMA 等），直放站在下行链路中，将需要放大的信号通过带通滤波器与带外信号进行隔离，将滤波的信号经功放放大后再次发射到需覆盖区域。在上行链接中，覆盖区域内的移动台手机的信号以同样的工作方式由上行放大链路处理后发射到相应基站，从而达到基地站与手机的双向信号传递。由于 FDD 系统的上下行频段间隔较大，所以直放站较容易通过双工器和滤波器将上下行信号分割开。

在 TDD 系统中（如 TD-SCDMA 等），由于 TD-SCDMA 是上下同载波，所以直放站也需要和系统同步。直放站工作时，根据 TD-SCDMA 系统无线子帧结构，通过同步模块输出来控制直放站内部射频开关，以实现系统的上下行链路的通断状态。

直放站是解决网络延伸覆盖的一种方案，它与基站相比有结构简单、投资较少和安装方便等优点，可广泛用于难于覆盖的盲区和弱区，如商场、宾馆、机场、码头、车站、体育馆、娱乐厅、地铁、隧道、高速公路、海岛等各种场所，提高通信质量，解决掉话等问题。

7.2.1 直放站的分类

基于不同的依据，直放站有如下几种分类。

- 从传输信号分有 GSM 直放站和 CDMA 直放站。
- 从安装场所来分有室外型机和室内型机。
- 从传输带宽来分有宽带直放站和选频（选信道）直放站。
- 从传输方式来分有无线直放站和光纤传输直放站，以下是两种直放站的使用示意图，其中图 7-1 为无线直放站使用示意图，图 7-2 为光纤直放站使用示意图。

表 7-1 给出了各类直放站的特点。

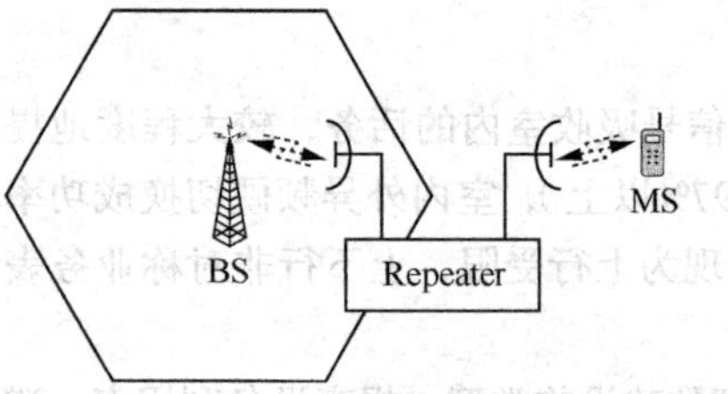

图 7-1　无线直放站使用示意图

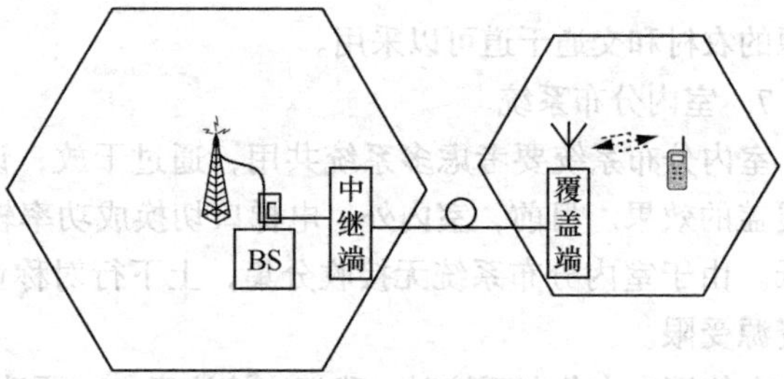

图 7-2　光纤直放站使用示意图

表 7-1　各类直放站特点

种类	作用	特点	应用范围
室外型无线宽带直放站	通过该设备对所在地基站与移动用户之间的射频信号进行接收和转发，并对工作频段内指定的基站信号进行带通放大，对其他无关的信号则滤除抑制，增强上下行信号场强，扩大基站覆盖范围	A．采用空间信号直接放大方式，为透明信道 B．工程选点需考虑收发天线的隔离 C．设备安装简单 D．投资少、见效快，无需使用传输电路 E．工作带宽较宽，一般在 2M～19MHz 之间 F．不受施主小区的载波数、跳频方式和基站扩容的限制 G．互调干扰和噪声电平较大 H．主机增益大、但每载波输出功率小、覆盖范围也较小	适用于施主小区的载波数较多且施主基站采用了高频跳频技术的边远村镇和公路
室外型无线选频直放站	通过该设备对施主基站与移动用户之间的射频信号进行接收和转发，并对施主基站信号进行载波选频放大，对其他无关的信号则滤除抑制，增强上下行信号场强，扩大基站覆盖范围	A～D 点同上 E．只对选定的载波进行放大，一般可放大 1～4 个载波信号，最多 8 个。载波数越多，价格越贵 F．受施主小区的载波数、跳频方式和基站扩容限制 G．互调干扰和噪声电平较小 H．主机增益大，每载波输出增益较大，覆盖范围也较大	适用于施主小区的载波数较少且施主基站没有采用高频跳频技术的边远村镇公路
室外型光纤直放站	该设备对基站与移动用户之间的射频信号通过光纤传输进行接收和转发，并对工作频段内指定的基站信号进行放大，对其他无关的信号则滤除抑制，增强上下行信号场强，扩大基站覆盖范围。 光纤直放站也分为宽带和载波选频两种	A．采用基站直接耦合方式，经光纤中继设备将信号传输到远端覆盖区。光纤中继距离在 20 公里以内 B．输出信号频率与输入信号频率相同，透明信道 C．不存在直放站收发隔离问题，选点方便 D．价格较高，需要租用或自行铺设光纤 E．主机增益较小 G．互调干扰较小，噪声电平较大 H．一个光中继设备可同时与多个覆盖端机连接，覆盖范围较大	适用于无法安装无线直放站的边远村镇和公路，还可用于将空闲小区的信号引入高话务区，进行话务分流
室内型无线宽带直放站	通过该设备把室外基站信号引入室内，并对工作频段内指定的基站信号进行带通放大，对其他无关的信号则滤除抑制，增强上下行信号场强，改善室内覆盖效果	A．采用空间信号直接放大方式，为透明信道 B．输出端一般连接室内覆盖系统，工程选点无需考虑收发天线的隔离 C．设备安装简单 D．投资少、见效快，无需使用传输电路 E．工作带宽较宽，一般在 2M～19MHZ 之间 F．不受施主小区的载波数、跳频方式和基站扩容限制 G．互调干扰和噪声电平较大 H．增益较小，输入功率不能过大，输出功率也较小	适用于话务量不高，面积不大的小型室内覆盖系统

续表

种类	作用	特点	应用范围
室内型无线选频直放站	通过该设备对施主基站与移动用户之间的射频信号进行接收和转发，并对施主基站信号进行载波选频放大，对其他无关的信号则滤除抑制，增强上下行信号场强，扩大基站覆盖范围	A～D 点同上 E. 只对选定的载波进行放大，一般可放大 1～4 个载波信号，价格较高 F. 受施主小区的载波数、跳频方式和扩容限制 G. 互调干扰和噪声电平较小 H. 增益较小，输入功率不能过大，输出功率也较小	可于施主小区载波数较少且不采用跳频技术，话务量不高，面积不大的小型室内覆盖系统

7.2.2 工作原理

下面对两种典型的直放站系统进行介绍：GSM 直放站系统图如图 7-3 所示，TD-SCDMA 直放站系统图如图 7-4 所示。

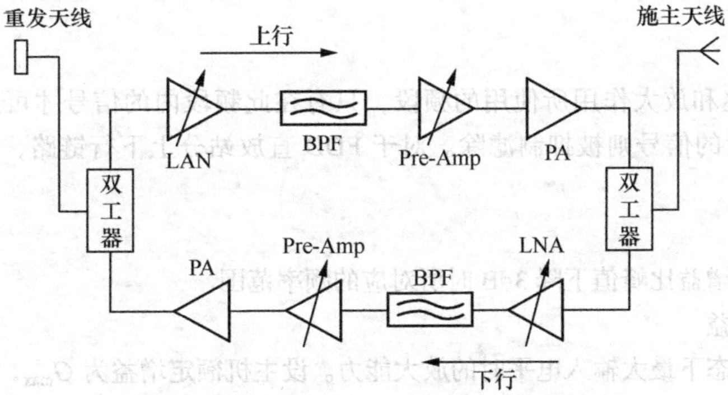

图 7-3　GSM 宽带直放站系统方框图

LNA（Low Noise Amplifier）：低噪声放大器　　BPF（Band Pass Filter）：带通滤波器

Pre-Amp（Pre-Amplifer）：前置放大器　　PA（Power Amplifier）：功率放大器

PLL（Phase Locked Loop）：锁相环

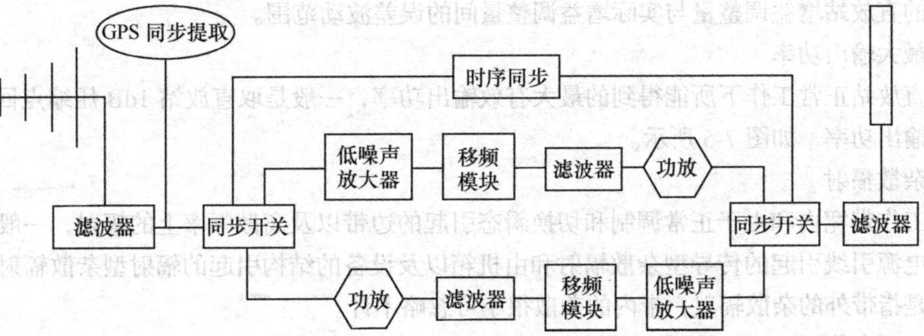

图 7-4　TD-SCDMA 直放站系统方框图

对于下行链路，由基站发出的下行信号经前向天线接收，进入直放站的双工器分离出下行信号，然后信号进入低噪声放大器，放大后进入中频滤波器，再经过功率放大器，信号功率已达到发射要求，经过双工器、重发天线发射到覆盖区。

上行链路通过类似处理，通过施主天线发射到基站。

由基站发出的下行信号经前向天线接收，进入直放站近端的带通滤波器，到达同步开关，分出上下行，下行信号进入低噪声放大器，放大后进入中频滤波器，后经过中频移频模块后，将频点改为新的频点后再经过功率放大器，信号功率已达到发射要求，经过同步开关、带通滤波器、重发天线发射到直放站远端。直放站远端接收到近端信号后，对信号进行放大处理后，将信号频点移动到基站发射的频点，最后通过功率放大器和重发天线发射到覆盖区。

由用户手机发出的上行信号经重发天线接收，进入直放站近端的带通滤波器，到达同步开关，分出上下行，上行信号进入低噪声放大器，放大后进入中频滤波器，后经过中频移频模块后，将频点改为原频点后再经过功率放大器，信号功率已达到发射要求，经过同步开关、带通滤波器、施主天线发射到直放站近端。直放站近端接收到远端信号后，对信号进行放大处理后，将信号频点移动到基站接收的上行频点，最后通过功率放大器和施主天线发射到基站。

可以看出 TD-SCDMA 系统中的直放站和 FDD 系统中的直放站，比较麻烦的问题就在于同步问题。

7.2.3 主要性能指标

（1）工作频段

直放站发挥中继和放大作用所使用的频段，只有在此频段内的信号才可通过直放站无失真地放大转发，其他频段的信号则被抑制滤除。对于 FDD 直放站分上下行链路，所以分别有上下行的工作频段。

（2）工作带宽

即直放站的系统增益比峰值下降 3dB 时所对应的频率范围。

（3）主机额定增益

直放站在线性状态下最大输入电平时的放大能力。设主机额定增益为 G_{max}，输入功率为 P_{in}，输出功率为 P_{out}，则 $P_{out} = P_{in} + G_{max}$ 称为满增益输出。另外，直放站的上行增益和下行增益是分开调节的。

（4）上下行增益可调范围

直放站上行增益和下行增益在最大增益的基础上可以连续调整的范围。

（5）增益调整线性

标称的直放站增益调整量与实际增益调整量间的误差波动范围。

（6）最大输出功率

保证直放站正常工作下所能得到的最大有效输出功率，一般是取直放站 1dB 压缩点回退 6～11dB 所对应的输出功率，如图 7-5 所示。

（7）杂散辐射

在除工作带宽内和由于正常调制和切换瞬态引起的边带以及离散频率上的辐射，一般分为由天线连接处、电源引线引起的传导型杂散辐射和由机箱以及设备的结构引起的辐射型杂散辐射两种。杂散辐射主要是指带外的杂散辐射，带内的杂散很小可忽略不计。

（8）互调产物

与载波信号频率有某一特定频率关系的两个或多个带内信号，由于直放站内部器件的非线性而相互调制产生的互（交）调干扰信号，是衡量直放站抑制各种干扰的能力的指标。对于直放站，我们主要考虑的是可能落在工作带宽内的三阶互（交）调产物 IM3。

（9）互（交）调抑制比

如图 7-6 所示，载波信号的功率电平 P_o 与最高互调干扰信号的功率电平（如 IM3：3 阶互调失真）

之比为互（交）调抑制比（IMD），也是衡量直放站抑制各种干扰的能力的指标之一。从图 7-6 可见 IMD 与 IM3 的关系为：IMD=P_o−IM3。

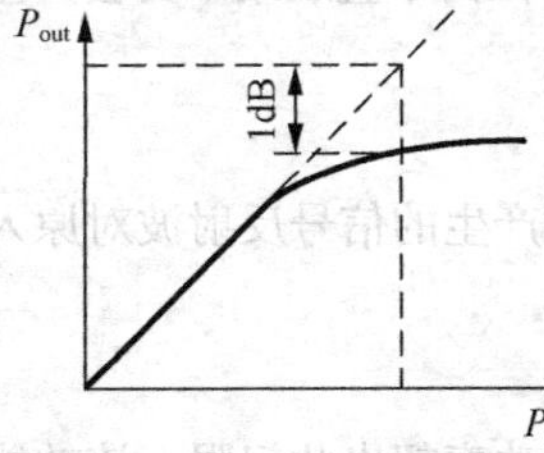

图 7-5　1dB 压缩点示意图

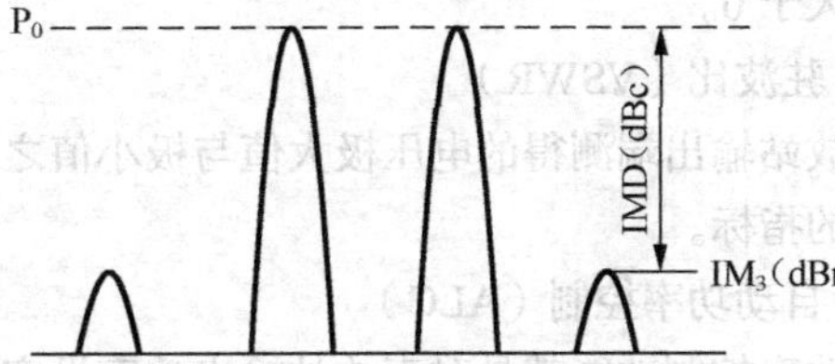

图 7-6　互（交）调抑制比的计算

（10）三阶交调截获点

三阶交调截获点并非实际存在的值，主要用于计算三阶互调产物和互调抑制比，也是衡量直放站抑制各种干扰的能力的指标。这个指标只适用于线性放大器，如图 7-7 所示。

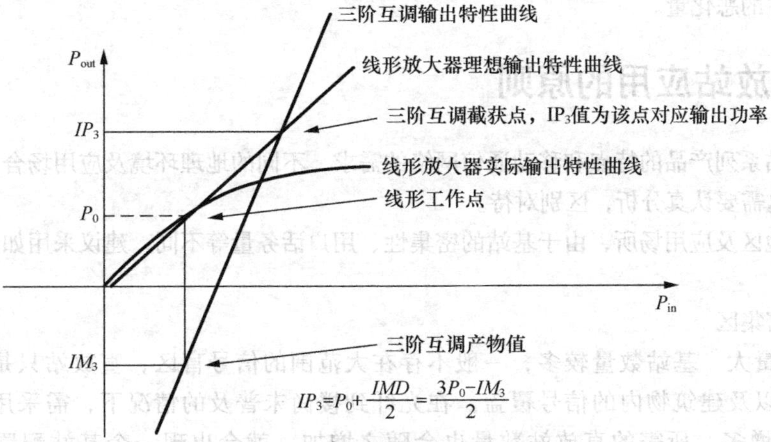

图 7-7　三阶交调截获点的计算

（11）带外增益抑制度

直放站对在工作带宽外所获得的信号增益的抑制程度。在工作带宽外±Δ*f* 处的带外增益抑制度=*G*′−*G*，如图 7-8 所示。

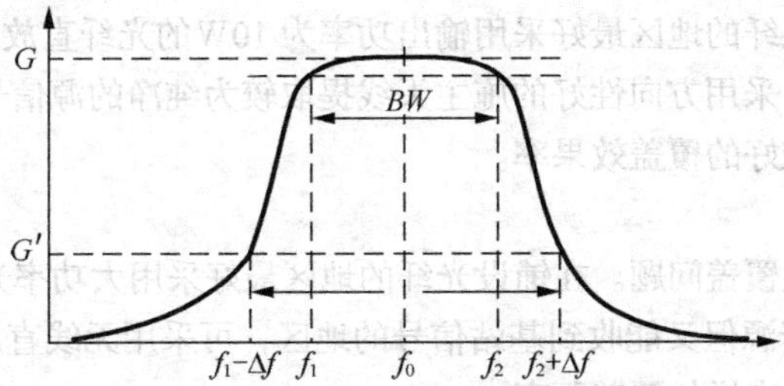

图 7-8　带外增益抑制度的示意图

（12）噪声系数

直放站输入端的信噪比 $(S/N)_i$ 与输出端信噪比 $(S/N)_o$ 的比值，即 $N_F=\frac{(S/N)_i}{(S/N)_o}=\frac{S_i/N_i}{S_o/N_o}$，用 dB

表示的 N_F 为：$N_F(\mathrm{dB}) = 10\lg N_F = 10\lg\frac{(S/N)_i}{(S/N)_o}$。噪声系数是衡量信号通过直放站，叠加了直放站本身产生的噪声后信号信噪比变坏程度的指标。理想情况下 $N_F(\mathrm{dB})$ 为 0，但由于直放站本身会产生噪声，所以一般大于 0。

（13）驻波比（VSWR）

在直放站输出端测得的电压极大值与极小值之比，是衡量直放站产生的信号反射波对原入射信号影响程度的指标。

（14）自动功率控制（ALC）

自动功率控制功能就是对直放站输出功率设定一个门限，若输出功率超出此门限，该功能就会启动，利用负反馈电路把输出功率降到门限以下，保证直放站工作在线性工作区内。一旦 ALC 功能启动，输出信号会出现削波失真，严重畸变，所以一般设置 ALC 门限值为最大输出功率。

（15）波形质量

CDMA 基站有对波形质量（Rho）的要求，直放站传输 CDMA 信号后，对这项指标可能会恶化，应规定一个允许的恶化量。

7.2.4 直放站应用的原则

根据直放站系列产品的特点和移动通信网络的需求，不同的地理环境及应用场合，系统的解决方案是不同的，这需要认真分析，区别对待。

针对各类地区及应用场所，由于基站的密集性、用户话务量等不同，建议采用如下直放站的应用原则。

（1）城市密集区

由于用户量大，基站数量较多，一般不存在大范围的信号盲区，直放站只是用于解决小范围区域的补盲以及建筑物内的信号覆盖。在光纤到楼尚未普及的情况下，需采用无线直放站。随着建筑物的增多，所需的直放站数量也会随之增加，就会出现一个基站配置多台直放站的情况。

但直放站的引入必然对基站产生干扰，干扰会随着直放站数量的增多而加大，特别是大功率直放站的引入，会使系统干扰明显加剧。因此，在城市密集区应当采用小功率（1W以下）直放站。

（2）城市边缘

城市边缘由于基站数量较少，可以采用大功率的无线或光纤直放站。城市边缘地区，主要是解决信号覆盖问题。在已铺设光纤的地区最好采用输出功率为 10W的光纤直放站。无光纤资源时，可利用无线直放站进行延伸覆盖。采用方向性好的施主天线提取较为纯净的源信号，输出功率为 5W/10W，等同于基站的输出，达到较好的覆盖效果率。

（3）郊区、乡村

郊区、乡村主要是解决覆盖问题。在铺设光纤的地区最好采用大功率光纤直放站（10W/20W）扩大覆盖范围。对于无光纤资源但又能收到基站信号的地区，可采用无线直放站解决覆盖问题。特殊情况下，还可采用移频直放站来增加覆盖距离。

7.2.5 典型应用案例

在进行无线蜂窝系统设计时，由于基站的发射功率远大于手机，计算基站的覆盖距离时，往往是计算反向电路的传播衰耗。但在直放站的实际安装调测中，为方便起见，我们仍以手机接收到的基站的信号强度加以估算。

在下面的几个例子中，所涉及的电平值均为手机接收信号功率值。

（1）公路的覆盖

某郊区一基站东侧，有一主要交通干道，我们在基站东侧 14km 处安装一直放站，服务天线高度约 55m。直放站服务天线的输出口接一个 3:1 的功率分配器，分别接两个 16dBi 的板状天线，信号小的天线向西辐射（指向基站），信号大的天线向东辐射。未装直放站时，直放站所在地信号在−100dBm 左右，通信时通时断，效果非常不好。直放站开通后，直放站西侧一段约 3～5km 公路信号明显改善；直放站东侧使通信距离又延伸 8～10km。

（2）郊区重点村镇居民区的覆盖

某一村镇离基站 5～6km，由于该镇经济条件较好，手机用户较多。无直放站时，地面信号在−90～−95dBm 左右，室外通信正常但无法保证室内通信。安装直放站后，服务天线在 30m 高左右，采用全向天线，地面接收的基站信号电平提高约 20dB，可以解决半径在 500～800m 内的室内覆盖（指一般居民楼）。

（3）“L”型覆盖

某一风景区位于山谷中，距离基站不到 4km，但由于被山脉阻挡，手机根本无法工作。我们在山脉的尽头安装一直放站，由于直放站接收信号的方向和发射信号的方向成一定的角度，相当于基站的电波在直放站处转了一个弯。依靠山体的阻挡，直放站的施主天线和服务天线分别放在山体的两侧，隔离度很大，直放站的性能可以充分发挥，不但很好地解决了该风景区用户的通信问题，还使该基站的通信距离向山谷里延伸了 6km。

（4）临时性会议地点的应急覆盖

某北京郊区某宾馆组织生要会议，由于信号较弱，在会议室和宾馆底层房间均不能通信。由于时间紧迫，在该宾馆安装闭路分布系统已不可能。经现场考察，在宾馆顶层信号较强，且信号单一，安装直放站不会引起导频混乱。服务天线放楼群中间，利用楼体的隔离可以有效地控制直放站的覆盖，因宾馆面积不大，直放站的增益设置较小，使直放站工作很稳定。直放站半天即安装完毕，马上收到效果，不但会议室内信号明显增加，而且地下室也可以正常通信。

（5）开阔地域的覆盖

人口分布较少的开阔地域是使用直放站进行覆盖的典型场合。当直放站采用全向天线时，只要有一定的铁塔高度，在直放站工作正常的情况下，3km 内可以明显地感觉到直放站的增益作用。但距离超过 5km 以后，直放站的增益作用就迅速消失。这是因为直放站的增益被空间距离引起的衰减所抵消。由此可见，要想利用直放站组成大面积的覆盖是不现实的。当然要想在局部方向获得较大的覆盖，如公路沿线则必须有更高的铁塔和高增益的定向天线，这样可以在单一方向延伸覆盖 10km 左右。

7.2.6　直放站的引入带来的可能问题

（1）引入直放站后，直放站本身会产生噪声、互调干扰等问题，这些干扰使基站的接收灵敏度下降、覆盖范围收缩，所以一个基站的一个扇区能带的直放站数量很有限。

（2）一个直放站往往将多个基站或多个扇区的信号加以放大，当引入过多的直放站后，导致基站信号之间污染严重，引起切换问题、掉话问题、通话质量问题等，加大了网络优化工作的困难。

（3）直放站的网管功能和设备检测功能远不如基站，当直放站出现问题后不易察觉，所以网络被直放站影响后较难排查。

（4）由于受隔离度的要求限制，直放站的某些安装条件要比基站苛刻的多，使直放站的性能往往不能得到充分发挥。

（5）如果直放站产生自激或附近干扰源被引入，将对原网造成严重影响。由于直放站的工作天线较高，会将干扰的破坏作用大面积扩大。

（6）使用直放站会产生定时时延和信号延时扩散，如果时延较大，将产生起呼、掉话等问题。

（7）原则上直放站的参数设置应随网络的调整而调整，但由于实际操作难度较大，不一定能及时调整到相应的直放站参数，这样就有可能带来问题。所以要建立严格的直放站台账，加强管理。

（8）虽然直放站设备在使用前参数经过了调整，但在使用过程中还是可能由多种原因引起上下行链路不平衡，从而引起网络问题。

7.3 室内覆盖系统

室内是移动用户的高度集中区，也是通信业务的高发区。室内环境要远远比室外环境复杂，不同建筑物规模、材料、结构等对移动通信电波传播有很强的屏蔽、吸收作用，在室内通信的质量与建筑物高度、用户所处位置密切相关，具体情况如下所述。

- 在大型建筑物的低层、地下商场、地下停车场等环境下，移动通信信号弱，手机无法正常使用，形成了移动通信的盲区和阴影区。
- 在中间楼层，由于来自周围不同基站信号的重叠，产生乒乓效应，手机频繁切换，甚至掉话，严重影响了手机的正常使用。
- 在建筑物的高层，由于受基站天线的高度限制，无法正常覆盖，也是移动通信的盲区。
- 另外，在有些建筑物内，虽然手机能够正常通话，但是用户密度大，基站信道拥塞，手机上线困难。

建筑物电磁环境模型简略图如图 7-9 所示。

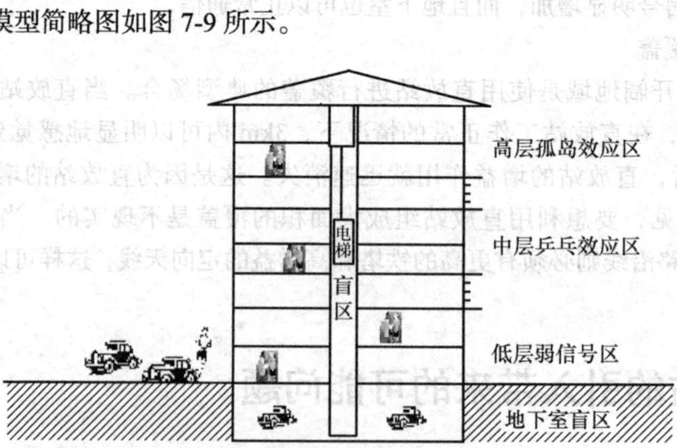

图 7-9　建筑物电磁环境模型

所以必须对室内系统的覆盖要引起足够的重视。

室内分布系统是针对室内用户群，用于改善建筑物内移动通信环境的一种成功的方案。其原理是利用室内覆盖式天馈系统将基站的信号均匀分布在室内每个角落，从而保证室内区域拥有理想的信号覆盖。室内分布系统示意图如图 7-10 所示。

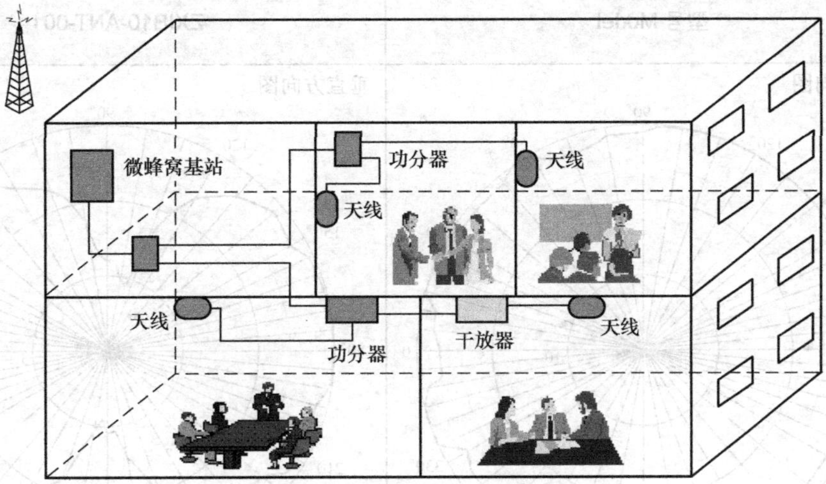

图 7-10　室内系统分布示意图

7.3.1　常用设备及器件

室内分布系统的作用是完成射频信号的透明传输，主要由有源设备和无源天馈系统组成。有源设备为直放站、干放、光纤近端（远端）机等；无源天馈系统由功分器、耦合器、电桥和分布式天线等无源器件组成。下面对室分系统常用的器件作一下介绍，如下所述。

1. 天线

天线是将传输线中的电磁能转化成自由空间的电磁波或将空间电磁波转化成传输线中的电磁能的设备，天线的主要指标有：增益、带宽、极化方式、波瓣角（垂直和水平）、前后比、驻波比。通信天线种类按工作频段分为超长波、长波、中波、短波、超短波、微波天线；按方向性分为全向、定向天线；按结构特性线天线、面天线。

室内分布系统主要应用的天线种类有：全向吸顶天线、定向壁挂天线、定向八木天线等。

（1）全向吸顶天线

全向吸顶天线在室内分布系统应用中主要安装在天花板上，增益一般为 3dB，主要用于常规区域的覆盖，如图 7-11 所示。参考指标如表 7-2 所示。

表 7-2　　吸顶天线参考指标

序号	型号 Model	ZXIB10-ANT-001
1	频率（MHz）	1710～2500
2	增益（dBi）	3.0
3	驻波比	≤1.4
4	水平波瓣宽度	360º
5	垂直波瓣宽度	40º～70º
6	极化方式	垂直极化
7	功率容量（W）	50

续表

序号	型号 Model	ZXIB10-ANT-001
8	水平方向图 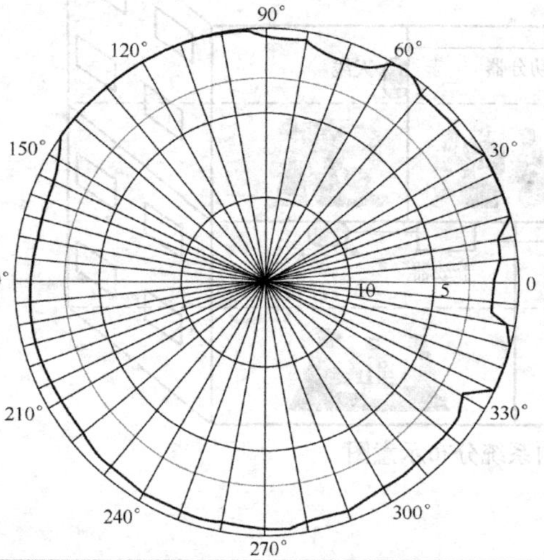	垂直方向图 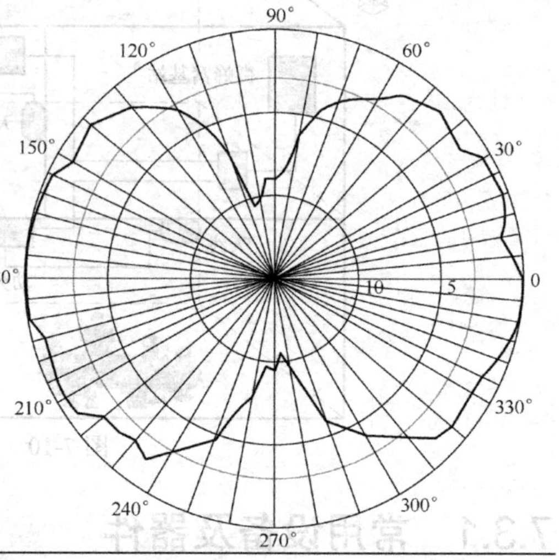
9	阻抗（Ω）	50
10	接头型号	N-50K
11	尺寸：直径×高（mm）	ϕ160×95
12	重量（kg）	0.35
13	辐射体材料	铜
14	温度（℃）	−40～+70

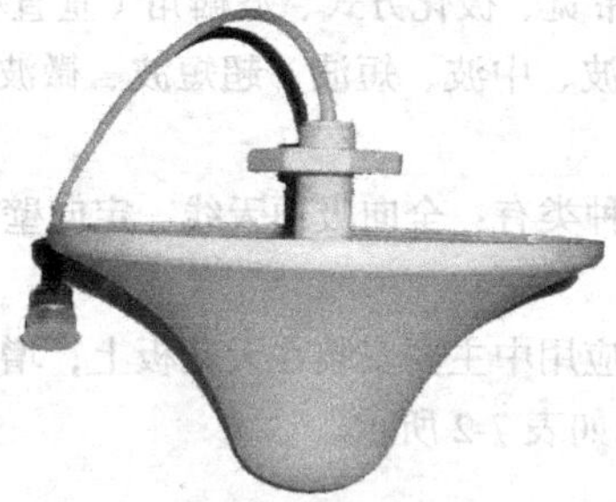

图 7-11　吸顶天线

（2）壁挂天线

壁挂天线在室内分布系统中，主要用于电梯以及长廊的覆盖，和全向天线的区别是波束集中，前后比高，增益高（一般为 7dB 左右），有时用于控制信号室外泄漏，如图 7-12 所示。参考指标如表 7-3 所示。

表 7-3　壁挂天线参考指标

序号	型号 Model	RMBJ-ZTE-0002
1	频率（MHz）	1710～2500
2	增益（dBi）	7.0
3	驻波比	≤1.4

续表

序号	型号 Model	RMBJ-ZTE-0002
4	水平面波束宽度	60°±20°
5	垂直面波束宽度	80°±40°
6	极化方式	垂直
7	功率容量（W）	50
8	水平方向图 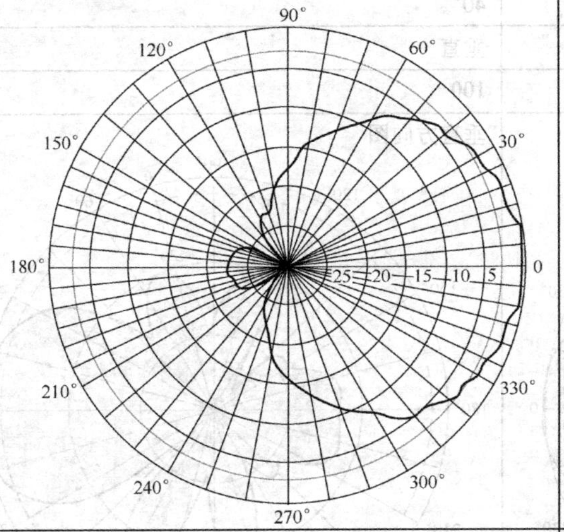	垂直方向图 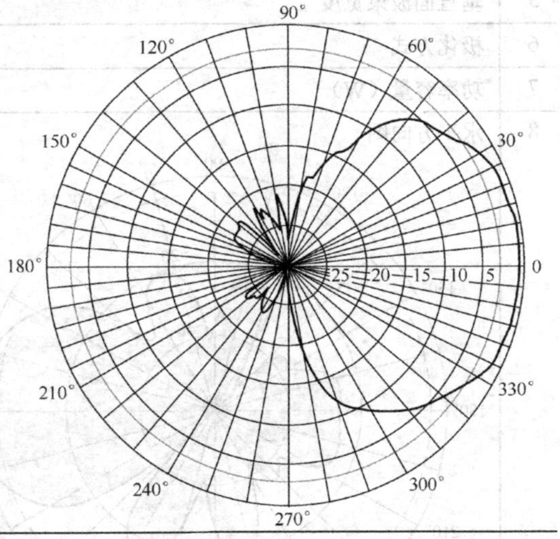
9	阻抗（Ω）	50
10	接头型号	N-50K
11	尺寸（mm）	170×158×60
12	重量（kg）	0.9
13	辐射体材料	铜
14	温度（℃）	−40～+70

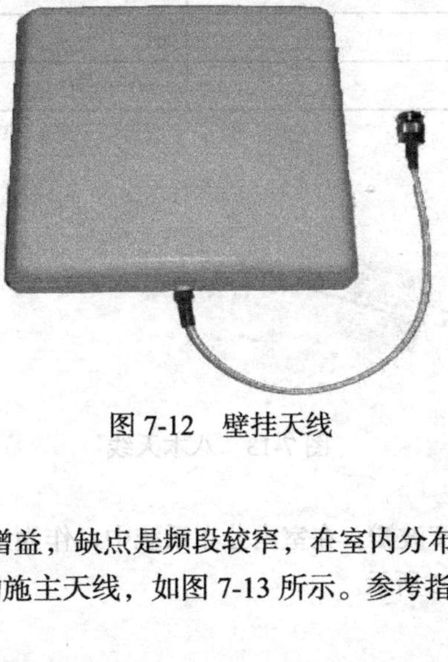

图 7-12　壁挂天线

（3）八木天线

八木天线的优点具有更高的增益，缺点是频段较窄，在室内分布系统中，主要用于单网系统电梯覆盖或作为 TD-SCDMA 直放站的施主天线，如图 7-13 所示。参考指标如表 7-4 所示。

表 7-4　　　　　　　　　　　八木天线参考指标

序号	型号 Model	RMBJ-ZTE-0003
1	频率（MHz）	2000～2030
2	增益（dBi）	12.0
3	驻波比	≤1.4
4	水平面波束宽度	50°
5	垂直面波束宽度	40°
6	极化方式	垂直
7	功率容量（W）	100
8	水平方向图 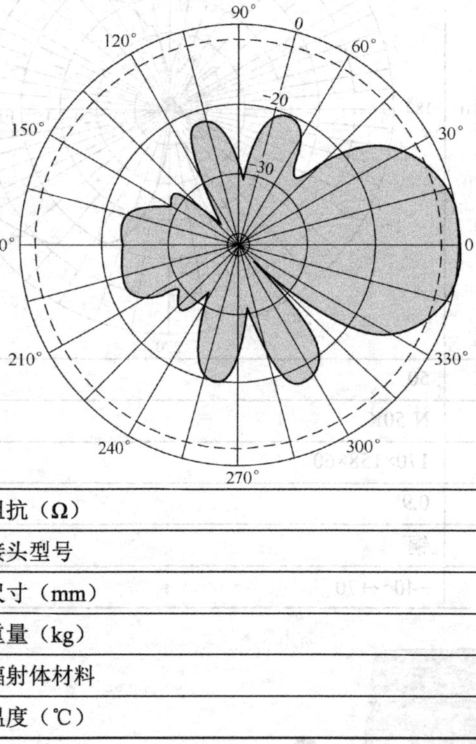 	垂直方向图 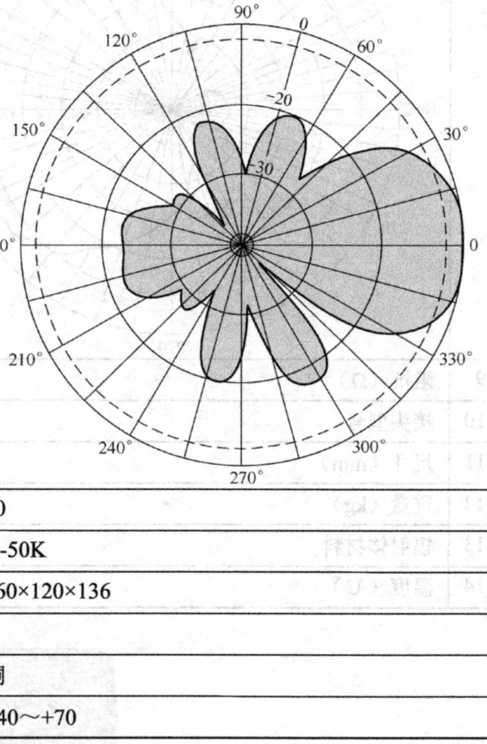
9	阻抗（Ω）	50
10	接头型号	N-50K
11	尺寸（mm）	560×120×136
12	重量（kg）	1
13	辐射体材料	铜
14	温度（℃）	−40～+70

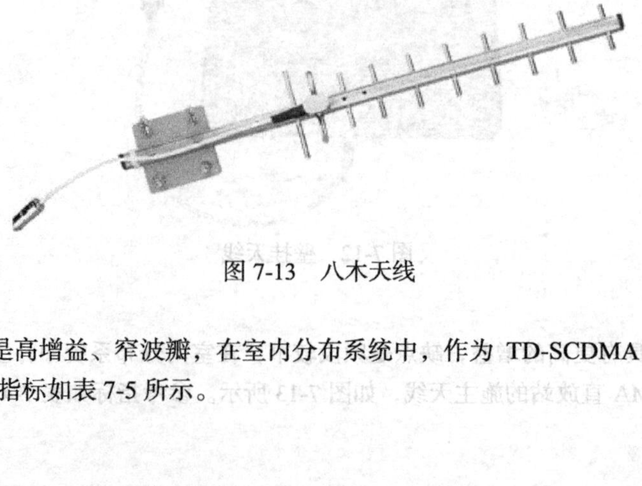

图 7-13　八木天线

（4）栅格天线

栅格天线的优点是高增益、窄波瓣，在室内分布系统中，作为 TD-SCDMA 直放站的施主天线，如图 7-14 所示。参考指标如表 7-5 所示。

表 7-5　　　　栅格天线参考指标

序号	型号 Model	RMBJ-ZTE-0004
1	频率（MHz）	2000～2030
2	增益（dBi）	17.0
3	驻波比	≤1.4
4	水平面波束宽度	21°
5	垂直面波束宽度	23°
6	极化方式	垂直
7	功率容量（W）	100
8	水平方向图 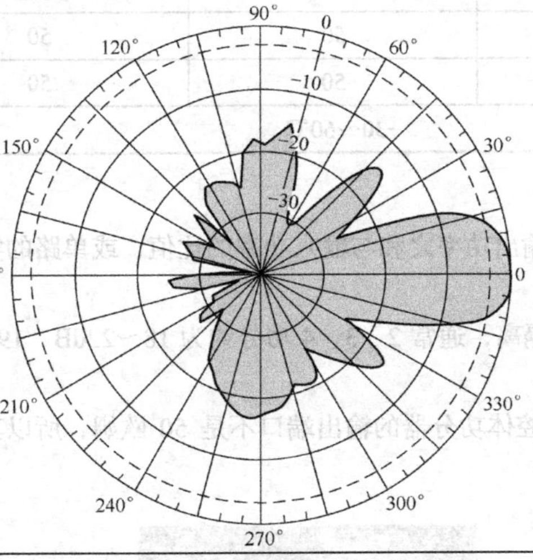 	垂直方向图 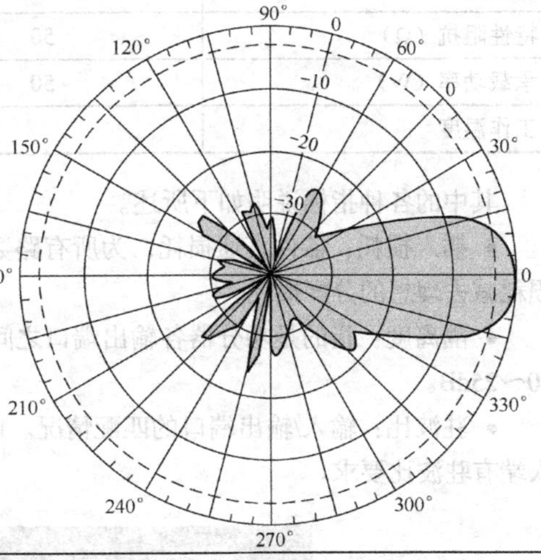
9	阻抗（Ω）	50
10	接头型号	N-50K
11	尺寸（mm）	1000
12	重量（kg）	13.6（含抱杆）
13	辐射体材料	铜
14	温度（℃）	−40～+70

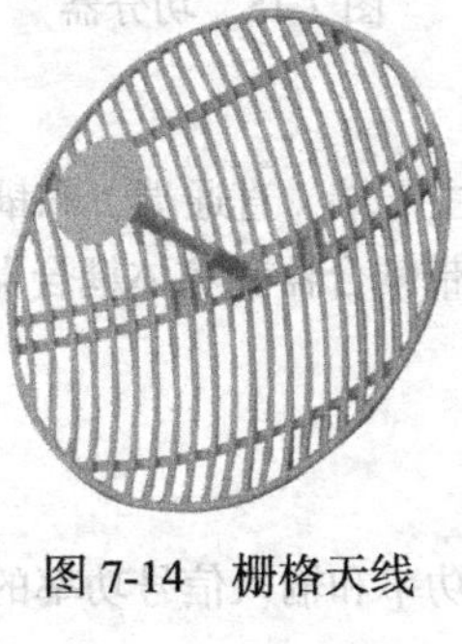

图 7-14　栅格天线

2. 功分器

功分器是一种将一路输入信号能量分为两路或多路输出相等能量的器件。功分器的基本分配路数为 2、3、4 路，通过级联可形成多路功率分配。

按照制作原理以及工艺区分，有微带功分器和腔体功分器，区别是微带功分器各个输出口之间有隔离度，腔体功分器没有隔离度，腔体功分器在承受功率和插损上比微带功分器有一定的优势，如图 7-15 所示。参考指标如表 7-6 所示。

表 7-6　　功分器参考指标

技术指标（微带）	二功分器	三功分器	四功分器
频段（MHz）	1700～2500		
接头	N 型		
插入损耗（dB）	≤3.5	≤5.5	≤6.5
隔离度（dB）	≥20	≥20	≥20
驻波比	≤1.3	≤1.3	≤1.3
特性阻抗（Ω）	50	50	50
承载功率（W）	50	50	50
工作温度	-30～60℃		

其中的各种指标说明如下所述。

• 插入损耗：器件直通损耗，为所有路数的输出功率之和与输入功率的比值，或单路的实际直通损耗减去理想的分配损耗。

• 隔离度：指的是功分器各输出端口之间的隔离，通常 2、3、4 功分约为 18～22dB、19～23dB、20～25dB。

• 驻波比：输入/输出端口的匹配情况。由于腔体功分器的输出端口不是 50 欧姆，所以其只在输入端有驻波比要求。

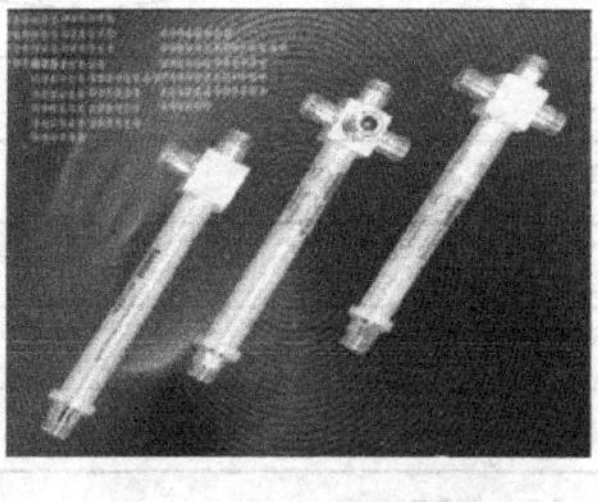

800MHz～2500MH宽频腔体功分器

800MHz～2500MH宽频微带功分器

图 7-15　功分器

3. 耦合器

耦合器是一种将信号不均匀的分为主干端（直通端）和耦合端的器件，如图 7-16 所示。

按照制作原理以及工艺区分，有微带耦合器和腔体耦合器，腔体耦合器在承受功率和插损上比微带耦合器有一定的优势。

主要参考指标如表 7-7 所示。

其中各参考指标说明如下所述。

耦合度：信号经过耦合器，输出的功率和输入信号功率的差值。按耦合度，耦合器可分为 5dB、6dB、7dB、10dB、15dB、20dB 等。

定向性：该值等于输出端口和耦合端之间的隔离度的值减去耦合度的值。

表 7-7　　　　耦合器参考指标

技术指标（微带）	5dB	7dB	10dB	15dB	20dB
频段（MHz）	1700～2500				
插入损耗（dB）	≤2.2	≤1.4	≤0.9	≤0.7	≤0.5
耦合度（dB）	5	7	10	15	20
定向性（dB）	≥20	≥20	≥20	≥20	≥20
驻波比	≤1.3	≤1.3	≤1.3	≤1.3	≤1.3
阻抗（Ω）	50	50	50	50	50
承载功率（W）	50	50	50	50	50
工作温度（℃）	−30～60				

图 7-16　耦合器

4. 合路器

合路器的主要作用是将几路信号合成起来，同时避免各个端口信号之间的相互影响，分为同频合路器和异频合路器。一般所说的合路器就是异频合路器，将两个不同频段的信号功率进行合并，有GSM&WCDMA、GSM&WLAN、GSM&DCS&WCDMA 等，如图 7-17 所示。

参考指标如表 7-8 所示。

表 7-8　　　　合路器参考指标

序号	项目	端口 1	端口 2
1	频率（MHz）	2010～2025	2400～2483
2	插入损耗（dB）	≤0.6	≤0.6
3	带内波动（dB）	≤0.3	≤0.3
4	电压驻波比	≤1.2	≤1.2
5	带外抑制	≥80dB@2400～2483	≥80dB@2010～2025
6	接头类型	N 型	N 型
7	三阶互调抑制	＞120dBc	＞120dBc
8	功率容量	100W	
9	阻抗（欧姆）	50	
10	工作温度	−30～55℃	
11	尺寸（不大于，mm）	240×200×40	

图 7-17　合路器

5. 电桥

电桥是就是同频合路器，主要用于同频段内不同载频间的合路，如图 7-18 所示，主要参考指标如表 7-9 所示。

表 7-9　电桥参考指标

项目	指标
频率范围（MHz）	2000～2030
插损（含分配损耗）(dB)	≤3.2
移相（度）	90±1.5
端口电压驻波比	≤1.15
分配臂间隔离度（dB）	≥25
最大允许输入功率（W）	100
工作环境温度范围（℃）	−25～+60
工作湿度	0～90%，相对
重量（g）（不包含接头）	≤114
外形尺寸（mm）（不包含接头）	<60×60×20
接口方式	N-K(50Ω)

图 7-18　电桥

6. 衰减器和负载

衰减器主要用途是调整电路中信号大小，改善阻抗匹配，可分为固定的和可变的。

负载是一种特殊的衰减器，衰减度为无限大，用于射频信号输出匹配，主要用于空余端口的射频匹配，如图 7-19 所示，主要参考指标如表 7-10 所示。

表 7-10　　　　　　　　衰减器参考指标

序号	项目	指标
1	频率范围	0～3GHz
2	阻值	50Ω
3	工作温度	−20℃～+60℃
4	驻 波	≤1.1
5	功率容量	≥5W
6	接头	N-K/50Ω
7	结构尺寸	如图 7-19 所示

图 7-19　射频负载

7. RF 同轴电缆（馈线）

RF 同轴电缆的作用是在它能承受的所有环境条件下，在发射设备和天线之间充分地传输信号功率，所有电磁波都在封闭的外导体内沿轴向传输而不能和电缆外部环境中的电磁波发生耦合。RF 同轴电缆由内导体、绝缘体、外导体和护套 4 部分组成，如图 7-20 所示，主要参考指标如表 7-11 所示。

表 7-11　　　　　　　　同轴电缆参考指标

产品类型		1/2" 馈线	1/2" 超柔馈线	7/8" 馈线
结构参数				
内导体外径（mm）		4.8±0.1	3.6±0.1	9±0.1
外导体外径（mm）		13.7±0.1	12.2±0.1	25±0.2
绝缘套外径（mm）		16±0.1	13.5±0.1	28±0.2
机械性能				
最小弯曲半径（mm）	一次弯曲半径	70	35	120
	多次弯曲半径	210	50	360
电气性能				
阻抗（Ω）			50±1	
百米损耗（dB/100m）	1900MHz	<11.0	<16.6	<6.16
	2000MHz	<12.0	<17.7	<6.6
	2400MHz	<13.5	<19.2	<7.4

图 7-20　射频馈缆

8. 干线放大器

干线放大器的作用是补偿信号在功率分配以及进行长距离的传输的损耗。由于干线放大器类同直放站一样，它的加入可能使得基站接收低噪明显提高，会引起上行覆盖半径减小。调测时应调整上行增益，并计算此噪声经有效路径损耗到达基站接收机的噪声功率是否控制容忍范围以内，控制住上行噪声，减少对基站的干扰。

在干线放大器的上下行增益以及输出功率配置上，TD-SCDMA 和 GSM 系统有一定的差异，需要根据施主基站的业务信号配置、基站类型确定，预留合适的功率，避免基站业务信道满功率时使功放饱和；同时必须保证上行增益比下行增益低，降低上行噪声对施主基站的影响。

同时，由于 TD-SCDMA 系统是 TDD 系统，由于腔体功分器端口间无隔离度，在干放的输入端禁止使用腔体功分器。

主要参考指标如表 7-12 所示。

表 7-12　　干线放大器参考指标

<table>
<tr><th colspan="2">项目</th><th>上行</th><th>下行</th></tr>
<tr><td colspan="2">频率范围</td><td colspan="2">2010～2025MHz</td></tr>
<tr><td colspan="2">频率误差</td><td colspan="2">±50Hz</td></tr>
<tr><td colspan="2">双工方式</td><td colspan="2">TDD</td></tr>
<tr><td colspan="2">最大增益</td><td>30dB</td><td>35dB</td></tr>
<tr><td colspan="2">增益调节范围
（下行、上行独立可调）</td><td>25dB</td><td>25dB</td></tr>
<tr><td colspan="2">增益步进</td><td>1dB</td><td>1dB</td></tr>
<tr><td colspan="2">噪声系数</td><td>＜5dB</td><td>—</td></tr>
<tr><td colspan="2">最大输出功率</td><td>0dBm</td><td>33dBm</td></tr>
<tr><td colspan="2">带内平坦度</td><td colspan="2">＜3dB</td></tr>
<tr><td rowspan="3">杂散发射</td><td rowspan="2">带外</td><td colspan="2">f＜1GHz：≤−36dBm/30kHz；</td></tr>
<tr><td colspan="2">f＞1GHz（2000MHz～2030MHz 除外）：≤−30dBm/30kHz</td></tr>
<tr><td>带内</td><td colspan="2">＜−15dBm/30kHz</td></tr>
<tr><td colspan="2">输入、输出驻波比</td><td colspan="2">＜1.5</td></tr>
<tr><td colspan="2">输入、输出阻抗</td><td colspan="2">50 欧姆/N 型连接器</td></tr>
<tr><td colspan="2">环境温度</td><td colspan="2">−25～55℃</td></tr>
<tr><td colspan="2">电源</td><td colspan="2">AC220V</td></tr>
<tr><td colspan="2">尺寸大小</td><td colspan="2">225mm×192mm×146mm</td></tr>
</table>

7.3.2　室内传播模型

研究表明，影响室内传播的因素主要是建筑物的布局、建筑材料和建筑类型等，具有两个显著的特点：其一，室内覆盖的面积小的多；其次，室内传播环境变化更大。

室内传播模型有很多种，如衰减因子模型，对数距离路径损耗模型等。经验表明，目前普遍选取下述室内传播模型：

$$P_{\text{loss}} = P_{\text{loss=1m}} + 20\lg d + FAF + 8(\text{dB})$$

其中各参量意义如下所示。

P_{loss}：路径损耗（dB）。

$P_{\text{loss=1m}}$：距天线 1m 处的路径衰减（dB），参考值为 38dB。

d：距离（m）。

FAF：环境损耗附加值（dB），对于不同的材料，环境损耗附加值不同，在组网时，需要考虑到建筑物结构、材料和类型，见表 7-13，同时结合经验模型进行修正。

8dB：室内环境下的快衰落余量。

表 7-13　　2.0GHz 频段电磁波传播损耗参考取值表（材料）

材料类型	损耗
普通砖混隔墙（<30cm）	10～15dB
混凝土墙体	20～30dB
混凝土楼板	25～30dB
天花板管道	1～8dB
电梯箱体轿顶	30dB
人体	3dB
木质家具	3～6dB
玻璃	0dB

1. 无线侧链路预算

终端的接收电平=天线口输出功率+天线增益−路径损耗；根据无线侧覆盖所要的边缘电平，反向预算到达天线口的输出功率电平。

2. 单天线覆盖能力

在室内分布系统系统的设计中，设计人员需要结合覆盖场景，需要模拟测试单天线在该场景下的覆盖距离，以便进行室内天线的布放设计。

根据室内传播模型可知，只要确定了各种典型场景下的 FAF、发射天线增益 Gt、发射天线入口电平 Pt、最小接收电平 Pr 等，即可得出该种场景下的覆盖能力。

表 7-14 给出空中链路预算的损耗表。

表 7-14　　空中链路预算损耗表

频率（MHz）	距离（m）	LOSS（dB）	输入功率（dBm）	天线增益（dBi）	FAF（dB）	多径衰落余量（dB）	接收电平（dBm）
2020	1	38.5	5	3	15	8	−53.5
2020	2	44.6	5	3	15	8	−59.6

续表

频率（MHz）	距离（m）	LOSS（dB）	输入功率（dBm）	天线增益（dBi）	FAF（dB）	多径衰落余量（dB）	接收电平（dBm）
2020	3	48.1	5	3	15	8	−63.1
2020	4	50.6	5	3	15	8	−65.6
2020	5	52.5	5	3	15	8	−67.5
2020	6	54.1	5	3	15	8	−69.1
2020	7	55.4	5	3	15	8	−70.4
2020	8	56.6	5	3	15	8	−71.6
2020	9	57.6	5	3	15	8	−72.6
2020	10	58.5	5	3	15	8	−73.5
2020	11	59.4	5	3	15	8	−74.4
2020	12	60.1	5	3	15	8	−75.1
2020	13	60.8	5	3	15	8	−75.8
2020	14	61.5	5	3	15	8	−76.5
2020	15	62.1	5	3	15	8	−77.1
2020	16	62.6	5	3	15	8	−77.6
2020	17	63.2	5	3	15	8	−78.2
2020	18	63.7	5	3	15	8	−78.7
2020	19	64.1	5	3	15	8	−79.1
2020	20	64.6	5	3	15	8	−79.6

从上表可以看出，在天线口输入电平为 5dBm、FAF 为 15dB（穿透一面墙的环境）时，覆盖距离为 20m 左右。在实际做方案设计时，需要考虑实际场景，进行链路计算。

7.3.3 系统设计

室内覆盖系统主要由信号源和信号分布系统两部分组成，如图 7-21 所示。

图 7-22 给出室内覆盖设计的流程框图，对于不同的实际情况会略有不同。

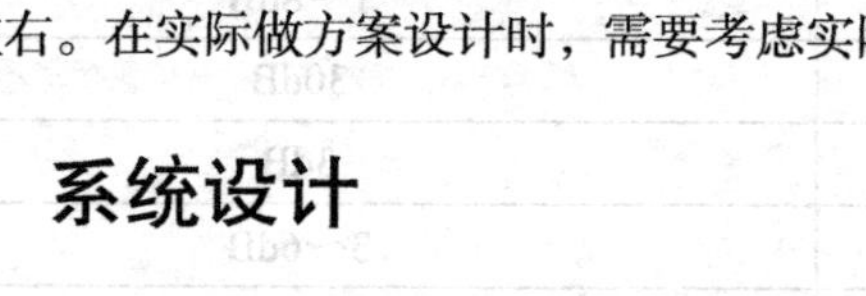

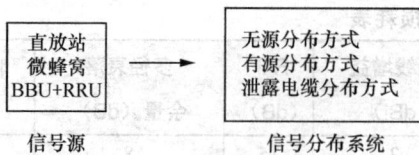

图 7-21 室内覆盖系统组成

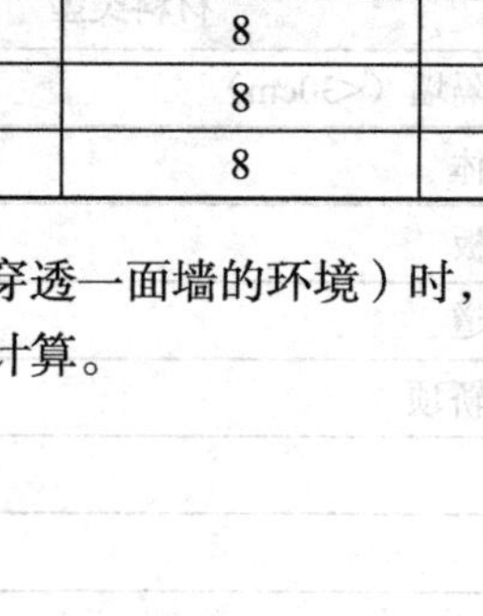

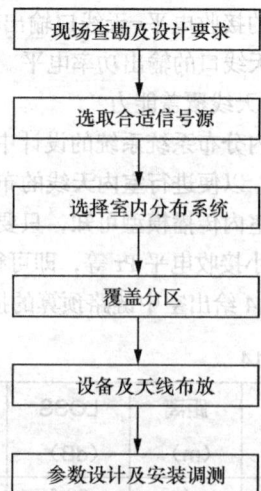

图 7-22 室内覆盖设计流程图

7.3.3.1　现场查勘及设计要求

在进行设计之前，我们必须对要求室内覆盖的地方进行调查和了解，确定需要解决的主要矛盾：是话务拥塞、覆盖盲区还是信号不稳定，覆盖的地方是商务中心、商场、写字楼、政府机关，有多大的话务量，是否需要考虑 GSM1800 和 CDMA 系统，要求覆盖的范围有多大，周围环境如何，施工布线走向及路由。只有经过充分的调查后，才能确定信号源及采用何种天线系统。而室内覆盖系统是一旦施工，就很难改变设计方案。

7.3.3.2　信号源的选取

信源的选取需根据话务量的不同，结合各种制约条件，可以选择宏基站、分体式基站 BBU+RRU、微蜂窝、直放站等。

1. 直放站+干放

在地下室和电梯等封闭区域，话务量不高，主要为解决盲区，通过直放站将室外信号引入室内的覆盖盲区。

直放站作为信号源，其连接方式如图 7-23 所示。根据信号传输方式的不同可分为以下几种方式。

- 通过无线同频直放站从附近基站提取信号。
- 通过光纤直放站从附近基站提取信号。
- 通过无线移频直放站从附近基站提取信号。

2. 微基站+干放

微基站+干放方式适用于业务量密集、覆盖面积较小的中小建筑物。但是同样存在一些问题。

（1）微基站+干放的方式可以共享基带资源，但是话务调度能力较弱，所以需要较多的基带资源。

（2）微基站没有使用智能天线，所以输出是单通道，单通道合并信号的同时合并噪声。使用干放后，即使没有负载，上行链路也会产生噪声，形成对同小区其他干放覆盖用户的干扰，所以抗干扰能力不足，如图 7-24 所示。

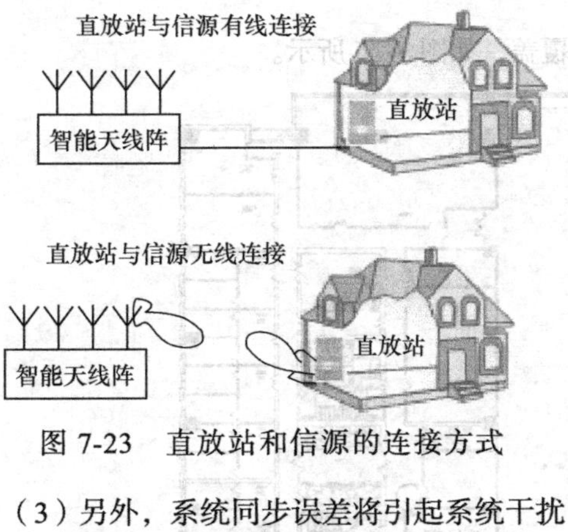

图 7-23　直放站和信源的连接方式

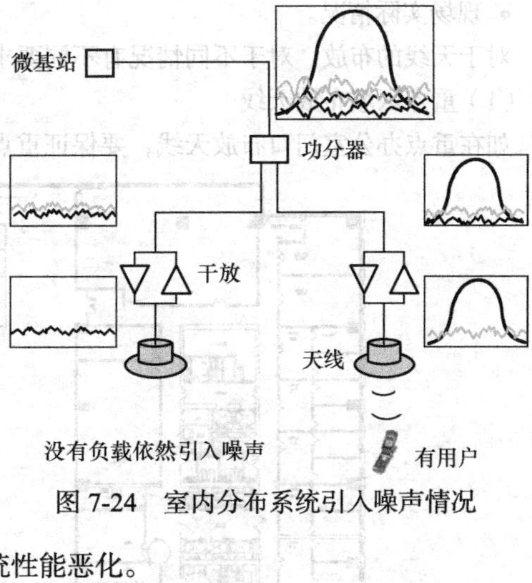

图 7-24　室内分布系统引入噪声情况

（3）另外，系统同步误差将引起系统干扰，使系统性能恶化。

3. BBU+RRU 方案

图 7-25 为 BBU+RRU 室内分布示意图。BBU+RRU 方案适用范围很广，将分布式基站直接建设到室内做信源，适用于在覆盖范围很大且话务量很高的建筑物内解决覆盖和容量的问题。

具有显著的优点：基带集中放置，支持话务调度；容量由 BBU 决定，可以按需要扩容，支持备份，多通道之间基带容量共享；RRU 多通道空间分隔，起到干扰隔离作用，相对而言提升了系统容量，也降低了终端的发射功率；光纤到楼层，RRU 可就近安置，减少馈损；当容量需求不高时，也可用单个通道覆盖多个楼层；光纤支持远距离传输，RRU 可就近放置，支持多级级连，适合深度覆盖；布线简单，运维成本低。

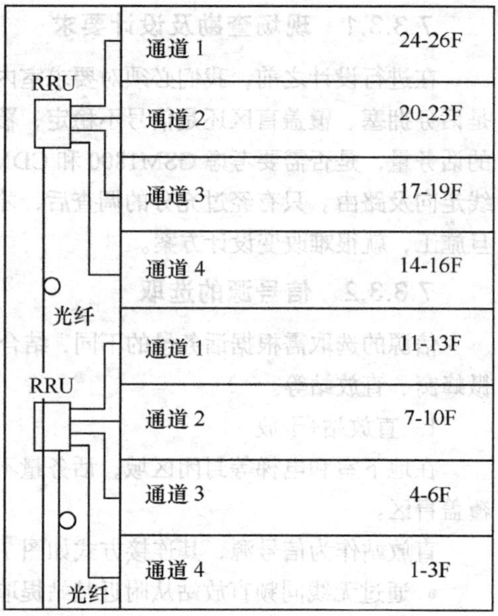

图 7-25 BBU+RRU 室内分布示意图

7.3.3.3 信号分布系统的选取

室内分布系统选择的原则如下所示。

- 造价，尽可能采用成本低的方式，同时必须保证系统质量。
- 施工的难度，尽度考虑施工比较容易实现，特别是馈线的施工。
- 天线的位置、数量和输出功率，在保证覆盖的同时用比较少的天线，比较低的输出功率。
- 考虑受制条件，综合采用各种分布系统。

7.3.3.4 覆盖分区

对于容量分区，根据覆盖区容量预测及基站小区提供容量情况进行划分。

对于覆盖分区，根据覆盖区面积及单个小区覆盖面积进行划分。

7.3.3.5 设备及天线布放

对于设备的布放，需考虑三个方面的情况。

- 物业协调结果。
- 运营商要求。
- 现场实际情况。

对于天线的布放，对于不同情况有不同要求。

（1）重点区域布放天线

如在重点办公室门口布放天线，要保证重点区域的覆盖，如图 7-26 所示。

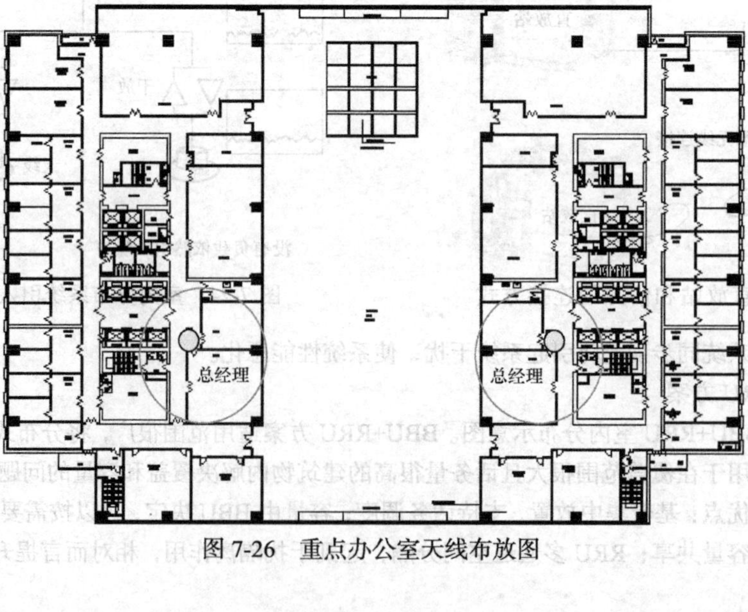

图 7-26 重点办公室天线布放图

（2）房间内布放天线

为了减少穿透墙体带来的损耗，对于大型会议室、办公区域等，在物业允许的情况下，将天线布放在房间内，如图 7-27 所示。

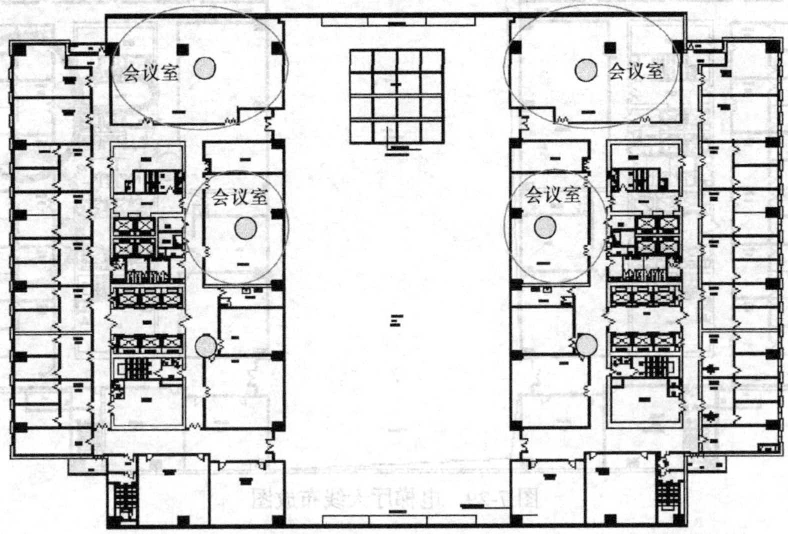

图 7-27　会议室天线布放图

（3）切换区域布放天线

例如在停车场出入口布放天线，布放位置一般选择在拐角处；电梯厅附近布放天线，在覆盖房间的同时，兼顾电梯厅的覆盖；在大堂的出入口，一般需布放天线，保证进出大堂与室外小区正常切换，控制切换区域，同时防止信号泄露到室外造成干扰，如图 7-28、图 7-29 所示。

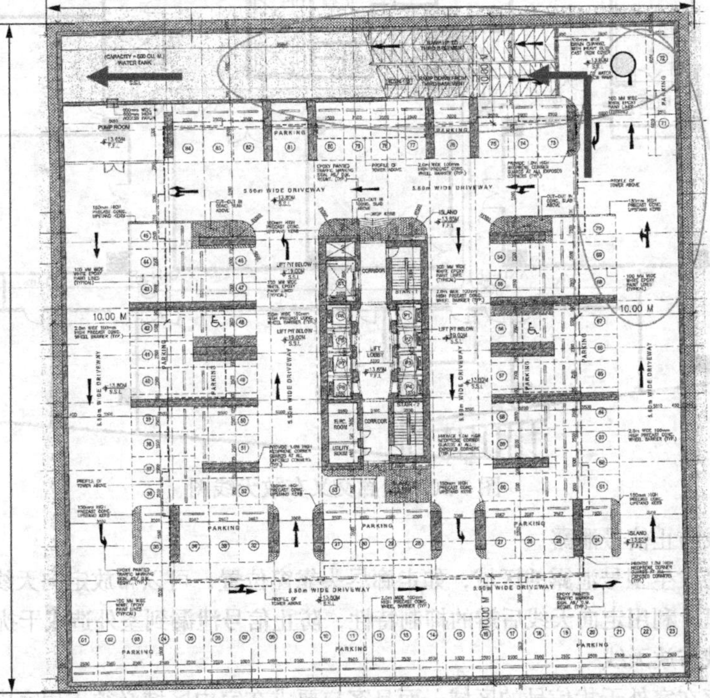

图 7-28　停车场天线布放图

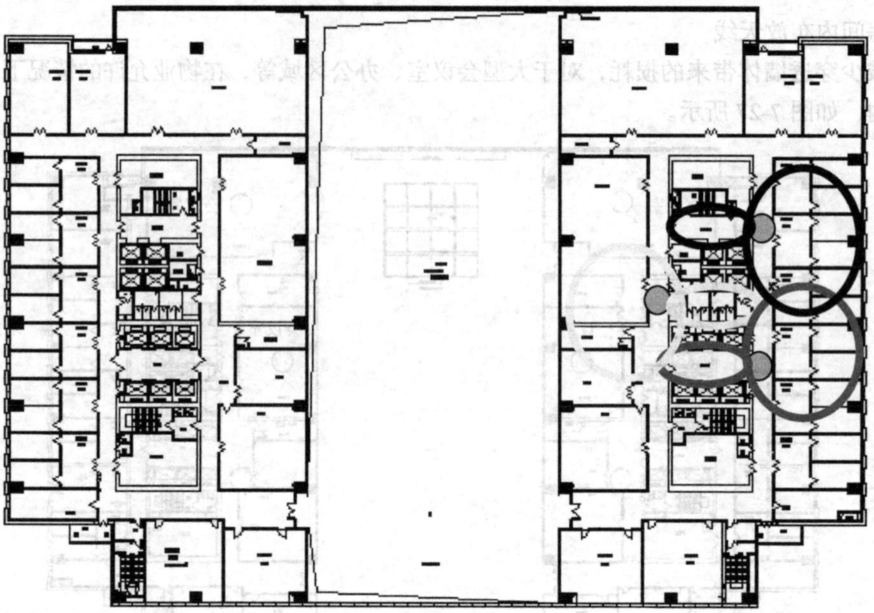

图 7-29　电梯厅天线布放图

（4）走廊交叉布放天线

对于走廊交叉处，可使天线能照顾到多个方向的覆盖，在满足覆盖要求的情况下做到天线数量最少，如图 7-30 所示。

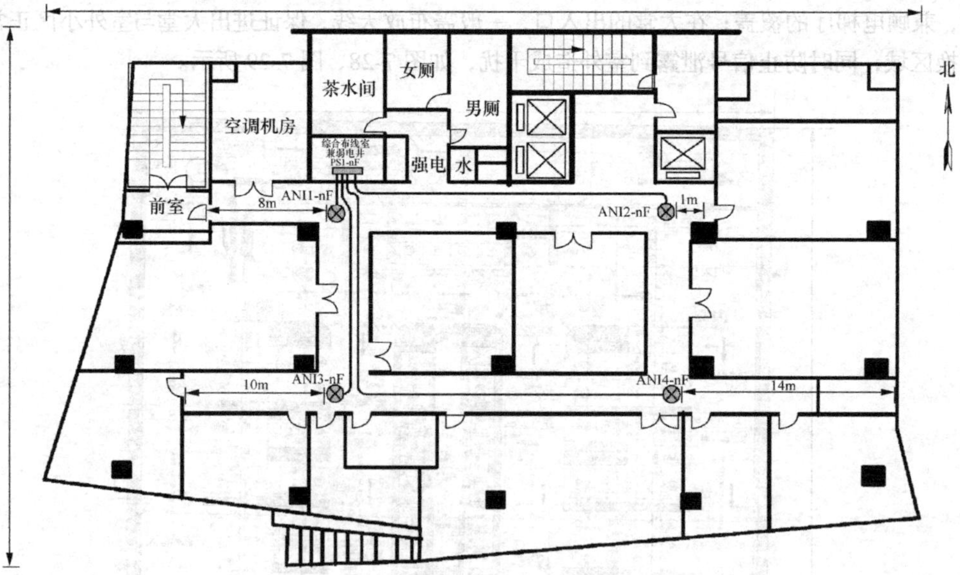

图 7-30　走廊交叉布放天线图

（5）定向天线防止信号泄露

对于一些容易发生型号泄露的区域，如走廊尽头靠窗位置，可以布放定向天线进行覆盖，定向天线的主瓣方向朝里，利用定向天线后瓣的抑制特性，防止信号泄漏到室外造成干扰，如图 7-31 所示。

（6）干扰区域布放天线

如果在室内存在室外干扰信号的区域，而且客户要求在室内区域必须占用室内信号，那么从室内覆盖优化的角度（相对室外基站优化调整），则需要根据干扰信号强度和区域来决定室内天线的布放位置。确保天线布放后，在室内干扰区域，室内信号的导频功率比室外干扰信号导频功率高 5dB 以上。

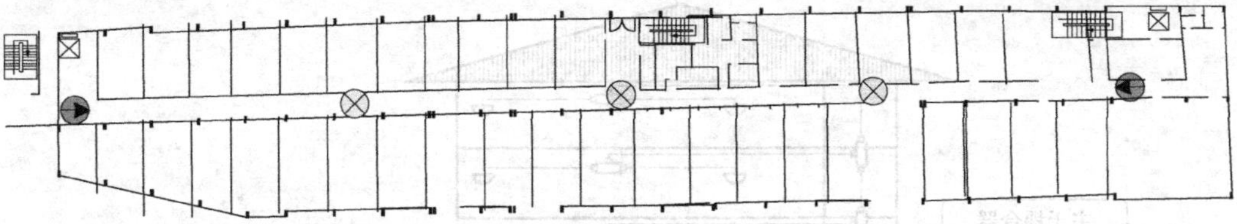

图 7-31　定向天线防止信号泄露

（7）交叉布放天线

根据室内各场景天线覆盖半径，对余下未放置天线的区域，进行交叉布放天线，以采用最少天线数量的情况下，可以满足室内覆盖的需求，同时使室内信号分布比较均匀，如图 7-32 所示。

总体优化调整：如按照不同原则布放时，两个天线相距太近，需要调整；两个天线之间距离较远，若中间增加一个天线，则天线之间距离又太近，那么可以适当调整两个天线的安装位置；合理调整某个天线位置，同一个天线可能满足多个原则的要求等，如稍微移动某个天线，可以同时满足重点区域覆盖和电梯厅切换区域的覆盖等；合理调整天线安装位置，使整个覆盖区域信号分布更加均匀。

7.3.3.6　其他问题

1. 走线问题

室内覆盖走线通过和业主进行友好协商，征得同意后，室内覆盖走线可选择停车场、弱电井、电梯井道、天花板内走线。

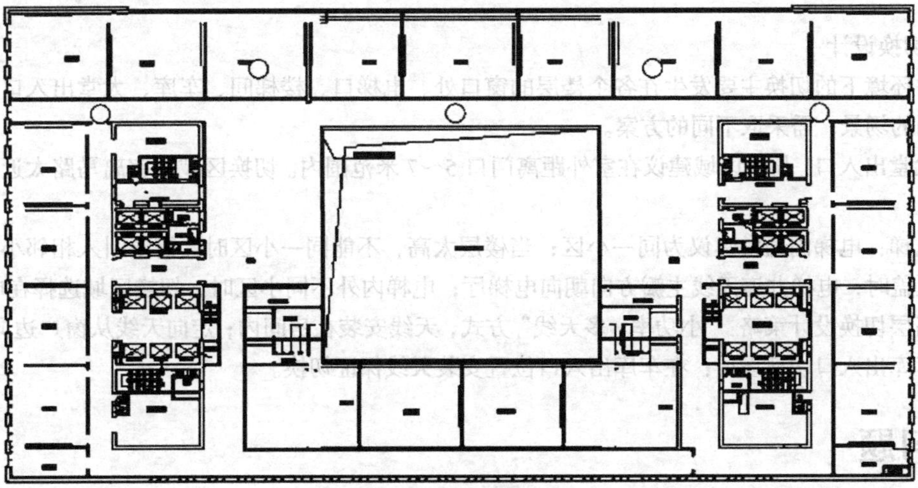

图 7-32　交叉布放天线图

对于居民小区覆盖走线，可选择小区内自有的走线井作为走线路游的首选，从而避免与多个其他单位沟通。如：小区内预留走线井、路灯电力走线井等。若没有相关走线井道，则和相关部门协商后，可选择小区内公共走线管井作为走线路由。如：光缆井、热力管道井、水管井、有线电视井等。

2. 功率分配

信号功率分配主要通过功分器、耦合器、馈线等器件来进行分配，各器件安装示意图如图 7-33 所示。

- “先平层设计”：主要用功分器，保证天线口功率平衡；平层馈线小于 30 米一般用 1/2 馈线；根据天线数量确定采用何种功分器。

• "后主干设计"：主要用耦合器，可节省功率；馈线一般用 7/8 馈线；根据主干信号功率和平层需要确定耦合器的耦合度。

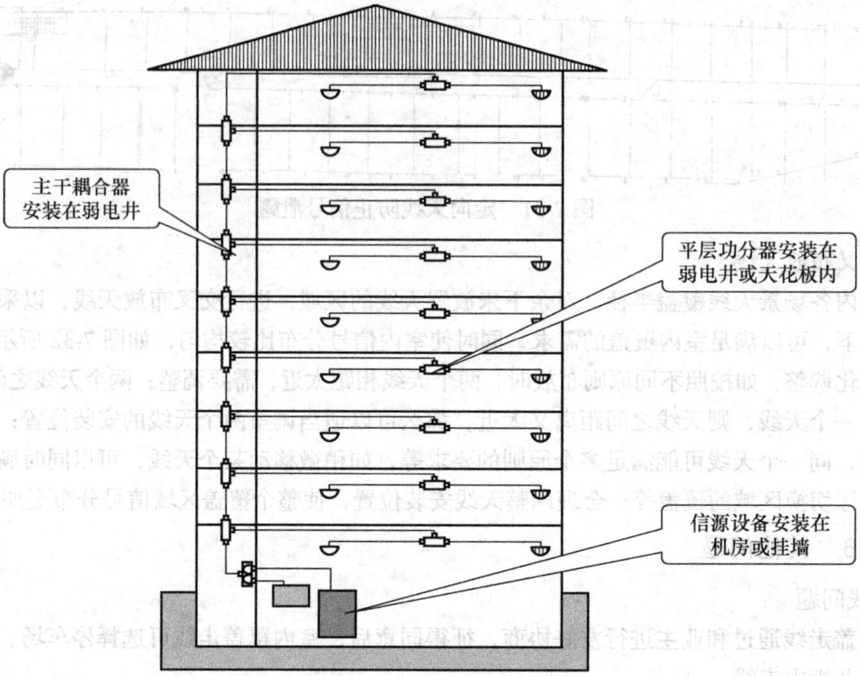

图 7-33　各器件安装示意图

3. 切换设计

室内环境下的切换主要发生在各个楼层的窗口处、电梯口、楼梯间、车库、大堂出入口等地方。对于不同的场景，需采取不同的方案。

• 大堂出入口：切换区域建议在室外距离门口 5～7 米范围内。切换区域不宜离马路太近或进入室内过深。

• 电梯：电梯内通常建议为同一小区；当楼层太高，不能同一小区时，需要引入相邻小区信号；非全楼覆盖时，电梯井道天线主瓣方向朝向电梯厅；电梯内外不同小区时，切换区域选择在电梯厅。

• 高层切换设计策略："小功率、多天线"方式，天线安装在房间内；定向天线从窗户边向里覆盖。

• 车库出入口切换设计：在车库出入口位置安装天线保证切换。

本章习题

1. 目前增强覆盖技术有哪些？并对各种技术进行介绍。
2. 直放站有哪些分类？
3. 直放站的主要性能指标有哪些？
4. 阐述直放站应用的原则。
5. 有源设备有哪些？无源设备有哪些？